中 国 国 家 标 准 汇 编

2012 年修订-18

中国标准出版社　编

中国标准出版社
北　京

图书在版编目(CIP)数据

中国国家标准汇编:2012 年修订.18/中国标准出版社编.—北京:中国标准出版社,2013.9

ISBN 978-7-5066-7250-4

Ⅰ.①中… Ⅱ.①中… Ⅲ.①国家标准-汇编-中国-2012 Ⅳ.①T-652.1

中国版本图书馆 CIP 数据核字(2013)第 186469 号

中国标准出版社出版发行
北京市朝阳区和平里西街甲 2 号(100013)
北京市西城区三里河北街 16 号(100045)

网址 www.spc.net.cn
总编室:(010)64275323 发行中心:(010)51780235
读者服务部:(010)68523946

中国标准出版社秦皇岛印刷厂印刷
各地新华书店经销

*

开本 880×1230 1/16 印张 34 字数 1 042 千字
2013 年 9 月第一版 2013 年 9 月第一次印刷

*

定价 220.00 元

出 版 说 明

1.《中国国家标准汇编》是一部大型综合性国家标准全集。自1983年起，按国家标准顺序号以精装本、平装本两种装帧形式陆续分册汇编出版。它在一定程度上反映了我国建国以来标准化事业发展的基本情况和主要成就，是各级标准化管理机构，工矿企事业单位，农林牧副渔系统，科研、设计、教学等部门必不可少的工具书。

2.《中国国家标准汇编》收入我国每年正式发布的全部国家标准，分为"制定"卷和"修订"卷两种编辑版本。

"制定"卷收入上一年度我国发布的、新制定的国家标准，顺延前年度标准编号分成若干分册，封面和书脊上注明"20××年制定"字样及分册号，分册号一直连续。各分册中的标准是按照标准编号顺序连续排列的，如有标准顺序号缺号的，除特殊情况注明外，暂为空号。

"修订"卷收入上一年度我国发布的、被修订的国家标准，视篇幅分设若干分册，但与"制定"卷分册号无关联，仅在封面和书脊上注明"20××年修订-1,-2,-3,……"字样。"修订"卷各分册中的标准，仍按标准编号顺序排列(但不连续)；如有遗漏的，均在当年最后一分册中补齐。需提请读者注意的是，个别非顺延前年度标准编号的新制定的国家标准没有收入在"制定"卷中，而是收入在"修订"卷中。

读者配套购买《中国国家标准汇编》"制定"卷和"修订"卷则可收齐由我社出版的上一年度我国制定和修订的全部国家标准。

3. 由于读者需求的变化，自1996年起，《中国国家标准汇编》仅出版精装本。

4. 2012年我国制修订国家标准共2 101项。本分册为"2012年修订-18"，收入新制修订的国家标准28项。

中国标准出版社

2013年7月

出 版 说 明

目　　录

ICS 55.040
A 82

中华人民共和国国家标准

GB/T 17447—2012
代替 GB 17447—1998

气雾阀

Aerosol valve

2012-12-31 发布 2013-07-01 实施

中华人民共和国国家质量监督检验检疫总局
中国国家标准化管理委员会 发布

前言

本标准按 GB/T 1.1—2009 给出的规则起草。

本标准与 GB 17447—1998 相比，主要变化如下：

——术语和定义中增加了正-倒向型气雾阀、连袋(囊)气雾阀、定量阀体及袋(囊)(见 3.5、3.12、3.21、3.24)；

——修改了 ϕ25.4 mm 气雾阀固定盖外直径 D 标准(见表 1)；

——尺寸要求中增加了阀杆高度尺寸偏差范围(见 5.2.2)；

——尺寸要求中增加了阀杆直径尺寸偏差范围(见 5.2.3)；

——尺寸要求中增加了引液管计算长度尺寸偏差范围(见 5.2.4)；

——修改了气雾阀密封性试验压力标准(见 5.3.2)；

——修改了引液管拉脱力的性能要求(见 5.3.4)；

——修改了定量型气雾阀喷量误差的性能要求(见 5.3.5)；

——增加了阀体压脱力的性能要求(见 5.3.6)；

——增加了囊阀囊袋密封性的性能要求(见 5.3.7)；

——增加了卫生要求(见 5.4)；

——增加了相容性要求(见 5.5)；

——修改了检验规则(见 7)。

本标准由全国包装标准化技术委员会(SAC/TC 49)提出并归口。

本标准起草单位：中山市美捷时包装制品有限公司、苏州博信精密包装有限公司、广州保赐利化工有限公司、中山市联昌喷雾泵有限公司、中山市英博气雾阀有限公司、亚联创展包装(广州)有限公司、盐山县金星气雾剂阀门制造有限公司、浙江绿岛科技有限公司、中国包装联合会气雾剂专业委员会。

本标准主要起草人：梁配辉、邓渭球、王永平、林添大、杨金星、刘志明、杨进文、施永忠、章耀平、王小兵、赵昆。

本标准代替的标准历次发布情况为：

——GB 17447—1998。

气　雾　阀

1　范围

本标准规定了气雾阀的要求、试验方法、检验规则及标志、包装、运输与贮存。

本标准适用于与气雾罐口径配合尺寸为 ϕ25.4 mm 和 ϕ20 mm 的气雾阀。

2　规范性引用文件

下列文件对于本文件的应用是必不可少的。凡是注日期的引用文件，仅注日期的版本适用于本文件。凡是不注日期的引用文件，其最新版本(包括所有的修改单)适用于本文件。

GB/T 2828.1—2003　计数抽样检验程序　第1部分：按接收质量限(AQL)检索的逐批检验抽样计划

GB/T 14449—2008　气雾剂产品测试方法

3　术语和定义

下列术语和定义适用于本文件。

3.1

气雾阀　aerosol valve

固定在气雾剂容器上的机械装置，关闭时保证内容物不泄漏，促动时使内容物以预定的形态释放出来。

3.2

非定量型气雾阀　non-metering aerosol valve

促动时内容物连续不断喷出直到关闭为止的气雾阀。

3.3

定量型气雾阀　metering aerosol valve

每促动气雾阀一次，内容物能定量喷出的气雾阀。

3.4

正向型气雾阀　aerosol valve for upright use

气雾剂产品按正立使用的气雾阀。

3.5

倒向型气雾阀　aerosol valve for inverted use

气雾剂产品按倒立使用的气雾阀。

3.6

正-倒向型气雾阀　aerosol valve for upside-down use

气雾剂产品按正向或倒向两个方向均可使用的气雾阀。

3.7

360°型气雾阀　aerosol valve for 360°orientation use

气雾剂产品在任意方向均可使用的气雾阀。

3.8

按压型气雾阀　pressing aerosol valve

使用时垂直按下气雾阀促动器，内容物从通道喷出的气雾阀。

3.9

侧推型气雾阀　toggle aerosol valve

使用时侧推气雾阀促动器，内容物从通道喷出的气雾阀。

3.10

雄型气雾阀　male aerosol valve

阀杆高出固定盖小平面上，促动器套在阀杆上的气雾阀。

3.11

雌型气雾阀　female aerosol valve

气雾阀促动器与阀杆连成一体，插在低于固定盖小平面的阀杆座内孔的气雾阀。

3.12

连袋(囊)气雾阀(简称囊阀)　bag-on-valve

通过气雾阀上连接的囊袋可将气雾剂产品的内容物和抛射剂分开包装的气雾阀。

3.13

钢质固定盖气雾阀　aerosol valve with steel mounting cup

固定盖基材为镀锡或其他镀层薄钢板或不锈钢板的气雾阀。

3.14

铝质固定盖气雾阀　aerosol valve with aluminum mounting cup

固定盖基材为铝合金板的气雾阀。

3.15

阀杆　valve stem

气雾阀上用来与促动器连接并使气雾剂内容物通过其通道喷出的元件。

3.16

外密封圈　outer gasket

在固定盖外卷边与气雾剂容器之间的静密封元件。

3.17

固定盖　mounting cup

气雾阀上用来与气雾罐进行紧固和密封作用的金属元件。

3.18

内密封圈　inner gasket

安装在固定盖与阀体之间的动密封元件。

3.19

弹簧　spring

支承阀杆及内密封圈，并使其复位的弹性元件。

3.20

阀体　valve housing

支承气雾阀其他元件，装在固定盖里的外壳元件。

3.21

定量阀体　metering valve housing

定量型气雾阀中装在固定盖里用来支承气雾阀其他元件，并确定气雾阀定量值的元件。

3.22

引液管　dip tube

连接在阀体上用来输送气雾剂内容物的塑料管。

3.23

阀杆座　valve seat

在雌型气雾阀里支承促动器阀杆的元件。

3.24

袋(囊)　bag

在囊阀中用于盛装气雾剂内容物的元件。

4　规格与分类

4.1　规格

按气雾阀与气雾罐口径配合尺寸分为 ϕ25.4 mm 和 ϕ20 mm 两种规格。

4.2　分类

4.2.1　按喷雾量分为非定量型气雾阀和定量型气雾阀。

4.2.2　按使用方向分为正向型气雾阀、倒向型气雾阀、正-倒向型气雾阀和 360°型气雾阀。

4.2.3　按气雾阀结构分为雄型气雾阀和雌型气雾阀,其结构示意图见图 1。

4.2.4　按促动方式分为按压型气雾阀和侧推型气雾阀。

4.2.5　按固定盖基材分为钢质固定盖气雾阀和铝质固定盖气雾阀。

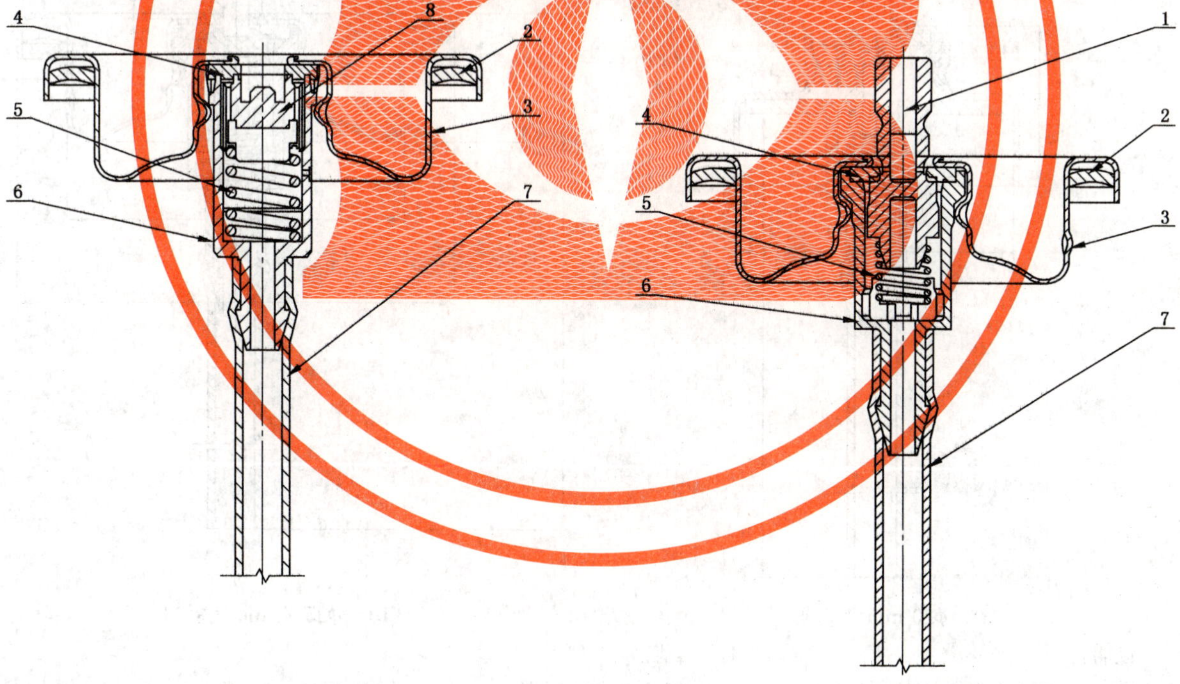

a)　雌型气雾阀

b)　雄型气雾阀

说明：

1——阀杆；

2——外密封圈；

3——固定盖；

4——内密封圈；

5——弹簧；

6——阀体；

7——引液管；

8——阀杆座。

图 1　气雾阀结构示意图

5 要求

5.1 外观

5.1.1 气雾阀应完整无缺损，整体洁净、完好，内外表面保护层应无划伤，无脱落。

5.1.2 各零件安装的位置正确。

5.2 尺寸

5.2.1 气雾阀与气雾罐及促动器配合尺寸，见图2、表1和表2。

5.2.2 气雾阀阀杆高度 H_2 尺寸偏差为±0.30 mm。

5.2.3 气雾阀阀杆顶端直径 d_1 尺寸偏差为0～+0.10 mm。

5.2.4 引液管计算长度 L 尺寸偏差：

$L \leqslant 150$ mm 为±1.5 mm；

$150 \leqslant L \leqslant 220$ mm 为±2.0 mm；

$L \geqslant 220$ mm 为±3.0 mm。

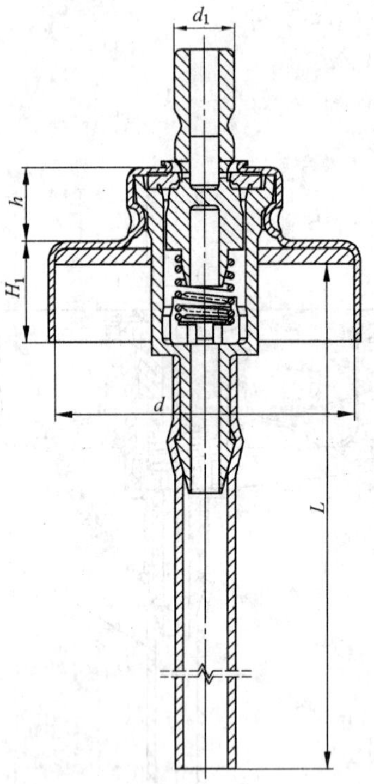

a) ϕ20 mm 气雾阀

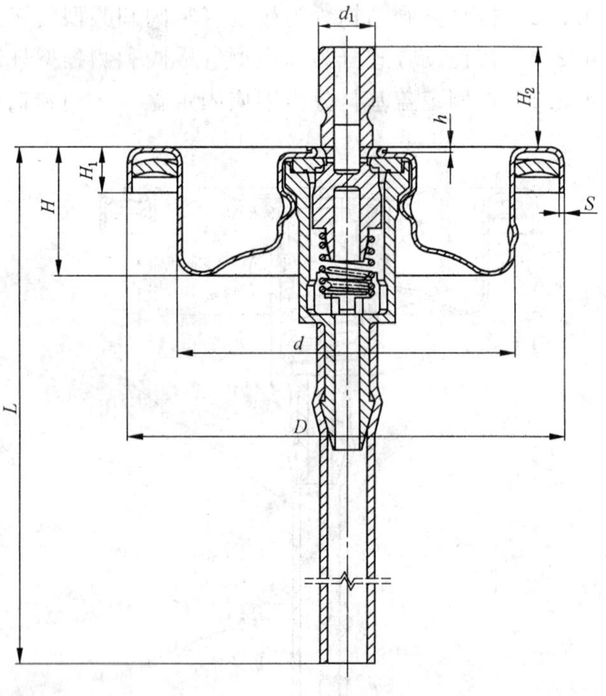

b) ϕ25.4 mm 气雾阀

说明：

D ——固定盖外翻边外直径；

d ——固定盖内直径；

H ——固定盖总高度；

H_1 ——固定盖外翻边高度；

h ——固定盖小凸台高度；

S ——固定盖材料厚度；

L ——引液管计算长度；

H_2 ——阀杆高度；

d_1 ——阀杆直径。

图2 气雾阀与气雾罐及促动器配合尺寸示意图

表 1 ϕ25.4 mm 气雾阀与气雾罐配合尺寸

单位为毫米

项　目	规　格						
S	0.27	0.28	0.30	0.40	0.42	0.50	0.60
$D\pm0.15$	32.50	32.50	32.50	32.50	32.50	32.90	33.10
H	$\geqslant8.0$						
H_1	$3.30^{+0.30}_{-0.25}$						
d	$\phi25.15\pm0.08$						

表 2 ϕ20 mm 气雾阀与气雾罐配合尺寸

单位为毫米

项　目	规　格
H_1	$5.60\leqslant H_1\leqslant8.85$
d	$\phi20^{+0.45}_{+0.15}$

5.3 性能

5.3.1 畅通性

气雾阀促动时所有通道应畅通。

5.3.2 密封性

气雾阀在大于或等于 0.85 MPa 压力下保持 1 min 不泄漏。

5.3.3 固定盖耐压性

气雾阀在 1.8 MPa 压力下保持 1 min，固定盖小凸台高度 h 变化值 Δh 小于或等于 0.30 mm。

5.3.4 引液管拉脱力

非定量型气雾阀引液管拉脱力大于或等于 30 N；
定量型气雾阀引液管拉脱力大于或等于 15 N。

5.3.5 定量型气雾阀喷量误差

100 μL 以下定量型气雾阀每次喷量允许误差±15%。

5.3.6 阀体压脱力

气雾阀阀体压脱力大于或等于 180 N。

5.3.7 囊阀囊袋密封性

囊阀的囊袋在大于或等于 400 N 压力下保持 1 min 以上不泄漏。

5.4 卫生

用于接触食品或药品的气雾阀按国家相关规定执行。

5.5 相容性

气雾剂产品的内容物成分不同，对气雾阀内密封圈要求各异，生产厂应向使用者提供样品作适用性试验,并取得确认。

6 试验方法

6.1 外观

在自然光或 40 W 灯光下距离 20 cm 处目测。

6.2 尺寸

6.2.1 直径和高度的测量

使用示值精度为 0.01 mm 的游标卡尺进行测量。

6.2.2 引液管计算长度的测量

使用最小刻度值为 0.5 mm 的钢尺或专用量具进行测量。

6.2.3 阀杆高度的测量

使用示值精度为 0.02 mm 的通用量具或专用量具,如图 3 所示,进行测量。

单位为毫米

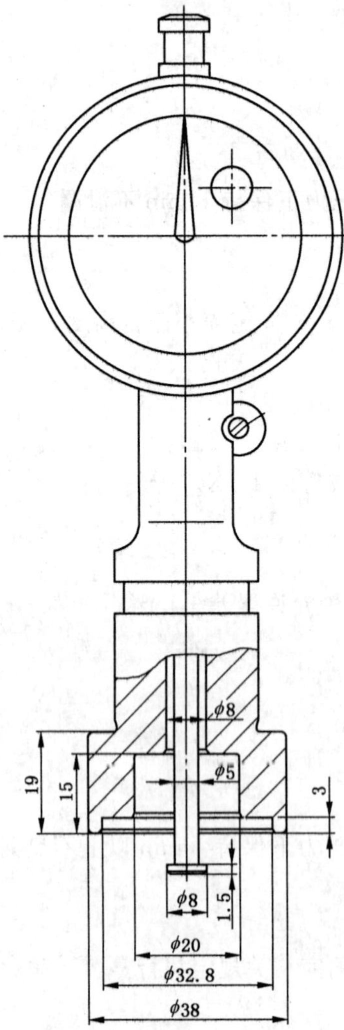

图 3 气雾阀阀杆高度测试专用百分表示意图

6.2.4　阀杆直径的测量

使用示值精度为0.02 mm的通用量具测量。

6.3　性能

6.3.1　畅通性测试

6.3.1.1　仪器

泄漏试验仪，如图4所示，压力表测量范围0～1.6 MPa，精度1.6级。

单位为毫米

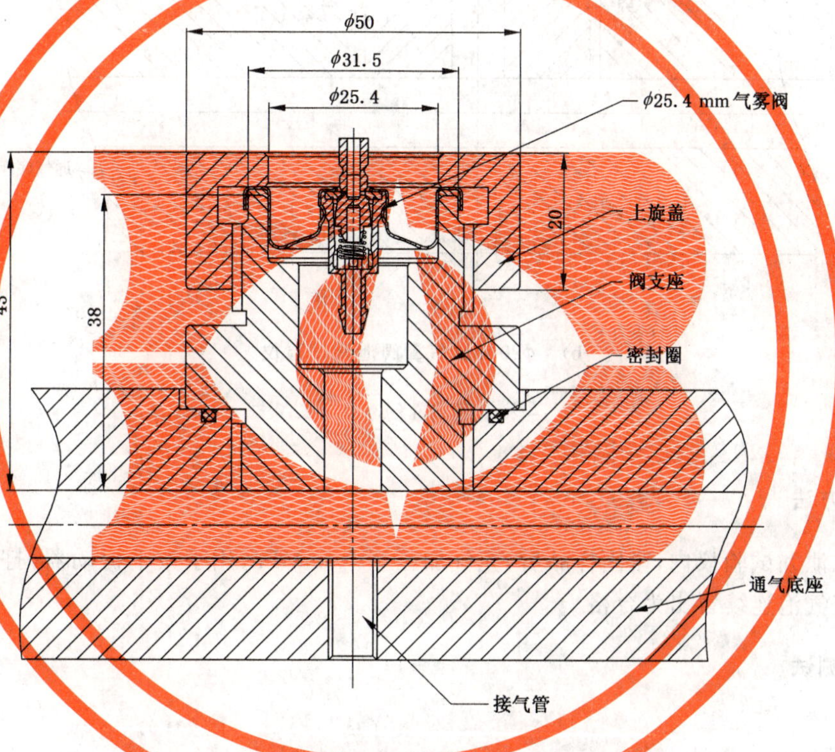

a)　ϕ25.4 mm气雾阀泄漏试验仪

图4　泄漏试验仪示意图

单位为毫米

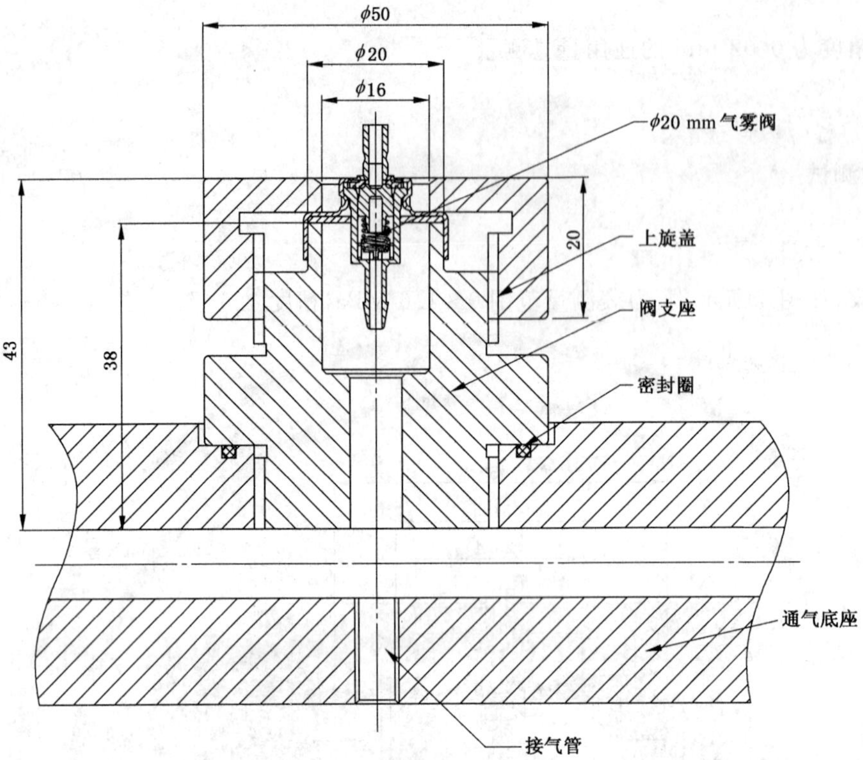

b） ϕ20 mm气雾阀泄漏试验仪

图 4（续）

6.3.1.2 测试方法

将样品放入泄漏试验仪内，紧固样品后，充气加压至 0.5 MPa，用手按下促动器，打开气雾阀，从促动器的通道中有气泡连续冒出为合格。

6.3.2 密封性测试

6.3.2.1 仪器

同 6.3.1.1。

6.3.2.2 测试方法

将样品放入泄漏试验仪器内，紧固样品后，充气加压至不小于 0.85 MPa，用手按下促动器，从促动器通道中有气泡冒出，松开手后保持 1 min 无气泡冒出为合格。

6.3.3 固定盖耐压性测试

6.3.3.1 仪器

压力试验仪，如图 5 所示，压力表精度 1.6 级，量程 0～2.5 MPa。

专用百分表，如图 6 所示，测量范围 0～10 mm，分度值 0.01 mm。

单位为毫米

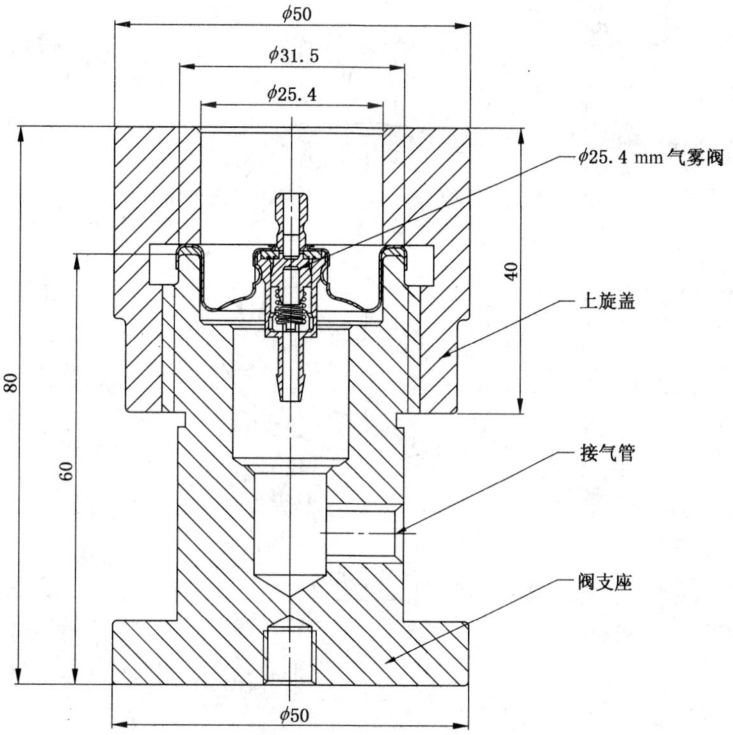

a） ϕ25.4 mm 气雾阀压力试验仪

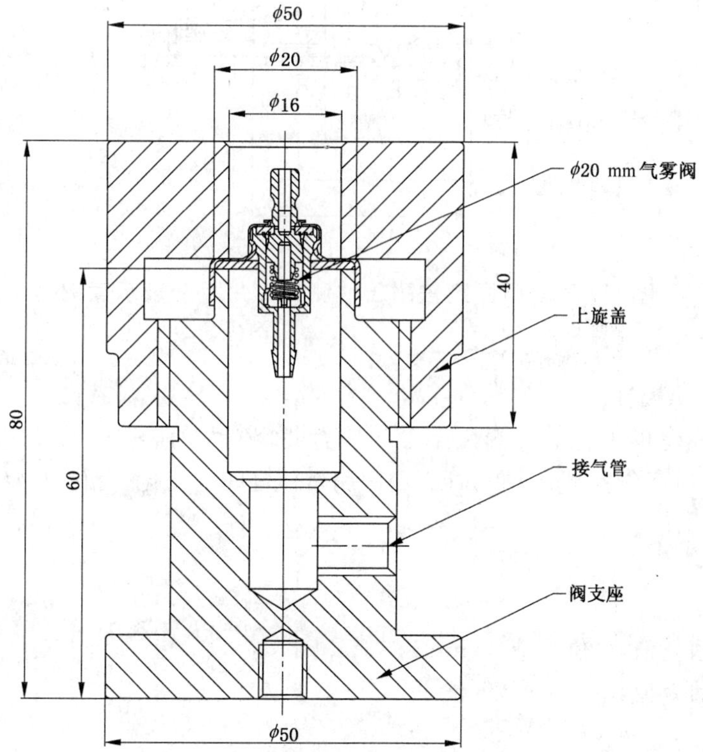

b） ϕ20 mm 气雾阀压力试验仪

图 5　压力试验仪示意图

单位为毫米

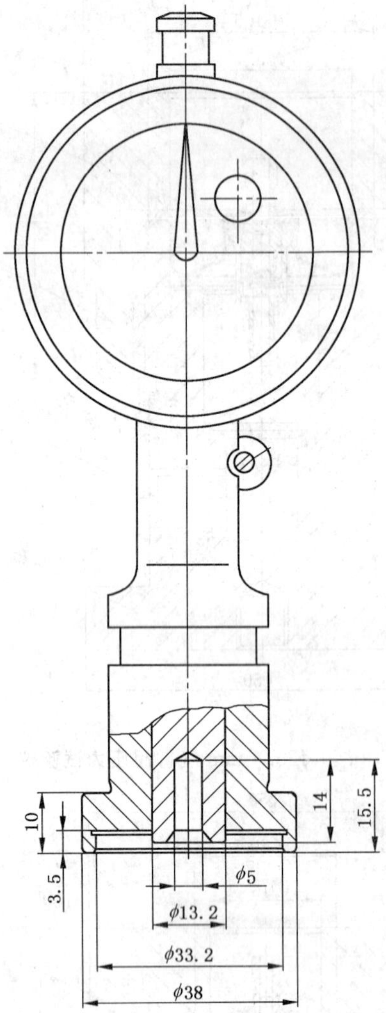

图6 气雾阀固定盖耐压性测试专用百分表示意图

6.3.3.2 测试方法

将样品用专用百分表测量 h 值(见图2)后放入压力试验仪内,加压至 1.8 MPa 保持 1 min,卸压后取出样品,然后再用专用百分表测量 h 值,计算二次测量值之间的变化,变化值 Δh 不大于 0.30 mm 为合格,计算如式(1):

$$\Delta h = h_2 - h_1 \quad \cdots\cdots(1)$$

式中:

h_2——受内压后的 h 值,单位为毫米(mm);

h_1——受内压前的 h 值,单位为毫米(mm)。

6.3.4 引液管拉脱力测试

6.3.4.1 试验温度

25 ℃±5 ℃。

6.3.4.2 仪器

a) 拉压力试验机：精度误差小于示值的±1%，最大负荷 500 N。

b) 专用铁钩，如图 7 所示。

单位为毫米

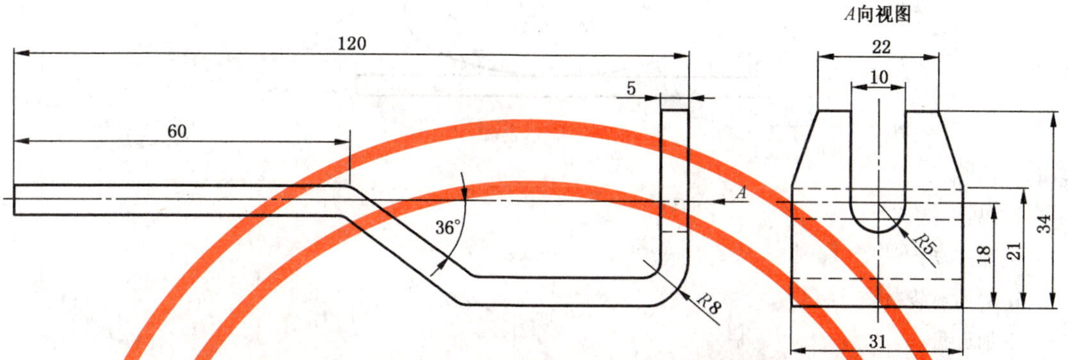

图 7 专用铁钩示意图

6.3.4.3 测试方法

将试验机调整后，先将专用铁钩夹在试验机的夹头上，再把试样放在专用铁钩上，接着将试样的引液管长度的中间处夹在试验机的下夹头上。将拉伸速度调至 50 mm/mim，开动试验机拉伸至引液管脱离阀体止，读出读数。

6.3.5 定量型气雾阀喷量误差测试

按 GB/T 14449—2008 中 5.9 方法测试。

6.3.6 阀体压脱力测试

6.3.6.1 试验温度

25 ℃±5 ℃。

6.3.6.2 仪器

拉压力试验机：精度误差小于示值的±1%，最大负荷 500 N。

6.3.6.3 测试方法

将试验机调整后，先将气雾阀固定在专用夹具上，将速度调至 100 mm/min，开动试验机压至阀体脱离固定盖止，读出读数。

6.3.7 囊阀囊袋密封性能测试

往囊阀中注入额定容量的清水，将试验用囊袋样品放入囊袋耐压装置内，如图 8 所示，在大于或等于 400 N 压力下保持 1 min 以上，囊袋无破裂或渗漏。

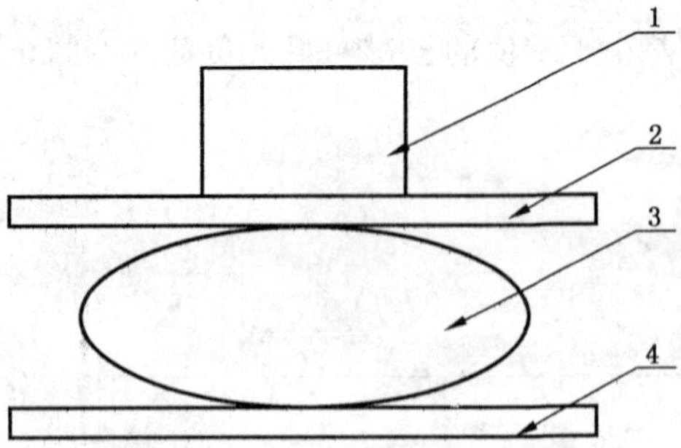

说明：
1——砝码；
2——上加压盘；
3——试验用囊袋；
4——下加压盘。

图 8　囊袋耐压装置示意图

7　检验规则

7.1　同批交货的同品种、同规格的产品为同一检验批。

7.2　产品质量按本标准规定的指标及方法进行检验，依照 GB/T 2828.1—2003 的 11.1.2 的二次抽样方案进行抽样检验。

7.3　生产厂质量部门应按本标准的规定对产品进行检验并出具合格证。

7.4　产品检验分出厂检验和型式检验。

7.4.1　出厂检验

本标准中 5.1，5.2.1，5.2.4，5.3.1，5.3.2 为出厂检验项目。

7.4.2　型式检验

7.4.2.1　本标准中第 5 章(5.5 除外)内容为型式检验项目。

7.4.2.2　有下列情况之一时，应进行型式检验：

a)　新产品或老产品转厂生产的试制定型鉴定；
b)　当结构、材料、工艺改变，可能影响产品性能时；
c)　正常生产时每年应进行一次；
d)　停产半年以上，恢复生产时；
e)　出厂检验结果与上次型式检验有较大差异时；
f)　国家质量监督机构提出进行型式检验要求时；
g)　用户提出按型式检验项目检验。

7.4.3　抽样检验规定

出厂检验和型式检验(除卫生要求)按表 3 和表 4 所列的规定抽样检验。

表 3　检验项目 AQL 值

检验项目	批检验水平	不合格分类	接收质量限（AQL）
外观	S-4	B 类不合格	1.5
		C 类不合格	4.0
尺寸	S-4	B 类不合格	1.5
畅通性	S-2	A 类不合格	0.65
密封性	S-2	A 类不合格	0.65
固定盖耐压性	S-2	A 类不合格	0.65
引液管拉脱力	S-2	B 类不合格	1.5
定量型气雾喷量误差	S-2	B 类不合格	1.5
阀体压脱力	S-2	B 类不合格	1.5
囊阀囊袋密封性	S-2	B 类不合格	1.5

表 4　正常检验二次抽样方案

检查水平	批量范围	接收质量限（AQL）	样本数	判定数组 [Ac_1,Ac_2,Re_1,Re_2]
S-2	≥35 001	0.65	$n=20$	[0,1]
		1.5	$n=8$	[0,1]
S-4	≥35 001～500 000	0.65	$n_1=n_2=50$	[0,1,2,2]
		1.5		[1,4,3,5]
		4.0		[3,9,6,10]
	≥500 001	0.65	$n_1=n_2=80$	[0,3,3,4]
		1.5		[2,6,5,7]
		4.0		[5,12,9,13]

7.4.4　判定规则

所有检验项目检验结果全部合格，则判该批产品合格。

7.5　用户可按表 3、表 4 所列的规定或订货合同进行检验。

8　标志

产品包装箱应附有检验合格证，合格证上应注明制造厂名、产品名称、规格、制造日期、批号、数量和检验标记，如用户有特殊要求时可加上用户要求标志。

9 包装

外包装采用瓦楞纸箱，内包装用塑料薄膜袋包装，或按用户要求包装。

10 运输

10.1 运输工具应清洁、干燥，不允许有异味、污染等，采用集装箱方式装运或其他方式运输时，应避免雨淋、曝晒、受潮污染及损伤。

10.2 运输的其他要求按有关规定执行。

11 贮存

产品应贮存在干燥、通风、清洁的仓库内，不得有污染、损伤和阳光直照。

ICS 29.120.30
K 30

中华人民共和国国家标准

GB 17464—2012/IEC 60999-1:1999
代替 GB 17464—1998

连接器件　电气铜导线　螺纹型和无螺纹型夹紧件的安全要求　适用于0.2 mm² 以上至35 mm²(包括)导线的夹紧件的通用要求和特殊要求

Connecting devices—Electrical copper conductors—Safety requirements for screw-type and screwless-type clamping units—General requirements and particular requirements for clamping units for conductors from 0.2 mm² up to 35 mm²(included)

(IEC 60999-1:1999,IDT)

2012-11-05 发布　　　　2013-05-01 实施

中华人民共和国国家质量监督检验检疫总局
中国国家标准化管理委员会　发布

前　言

本标准的第7章、第8章为强制性,其余为推荐性。

本标准按照GB/T 1.1—2009给出的规则起草。

本标准代替GB 17464—1998《连接器件　连接铜导线用的螺纹型和无螺纹型夹紧件的安全要求　导线横截面积为0.5 mm²～35 mm²的夹紧件的通用要求和特殊要求》,并根据IEC 60999-1:1999标准,将其名称调整为《连接器件　电气铜导线　螺纹型和无螺纹型夹紧件的安全要求　适用于0.2 mm²以上至35 mm²(包括)导线的夹紧件的通用要求和特殊要求》。

本部分与GB 17464—1998相比,主要变化如下:

——标准名称按IEC原文更改为"连接器件　电气铜导线　螺纹型和无螺纹型夹紧件的安全要求　适用于0.2 mm²以上至35 mm²(包括)导线的夹紧件的通用要求和特殊要求"。

——第1章范围,额定连接容量范围从"0.5 mm²～35 mm²"改为"0.2 mm²～35 mm²"。

——增加第2章规范性引用文件内容。

——3.11定义"可连接的最粗硬导线的横截面积"改为"可连接的符合热、机械和电气要求的导线横截面积"。

——8.1.1中钢的镀层厚度要求更改,原ISO 2081要求"5 μm"改为GB/T 9799要求"5 μ、8 μ、12 μ",原ISO 1456要求"20 μm"改为"10 μ、20 μ、30 μ",原ISO 2093要求"12 μm"改为GB/T 12599要求"12 μ、20 μ、30 μ"。

——8.3第三段中,原"本体是铝合金"改为"本体是钢、铝或铝合金",原"防止因铜与铝或与铝合金接触"改为"防止因铜与钢、铝或铝合金接触"。

——8.1.3和8.4中铝合金载流部件和铝合金螺钉都需要进行IEC 61545规定的实物试验。

——9.4最后一句增加"试验后每根受试导线应立即置于9.5的试验(拉力试验)设备之上"。

——表2中增加说明"套管孔直径的偏差:±2 mm"。

——9.6中第三段"均要用新导线"变化为"均要用新导线的端部"。

——表4中螺纹的标称直径"$D \leqslant 2.8$"改为"$D \leqslant 1.6$"。

——附录A、B、C中的表头名称、内容对照IEC原文,进行了修改。

——参考文献增加了[1]、[2]、[3]。

本标准使用翻译法等同采用IEC 60999-1:1999(第2版)《连接器件　电气铜导线　螺纹型和无螺纹型夹紧件的安全要求　第1部分:适用于0.2 mm²以上至35 mm²(包括)的夹紧件的通用要求和特殊要求》。

与本标准中规范性引用文件的国际文件有一致性对应关系的我国文件如下:

——GB/T 3956—2008　电缆的导体(IEC 60228:2004,IDT)

——GB/T 9799—1997　金属覆盖层　钢铁上的锌电镀层(eqv ISO 2081:1986)

——GB/T 12599—2002　金属覆盖层　锡电镀层　技术规范和试验方法(ISO 2093:1986,MOD)

本标准对IEC 60999-1:1999做了下列编辑性修改:

——根据GB/T 1.1有关规定,在第1章"范围"中第1行补充了"本标准规定了适用于0.2 mm²以上至35 mm²导线的夹紧件的主要特性、导线的连接、结构要求、试验方法的技术要求。"

本标准由中国电器工业协会提出。

本标准由全国电器附件标准化技术委员会(SAC/TC 67)归口。

本标准起草单位:中国电器科学研究院有限公司、浙江正泰建筑电器有限公司、TCL-罗格朗国际电工(惠州)有限公司、公牛集团有限公司、天基电气(深圳)有限公司、广东产品质量监督检验研究院、浙江恒泰电工有限公司。

本标准主要起草人:罗怀平、刘新春、刘静、刘开喜、阮立平、安桂龙、商学勤、周贻会、蔡映峰、王锐。

本标准代替标准的历次版本发布情况为:

——GB 17464—1998。

连接器件 电气铜导线 螺纹型和无螺纹型夹紧件的安全要求 适用于0.2 mm² 以上至35 mm²(包括)导线的夹紧件的通用要求和特殊要求

1 范围

本标准规定了适用于0.2 mm² 以上至35 mm² 导线的夹紧件的主要特性、导线的连接、结构要求、试验方法的技术要求。

本标准适用于作为独立单元或与设备成一整体的部件的螺纹型和无螺纹型夹紧件,其额定交流电压不超过1 000 V、频率不大于1 000 Hz 和额定直流电压不超过1 500 V,用于连接符合GB/T 3956 要求的、横截面积为0.2 mm² 以上至35 mm²(或相应AWG 线规尺寸)的硬的(单芯或绞合)铜导线和/或软的铜导线。

本标准适用于主要用来连接未经处理的导线的夹紧件。

本标准不适用于:

a) 压接或锡焊连接的夹紧件;

b) 数字或信号电路的夹紧件;

c) 扁形快速连接端头,刺穿绝缘式连接器件和扭接式连接器件等夹紧件;这些夹紧件分别为GB 17196[3]、GB 13140.4[1] 和GB 13140.5[2] 等标准概括。

2 规范性引用文件

下列文件对于本文件的应用是必不可少的。凡是注日期的引用文件,仅注日期的版本适用于本文件。凡是不注日期的引用文件,其最新版本(包括所有的修改单)适用于本文件。

GB/T 9797—2005 金属覆盖层 镍+铬和铜+镍+铬电镀层(ISO 1456:2003,IDT)

GB/T 18213—2000 低频电缆和电线无镀层和有镀层铜导体电阻计算导则(idt IEC 60344:1980)

IEC 60228:1978 绝缘电缆的导体(Conductors of insulated cables)

IEC 60228A:1982 绝缘电缆的导体 第1次增补(Conductors of insulated cables—First supplement)

IEC 61545:1996 连接器件 任何材料的夹紧装置中的铝线和铝包夹紧装置中的铜导线的连接器件(Connecting devices—Devices for the connection of aluminium conductors in clamping units of any material and copper conductors in aluminiuln bodied clamping units)

ISO 2081:1986 金属覆盖层 钢铁上的锌电镀层(Metallic coatings—Electroplated coatings of zinc on iron or steel)

ISO 2093:1986 锡电镀层 技术规范和试验方法(Electroplated coatings of tin—Specification and test methods)

3 术语和定义

下列术语和定义适用于本文件。

3.1

夹紧件　clamping unit

在端子中对导线进行机械夹紧及电气连接所必须的部件，包括保持正常接触压力所必须的部件。

3.2

端子　terminal

由一个或多个夹紧件及绝缘必要时组合成的一个电极的导电部件。

3.3

连接器件　connecting device

由一个(或多个)固定到基座或构成设备的整体式部件的端子组成，用于一根(或多根)导线进行电气连接的器件。

3.4

螺纹型夹紧件　screw-type clamping unit

用于连接或断开一根导线或用于将两根或多根导线进行互连的夹紧件，而这种连接是直接地或间接地通过任何种类的螺钉或螺母来进行。

3.5

柱型夹紧件　pillar clamping unit

将导线插入孔或槽中，升夹紧在螺钉螺杆下面的螺纹型夹紧件，其夹紧压力可直接由螺钉螺杆施加，或通过受到螺钉螺杆压力的中间部件施加。

注：柱型夹紧件示例见图2。

3.6

螺钉夹紧件　screw clamping unit

将导线夹紧在螺钉头下的螺纹型夹紧件，其夹紧压力可直接由螺钉头施加，或通过一个中间部件，例如垫圈、夹紧板或防松部件之类来施加。

注：螺钉夹紧件示例见图3。

3.7

螺栓夹紧件　stud clamping unit

将导线夹紧在螺母下面的螺纹型夹紧件，其夹紧压力可直接由经过适当加工成形的螺母施加，或通过一个中间部件，例如垫圈、夹紧板或防松部件等施加。

注：螺栓夹紧件示例见图3。

3.8

鞍型夹紧件　saddle clamping unit

用两个或多个螺钉或螺母将导线夹紧在鞍型压板下的螺纹型夹紧件。

注：鞍型夹紧件示例见图4。

3.9

罩式夹紧件　mantle clamping unit

通过螺母及螺母下面的适当加工成形的垫圈(如果螺母是帽式螺母，则通过中间芯柱)或通过等效部件将螺母的压力传到螺栓槽内的导线，从而将导线夹紧在螺栓槽底部的螺纹型夹紧件。

注：罩式夹紧件示例见图5。

3.10

无螺纹型夹紧件　screwless-type clamping unit

用于连接或断开一根导线或用于两根或多根导线进行互连的夹紧件，而这种连接是直接或间接通过螺钉以外的其他方法来进行。

3.10.1

通用型夹紧件　universal clamping unit

(适用于各种类型的导线)

3.10.2

非通用型夹紧件　non-universal clamping unit

(仅适用于某种类型的导线)

例如:

——推线式夹紧件(仅适用于单芯导线);

——推线式夹紧件(仅用于硬的单芯或(和)绞合导线)。

注:无螺纹型夹紧件示例见图6。

3.11

额定连接容量　rated connecting capacity of a clamping unit

由夹紧件制造商规定的可连接的符合热、机械和电气要求的导线横截面积。

3.12

环境温度　ambient temperature

夹紧件及其外壳(如果有的话)周围的空气温度。

3.13

温升　temperature rise

在试验规范规定的负载下测得的受试部件及其外壳(如果有的话)温度与环境温度之差值。

3.14

未经处理的导线　unprepared conductor

为插入夹紧件而被剪断并剥去一定绝缘长度的导线。

注:为插入夹紧件而整形的导线,或为使线端强硬而将线股绞拧过的导线,均视为未经处理的导线。

3.15

已处理的导线　prepared conductor

线端已剥掉绝缘且装有接环、线接头或线耳子等的导线。

4　一般要求

夹紧件的设计和制造应使其在正常使用时,性能可靠,对使用者或周围环境没有危险。

是否合格,通过进行全部规定的试验来检查。

5　关于试验的一般说明

5.1　本标准规定的试验均为型式试验。试验应按照有关技术委员会制定的产品标准的要求进行。

5.2　除非另有规定,试样应按交货状态和按正常使用要求安装好后进行试验。试验在20 ℃±5 ℃的环境温度下进行。

5.3　第9章的试验应按其条文规定的顺序进行。

5.4　除非另有规定,提交至少三个试样进行全部试验,如果所有试验都合格则符合要求。如果只有一个试样因为组装或制造缺陷在一项试验中不合格,应在另一组全套试样上按要求的顺序重复进行该项试验及可能影响该试验结果的前几项试验。复试时所有试样均应为合格。

注:申请人可在送交5.4规定的一组试样的同时,送交另一组试样,以备必要时供复试使用。检测所应无需再做要求,检测另一组试样,仅在不合格再次出现时才可判定为不合格。如果未能同时提交另一组试样,一个试样不合格就可判定为不合格。

6　主要特性

夹紧件的标准额定连接容量为:0.2 mm^2,0.34 mm^2,0.5 mm^2,0.75 mm^2,1 mm^2,1.5 mm^2,

2.5 mm^2,4 mm^2,6mm^2,10 mm^2,16mm^2,25 mm^2,35 mm^2。

注：目前，有些国家不用mm^2，而用线规（例如美国和加拿大用AWG线规）为单位来表示导线横截面积。mm^2 和AWG线规之间的大致关系见附录A。

7 导线的连接

7.1 一般情况下，夹紧件仅适用于连接一根导线。某些类型的夹紧件也用来连接两根或多根相同或不同标称横截面积或结构的导线。

夹紧件应能连接未经处理的导线。

注：螺纹型夹紧件不适用于连接带焊接端头的软导线。

7.2 除非有关产品标准另有规定，否则，每个夹紧件除了应具备其额定连接容量之外，还应至少能连接两种相邻的更小横截面积的导线（例如：额定连接容量为1 mm^2，的夹紧件应能牢牢地夹紧同一类型的0.5 mm^2,0.75 mm^2 或1 mm^2 的一根导线）。

7.3 夹紧件的额定连接容量和可连接的导线以及导线的最大理论直径三者之间的关系见表1。

表1 额定连接容量及可连接的导线

额定连接容量	最大导线的理论直径							可连接的导线	
	公制			AWG					
	硬导线		软导线	硬导线			软导线	硬导线	软导线
					b	b B类	c I,K,M类		
	单芯	绞合			单芯	绞合	绞合		
mm^2	mm	mm	mm	规格	mm	mm	mm		
0.2	0.51	0.53	0.61	24	0.54	0.61	0.64	在相关产品标准中作规定	
0.34	0.63	0.66	0.8	22	0.68	0.71	0.80		
0.5	0.9	1.1	1.1	20	0.85	0.97	1.02		
0.75	1.0	1.2	1.3	18	1.07	1.23	1.28		
1.0	1.2	1.4	1.5	—	—	—	—		
1.5	1.5	1.7	1.8	16	1.35	1.55	1.60		
2.5	1.9	2.2	2.3[a]	14	1.71	1.95	2.08		
4.0	2.4	2.7	2.9[a]	12	2.72	3.09	3.36		
6.0	2.9	3.3	3.9[a]	10	2.72	3.09	3.36		
10.0	3.7	4.2	5.1	8	3.43	3.89	4.32		
16.0	4.6	5.3	6.3	6	4.32	4.91	5.73		
25.0	—	6.6	7.8	4	5.45	6.18	7.26		
35	—	7.9	9.2	2	6.87	7.78	9.02		

注：最大硬导线和软导线的理论直径以GB 3956和GB/T 18213—2000的表1为依据，而最大AWG导线的直径则以ASTM B172-71[4]、ICEA出版物S-19-81[5]、ICEA出版物S-66-524[6]和ICEA出版物S-66-516[7]为依据。

[a] 根据GB 3956，这些仅为5类软导线的尺寸。

[b] 标称直径+5%。

[c] I,K,M中任一类导线的最大直径+5%。

7.4 除非制造商另有规定,否则螺纹型夹紧件应能牢牢地夹紧表1所示的硬导线和软导线,符合此要求者,不需加任何标识。

如果螺纹型夹紧件按制造商的规定仅能连接一种导线(例如,仅能接硬或仅能接软导线),则为了能正确连接,应在最终产品上清楚地分别以字母“r”(硬)或“f”(软)加以标识,或应在最小的包装单元或在技术资料和/或产品目录里注明。

是否合格,通过观察,并进行9.1和9.6的试验检查。

7.5 除非制造商另有规定,否则,无螺纹型夹紧件应能夹紧表1所示的硬导线和软导线,符合此要求者,不需加任何标识。

如果无螺纹型夹紧件按制造商的规定,仅能连接单芯导线,则为了能正确连接,应在最终产品上清楚地以字母“s”或“sol”(表示单芯)加以标识,或应在最小的包装单元或在技术资料和/或产品目录里注明(见3.10)。

如果无螺纹型夹紧件按制造商的规定,仅能连接硬的(单芯和绞合)导线,则为了能正确连接,应在最终产品上清楚地以字母“r”(硬)加以标识,或应在最小的包装单元或在技术资料和/或产品目录里注明(见3.10)。

是否合格,通过观察并进行9.1的试验检查。

7.6 在无螺纹型夹紧件上,连接和脱开导线的方法如下:

——通用型夹紧件要先用一般工具或与夹紧件成一整体的合适的器件来打开,然后再插入或拔出导线;

——推线型夹紧件只需将导线简单插入来连接导线,脱开导线必须进行一项操作,而不能只靠拉拔导线来脱开。

允许使用一般工具或与夹紧件成一整体的合适的器件来打开夹紧件,便于导线的插入和拔出。

是否合格,通过观察并进行9.3的试验检查。

8 结构要求

8.1 载流部件

8.1.1 载流部件,包括所有端子的载流部件,均应为金属制品,而所用的金属在设备工作时应具有能满足其使用要求的机械强度,导电性和耐腐蚀性能。

是否合格,通过观察,必要时还要进行化学分析检查。

在允许的温度范围内和正常化学污染条件下适用的金属有:

——铜;

——铜合金,对于由冷轧板材制成的部件,铜含量至少为58%;对于其他部件铜含量至少为50%;

——铬含量至少为13%、碳含量不大于0.09%的不锈钢;

——符合GB/T 9799锌镀层要求的钢,且镀层厚度至少为:

- 5 μ(ISO使用条件1),用于普通设备;
- 8 μ(ISO使用条件2),用于防滴型和防溅型设备;
- 12 μ(ISO使用条件3),用于防喷和水密型设备。

——符合ISO 1456镍铬镀层要求的钢,且镀层厚度至少为:

- 10 μ(ISO使用条件1),用于普通设备;
- 20 μ(ISO使用条件2),用于防滴型和防溅型设备;
- 30 μ(ISO使用条件3),用于防喷和水密型设备。

——符合GB/T 12599锡镀层要求的钢,且镀层厚度至少为:

- 12 μ(ISO使用条件1),用于普通设备;

- 20 μ(ISO 使用条件 2),用于防滴型和防溅型设备;
- 30 μ(ISO 使用条件 3),用于防喷和水密型设备。

8.1.2 可能受到机械磨损的载流部件不应用带有镀层的钢来制造。

是否合格,通过观察进行检查。

8.1.3 在潮湿条件下,彼此间化学电位差很大的金属不能用于互相接触。

是否合格,通过试验进行检查。试验方法正在考虑中。

注 1:弹簧、弹性部件、夹紧板、夹紧螺钉之类,均不视为主要用作载流的部件(参照 8.3)。

注 2:如果相关产品标准规定了合适的腐蚀试验,也可选用其他的材料和镀层。

注 3:用铝合金作为载流部件需要 IEC 61545 规定的实物试验。

8.2 夹紧件应设计并制造成不应通过绝缘材料(陶瓷或纯云母除外)来传递接触压力。除非金属部件具有足够弹性,足以补偿绝缘材料可能的收缩和变形。

使用除金属以外的材料补偿任何可能的变形(例如收缩)这方面的可能性,正在考虑中。

是否合格,通过诸如弹性效果试验来进行检查,这些试验尚在考虑中。

8.3 接地夹紧件应不存在与接地导线铜或与其相接触的其他金属部件之间的接触而导致腐蚀的危险。

接地夹紧件的本体应以黄铜或耐腐蚀性能不低于黄铜的其他金属制成,但本体是金属框架或外壳的一部分者除外。属于后一种情况时,螺钉或螺母应是黄铜或耐腐蚀性能不低于黄铜的其他金属制品。

如果接地夹紧件的本体是钢、铝或铝合金框架或外壳的一部分,应采取措施防止因铜与钢,铝或铝合金接触而引起的腐蚀。

电镀钢按相关 ISO 标准被视作耐腐蚀性能不低于黄铜的金属。

是否合格,通过观察检查。

8.4 用以夹紧导线的螺钉和螺母不得用于固定其他零部件,但可用于将夹紧件保持在正常位置或防止其转动。

螺钉不应以软的或易于蠕变的金属例如锌或铝来制造。

是否合格,通过观察检查。

注:使用铝合金螺钉要进行 IEC 61545 规定的实物试验。

8.5 接地夹紧件的专用螺钉或螺母应充分锁定,以防意外松脱,而且,应是不借助工具就不能将它们拧松的。

注 1:一般的,图 2~图 5 所示的夹紧件只要能通过本标准的试验,即可满足此要求。

注 2:如果最终产品预定会遇到震动或交变温度,可能要装上弹性部件(例如压力板)。

注 3:如果最终产品预定会遇到震动,可能要进行附加试验。

8.6 无螺纹型夹紧件应按制造商的规定连接和脱开导线。有关产品委员会应考虑将这些规定视作其产品标志要求。

脱开导线必须进行一项操作,即:正常使用时无论是否借助工具,均需进行手动操作才能将导线松脱;决不能单靠拉拔导线来使其脱开。

供工具连接或脱开导线用的孔应与进线孔明显不同。

是否合格,通过观察检查。

8.7 预定用于互连两根或多根导线的无螺纹型夹紧件应设计和制造成:

——能分别夹紧每根导线;

——连接或松脱导线时,能同时或分别将导线连接或脱开。

此类夹紧件应能将规定的最多根数以内的任何根数的导线可靠地夹紧。

是否合格,通过观察并进行 9.4 的试验检查。

8.8 无螺纹型夹紧件应设计和制造得能防止导线不正确插入。

为达到本要求,可在夹紧件或在最小包装单元上,或在技术资料和/或产品目录里给出适当的标志,标明将导线插入夹紧件之前应剥去的绝缘长度。

是否合格,通过观察检查。

8.9　夹紧件应有足够的机械强度。

是否合格,螺纹型夹紧件通过9.5和9.6的试验检查,无螺纹型夹紧件则通过9.3和9.5的试验检查。

8.10　夹紧件应设计和制造得能夹紧导线而不会过度损伤导线。

是否合格,在9.4试验之后,通过观察检查。

8.11　夹紧件应设计和制造成能将导线牢牢夹紧在金属表面之间。

是否合格,在9.5试验期间通过观察检查。

注:导线没有被夹紧在金属表面之间的夹紧件的试验正在考虑中。

8.12　夹紧件应设计和制造得使绞合导线的硬导线或软导线的线丝均不会脱出。

是否合格,通过9.2的试验检查。

8.13　夹紧件应设计和制造得在正常使用时,温升不会超过对应于夹紧件所用材料或与夹紧件接触的材料的温升规定。

是否合格,进行9.7的试验检查。

8.14　无螺纹型夹紧件应设计和制造得在正常使用时,其电气性能可靠,不会影响继续使用。

是否合格,进行9.8、9.9和9.10的试验检查。

8.15　夹紧件应设计和制造成能分别符合7.2和7.4(对螺纹型夹紧件)或7.2和7.5(对无螺纹型夹紧件)的接线要求。

是否合格,进行9.1的试验检查。

8.16　应小心防止夹紧件受到与构成电缆或软线(例如便携式设备的电缆或软线)的一部分的连接导线的应力。

有关产品标准应要求安装应力消除装置并进行相应的试验。

9　试验

9.1　最粗导线的连接情况,应进行附录B的试验检查,或将最粗导线的绝缘剥掉并对硬的绞合导线线端或软导线线端重新整形之后,插进夹紧件里进行检查。

注:制造商可以规定试验方法。

应无需过度用力,即能将剥掉绝缘的导线端部完全插进夹紧件的进线孔里。

9.2　将3个新的夹紧件接上新的导线。导线的型号及额定连接容量应符合表1的规定,而导线线芯的结构则应符合附录C的规定。

将硬的绞合导线和软导线插进夹紧件之前,可先将其线丝重新整形。

允许使用工具整形。

应无需过度用力,即能将导线装进夹紧件里。

将导线插进夹紧件,插到导线刚好冒出夹紧件的另一侧,并处于最易使线丝脱出的位置为止。

然后,如果有夹紧螺钉,应以9.6规定的力矩将其拧紧。

试验之后,不应有导线线丝露出夹紧件的外侧,而使爬电距离和电气间隙降至低于有关产品标准的规定值。

9.3　7.5和7.6的无螺纹型夹紧件应装上如下最粗的导线来试验:

——仅装上单芯导线;

——仅装上硬的(单芯和绞合)导线;

——装上硬的(单芯和绞合)导线和软导线。

将夹紧件预定要用的每种导线连接和脱开5次。

每次均要用新的导线,但第5次除外。第5次要将第4次用过的导线夹紧在同一位置上。每次连接时,将导线尽量推进端子里,或者插入到可明显看出已适当连接位置。每次连接之后,将导线拧转90°,然后将其脱开。这些试验之后,夹紧件不应有会影响其继续使用的损伤。

9.4 检查能否符合8.10(即能否符合"夹紧导线而不会损伤导线")的要求,将3个新的夹紧件接上新的导线,装在图1所示试验设备里,所装导线类型(软导线和/或硬的绞合导线)、横截面积以及根数应符合制造商的规定。

进行如下试验:

a) 先接上横截面积最小的导线;

b) 再接上横截面积最大的导线;

如适用:

c) 能连接的横截面积最小的导线的最大数量;

d) 能连接的横截面积最大的导线的最大数量;

e) 夹紧件能同时连接的横截面积最小的导线和横截面积最大的导线的最大数量。

注: c)、d)和e)规定的导线横截面积可能不同于a)和b)规定的横截面积。

试验用导线的长度应为75 mm加上表2规定的高度(H)。

然后,将试验导线连接到夹紧件,如果有夹紧螺钉或螺母,要以9.6规定的力矩拧紧。

每根导线均进行如下试验:

将导线端部插进平板中的平板的相应套管里,平板定位于试验设备下面的高度(H)处。套管孔直径及H值均由表2给出。套管位于水平面内,使其中心线能作一直径为75 mm的圆并与处于水平面里的夹紧件的中心同心。然后,使平板以10 r/min±2 r/min的速率旋转。

夹紧件的口与套管上表面之间的距离为表2的H值±15 mm。为防止导线缠绕、绞拧或旋转,套管可加润滑油。

将表2规定的重物挂在导线端部。试验持续15 min。

试验期间,导线不得脱出夹紧件或在夹紧件附近断开。导线不得损伤到不能继续使用。

试验后每根受试导线应立即置于9.5的试验(拉力试验)设备之上。

表2 试验期间重物和横截面积之间的关系

导线横截面积		套管孔直径[a,b]	高度 H[a]	与导线对应的重物
mm^2	AWG	mm	mm	kg
0.2	24	6.5	260	0.2
0.34	22	6.5	260	0.2
0.5	20	6.5	260	0.3
0.75	18	6.5	260	0.4
1.0	—	6.5	260	0.4
1.5	16	6.5	260	0.4
2.5	14	9.5	280	0.7
4.0	12	9.5	280	0.9
6.0	10	9.5	280	1.4
10.0	8	9.5	280	2.0

表 2（续）

导线横截面积		套管孔直径[a,b]	高度 H^a	与导线对应的重物
mm^2	AWG	mm	mm	kg
16.0	6	13.0	300	2.9
25.0	4	13.0	300	4.5
—	3	14.5	320	5.9
35.0	2	14.5	320	6.8

[a] 高度 H 的偏差：±15 mm，套管孔直径的偏差：±2 mm。

[b] 如果套管孔直径不够大，不将导线绞拧便插不进，可以用大一码孔径的套管。

9.5 9.4 的试验之后，应对 9.4 试验的每根导线施加表 3 规定的拉力。夹紧螺钉或螺母，如有，在试验期间不应被再次拧紧。施力方向为导线的轴向，持续 1 min，但不得用爆发力。

表 3 拉力和横截面积之间的关系

横截面积 mm^2	0.2	0.34	0.5	0.75	1.0	1.5	2.5	4	6	10	16	25	35
拉力 N	10	15	20	30	35	40	50	60	80	90	100	135	190

试验期间导线不应从夹紧件内脱出。

9.6 螺纹型夹紧件应装上按 7.2 规定的具有适当横截面积的铜导线来进行试验。

用合适的螺钉旋具或扳手将螺钉和螺母旋紧和旋松 5 次。旋紧时，所施力矩为表 4 相应栏内或制造商声明的力矩，二者中取较大者。

每次旋松螺钉或螺母时，均要用新导线的端部。

如果制造商声明要用更大的力矩，又提供了有关资料，可选用更大的力矩。

第Ⅰ栏适用于拧紧后螺钉不会冒出螺孔的无头螺钉，也适用于不能用宽于螺钉直径的螺钉旋具拧紧其他螺钉。

第Ⅱ栏适用于用螺钉旋具来拧紧的罩式端子的螺母。

第Ⅲ栏适用于用螺钉旋具来拧紧的端子的其他螺钉。

第Ⅳ栏适用于用非螺钉旋具以外的工具拧紧的除罩式端子之外螺钉和螺母。

第Ⅴ栏适用于用除螺钉旋具以外的工具拧紧的罩式端子的螺母。

具有带槽的六角形螺钉头，且第Ⅲ栏和第Ⅳ栏的值又不同者的螺钉，试验要进行两次。首先，在 3 个一组的试样上，向六角形螺钉头施加第Ⅳ栏规定的力矩，然后再用螺钉旋具在另一组试样上施加第Ⅲ栏规定的力矩。如果第Ⅲ栏和第Ⅳ栏的值相同，只需做用螺钉旋具进行的试验。

用以夹紧导线的螺钉和螺母的螺纹应为米制 ISO 螺纹或在螺距和机械强度方面均可与米制 ISO 螺纹相比的螺纹。

试验期间，夹紧件不应因螺钉断裂，螺钉头槽、螺纹、垫圈或 U 型卡等损坏而出现会影响夹紧件继续使用的损坏。

罩式夹紧件的规定的标称直径就是带槽螺栓的标称直径。

试验用螺钉旋具刀口的形状必须适合于受试的螺钉头，不应以爆发力来拧紧螺钉和螺母。

表 4　力矩和螺纹的标称直径之间的关系

螺纹的标称直径 D mm	力矩 N·m				
	Ⅰ	Ⅱ	Ⅲ	Ⅳ	Ⅴ
$D \leqslant 1.6$	0.05	—	0.1	0.1	—
$1.6 < D \leqslant 2.0$	0.1	—	0.2	0.2	—
$2.0 < D \leqslant 2.8$	0.2	—	0.4	0.4	—
$2.8 < D \leqslant 3.0$	0.25	—	0.5	0.5	—
$3.0 < D \leqslant 3.2$	0.3	—	0.6	0.6	—
$3.2 < D \leqslant 3.6$	0.4	—	0.8	0.8	—
$3.6 < D \leqslant 4.1$	0.7	1.2	1.2	1.2	1.2
$4.1 < D \leqslant 4.7$	0.8	1.2	1.8	1.8	1.8
$4.7 < D \leqslant 5.3$	0.8	1.4	2.0	2.0	2.0
$5.3 < D \leqslant 6.0$	1.2	1.8	2.5	3.0	3.0
$6.0 < D \leqslant 8.0$	2.5	2.5	3.5	6.0	4.0
$8.0 < D \leqslant 10.0$	—	3.5	4.0	10.0	6.0
$10.0 < D \leqslant 12.0$	—	4.0	—	—	8.0
$12.0 < D \leqslant 15.0$	—	5.0	—	—	10.0

9.7　在最终产品进行温升试验期间，夹紧件应接上导线，导线的横截面积、类型及连接条件均应符合有关产品标准的规定。如有螺钉或螺母，应以 9.6 规定的力矩拧紧。

9.8　无螺纹型夹紧件的电气性能要进行如下试验检查。每一种设计的夹紧件均要用 10 个新的未进行过任何其他试验的试样来进行该试验。如果是构成设备的一部分的夹紧件，这些夹紧件可单独送试样。

试验用一根新的铜导线来进行，导线的横截面积要符合 7.2 和 7.5 的规定：

——仅能连接单芯导线的夹紧件，要接上单芯导线；

——能连接硬的(单芯/绞合)导线的夹紧件，要接上这两种类型的导线；

——能连接硬的(单芯/绞合)导线又能连接软导线的夹紧件，要接上所有各种类型的导线。

5 个中的每一个夹紧件均要按正常使用要求接上一根最小横截面积的导线，而另外 5 个中的每一个夹紧件则应按正常使用要求接上一根最大横截面积的导线。

夹紧件用交流电流加载 1 h，这个电流应等于有关产品标准规定的试验电流。

在加载阶段将要结束时，在继续通着同一电流的情况下，立即测出每个夹紧件两端的电压降(详见产品标准)。应在每个夹紧件的两端尽量靠近接触点处测量。

无论如何，电压降不应大于 15 mV。

9.9　无螺纹型夹紧件在其所插进的相关导线已经被弯曲的情况下，性能应不会改变。9.8 和 9.10 所规定的试验参数(例如电压降试验、试验电流等)，仅是对应于最低限度的可接受的严酷等级的参数而已，因此，为了更好检查无螺纹型夹紧件的性能，有关技术委员会在制定国际标准时，应增加适当的弯曲试验的内容。

本条的进一步细节正在考虑中。

9.10　将已进行过 9.8 规定的电压降测量的无螺纹型夹紧件放进加热箱内，开始时，箱里温度保持在 20 ℃±2 ℃。

试验期间，通以有关产品标准规定的试验电流，但冷却阶段除外。

在下述的所有电压降试验结束之前，整个试验装置，包括导线在内，均不得移动。

然后，使夹紧件经受 192 个温度周期，每个周期历时约 1 h，过程如下：

按有关产品标准，将加热箱里的空气温度提高至 40 ℃或更高值约 20 min。

将加热箱里的空气温度维持在此值±5 ℃内约 10 min。然后，使夹紧件在约 20 min 内冷却至约 30 ℃，允许强迫冷却。

将夹紧件再保持在这一温度约 10 min。必要时，为了测出电压降，还可将夹紧件进一步冷却到 20 ℃±2 ℃。

在第 24 个温度周期之后，以及在第 192 个温度周期结束之后，用 9.8 规定的试验电流和试验装置测出电压降。

允许的电压降不得大于下述两值中的较小值：

——22.5 mV；或

——第 24 个周期之后测得值的 1.5 倍。

加热箱里的温度，在距试样至少 50 mm 处测量。

本试验之后，用无附加放大的正常或校正视力进行肉眼观察，观察结果应证明，无任何会明显影响继续使用的变化，例如裂痕、变形等。

若按有关产品标准规定，本试验也可在环境温度下进行，但应考虑适当增大试验电流，使夹紧件达到上述规定的 40 ℃±5 ℃，或更高的加热温度。如对试验结果有怀疑，应按 9.10 的规定，在加热箱里用一组新试样进行试验。

单位为毫米

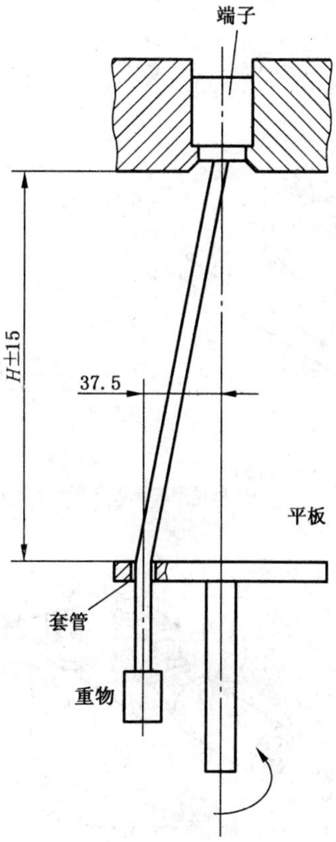

图 1　9.4 所用试验设备

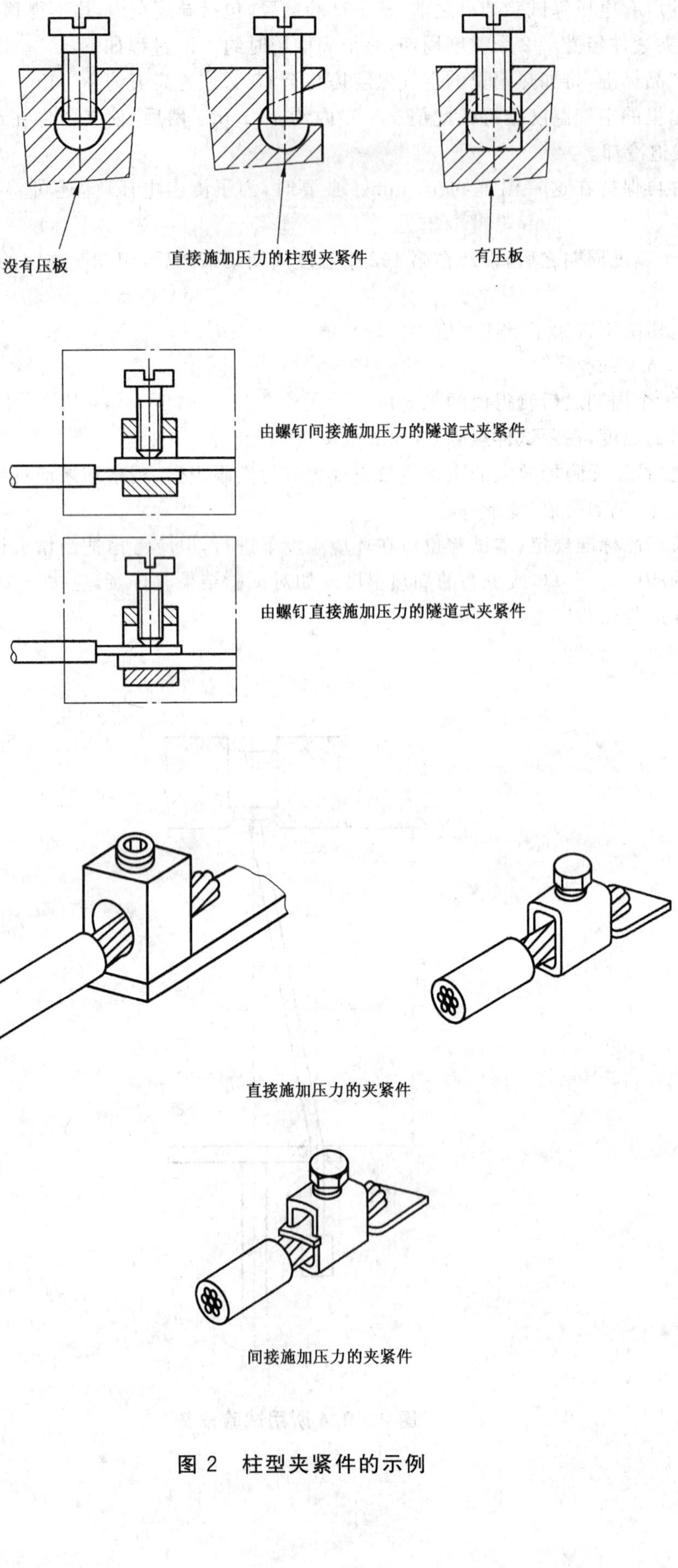
没有压板
直接施加压力的柱型夹紧件
有压板
由螺钉间接施加压力的隧道式夹紧件
由螺钉直接施加压力的隧道式夹紧件
直接施加压力的夹紧件
间接施加压力的夹紧件

图 2　柱型夹紧件的示例

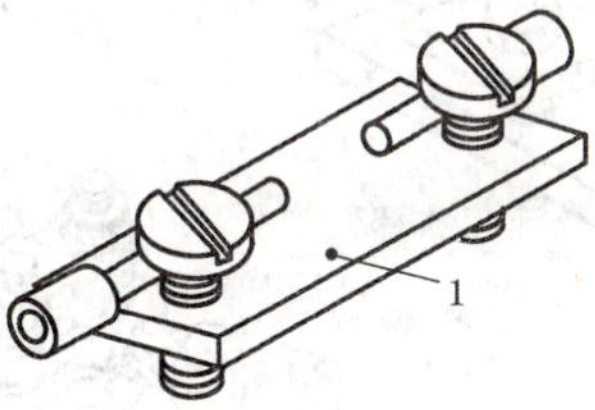

由螺钉头直接施加压力的螺钉型夹紧件的示例

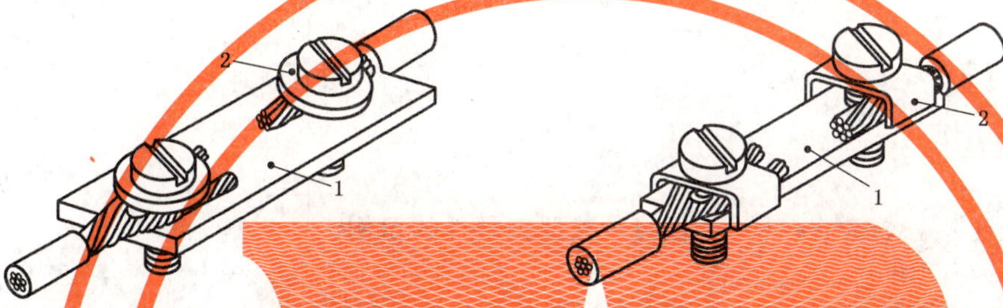

由施力件间接施加压力的螺钉型夹紧件的示例

这里所示的夹紧件均可将绞合线端分为两部分夹在螺钉或螺栓的两侧。

螺栓夹紧件的示例

说明：

1——固定部件；

2——垫圈或夹紧板；

3——防松部件；

4——螺栓。

只要夹紧绞合线端所需压力不是通过绝缘材料来传递，将绞合线端保持在正常位置的部件可以是绝缘材料制品。

图 3　螺钉夹紧件和螺栓夹紧件的示例

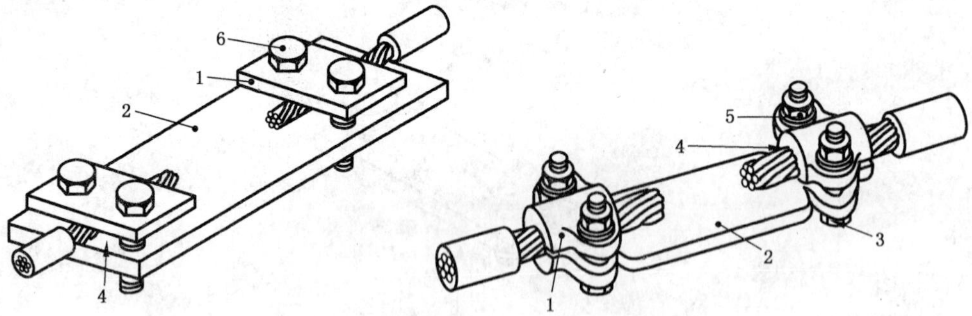

说明：
1——鞍架；
2——固定部件；
3——螺栓；
4——导线所占空间；
5——螺母；
6——螺钉。

图 4　鞍型夹紧件的示例

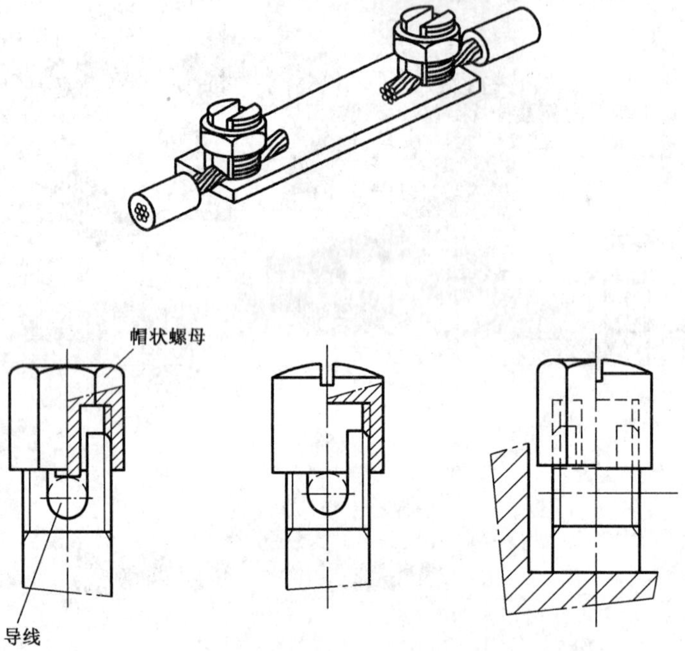

图 5　罩式夹紧件的示例

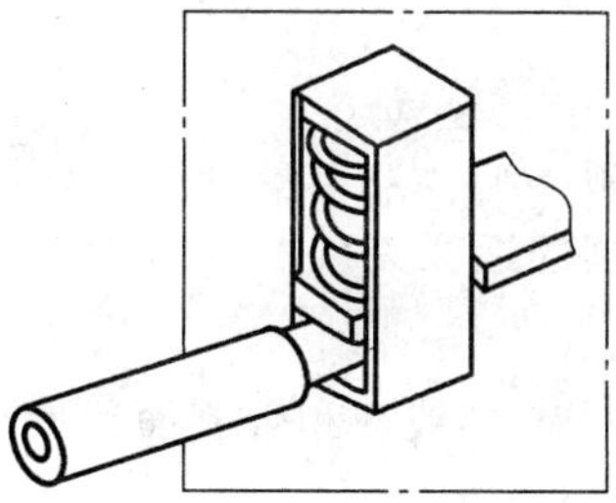

间接施加压力的无螺纹型夹紧件

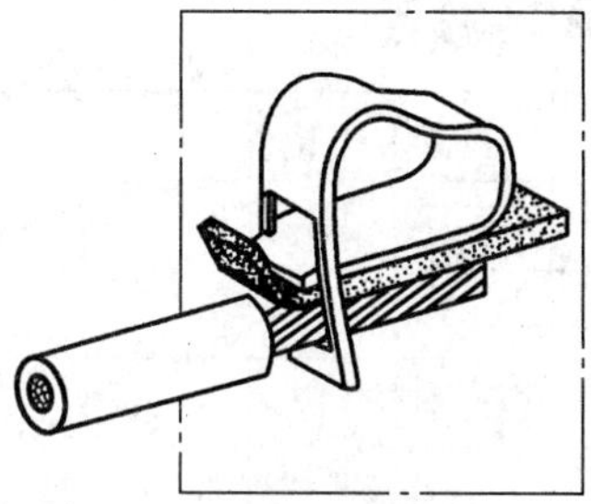

直接施加压力的无螺纹型夹紧件

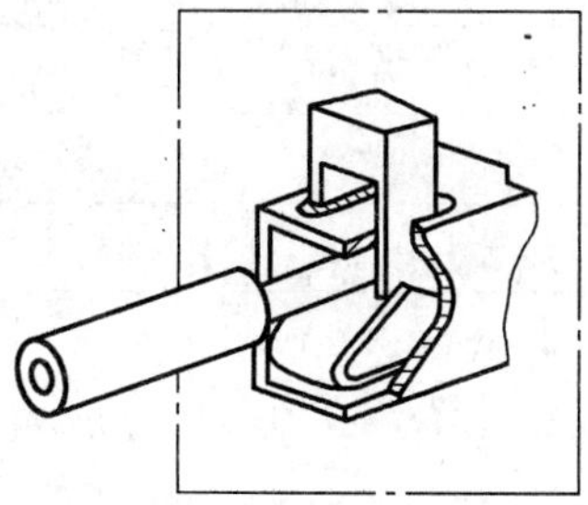

带调节机构的无螺纹型夹紧件

图 6　无螺纹型夹紧件的示例

附 录 A
（规范性附录）
mm^2 与 AWG 线规的近似关系

表 A.1 对应于额定横截面积的 AWG 线规和公制面积 mm^2

额定横截面积 mm^2	AWG 线规	相当的公制面积 mm^2
0.2	24	0.204
0.34	22	0.324
0.5	20	0.52
0.75	18	0.82
1	—	—
1.5	16	1.30
2.5	14	2.10
4.0	12	3.30
6.0	10	5.30
10.0	8	8.40
16.0	6	13.30
25.0	4	21.20
35.0	2	33.60

附　录　B
（规范性附录）
额定连接容量与相应的量规

表 B.1　额定连接容量和相应量规

额定连接容量	最大导线的理论直径（公制 mm）			量规			a、b 和 Φ 的允许偏差
	硬导线		软导线	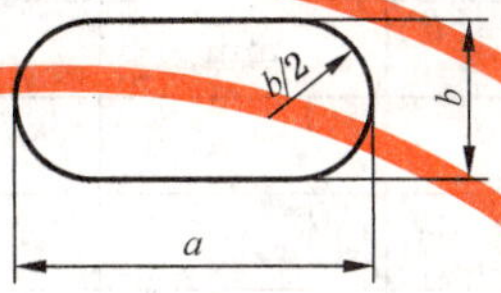			
	单芯	绞合		a	b	Φ	
mm²	mm	mm	mm	mm	mm	mm	mm
0.2	0.51	0.53	0.61	—	—	0.7	
0.34	0.63	0.66	0.8	—	—	0.9	
0.5	0.9					1.0	
		1.1		2.0	1.2	1.2	
			1.1			1.2	
0.75	1.0					1.4	
		1.2		2.0	1.2	1.3	
			1.3			1.5	
1.0	1.2					1.3	
		1.4		2.0	1.2	1.5	0/−0.05
			1.5			1.6	
1.5	1.5					1.6	
		1.7		2.4	1.5	1.8	
			1.8			1.9	
2.5	1.9					2.0	
		2.2		2.8	2.0	2.3	
			2.3			2.4	
4	2.4			2.8	2.4	2.5	
		2.7		2.8	2.4	2.8	
			2.9	3.6	3.1	3.0	
6	2.9			3.6	3.1	3.0	0/−0.06
		3.3		3.6	3.1	3.4	
			3.9	4.3	4.0	4.0	

表 B.1（续）

<table>
<tr><th rowspan="3">额定连接容量</th><th colspan="3">最大导线的理论直径
（公制 mm）</th><th colspan="3">量规</th><th rowspan="3">a、b 和 Φ 的允许偏差</th></tr>
<tr><th colspan="2">硬导线</th><th rowspan="2">软导线</th><th colspan="2">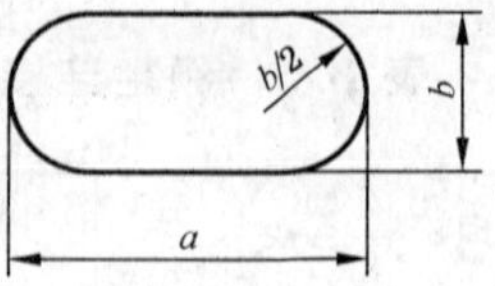
a　b</th><th rowspan="2">
Φ</th></tr>
<tr><th>单芯</th><th>绞合</th></tr>
<tr><td>mm^2</td><td>mm</td><td>mm</td><td>mm</td><td>mm</td><td>mm</td><td>mm</td><td>mm</td></tr>
<tr><td rowspan="3">10</td><td>3.7</td><td></td><td></td><td>4.3</td><td>4.0</td><td>3.8</td><td rowspan="3">0/−0.06</td></tr>
<tr><td></td><td>4.2</td><td></td><td>4.3</td><td>4.0</td><td>4.3</td></tr>
<tr><td></td><td></td><td>5.1</td><td>—</td><td>—</td><td>5.2</td></tr>
<tr><td rowspan="3">16</td><td>4.6</td><td></td><td></td><td>—</td><td>—</td><td>4.7</td><td></td></tr>
<tr><td></td><td></td><td>5.3</td><td></td><td></td><td>5.4</td><td></td></tr>
<tr><td></td><td></td><td>6.3</td><td></td><td></td><td>6.4</td><td></td></tr>
<tr><td rowspan="3">25</td><td>—</td><td></td><td></td><td rowspan="3">—</td><td rowspan="3">—</td><td>—</td><td rowspan="6">0/−0.07</td></tr>
<tr><td></td><td>6.6</td><td></td><td>6.7</td></tr>
<tr><td></td><td></td><td>7.8</td><td>7.9</td></tr>
<tr><td rowspan="3">35</td><td>—</td><td></td><td></td><td rowspan="3">—</td><td rowspan="3">—</td><td>—</td></tr>
<tr><td></td><td>7.9</td><td></td><td>8.0</td></tr>
<tr><td></td><td></td><td>9.2</td><td>9.3</td></tr>
</table>

试验步骤：用上述制造商规定的量规之一进行试验。量规的测量部分应无需过度用力便能靠自身重量进入夹紧件的孔里。

量规的结构：量规应按规定尺寸用钢制成。

附　录　C
（规范性附录）
绞合导线的结构

表 C.1　对应于横截面积的绞合导线和软导线的结构

横截面积	绞合导线	软导线
mm^2	圆形非紧凑式导线的最少线丝数	导线内线丝的最大直径 mm
0.2	7	0.21
0.34	7	0.25
0.5	7	0.21
0.75	7	0.21
1	7	0.21
1.5	7	0.26
2.5	7	0.26
4	7	0.31
6	7	0.31
10	7	0.41
16	7	0.41
25	7	0.41
35	7	0.41

表 C.2　对应于 AWG 线规的绞合导线和软导线的结构

导线大小 AWG	绞合导线	软导线
	圆形非紧凑式导线的最少线丝数	导线内线丝的最大直径 mm
24	绞合的线丝数可能不同	0.26
22	7	0.26
20	10	0.26
18	16	0.26
16	26	0.26
14	7	0.26
12	7	0.26
10	7	0.26
8	7	0.49
6	7	0.62
4	7	0.78
2	7	0.60

参 考 文 献

［1］ GB 13140.4 家用和类似用途低压电路用的连接器件 第2部分:作为独立单元的带刺穿绝缘型夹紧件的连接器件的特殊要求

［2］ GB 13140.5 家用和类似用途低压电路用的连接器件 第2部分:扭接式连接器件的特殊要求

［3］ GB 17196 连接器件 连接铜导线用的扁形快速连接端头 安全要求

［4］ ASTM B172-71(1985年复审版)钢索绞合的绞合铜导线标准技术规范

［5］ ICEA出版物S-19-81(第6版)/NEMA出版物 WC 3:1980 输配电用橡胶绝缘电线电缆

［6］ ICEA出版物S-66-524(第2版)/NEMA出版物 WC 7:1982 输配电用热固性交联乙烯绝缘电线电缆

［7］ ICEA出版物S-68-516/NEMA出版物 WC 8:1976 输配电用乙烯丙烯橡胶绝缘电缆

ICS 43.040.40
Q 69

中华人民共和国国家标准

GB/T 17469—2012
代替 GB/T 17469—1998

汽车制动器衬片摩擦性能评价 小样台架试验方法

Characteristics evaluation of brake linings for automobile—Small sample bench test method

2012-12-31 发布　　2013-09-01 实施

中华人民共和国国家质量监督检验检疫总局
中国国家标准化管理委员会　发布

前　言

本标准按照 GB/T 1.1—2009 给出的规则起草。

本标准代替 GB/T 17469—1998《汽车制动器衬片摩擦性能评价　小样台架试验方法》。

本标准与 GB/T 17469—1998 相比，主要技术变化如下：

——删除了引言；

——删除定义、符号和单位（1998 版的第 2 章和第 3 章）；

——细化了试验准备（见第 2 章）；

——细化了试验步骤，试验温度进行了适当调整（见第 4 章，1998 版的第 6 章）；

——取消热 B 级工况试验；

——增加了摩擦系数的级别和标记（见第 6 章）；

——增加了附录 A 中的表 A.1；

——删除了附录 B（1998 版），改为本版的附录 B；

——将附录 C 调整到 3.2。

本标准的试验方法对应于 SAE J661:1997《汽车制动器衬片质量试验程序》，本标准的摩擦系数的级别和标记对应于 SAE J866:2012《汽车制动器衬片摩擦系数标识体系》，与其技术内容基本一致。

本标准由中国建筑材料联合会提出。

本标准由全国非金属矿产品及制品标准化技术委员会（SAC/TC 406）归口。

本标准起草单位：东营博瑞制动系统有限公司、珠海格莱利摩擦材料有限公司、重庆红宇摩擦制品有限公司、山东省梁山神力汽车配件有限公司、江阴希克林摩擦材料有限公司、杭州振兴摩擦材料有限公司、国家非金属矿制品质量监督检验中心。

本标准主要起草人：侯立兵、张宏光、曾文天、王丹膺、冯敬友、徐克林、韩屹丽、蒋世文、朱绵鹏。

本标准于 1998 年首次发布，本次为第一次修订。

汽车制动器衬片摩擦性能评价小样台架试验方法

1 范围

本标准规定了汽车制动器衬片(以下简称“衬片”)摩擦磨损性能的小样台架试验程序及摩擦系数的级别和标记。

本标准适用于汽车用盘式制动器衬片和汽车用鼓式制动器衬片。

本标准不适用于驻车制动器制动衬片。

2 试验设备

2.1 试验设备功能

试验设备为如图1和图2所示的摩擦材料小样台架试验机。试验机应具备以下功能:

a) 测量制动鼓的温度;

b) 加热制动鼓;

c) 控制制动鼓加热速率;

d) 仅从制动鼓的背面冷却制动鼓;

e) 控制制动鼓降温速率;

f) 测量摩擦力;

g) 测量制动鼓的转速。

2.2 温度测量装置

温度测量装置应由焊接的热电偶、合金金属环、银石墨碳刷、具有高输入阻抗的记录仪组成。

温度测量系统的精度为满量程的±2%。

2.3 摩擦力测量系统

摩擦力测量系统的精度为满量程的±2%。

2.4 制动鼓

2.4.1 制动鼓速度测量系统的精度为满量程的±2%。

2.4.2 制动鼓升温方式应按如下方式进行调节,并在试验过程中保持此状态:

制动鼓转速 417 r/min,用冷却空气将制动鼓从 149 ℃冷却至 93 ℃,然后关闭冷却空气,自然冷却至 82 ℃时,打开加热器并开始计时,加热 10 min。制动鼓温度应在 10 min 升到 221 ℃±14 ℃。

制动鼓降温方式应按如下方式进行调节,并在试验过程中保持此状态:

制动鼓转速 417 r/min,用加热器将制动鼓加热至 371 ℃,然后关闭加热器,开启冷却空气,降温至 343 ℃时开始计时,冷却 10 min。制动鼓温度应在 10 min 降至 93 ℃±14 ℃。

2.4.3 制动鼓材质应为珠光体铸铁,布氏硬度为 179~229,化学成分含量应符合下列要求:

碳:3.30%~3.50%;锰:0.55%~0.75%;硅:1.80%~2.10%;硫:≤0.20%;磷:≤0.20%;

镍：0.60％～0.70％；铬：0.15％～0.25％；钼：0.20％～0.30％。

制动鼓尺寸应符合图2要求。

2.4.4 热电偶测量点深度应符合下列要求：

当内径为277 mm～278 mm时，测量点深度为2.55 mm；当内径为278 mm～279 mm时，测量点深度为3.05 mm；当内径为279 mm～280 mm时，测量点深度为3.55 mm（测量点深度是指新鼓的内径为277.4 mm时的深度）。

2.5 其他装置

测量试样厚度和质量的装置。

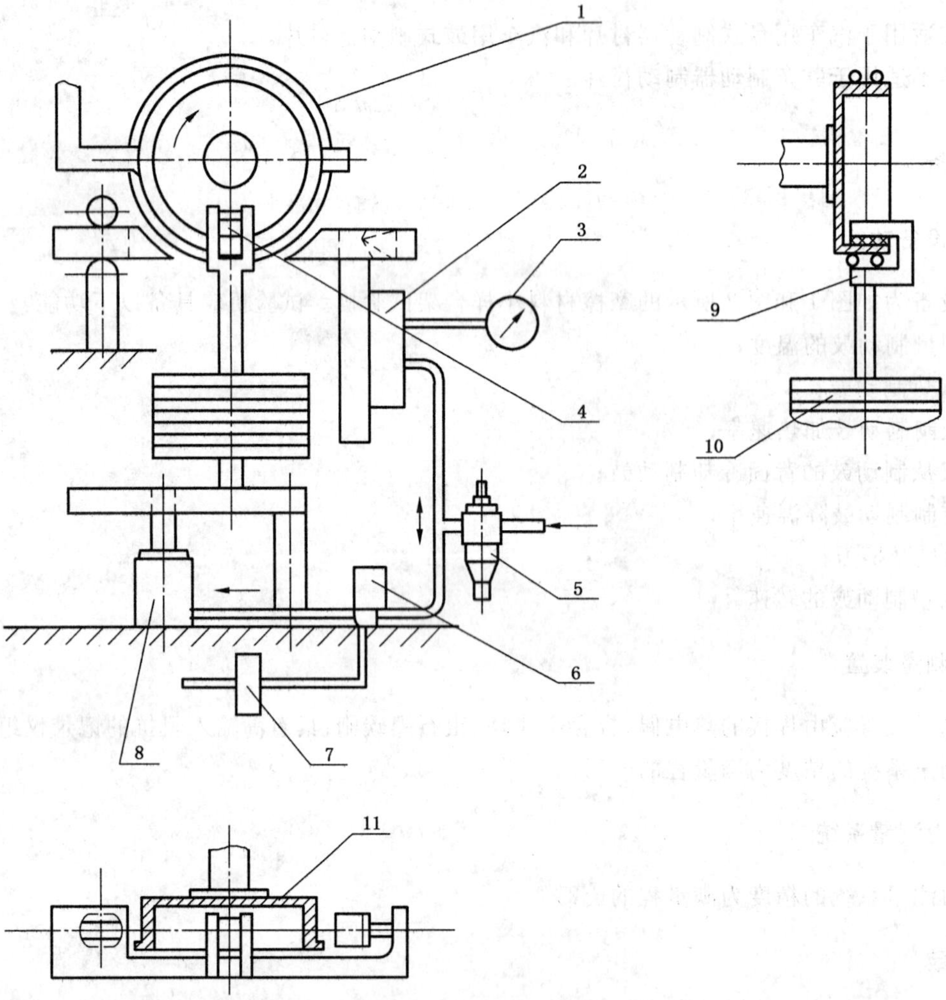

说明：

1——加热器；	7——定时器；
2——压力传感器；	8——液压缸；
3——压力表；	9——试样夹具；
4——试样；	10——可调载荷；
5——调压阀；	11——制动鼓。
6——电磁阀；	

图1 试验机示意图

单位为毫米

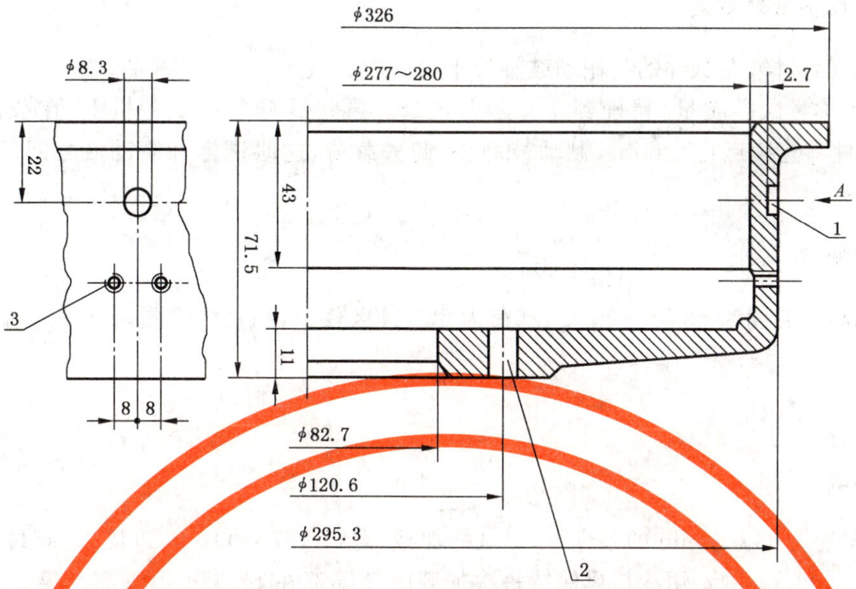

说明：

1——平底热电偶；

2——孔的尺寸、位置及数量与试验机相配；

3——两个螺纹孔与热电偶护套相配，位置应避开摩擦轨道。

图 2 制动鼓尺寸

3 试验准备

3.1 试样制备

从每批产品中随机抽取 5 个衬片。从每个衬片中制取一个试样。

试样应从衬片的中部截取，取样位置到衬片周边距离相等。

试样长宽尺寸为 25.4 mm×25.4 mm，试验摩擦面为弧形，圆弧半径应与制动鼓相吻合，背面为平面，最厚处厚度（或试样加上消音片）约为 6 mm。试样的试验摩擦面应为衬片的摩擦面。

对于已经磨削加工过的试样，应从其摩擦面上至少磨去 0.3 mm，但不得超过 0.5 mm。对于未经磨削的试样（直接从模具中取出），应从其摩擦面上磨去 1.0 mm～1.2 mm，以便衬片表面的树脂浸渍层能完全清除。

制好的试样的试验摩擦面不应用手接触，应避免粘上其他外来杂质。

3.2 制动鼓表面的处理

3.2.1 当使用新的或重新磨过的制动鼓时，第一次试验前，应用砂纸或砂布除去所有磨痕，然后用 320 号细砂纸磨光，用洁净干燥空气或软布除去制动鼓上的灰尘。最后用参考试样在转速 417 r/min、载荷为 440 N、温度 93 ℃以下的条件下连续运行，直至摩擦系数稳定。

3.2.2 每次试验前，制动鼓表面应用砂纸或砂布打磨，然后用 320 号砂纸（湿的或干的）磨光。用洁净干燥空气或软布类的东西除去制动鼓上的灰尘。

3.3 试样磨合

在制动鼓转速为 312 r/min、载荷为 440 N、最高温度为 93 ℃的条件下，对试样进行磨合，时间不少于 20 min。如果磨合 20 min 后试样接触面积仍低于 95%，则放弃该试样另外重新制备。

3.4 初始厚度和质量的测量

取出磨合好的试样，在试样的与制动鼓轴线平行的中心线上取三点(外侧、中心、内侧)进行厚度测量并记录，同时，称量试样质量(精确到 1 mg)并记录。再将试样装在试验机上，在载荷 222 N、转速 208 r/min的条件下连续运行 5 min。制动鼓静止、卸去载荷，这时试样和制动鼓之间的初始间距应为 0.3 mm～0.4 mm。

3.5 初始磨损测量

在制动鼓静止、温度为 88 ℃～99 ℃、载荷为 667 N 条件下，用百分表测量试样的高度并记录。

4 试验步骤

4.1 第一次基线

在制动鼓转速为 417 r/min 的条件下，对试样加载(载荷 667 N)10 s、卸载 20 s，共进行 20 次。试验从鼓温 82 ℃～93 ℃开始，用冷却风保持每次加载时鼓温都在 82 ℃～104 ℃。第 20 次加载关闭冷却风。

4.2 第一次衰退

关闭加热和风冷，让鼓在转动中自然冷却。当鼓温降至 82 ℃时，对试样加载同时打开加热器。在转速为 417 r/min，加载力为 667 N 的条件下连续拖磨，当温度达到 288 ℃或拖磨时间达到 10 min，这两个条件中任何一个条件先实现，试验即完成。从 93 ℃开始每隔 28 ℃记录一次摩擦力，并记录达到 288 ℃所用的时间。

4.3 第一次恢复

随着第一次衰退完成，关闭加热器，打开冷却风。在试验转速 417 r/min 的条件下、鼓温从 288 ℃降到 93 ℃的过程中，在 260 ℃、204 ℃、149 ℃和 93 ℃时对试样加载(载荷 667 N)10 s，记录各次加载时的摩擦力。

4.4 第二次磨损测量

按 3.5 进行磨损测量。

4.5 磨损测试

在制动鼓转速 417 r/min 的条件下，对试样加载(载荷 667 N)20 s，卸载 10 s，共进行 100 次。试验从鼓温 193 ℃～204 ℃开始，鼓温应一直保持在 193 ℃～216 ℃之间，可以用加热器或风冷来达到此目的。

4.6 第三次磨损测量

步骤 4.5 完成后，冷却至 88 ℃～99 ℃时，按 3.5 再进行磨损测量。

4.7 第二次衰退

第三次磨损测量完成后，立即关闭加热器和冷却风，让鼓在转动中自然冷却。当鼓温降至 82 ℃时打开加热器，在转速 417 r/min、加载力 667 N 的条件下连续拖磨，当温度达到 343 ℃或拖磨时间达到 10 min，这两个条件中任何一个条件先实现，试验即完成。从 93 ℃开始每隔 28 ℃记录一次摩擦力，并记录达到 343 ℃所用的时间。

4.8 第二次恢复

随着第二次衰退完成,关闭加热器,打开冷却风,在试验转速 417 r/min 的条件下、鼓温从 343 ℃降到 93 ℃的过程中,在 316 ℃、260 ℃、204 ℃、149 ℃和 93 ℃下时对试样各加载(载荷 667 N)10 s,记录各次加载时的摩擦力。

4.9 第二次基线

重复 4.1 步骤。

4.10 最终磨损测量

按 3.5 再进行磨损测量。

4.11 最终厚度和质量测量

取出试验后的试样,按 3.4 进行厚度测量和质量称量。

5 结果报告

5.1 数据的采集处理

在断续加载试验中,摩擦系数取加载终点的数值。

测试数据保留 3 位有效数字,平均结果保留 2 位有效数字。

5.2 试验记录

每个试样的试验数据记录表和曲线图参见附录 A。

5.3 结果报告

一批产品五个试样的测试结果报告参见附录 B。

6 摩擦系数的级别和标记

6.1 摩擦系数的分类代号

为了便于表述,将摩擦系数值分为 C、D、E、F、G、H 六类,见表 1。

表 1 摩擦系数的分类代号

类别代号	摩擦系数值
C	$\mu \leqslant 0.15$
D	$0.15 < \mu \leqslant 0.25$
E	$0.25 < \mu \leqslant 0.35$
F	$0.35 < \mu \leqslant 0.45$
G	$0.45 < \mu \leqslant 0.55$
H	$\mu > 0.55$

6.2 产品级别和标记

根据本试验方法测得的摩擦系数值，计算出常温摩擦系数和高温摩擦系数，按表1的类别代号，标记本批衬片的级别。第一个字母表示常温摩擦系数值，第二个字母表示高温摩擦系数值。

常温摩擦系数计算方法如下：

第二次衰退试验在93 ℃、121 ℃、149 ℃和204 ℃ 4个温度点的摩擦系数的平均值。

高温摩擦系数计算方法如下：

第一次恢复试验在204 ℃和149 ℃，第二次衰退试验在232 ℃、260 ℃、288 ℃、316 ℃、343 ℃以及第二次恢复试验在260 ℃、204 ℃和149 ℃，总共10个温度点的摩擦系数的平均值。

举例：

如某一衬片的常温摩擦系数为0.29，高温摩擦系数值为0.40，则标记为EF级。

附　录　A
（资料性附录）
试验数据记录表和数据曲线图

试验数据记录表见表 A.1，数据曲线图见图 A.1。

表 A.1　数据记录表

材料：____________　项目编号：____________

试验编号：____________

批号：____________　日期：____________

试验员：____________

执行标准：____________

	质量	厚度	百分表读数
初始值：			
最终值：			
磨　耗：			

加载次数	第一次基线摩擦力/N	μ
1		
5		
10		
15		
20		

温度/℃	第一次衰退摩擦力/N	μ
93		
121		
149		
177		
204		
232		
260		
288		
到达 288 ℃的时间		
10 min	℃	

温度/℃	第一次恢复摩擦力/N	μ
260		
204		
149		
93		

磨损试验

加载次数	百分表读数 摩擦力/N	μ
1		
10		
20		
30		
40		
50		
60		
70		
80		
90		
100		

百分表读数 ____________

温度℃	第二次衰退摩擦力/N	μ
93		
121		
149		
177		
204		
232		
260		
288		
316		
343		
到达 343 ℃的时间		
10 min	℃	

温度/℃	第二次恢复摩擦力/N	μ
316		
260		
204		
149		
93		

加载次数	第二次基线摩擦力/N	μ*
1		
5		
10		
15		
20		

备注 ________________________________

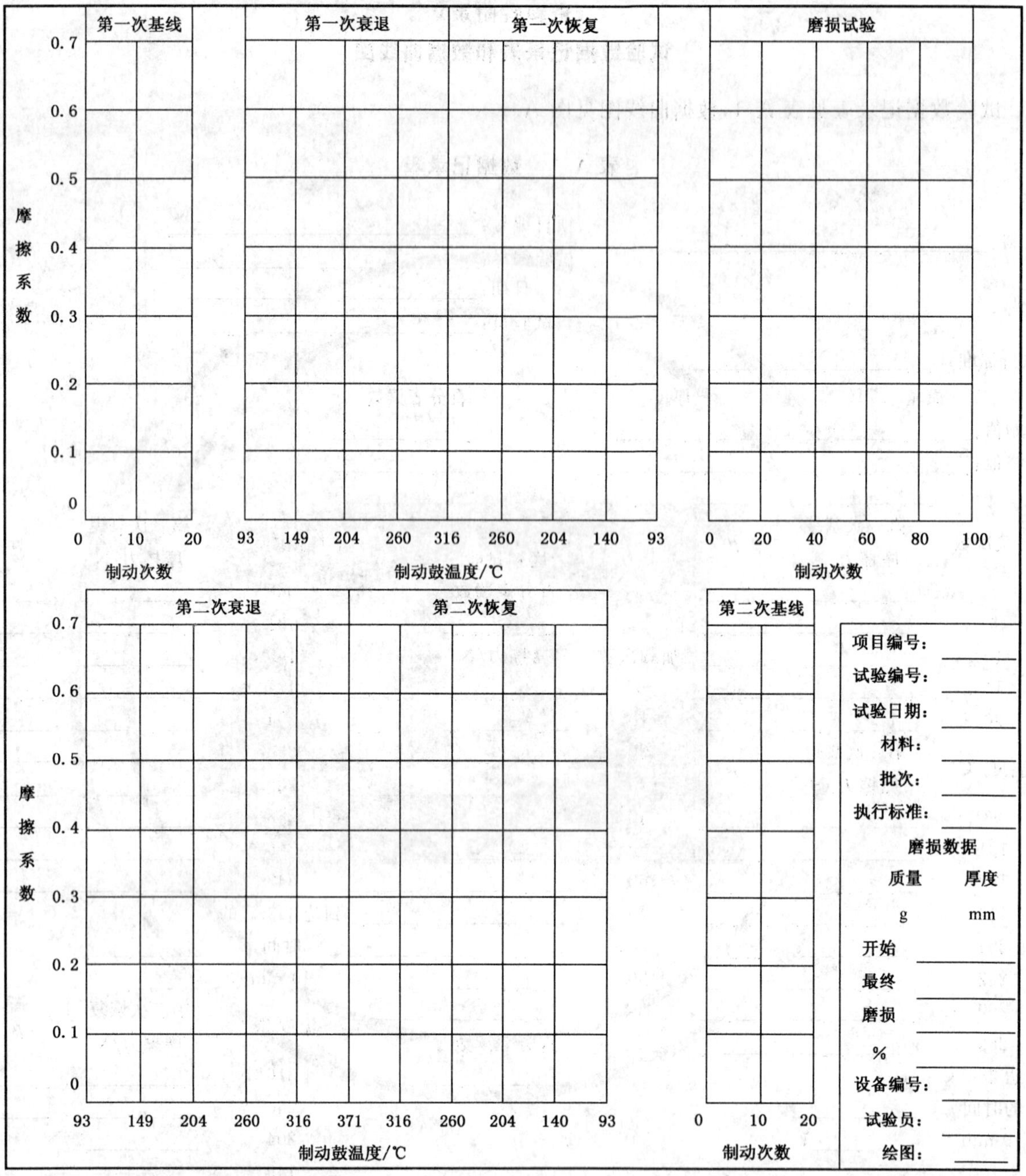
第一次基线
第一次衰退
第一次恢复
磨损试验
摩擦系数
0.7
0.6
0.5
0.4
0.3
0.2
0.1
0
0 10 20
制动次数
93 149 204 260 316 260 204 140 93
制动鼓温度/℃
0 20 40 60 80 100
制动次数
第二次衰退
第二次恢复
第二次基线
93 149 204 260 316 371 316 260 204 140 93
制动鼓温度/℃
0 10 20
制动次数
项目编号:
试验编号:
试验日期:
材料:
批次:
执行标准:
磨损数据
质量 厚度
g mm
开始
最终
磨损
%
设备编号:
试验员:
绘图:

图 A.1 数据曲线图

附 录 B
（资料性附录）
产品测试结果报告格式

一批衬片的测试结果根据委托者的要求如实报告，下面的报告格式可供参考。

表 B.1 产品测试结果报告格式

制动器衬片小样台架试验结果报告

生产者或委托者：____________________ 产品型号及商标：____________________

产品批量及批号：____________________ 测试得摩擦系数级别：____________________

摩擦系数值

	试样 1	试样 2	试样 3	试样 4	试样 5	平均值	与平均值的最大差值
次数	第一次基线						
1							
20							
温度	第一次衰退						
93 ℃							
288 ℃							
或者 10 min 的							
温度	第一次恢复						
260 ℃							
204 ℃							
149 ℃							
93 ℃							
次数	磨损试验						
1							
100							
温度	第二次衰退						
93 ℃							
121 ℃							
149 ℃							
177 ℃							
204 ℃							
232 ℃							
260 ℃							
288 ℃							
316 ℃							
343 ℃							
或者 10 min 的							

表 B.1（续）

温度	第二次恢复						
316 ℃							
260 ℃							
204 ℃							
149 ℃							
93 ℃							
次数	第二次基线						
1							
20							
	试验过程的磨损						
厚度磨损/mm							
质量磨损/g							
百分表测出的磨损/mm							

ICS 75.100
E 31

中华人民共和国国家标准

GB/T 17477—2012
代替 GB/T 17477—1998

汽车齿轮润滑剂黏度分类

Automotive gear lubricant viscosity classification

2012-11-05 发布 2013-03-01 实施

中华人民共和国国家质量监督检验检疫总局
中国国家标准化管理委员会 发布

前　言

本标准按照 GB/T 1.1—2009 给出的规则起草。

本标准代替 GB/T 17477—1998《驱动桥和手动变速器润滑剂黏度分类》，与 GB/T 17477—1998 相比的主要变化如下：

——标准名称由“驱动桥和手动变速器润滑剂黏度分类”改为“汽车齿轮润滑剂黏度分类”，与参考标准 SAE J306—2005《汽车齿轮润滑剂黏度分类》的标准名称保持一致；

——增加了“NB/SH/T 0845《传动润滑剂黏度剪切安定性的测定　圆锥滚子轴承试验机法》”（见第 2 章）；

——增加了 80、85、110 和 190 四个黏度等级（见第 4 章表 1，1998 年版的第 4 章表 1）；

——增加了脚注[c]“在经 NB/SH/T 0845(20h)试验后，也应满足限值要求。”（见第 4 章表 1）；

——多级油的连接符号以“-”代替“/”（见第 3.2.2）；

——删除了附录 A（提示的附录）“典型的齿轮润滑剂低温粘度（Brookfield 粘度）-温度图”（见 1998 年版的附录 A）。

本标准参考美国汽车工程师协会标准 SAE J306：2005《汽车齿轮润滑剂黏度分类》（英文版）制定，其技术内容与 SAE J306：2005 一致。

本标准由全国石油产品和润滑剂标准化技术委员会（SAC/TC 280）提出。

本标准由全国石油产品和润滑剂标准化技术委员会石油燃料和润滑剂分技术委员会（SAC/TC 280/SC 1）归口。

本标准起草单位：中国石油化工股份有限公司石油化工科学研究院。

本标准起草人：许淑艳。

本标准于 1998 年 8 月首次发布。

汽车齿轮润滑剂黏度分类

1 范围

本标准规定了汽车齿轮润滑剂的黏度等级、代号说明和详细分类。

本标准适用于汽车齿轮润滑剂的黏度分类和标记。

表1中的黏度等级仅从流变性质方面规定了汽车齿轮润滑剂的分类限值，没有考虑其他润滑剂特性。

2 规范性引用文件

下列文件对于本文件的应用是必不可少的。凡是注日期的引用文件，仅注日期的版本适用于本文件。凡是不注日期的引用文件，其最新版本(包括所有的修改单)适用于本文件。

GB/T 265 石油产品运动黏度测定法和动力黏度计算法

GB/T 11145 车用流体润滑剂低温黏度测定法(勃罗克费尔特黏度计法)

NB/SH/T 0845 传动润滑剂黏度剪切安定性的测定 圆锥滚子轴承试验机法

3 黏度等级和代号说明

3.1 黏度等级

本标准根据高温和低温下润滑剂的黏度划分黏度等级。

3.2 代号说明

3.2.1 本标准采用含字母W和不含W的两组黏度等级系列。含字母的黏度等级代号由一组数字和字母W组成(如:70W、75W、80W和85W);不含字母的黏度等级代号由一组数字组成(如:80、90、110、140、190和250)。前者以低温黏度达150 000 mPa·s时的最高温度和100 ℃时最小运动黏度划分;后者以100 ℃时运动黏度划分。

3.2.2 黏度等级有单级和多级之分。一个多级润滑剂，其低温黏度满足表1中含W级的要求，并且100℃运动黏度在一个不含W级规定的黏度范围之内，两个标记之间用连号“-”分隔。

示例：80W-90，其黏度应满足80W的低温要求并且在90高温要求规定范围之内。

3.2.3 汽车齿轮润滑剂的黏度等级不应与内燃机油黏度等级相混淆。当汽车齿轮润滑剂与内燃机油有相同的黏度时，两者黏度分类所定义的黏度等级相差较大。

示例：75W齿轮润滑剂与10W发动机油有相同的黏度，90齿轮润滑剂与40或50内燃机油黏度相当。

4 详细分类

汽车齿轮润滑剂的黏度分类见表1。

表 1 汽车齿轮润滑剂黏度分类

黏度等级	最高温度[a] (黏度达到 150 000 mPa·s)/℃	运动黏度[b](100 ℃)/ (mm^2/s),最小[c]	运动黏度[b](100 ℃)/ (mm^2/s),最大
70W	−55[d]	4.1	—
75W	−40	4.1	—
80W	−26	7.0	—
85W	−12	11.0	—
80	—	7.0	<11.0
85	—	11.0	<13.5
90	—	13.5	<18.5
110	—	18.5	<24.0
140	—	24.0	<32.5
190	—	32.5	<41.0
250	—	41.0	—

[a] 采用 GB/T 11145 测定。

[b] 采用 GB/T 265 测定。

[c] 在经 NB/SH/T 0845(20 h)试验后,也应满足限值要求。

[d] GB/T 11145 方法尚未建立在测定温度低于−40 ℃时的精确度。生产者与消费者中任何一方均应仔细考虑这一因素。

ICS 73.120
A 28

中华人民共和国国家标准

GB/T 17492—2012
代替 GB/T 17492—1998

工业用金属丝编织网 技术要求和检验

Industrial woven wire cloth—Technical requirements and testing

(ISO 9044:1999,MOD)

2012-12-31 发布 2013-10-01 实施

中华人民共和国国家质量监督检验检疫总局
中国国家标准化管理委员会 发布

前　言

本标准按照 GB/T 1.1—2009 给出的规则起草。

本标准代替 GB/T 17492—1998《工业用金属丝编织网技术要求和检验》。与 GB/T 17492—1998 相比，主要技术内容变化如下：

——删除了原标准中的表 3；

——删除图 3 X_i，Y_i 和 Z_i 排列的图解；

——增加了质量文件的规定（见第 6 章）；

——增加了订货信息（见第 7 章）；

——修改了术语和定义，将主要缺陷的术语和定义移到附录 A；

——修改了长度公差的规定（见 4.4）；

——修改了材料的规定（见 4.7）；

——修改了标准中的图示；

——修改了试验方法的顺序（见第 5 章）；

——修改了发货的信息（见第 8 章）；

——增加了附录 A。

本标准使用重新起草法修改采用 ISO 9044:1999《工业用金属丝编织网　技术要求和检验》（英文版）。

本标准与 ISO 9044:1999 存在技术性差异，这些差异涉及的条款已通过在其外侧页边空白位置的垂直单线（|）进行了标示。技术性差异及其原因如下：

——关于规范性引用文件，本标准做了具有技术性差异的调整，以适应我国的技术条件，调整的情况集中反映在第 2 章“规范性引用文件”中，具体调整如下：

- GB/T 10611—2003　工业用网　标记方法与网孔尺寸系列（ISO 2194:1991，MOD）；
- GB/T 5330.1—2012　工业用金属丝筛网和金属丝编织网　网孔尺寸与金属丝直径组合选择指南　第 1 部分：通则（ISO 4783-1:1989，MOD）；
- GB/T 19628.2—2005　工业用金属丝网和金属丝编织网　网孔尺寸与金属丝直径组合选择指南　金属丝编织网的优先组合选择（ISO 4783-2:1989，MOD）；

——增加了我国标准 JB/T 7860—2000（见第 2 章）；

——修改术语和定义（见第 3 章）；

——修改了长度公差的规定（见 4.4）；

——修改了金属丝径公差的规定（见 4.7.2）；

——增加 5.1 总则和 5.2 试验装置的表述。

本标准还做了如下编辑性修改：

——删除了参考文献。

本标准由全国颗粒表征与分检及筛网标准化技术委员会（SAC/TC 168）提出并归口。

本标准起草单位：中机生产力促进中心、新乡市巴山精密滤材有限公司、安平县安华五金网类制品有限公司。

本标准主要起草人：余方、刘鹤青、徐兰会。

本标准所代替标准的历次版本发布情况为：

——GB/T 17492—1998。

工业用金属丝编织网
技术要求和检验

1 范围

本标准规定了用于筛分和过滤的工业金属丝编织网的术语和定义、技术要求、试验方法、质量文件、订货信息和发货等内容。

本标准适用于其材料为钢、不锈钢或有色金属的工业金属丝编织方孔网。不适用于织后镀覆的金属丝编织网、预弯成型金属丝编织网和金属丝焊接筛网。

对筛分以外用途的金属丝编织网，订货时由供需双方达成协议才可使用。

2 规范性引用文件

下列文件对于本文件的应用是必不可少的。凡是注日期的引用文件，仅注日期的版本适用于本文件。凡是不注日期的引用文件，其最新版本(包括所有的修改单)适用于本文件。

GB/T 10611　工业用网　标记方法与网孔尺寸系列(GB/T 10611—2003,ISO 2194:1991,MOD)

GB/T 5330.1　工业用金属丝筛网和金属丝编织网　网孔尺寸与金属丝直径组合选择指南　第1部分:通则(GB/T 5330.1—2012,ISO 4783-1:1989,MOD)

GB/T 19628.2—2005　工业用金属丝网和金属丝编织网　网孔尺寸与金属丝直径组合选择指南　金属丝编织网的优先组合选择(ISO 4783-2:1989,MOD)

JB/T 7860　工业网用金属丝

3 术语和定义

下列术语和定义适用于本文件。

3.1

网孔尺寸　aperture size

w

在投影平面中间位置测量的两个相邻经丝或纬丝之间的距离，见图1。

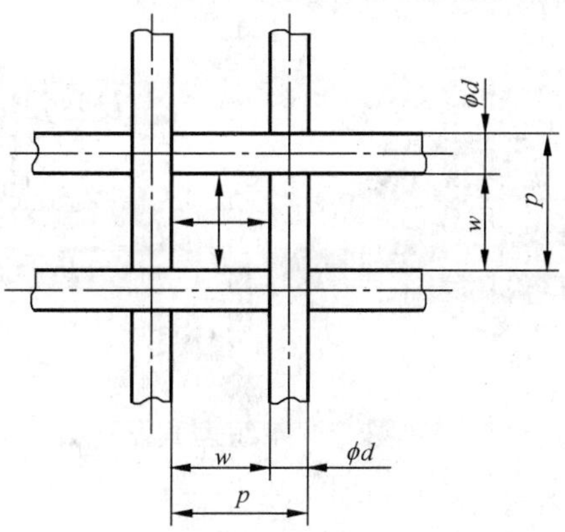

图1　网孔尺寸,丝径和孔距

3.2

丝径　wire diameter

d

金属丝筛网上金属丝的直径,见图1。

注:在编织过程中丝径可能稍有变化。

3.3

孔距　pitch

p

金属丝编织网上两相邻丝中心线之间的距离。

注:孔距是网孔尺寸 w 和丝径 d 之和,见图1。

3.4

经丝　warp

编织后,网上所有的纵向金属丝。

3.5

纬丝　weft

编织后,网上所有的横向金属丝。

3.6

单位长度上网孔的数目　number of apertures per unit length

n

在给定的单位长度上一行连续数出的网孔数目。

3.7

开孔面积百分率　open　screening area

A_0

a)　在整个筛分表面上,所有网孔面积占筛分面积的百分比;

b)　网孔基本尺寸 w 的平方与基本孔距 $p=(w+d)$ 的平方之比,圆整到整数的百分比值:

$$A_0=\frac{w^2}{(w+d)^2}\times 100\% \qquad (1)$$

3.8

编织型式　type of weave

经丝和纬丝彼此交织的方式。

注:工业用金属丝编织网用平纹或斜纹编织成方孔,见图2。

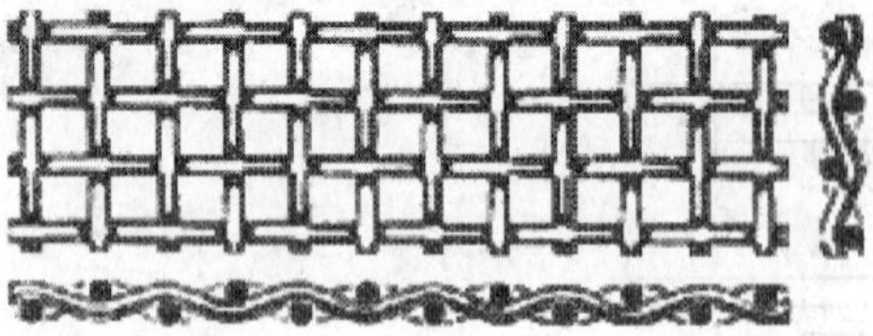

a)　平纹编织

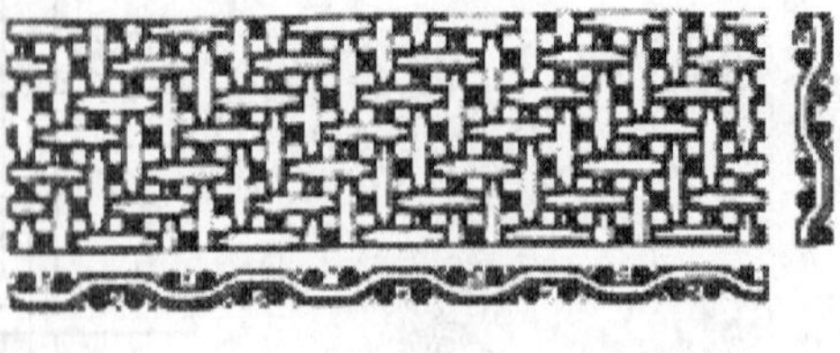

b)　斜纹编织

图2　编织型式

3.9

金属丝编织网的稳固性　firmness of woven wire cloth

丝网经纬丝相互交织着的稳固性取决于经丝和纬丝之间的交织拉力和联结强度,它受 w 对 d 的比值和编织型式的影响。

3.10

单位面积的质量　mess per unit area

ρ_A

用下列公式计算：

$$\rho_A=\frac{d^2\rho}{618.1(w+d)} \quad\cdots\cdots(2)$$

式中：

ρ_A ——单位面积的质量，单位为千克每平方米（kg/m^2）；

d ——丝径，单位为毫米（mm）；

w ——网孔尺寸，单位为毫米（mm）；

ρ ——材料密度，单位为千克每立方米（kg/m^3）。

式(2)给出了单位面积算出的质量，而实际值允许低3%。

注：各种材料的 ρ 的典型值可在有关的材料手册中查出，见 GB/T 19628.2—2005 中表 A.1。

示例：密度为 7 850 kg/m^3 的碳素钢的单位面积质量可以用式(2)计算，如下：

$$\rho_A=\frac{7\ 850d^2}{618.1(w+d)}=\frac{12.7d^2}{w+d}$$

当孔距 p 和单位面积质量 ρ_A 为已知时，用式(2)也可计算丝径 d，以碳素钢丝网为例（ρ=7 850 kg/m^3），见式(3)：

$$d=\sqrt{\frac{\rho_A p}{12.7}} \quad\cdots\cdots(3)$$

3.11

网块　block of woven wire cloth

从一卷网上按规定的边长、角度或半径切下的丝网。

3.12

网条　belt of woven wire cloth

从加工好的标准网卷的长度和宽度上按规定的宽度截取的丝网。

3.13

主要缺陷　major blemishes

对网孔尺寸或丝网表面质量有较大的影响的制造缺陷，参见附录 A。

4　技术要求

4.1　网孔尺寸和丝径的组合

工业用金属丝编织网网孔尺寸、金属丝、网孔尺寸与金属丝径组合的技术要求应按照 GB/T 10611、GB/T 5330.1、JB/T 7860 和 GB/T 19628.2 的规定选择。

4.2　网孔尺寸的公差

4.2.1　网孔尺寸的公差值见表 1。表 1 和式(4)～式(6)中，X_i，Y_i，Z_i 和 w 的单位为 mm，下标符号"i"代表各种"工业用金属丝网"。

表 1 网孔尺寸的公差 %

网孔基本尺寸 w mm	由下列材料制成的金属丝编织网的网孔尺寸 w 的公差					
	不锈钢或有色金属(铜和铝除外)			钢、铜或铝		
	$+X_i$	$\pm Y_i$	$+Z_i$	$+X_i$	$\pm Y_i$	$+Z_i$
16	12	5	9	14	6	10
12.5	13	5	9	15	6	10
10	14	5	9	16	6	11
8	15	5	10	18	6	12
6.3	16	5	10	19	6	12
5	17	5	11	20	6	13
4	18	5	12	22	6	14
3.15	20	5	12	23	6	14
2.5	21	5	13	25	6	15
2	23	5	14	27	6	16
1.6	24	5	15	29	6	17
1.25	26	5	16	31	6	18
1	28	5	17	33	6	19
0.8	30	5	18	36	6	21
0.63	33	5	19	39	6	22
0.5	36	5	21	42	7	24
0.4	39	6	22	46	7	26
0.315	42	6	24	50	7	28
0.25	46	6	26	55	7	31
0.2	50	6	28	60	8	34
0.16	55	7	31	66	8	37
0.125	61	7	34	73	9	41
0.1	67	7	37	80	9	45
0.08	74	8	41	89	9	49
0.063	83	9	46	99	10	55
0.05	93	10	51	—	—	—
0.04	100	11	56	—	—	—
0.032	100	13	56	—	—	—
0.025	100	15	57	—	—	—
0.02	100	17	59	—	—	—

4.2.2 网孔尺寸偏离基本尺寸的偏差应不超过 X_i 值。X_i 是在一个方向(经线或纬线)上测量单一网孔的最大允许偏差,由式(4)计算:

$$X_i = \left(\frac{2w^{0.75}}{3} + 4w^{0.25}\right) \times 2 \qquad \cdots\cdots (4)$$

其中：$X_i = w$ 时为最大值。

一排网孔超出 X_i 值则被认作是主要缺陷，见附录 A 中 A.8 和 A.9。

4.2.3 Y_i 是在经线和纬线方向上分别测量所得尺寸值的算术平均值的极限偏差。实际网孔尺寸的算术平均值偏离基本尺寸应不超出 $\pm Y_i$。

$$Y_i = \left(\frac{w^{0.98}}{27} + 1.6\right) \times 1.5 \qquad \cdots\cdots (5)$$

4.2.4 Z_i 是 X_i 和 Y_i 的算术平均值。

$$Z_i = \frac{X_i + Y_i}{2} \qquad \cdots\cdots (6)$$

4.2.5 网孔尺寸在“$w+X_i$”和“$w+Z_i$”之间的网孔数不应超过网孔总数的 6%。由于单一网孔尺寸的负偏差不影响筛分过程，因此 Z_i 和 X_i 值仅有正偏差。

4.3 主要缺陷的允许数目

4.3.1 金属丝编织网存在编织缺陷时，供需双方应在金属丝筛网单位面积上允许的主要缺陷的性质和数目上达成协议。金属丝网成品率的百分比应得到采购者的同意，并且应按金属丝编织网成块的尺寸以及网孔尺寸而改变。

4.3.2 除非供需双方另有协议，主要编织缺陷的最大允许数目应不超过表 2 中给出的数值。

表 2 主要缺陷的最大允许数目

网孔基本尺寸 w mm	每 10 m^2 主要缺陷的最大数目
$1 \leqslant w \leqslant 16$	5
$0.25 \leqslant w < 1$	10
$0.125 \leqslant w < 0.25$	12
$0.063 \leqslant w < 0.125$	18
$w < 0.063$	20

4.3.3 除非另有规定，对没有产生过大网孔或明显影响金属丝筛网表面质量的次要制造缺陷，应判为合格。

4.4 总长度的公差

按 5.6 中的规定测量时，网块的截取尺寸应符合下列要求：

a) 被修整过的金属丝网卷宽度公差和卷的长度的公差，应当为基本尺寸的 0%～2%。

b) 除非另有协议，方形和矩形的网块的长度和宽度的公差，应允许有±0.5%的截取公差，至少应允许一个孔距($p=w+d$)长度的偏差。

4.5 金属丝编织网的平整度

金属丝网和成块应处理平整，平整度的检验由供需双方协商。采购者有特殊要求时，成卷的金属丝网和成块的丝网可卷曲提供。

4.6 表面状态

4.6.1 金属丝网在编织中可能覆盖一层油膜。

4.6.2 金属丝在拉丝过程中所用辅助材料产生的痕迹：

a） 按线材情况，可能有腐蚀的痕迹。

b） 表面可能有拉丝和（或）编织加工产生的痕迹。

注：一般来说，经丝和纬丝的弯曲度是有差异的。

4.7 材料

4.7.1 采购者应按下列条件选定丝网的材料：

a） 该金属丝编织网的最终用途，例如：防环境腐蚀、食品行业等；

b） 进一步加工，例如：成型加工、焊接和表面处理等。

4.7.2 材料应按 JB/T 7860 的规定标记。特殊材料，应有供需双方协商规定。

4.7.3 在编织前，金属丝直径公差应按 GB/T 19628.2—2005 中表 1 的规定，金属丝直径的测量按 5.3 的规定。编制过程中金属丝会产生变形，编织后丝径公差不规定。

5 试验方法

5.1 一般要求

应按下述程序和步骤进行金属丝编织网检验：

a） 编织缺陷和损坏；

b） 网孔尺寸的最大偏差；

c） 网孔尺寸的平均值；

d） 金属丝直径。

5.2 试验装置

测量网孔尺寸和金属丝直径的检验装置应与被测的公差相适应。

5.3 金属丝直径 *d*

5.3.1 在编织前，金属丝直径由在同一横截面中任意两个相互垂直的方向上测得，计算出平均值而得到。其直径公差值按 GB/T 19628.2—2005 中表 1 的规定。

5.3.2 编织后金属丝直径的测定可以在下列程序中任选一种：

a） 测量从金属丝编织网上拆开的丝的直径（见图 3）；

b） 如果有足够的空间使用测量器具，在网上直接测量金属丝的直径；

c） 通过式（3）的单位面积质量和密度来计算；

d） 用光学投影法。

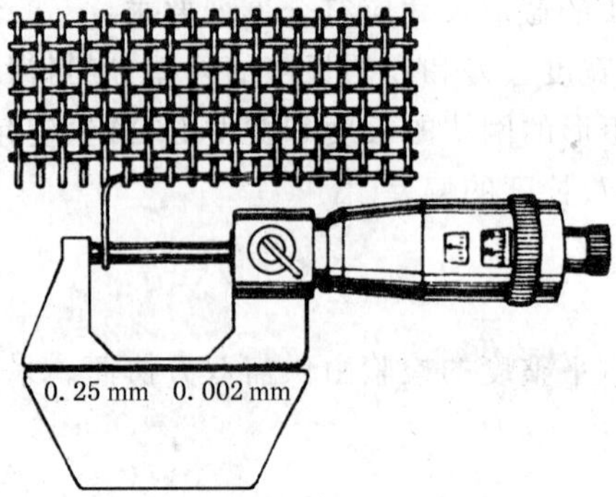

图 3 测量丝径的方法示例

5.4 网孔尺寸 w

5.4.1 平均网孔尺寸公差，Y_i（见 4.2.2）

5.4.1.1 4.0 mm 以上的网孔尺寸

将刻度为毫米的钢板尺分别沿着丝网经线和纬线方向放置，测量 10 个孔距的长度并且精确到毫米。将测量结果除以 10，得出平均孔距，再从平均孔距中扣除基本丝径，得出平均网孔尺寸（见图 4）。

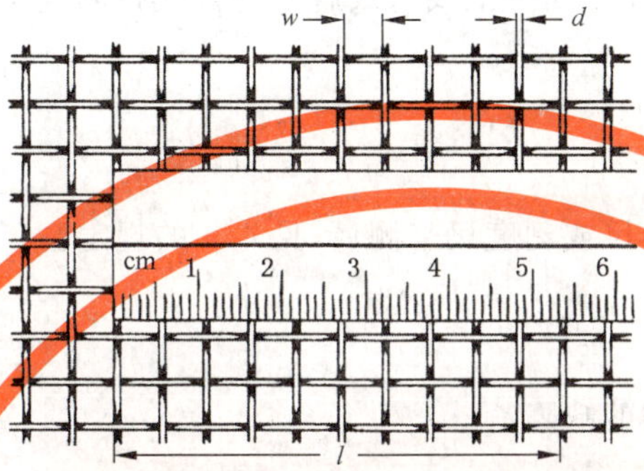

图 4 10 个孔距的被测孔列即 52.5 mm 长度

5.4.1.2 从 1 mm 至 4 mm 的网孔尺寸

将刻度为毫米的钢板尺分别沿着丝网经线和纬线方向放置，测量 20 个孔距的长度并且精确到毫米。将测量结果除以 20，得出平均孔距，再从平均孔距中扣除基本丝径，得出平均网孔尺寸。

5.4.1.3 小于 1 mm 的网孔尺寸

网孔尺寸测定可以用以下程序中任一个：

a) 金属丝的数目可在低倍数放大镜下由一个已知距离（读数显微镜）数出（见图 5）。平均网孔尺寸应由平均孔距扣除金属丝直径后计算得出。

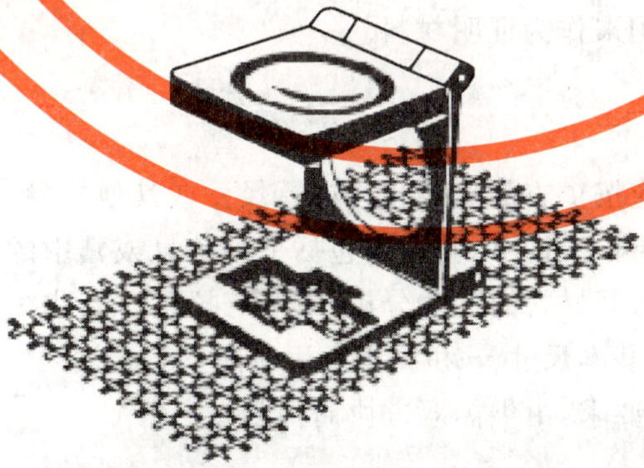

图 5 测量小于 1 mm 网孔尺寸的读数显微镜

b) 借助显微镜数出在经线或纬线方向单位长度的金属丝数目。

c) 用光学干涉方法确定单位长度上网孔的数目。

d) 可以使用投影仪，图像分析仪或光学扫描仪器。使用这些仪器时，在经线和纬线方向上建议用五倍的 10 个孔距的长度。

5.4.2 最大网孔尺寸公差，X_i（见4.2.1）

在评估检测结果时，每卷的两边各为10 mm的网边和对于网孔尺寸超出5 mm每边相当于两个网孔的网边应不予以考虑。

一行网孔尺寸测量值超出了公差X_i，应被视为是主要缺陷，参见附录A。

5.5 材料成分

若有需要，应结合拉丝机或加工同一批线材或熔号进行线材的化学分析。化学分析时，应根据有关国家标准的要求来执行。

5.6 总长度

总长度应使用合适的金属卷尺或刻度尺来测量，见4.4的规定。

5.7 编织缺陷

通过肉眼检查金属丝编织网的缺陷。

6 质量文件

6.1 检验报告

检验报告将证实产品符合本标准要求，并通过了供方确认和同意的质量保证体系标准中的要求。

6.2 检验证书

按采购者的特殊要求，证书应分别说明在丝网经线和纬线的方向上平均网孔尺寸和金属丝直径的测试结果。

6.3 化学分析

如果供应商能够证明其产品经过检定，且有质量保证体系程序的可跟踪能力，从加工过程初期进行鉴定分析中得到的结果，可被用来作为证明材料。

6.4 其他检验

除非与采购者另有协议，应按供方的检测程序进行尺寸或其他检验。

在订货时，采购者可以索要检验证书，其内容包括下列信息或其中的一部分：

a） 编织用丝的化学分析，即材料的化学分析，最好有拉丝厂家或线材加工批或熔号的分析；

b） 金属丝编织网的网孔基本尺寸w和编织所用金属丝直径d；

c） 如有其他附加的检验要求，由供需双方协商。

7 订货信息

7.1 基本信息

采购者应在询价或订货时提供下列信息提供给供方，以协助供方选择正确材料。

a） 质量要求；

b） 网孔尺寸w；

c） 丝径 d；

d） 所需的金属材料；

e） 如果不是平纹编织，应说明编织类型；

f） 总长度，如果有在 4.4 中没有规定的公差，应注明。

7.2 附加信息

当询价或订货时，采购者应该清楚地说明具体要求：

a） 是否需要检验证书，检验证书的类型，见第 6 章；

b） 是否有在本标准中未规定的额外要求。

8 发货

8.1 成卷网

8.1.1 标准网卷应为 25 m 或 30 m 长，卷的长度可以有＋10％的公差，发货长度应与发货单所开的长度一致。

8.1.2 一卷金属丝编织网最多可以由三卷零散的网组成，每卷的最小长度不得小于 2.5 m。

8.1.3 对于成卷的网和零散的网，丝网的宽度不应小于基本宽度，但可以超出 2％。应对总宽度进行测量。

8.2 包装

金属丝编织网的包装将由供方规定，有特殊要求是可按供需双方协议。

8.3 标记

金属丝编织网应标有如下信息：

a） 生产商的名称和（或）商标；

b） 网孔尺寸 w（基本）；

c） 丝径 d（基本）；

d） 材料标记；

e） 如果不是平纹编织，应说明编织类型；

f） 网卷总长度或网块的尺寸和质量。

注：如果所发网卷由几个网块组成，应标出每块的长度和网块质量。金属丝编织网由供方提供时可以有或没有织边。一般发货时没有织边。

附 录 A
（资料性附录）
主 要 缺 陷

工业用金属丝编织网的主要缺陷如下：

A.1 破洞

在编织过程中由机械损伤造成的编织型式的综合破坏所构成的缺陷。

A.2 半截纬（纬线）

一根或多根不够幅宽的纬丝织入网内所构成的缺陷。

A.3 稀密道

金属丝编织网一段长度上不均匀纬丝所构成的缺陷。

A.4 跳丝

丝网一段长度上没有交织的纬丝构成的缺陷。

A.5 经丝松线

比相邻经丝长的经丝所构成的缺陷。

A.6 纬丝松线

比相邻纬丝长的纬丝所构成的缺陷。

A.7 裂口

在丝网上由长度不等的撕裂所构成的缺陷。

注：裂口一般发生在边缘附近。

A.8 经线稀道

在经线方向上，单条过宽网孔所构成的缺陷。

A.9 纬线稀道

沿纬线方向上分布的若干排过宽网孔所构成的缺陷。

A.10 筘路

在经(纬)丝方向过宽网孔上的单根丝所构成的缺陷。

ICS 37.100.01
A 17

中华人民共和国国家标准

GB/T 17497.1—2012
部分代替 GB/T 17497—1998

柔性版装潢印刷品 第1部分：纸张类

Decorative products by flexographic printing—Part 1: Paper

2012-12-31 发布 2013-06-01 实施

中华人民共和国国家质量监督检验检疫总局
中国国家标准化管理委员会 发布

前　言

GB/T 17497《柔性版装潢印刷品》分为3个部分：

——第1部分：纸张类；

——第2部分：塑料与金属箔类；

——第3部分：瓦楞纸板类。

本部分为GB/T 17497的第1部分。

本部分按照GB/T 1.1—2009给出的规则起草。

本部分部分代替GB/T 17497—1998《柔性版装潢印刷品》，与GB/T 17497—1998相比，主要技术要求变化如下：

——删除了属于过程控制的“实地密度”（见1998年版4.2）；

——删除了属于过程控制的“网点增大值”（见1998年版4.6）；

——对“印面外观”作了适当的修改（见5.1，1998年版4.1）；

——对“套印误差”作了适当的修改（见5.2，1998年版4.4）；

——对“同批同色色差”作了适当的修改（见5.3.1，1998年版4.5）；

——对“墨层耐磨性”作了适当的修改（见5.3.2，1998年版4.3）；

——增加了“印面脏污点限量”要求（见5.1.1.4，5.1.2.4）；

——增加了“烫印与压凹凸印刷图文的套准误差”要求（见5.4）；

——增加了“模切尺寸误差”要求（见5.5）。

请注意本文件的某些内容可能涉及专利。本文件的发布机构不承担识别这些专利的责任。

本部分由新闻出版总署提出。

本部分由全国印刷标准化技术委员会（SAC/TC 170）归口。

本部分起草单位：江苏彩华包装集团公司、武汉华艺柔印环保科技有限公司、上海东王子包装有限公司、湖北金三峡印务有限公司、洛阳百林威油墨有限公司、西安德鑫印刷机械有限公司、国家轻工业包装装潢印刷制品质量监督检测上海站、上海市印刷品质量监督检验站、中国包装联合会包装印刷委员会、中国印刷技术协会柔性版印刷分会。

本部分主要起草人：夏嘉良、陈国新、孙义柱、曾成海、吴铁军、李新胜、郑绍楠、任兴春、陈麒祥、龚仁倚。

本部分所代替标准的历次版本发布情况为：

——GB/T 17497—1998。

柔性版装潢印刷品
第1部分:纸张类

1 范围

GB/T 17497的本部分规定了纸张类柔性版装潢印刷品的要求、检验方法、检验规则、标志、包装、运输、贮存等。

本部分适用于柔性版装潢印刷的涂料纸、非涂料纸印刷品。

2 规范性引用文件

下列文件对于本文件的应用是必不可少的。凡是注日期的引用文件,仅注日期的版本适用于本文件。凡是不注日期的引用文件,其最新版本(包括所有的修改单)适用于本文件。

GB/T 2828.1 计数抽样检验程序 第1部分:按接收质量限(AQL)检索的逐批检验抽样计划

GB/T 18722 印刷技术 反射密度测量和色度测量在印刷过程控制中的应用

GB/T 19437 印刷技术 印刷图像的光谱测量和色度计算

GB/T 23649 印刷技术 过程控制 印刷用反射密度计的光学、几何学和测量学要求

CY/T 3 色评价照明和观察条件

3 术语和定义

下列术语和定义适用于本文件。

3.1

柔性版印刷 flexographic printing

用弹性凸印版将油墨转移到承印物上的印刷方式。

[GB/T 9851.1—2008,定义5.10]

3.2

烫印 hot foil-stamping

在纸张、纸板、纸品、涂布类等物品上,通过烫模将烫印材料转移在被烫物上的加工。

[GB/T 9851.7—2008,定义4.7]

3.3

压凹凸 embossing

用模具将凹凸图案或纹理压印在印品上的工艺。

[GB/T 9851.7—2008,定义4.2]

3.4

上光 coating

在印品表面涂布透明光亮材料的工艺。

[GB/T 9851.7—2008,定义4.5]

3.5

覆膜 film laminating

将涂有黏合剂的塑料薄膜覆合到印品表面的工艺。

[GB/T 9851.7—2008,定义4.6]

3.6

模切 die cutting

用模具将印品切成所需形状的工艺。

[GB/T 9851.1—2008,定义 4.10]

3.7

压痕 creasing

用模具在印品上压出线痕的工艺。

[GB/T 9851.1—2008,定义 4.3]

3.8

主要部位 prime section

画面上反映主题的部位,如图案、文字、标志等。

[GB/T 7705—2008,定义 3.8]

3.9

次要部位 subprime section

画面上除主要部位以外的其他部位。

[GB/T 7705—2008,定义 3.9]

3.10

耐磨性 abrasion resistance

印刷品表面的油墨耐重复摩擦的程度

[GB/T 9851.3—2008,定义 6.5]

4 产品分类

根据产品质量分为精细产品和一般产品。

5 技术要求

5.1 印面外观

5.1.1 精细产品

5.1.1.1 成品应整洁、平整、无褶皱。

5.1.1.2 文字清晰完整、无缺笔断划,小于小 6 号(6.5 P)的文字应不影响认读。

5.1.1.3 主要部位无条杠、重影、水波纹、划伤、糊版和拉丝等。

5.1.1.4 印面脏污点限量要求应符合表 1 的规定。

表 1 精细产品印面脏污点限量要求

脏污点最大长度/mm	产品主要部位面积/m²			脏污点最大长度/mm	产品次要部位面积/m²		
	≤0.5	0.5～1.0	≥1.0		≤0.5	0.5～1.0	≥1.0
≥1.00	不允许			≥1.50	不允许		
0.35～1.00	≤3 个	≤5 个	≤8 个	0.50～1.50	≤3 个	≤5 个	≤8 个
≤0.35	允许			≤0.50	允许		

5.1.1.5 图像网点应清晰、均匀。

5.1.1.6 覆膜牢固,无褶皱、卷曲、起泡、起膜、亏膜、划痕等。

5.1.1.7 烫印牢固,无色变、漏烫、糊版、爆裂、气泡等。

5.1.1.8 图文凹凸轮廓清晰,凹凸效果无明显差异。

5.1.1.9 上光表面干净、平整、光滑、完好,无花斑、褶皱现象。

5.1.1.10 模切切口光滑、痕线饱满,无污渍、毛边、粘连和爆线,无胶条印痕和底模痕。

5.1.2 一般产品

5.1.2.1 成品整洁、平整、无褶皱。

5.1.2.2 文字清晰完整,小于6号(7.5 P)的文字不影响认读。

5.1.2.3 主要部位无明显条杠,重影、水波纹、划伤、糊版和拉丝等。

5.1.2.4 印面脏污点限量要求应符合表2的规定。

表2 一般产品印面脏污点限量要求

脏污点最大长度/mm	产品主要部位面积/m^2			脏污点最大长度/mm	产品次要部位面积/m^2		
	≤0.5	0.5~1.0	≥1.0		≤0.5	0.5~1.0	≥1.0
≥1.50	不允许			≥2.00	不允许		
0.40~1.50	≤3个	≤5个	≤8个	0.60~2.00	≤3个	≤5个	≤8个
≤0.40	允许			≤0.60	允许		

5.1.2.5 图像网点基本清晰、均匀。

5.1.2.6 覆膜牢固,无明显褶皱、卷曲、起泡、起膜、亏膜、划痕等。

5.1.2.7 烫印牢固,无明显色变、漏烫、糊版、爆裂、气泡等。

5.1.2.8 图文凹凸轮廓基本清晰,凹凸效果无明显差异。

5.1.2.9 上光表面干净、平整、光滑、完好、无花斑、褶皱现象。

5.1.2.10 模切切口基本光滑、痕线饱满,无污渍、毛边、粘连和爆线,无明显胶条印痕和底模痕。

5.2 套印误差

套印误差应符合表3的规定。

表3 套印误差

单位为毫米

承印材料	精细产品		一般产品	
	主要部位	次要部位	主要部位	次要部位
涂料纸	≤0.20	≤0.30	≤0.30	≤0.50
非涂料纸	≤0.30	≤0.40	≤0.50	≤1.00

5.3 实地印刷

5.3.1 同批同色色差

同批同色色差应符合表4的规定。

表 4　同批同色 CIELAB $\Delta E_{ab}{}^{*}$ 色差要求

承印材料	精细产品		一般产品	
	L^{*}>50.00	L^{*}≤50.00	L^{*}>50.00	L^{*}≤50.00
涂料纸	≤3.50	≤3.00	≤4.50	≤4.00
非涂料纸	≤5.00	≤4.00	≤6.00	≤5.00

5.3.2　实地印刷墨层耐磨性

精细产品和一般产品印面墨层或上光后墨层耐磨性应符合下列要求之一：

a）采用反射密度计法应符合表 5 的规定。

表 5　反射密度计法墨层耐磨性要求

项目	要求
墨层耐磨性/%	≥70
上光后墨层耐磨性/%	≥80

b）采用目测法应符合表 6 的规定。

表 6　目测法墨层耐磨性要求

项目	要求
墨层耐磨性	印面墨层无露底(掉色)或磨擦纸面上无染色
上光后墨层耐磨性	

5.4　烫印与压凹凸印刷图文的套准误差

精细产品≤0.3 mm，一般产品≤1.0 mm。

5.5　模切尺寸误差

精细产品≤0.5 mm，一般产品≤1.0 mm。

6　检验方法

6.1　检验条件

6.1.1　试验室温度为 23 ℃±5 ℃，相对湿度为(60^{+15}_{-10})%。

6.1.2　试样预处理，在 6.1.1 条件下，并在无紫外线光照射环境中放置时间≥8 h。

6.1.3　观样条件符合 CY/T 3 的规定。

6.2　印面外观

将试样放在 6.1.3 光源下，进行印面外观目测检验。脏污点的最大长度用精度为 0.01 mm 的 20 倍读数放大镜测量。

6.3 套印误差

将试样放在6.1.3光源下，用精度为0.01 mm的20倍读数放大镜分别测量试样主要部位和次要部位任二色间的套印误差各3点，分别取其最大值，作为该试样主要部位和次要部位的套印误差。

6.4 同批同色色差

6.4.1 仪器

6.4.1.1 采用符合GB/T 19437的分光光度计。

6.4.1.2 按GB/T 18722的规定进行。

6.4.2 检验步骤

在试样中任选一张作为基准样张，用分光光度计先测出其CIELAB均匀色空间的L^*、a^*、b^*值，然后分别测出其余试样与基准样张同色同部位的色差。

6.4.3 检验结果

比较试样各色同批同色色差，以最大值作为该试样同批同色色差。

6.5 墨层耐磨性

6.5.1 仪器

6.5.1.1 摩擦检验机

摩擦台采用表面粗糙度不低于1.60 μm的硬性塑料体，并有固定试样的装置；摩擦体采用二块厚8 mm、硬度为50 HS～53 HS、大小为25 mm×50 mm的橡胶，二块摩擦体内侧相距45 mm；摩擦检验的摩擦速度为43次/min±2次/min，行程约60 mm。摩擦检验机见图1。

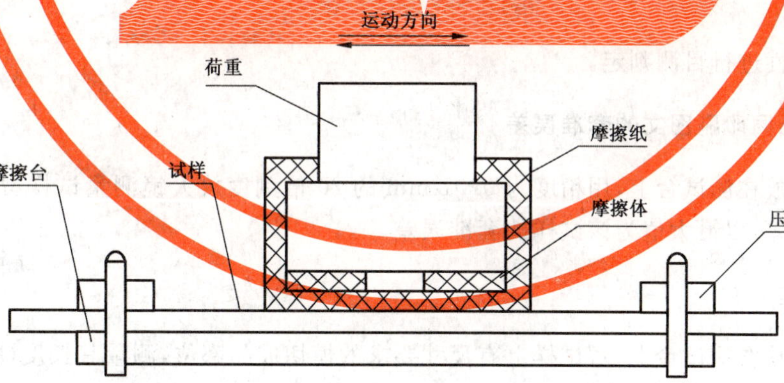

图1 摩擦检验机

6.5.1.2 反射密度计

采用符合GB/T 23649的反射密度计按GB/T 18722规定的使用方法进行。

6.5.2 检验步骤

6.5.2.1 裁切大于摩擦体所摩擦面积的试样。

6.5.2.2 采用符合6.5.1.2规定的反射密度计测定试样上待磨墨层或上光后墨层的密度，测3点取平均密度值。

6.5.2.3 将试样固定在摩擦台上,将按表7中要求的摩擦纸固定在摩擦体上。

6.5.2.4 开启摩擦试验机,按表7往返摩擦(摩擦体每一个往返为一次),停机后取下试样。

6.5.2.5 采用测量墨层或上光后墨层摩擦前后实地密度的变化判定墨层耐磨性。

表7 墨层耐磨性检验条件

项目	摩擦纸	荷重/N	摩擦速度/(次/min)	摩擦次数
墨层耐磨性	80 g/m² 清洁胶版纸	20.0±0.2	43±2	40
上光后墨层耐磨性				60

6.5.3 检验结果

6.5.3.1 反射密度计法

6.5.3.1.1 采用符合6.5.1.2规定的反射密度计测定被摩擦最严重的墨层或上光后墨层的密度,测3点取平均密度值。

6.5.3.1.2 检验结果

墨层或上光后墨层耐磨性按式(1)计算。

$$A_s = \frac{D}{D_0} \times 100\% \qquad \cdots\cdots(1)$$

式中:

A_s ——墨层或上光后墨层耐磨性;

D ——试样摩擦后的平均密度值;

D_0 ——试样摩擦前的平均密度值。

6.5.3.2 目测法

对试样的耐磨性进行目测判定。

6.6 烫印与压凹凸同印刷图文的套准误差

将试样平整地放在测试台上,用精度为0.01 mm的20倍刻度放大镜测量试样烫印同印刷图文同一部位上的套准误差,以最大值为该试样的套准误差。

6.7 模切尺寸误差

将试样平整地放在测试台上,对试样上有尺寸要求的模切成品部位,测量其长度(精确至0.1 mm),测量尺寸与规定尺寸之差为该试样模切尺寸偏差,以最大值为该试样的模切尺寸误差。

7 检验规则

7.1 批量

生产条件相同的同一品种、同一规格、同一生产周期的产品为一批。

7.2 样本数量

委托送检产品样本单位为件。每批最低样本数量不少于5件。

7.3 抽样方法

监督检验产品,按 GB/T 2828.1 进行抽样。

7.4 质量判定

7.4.1 不合格品的质量判定

每件产品按本部分的规定进行检验,如有一项或一项以上技术指标不符合要求,则该产品为不合格品。

7.4.2 不合格批的质量判定

每批产品按本部分的规定进行检验,其中有 1 件或 1 件以上为不合格品,则应加倍抽样复检。如仍有 1 件或 1 件以上产品为不合格品,则该批为不合格批。

8 标志、包装、运输、贮存

8.1 标志

在每包(卷)产品包装上应贴有标志,应印有用户单位、产品名称、品种规格、数量、生产企业名称、生产日期及检验员代号等。

8.2 包装

根据不同要求使用相应的包装材料进行包装,确保牢固和易搬运。

8.3 运输

运输中不能扔、砸、踏或挤压,应防潮、防晒、防雨淋,确保运输全过程安全、可靠。

8.4 贮存

贮存环境要求通风,防高温、防潮、防尘、防晒、防油、防霉、防鼠、防止接触腐蚀气(液)体,不能重压。贮存期为自生产之日起不超过 6 个月。

参 考 文 献

[1] GB/T 7705—2008 平版装潢印刷品
[2] GB/T 9851.1—2008 印刷技术术语 第1部分:基本术语
[3] GB/T 9851.3—2008 印刷技术术语 第3部分:凸版印刷术语
[4] GB/T 9851.7—2008 印刷技术术语 第7部分:印后加工术语

ICS 37.100.01
A 17

中华人民共和国国家标准

GB/T 17497.2—2012
部分代替 GB/T 17497—1998

柔性版装潢印刷品 第2部分:塑料与金属箔类

Decorative products by flexographic printing—Part 2:Plastic film and foil

2012-12-31 发布　　　　2013-06-01 实施

中华人民共和国国家质量监督检验检疫总局
中国国家标准化管理委员会　发布

前　言

GB/T 17497《柔性版装潢印刷品》分为3个部分：

——第1部分：纸张类；

——第2部分：塑料与金属箔类；

——第3部分：瓦楞纸板类。

本部分为GB/T 17497的第2部分。

本部分按照GB/T 1.1—2009给出的规则起草。

本部分部分代替GB/T 17497—1998《柔性版装潢印刷品》，与GB/T 17497—1998相比，主要技术变化如下：

——删除了属于过程控制的"实地密度"(见1998年版4.2)

——删除了属于过程控制的"网点增大值"(见1998年版4.6)；

——对"印面外观"作了适当的修改(见5.1,1998年版4.1)；

——对"套印误差"作了适当的修改(见5.2,1998年版4.4)；

——对"同批同色色差"作了适当的修改(见5.3,1998年版4.5)；

——增加了"印面脏污点限量"要求(见5.1.1.4,5.1.2.4)；

——增加了"烫印与印刷图文的套准误差"要求(见5.7)；

——增加了"模切尺寸误差"要求(见5.8)。

请注意本文件的某些内容可能涉及专利。本文件的发布机构不承担识别这些专利的责任。

本部分由中华人民共和国新闻出版总署提出。

本部分由全国印刷标准化技术委员会(SAC/TC 170)归口。

本部分起草单位：江苏彩华包装集团公司、深圳市英杰激光数字制版有限公司、上海正伟印刷有限公司、兰州新世纪彩色包装印刷有限责任公司、中山市松德包装机械股份有限公司、上海紫泉标签有限公司、北京印刷学院、上海出版印刷高等专科学校、中国包装联合会包装印刷委员会、中国印刷技术协会柔性版印刷分会。

本部分主要起草人：唐敏艳、刘铁、李祥春、徐勇、张幸彬、王洋、许文才、殷金华、滕跃民、陈麒祥、龚仁俦。

本部分所代替标准的历次版本发布情况为：

——GB/T 17497—1998。

柔性版装潢印刷品
第2部分:塑料与金属箔类

1 范围

GB/T 17497的本部分规定了塑料与金属箔类柔性版装潢印刷品的要求、检验方法、检验规则、标志、包装、运输、贮存等。

本部分适用于柔性版装潢印刷的塑料与金属箔类印刷品。

2 规范性引用文件

下列文件对于本文件的应用是必不可少的。凡是注日期的引用文件,仅注日期的版本适用于本文件。凡是不注日期的引用文件,其最新版本(包括所有的修改单)适用于本文件。

GB/T 2828.1 计数抽样检验程序 第1部分:按接收质量限(AQL)检索的逐批检验抽样计划

GB/T 7707—2008 凹版装潢印刷品

GB/T 18722 印刷技术 反射密度测量和色度测量在印刷过程控制中的应用

GB/T 19437 印刷技术 印刷图像的光谱测量和色度计算

GB/T 21302 包装用复合膜、袋通则

CY/T 3 色评价照明和观察条件

CY/T 17 印后加工纸质印刷品上光质量要求及检验方法

3 术语和定义

下列术语和定义适用于本文件。

3.1

柔性版印刷 flexographic printing

用弹性凸印版将油墨转移到承印物上的印刷方式。

[GB/T 9851.1—2008,定义5.10]

3.2

烫印 hot foil-stamping

在纸张、纸板、纸品、涂布类等物品上,通过烫模将烫印材料转移在被烫物上的加工。

[GB/T 9851.7—2008,定义4.7]

3.3

上光 coating

在印品表面涂布透明光亮材料的工艺。

[GB/T 9851.7—2008,定义4.5]

3.4

覆膜 film laminating

将涂有黏合剂的塑料薄膜覆合到印品表面的工艺。

[GB/T 9851.7—2008,定义4.6]

3.5

模切　die cutting

用模具将印品切成所需形状的工艺。

[GB/T 9851.1—2008,定义 4.10]

3.6

主要部位　prime section

画面上反映主题的部位,如图案、文字、标志等。

[GB/T 7705—2008,定义 3.8]

3.7

次要部位　subprime section

画面上除主要部位以外的其他部位。

[GB/T 7705—2008,定义 3.9]

4　产品分类

根据产品质量分为精细产品和一般产品。

5　技术要求

5.1　印面外观

5.1.1　精细产品

5.1.1.1　成品应整洁、平整、无褶皱。

5.1.1.2　文字清晰完整、无缺笔断划,小于小 6 号(6.5P)的文字应不影响认读。

5.1.1.3　主要部位无条杠、重影、水波纹、划伤、糊版和拉丝等。

5.1.1.4　印面脏污点限量要求应符合表 1 的规定。

表 1　精细产品印面脏污点限量要求

脏污点最大长度/mm	产品主要部位面积/m^2			脏污点最大长度/mm	产品次要部位面积/m^2		
	≤0.30	0.30～0.80	≥0.8		≤0.50	0.50～1.00	≥1.00
≥0.35	不允许			≥0.80	不允许		
0.20～0.35	≤3 个	≤5 个	≤7 个	0.35～0.80	≤3 个	≤5 个	≤7 个
≤0.20	允许			≤0.35	允许		

5.1.1.5　图像网点应清晰、均匀。

5.1.1.6　覆膜牢固,无褶皱、卷曲、起泡、起膜、亏膜、划痕等。

5.1.1.7　烫印牢固,无色变、漏烫、糊版、爆裂、气泡等。

5.1.1.8　上光表面干净、平整、光滑、完好,无花斑、褶皱等现象。

5.1.1.9　模切切口光滑、痕线饱满,无污渍、毛边、粘连和爆线,无胶条印痕和底模痕。

5.1.2　一般产品

5.1.2.1　成品整洁、平整、无褶皱。

5.1.2.2 文字清晰完整，小于6号(7.5P)的文字不影响认读。

5.1.2.3 主要部位无明显条杠，重影、水波纹、划伤、糊版和拉丝等。

5.1.2.4 印面脏污点限量要求应符合表2的规定。

表2 一般产品印面脏污点限量要求

脏污点最大长度/mm	产品主要部位面积/m²			脏污点最大长度/mm	产品次要部位面积/m²		
	≤0.30	0.30～0.80	≥0.80		≤0.30	0.30～0.80	≥0.80
≥0.50	不允许			≥0.80	不允许		
0.35～0.50	≤3个	≤5个	≤7个	0.50～0.80	≤3个	≤5个	≤7个
≤0.35	允许			≤0.50	允许		

5.1.2.5 图像网点基本清晰、均匀。

5.1.2.6 覆膜牢固，无明显褶皱、卷曲、起泡、起膜、亏膜、划痕等。

5.1.2.7 烫印牢固，无明显色变、漏烫、糊版、爆裂、气泡等。

5.1.2.8 上光表面干净、平整、光滑、完好、无花斑、褶皱现象。

5.1.2.9 模切切口基本光滑、痕线饱满，无污渍、毛边、粘连和爆线，无明显胶条印痕和底模痕。

5.2 套印误差

套印误差应符合表3的规定。

表3 套印误差

单位为毫米

承印材料	精细产品		一般产品	
	主要部位	次要部位	主要部位	次要部位
塑料与金属箔	≤0.20	≤0.30	≤0.30	≤0.50

5.3 实地印刷

同批同色色差应符合表4的规定。

表4 同批同色 CIELAB ΔE_{ab}^* 色差要求

承印材料	精细产品		一般产品	
	$L^*>50.00$	$L^*\leq 50.00$	$L^*>50.00$	$L^*\leq 50.00$
塑料	≤3.50	≤3.00	≤4.00	≤3.50
金属箔	≤4.00	≤4.00	≤4.50	≤4.00

5.4 墨层结合牢度

墨层结合牢度应符合GB/T 7707—2008中4.2的规定。

5.5 上光

上光应符合CY/T 17的规定。

5.6 覆膜

应符合 GB/T 21302 包装用复合膜、袋通则的规定。

5.7 烫印与印刷图文的套准误差

精细产品≤0.3 mm，一般产品≤1.0 mm。

5.8 模切尺寸误差

精细产品≤0.5 mm，一般产品≤1.0 mm。

6 检验方法

6.1 检验条件

6.1.1 试验室温度为 23 ℃±5 ℃，相对湿度为$(60^{+15}_{-10})\%$。
6.1.2 试样预处理，在 6.1.1 条件下，并在无紫外线光照射环境中放置时间≥8 h。
6.1.3 观样条件符合 CY/T 3 的规定。

6.2 印面外观

将试样放在 6.1.3 光源下，进行印面外观目测检验。脏污点的最大长度用精度为 0.01 mm 的 20 倍读数放大镜测量。

6.3 套印误差

将试样放在 6.1.3 光源下，用精度为 0.01 mm 的 20 倍读数放大镜分别测量试样主要部位和次要部位任两色间的套印误差各 3 点，分别取其最大值，作为该试样主要部位和次要部位的套印误差。

6.4 同批同色色差

6.4.1 仪器

采用符合 GB/T 19437 的分光光度计，按 GB/T 18722 规定的使用方法进行。

6.4.2 检验步骤

在试样中任选一张作为基准样张，用分光光度计先测出其 CIELAB 均匀色空间的 L^*、a^*、b^* 值，然后分别测出其余试样与基准样张同色同部位的色差。

6.4.3 检验结果

比较试样各色同批同色色差，以最大值作为该试样同批同色色差。

6.5 墨层结合牢度

按照 GB/T 7707—2008 中 5.7 的要求进行检验。

6.6 烫印同印刷图文的套准误差

将试样平整地放在测试台上，用精度为 0.01 mm 的 20 倍刻度放大镜测量试样烫印同印刷图文同一部位上的套准误差，以最大值为该试样的套准误差。

6.7 模切尺寸误差

将试样平整地放在测试台上，对试样上有尺寸要求的模切成品部位，用精度为0.01 mm的20倍刻度放大镜测量其尺寸，与规格尺寸之差为该试样模切尺寸误差，以最大值为该试样的模切尺寸误差。

7 检验规则

7.1 批量

生产条件相同的同一品种、同一规格、同一生产周期的产品为一批。

7.2 样本数量

委托送检产品样本单位为件。每批最低样本数量不少于5件。

7.3 抽样方法

监督检验产品，按GB/T 2828.1进行抽样。

7.4 质量判定

7.4.1 不合格品的质量判定

每件产品按本部分的规定进行检验，如有一项或一项以上技术指标不符合要求，则该产品为不合格品。

7.4.2 不合格批的质量判定

每批产品按本标准的规定进行检验，其中有1件或1件以上为不合格品，则应加倍抽样复检。如仍有1件或1件以上产品为不合格品，则该批为不合格批。

8 标志、包装、运输、贮存

8.1 标志

在每包(卷)产品包装上应贴有标志，应印有用户单位、产品名称、品种规格、数量、生产企业名称、生产日期及检验员代号等。

8.2 包装

根据不同要求使用相应的包装材料进行包装，确保牢固和易搬运。

8.3 运输

运输中不能扔、砸、踏或挤压，应防潮、防晒、防雨淋，确保运输全过程安全、可靠。

8.4 贮存

贮存环境要求通风，防高温、防潮、防尘、防晒、防油、防霉、防鼠、防止接触腐蚀气(液)体，不能重压。贮存期为自生产之日起不超过6个月。

参 考 文 献

[1] GB/T 7705—2008 平版装潢印刷品
[2] GB/T 9851.1—2008 印刷技术术语 第1部分:基本术语
[3] GB/T 9851.7—2008 印刷技术术语 第7部分:印后加工术语

ICS 37.100.01
A 17

中华人民共和国国家标准

GB/T 17497.3—2012
部分代替 GB/T 17497—1998

柔性版装潢印刷品
第3部分：瓦楞纸板类

Decorative products by flexographic printing—Part 3: Corrugated board

2012-12-31 发布 2013-06-01 实施

中华人民共和国国家质量监督检验检疫总局
中国国家标准化管理委员会 发布

前 言

GB/T 17497《柔性版装潢印刷品》分为3个部分：

——第1部分：纸张类；

——第2部分：塑料与金属箔类；

——第3部分：瓦楞纸板类。

本部分为第3部分。

本部分按照GB/T 1.1—2009给出的规则起草。

本部分部分代替GB/T 17497—1998《柔性版装潢印刷品》，与GB/T 17497—1998相比，主要技术变化如下：

——删除了属于过程控制的"实地密度"(见1998年版4.2)；

——删除了属于过程控制的"网点增大值"(见1998年版4.6)；

——对"印面外观"作了适当的修改(见5.1,1998年版4.1)；

——对"套印误差"作了适当的修改(见5.2,1998年版4.4)；

——对"同批同色色差"作了适当的修改(见5.3.1,1998年版4.5)；

——对"墨层耐磨性"作了适当的修改(见5.3.2,1998年版4.3)；

——增加了"印面脏污点限量"要求(见5.1.1.4,5.1.2.4)；

——增加了"模切尺寸误差"要求(见5.6)；

请注意本文件的某些内容可能涉及专利。本文件的发布机构不承担识别这些专利的责任。

本部分由中华人民共和国新闻出版总署提出。

本部分由全国印刷标准化技术委员会(SAC/TC 170)归口。

本部分起草单位：武汉华艺柔印环保科技有限公司、上海东王子包装有限公司、博斯特(上海)有限公司、浙江绿成包装集团有限公司、上峰集团有限公司、浙江胜达集团有限公司、常州市武进海力制辊有限公司、上海印刷技术研究所、中国包装联合会包装印刷委员会、中国印刷技术协会柔性版印刷分会。

本部分主要起草人：吴红一、孙义柱、葛彦、刘鹰、钟云方、滕大良、刘伟、周建宝、陈麒祥、林逢铭。

本部分所代替标准的历次版本发布情况为：

——GB/T 17497—1998。

柔性版装潢印刷品
第3部分：瓦楞纸板类

1 范围

GB/T 17497 的本部分规定了瓦楞纸板类柔性版装潢印刷品的要求、检验方法、检验规则、标志、包装、运输、贮存等。

本部分适用于柔性版装潢印刷的瓦楞纸板类直接印刷的印刷品。

2 规范性引用文件

下列文件对于本文件的应用是必不可少的。凡是注日期的引用文件，仅注日期的版本适用于本文件。凡是不注日期的引用文件，其最新版本(包括所有的修改单)适用于本文件。

GB/T 2828.1 计数抽样检验程序 第1部分：按接收质量限(AQL)检索的逐批检验抽样计划

GB/T 18722 印刷技术 反射密度测量和色度测量在印刷过程控制中的应用

GB/T 19437 印刷技术 印刷图像的光谱测量和色度计算

GB/T 23649 印刷技术 过程控制 印刷用反射密度计的光学、几何学和测量学要求

CY/T 3 色评价照明和观察条件

CY/T 59—2009 纸质印刷品模切过程控制及检测方法

3 术语和定义

下列术语和定义适用于本文件。

3.1

柔性版印刷 flexographic printing

用弹性凸印版将油墨转移到承印物上的印刷方式。

[GB/T 9851.1—2008，定义 5.10]

3.2

上光 coating

在印品表面涂布透明光亮材料的工艺。

[GB/T 9851.7—2008，定义 4.5]

3.3

模切 die cutting

用模具将印品切成所需形状的工艺。

[GB/T 9851.1—2008，定义 4.10]

3.4

糊版 filling in

油墨和/或纸粉沉积在印版的细小空白区。

[GB/T 9851.1—2008，7.4]

3.5

硬口　halo

文字、线条或色块周边出现浓色与白色双边的墨迹。

[GB/T 9851.3—2008,6.2]

3.6

耐磨性　abrasion resistance

印刷品表面的油墨耐重复摩擦的程度。

[GB/T 9851.3—2008,6.5]

3.7

主要部位　prime section

画面上反映主题的部位,如图案、文字、标志等。

[GB/T 7705—2008,定义 3.8]

3.8

次要部位　subprime section

画面上除主要部位以外的其他部位。

[GB/T 7705—2008,定义 3.9]

4　产品分类

根据产品质量分为精细产品和一般产品。

5　技术要求

5.1　印面外观

5.1.1　精细产品

5.1.1.1　成品应整洁、平整、无翘曲。

5.1.1.2　文字清晰完整、无残缺变形,小于小 6 号(7.5P)的文字应不影响认读。

5.1.1.3　主要部位无条杠、水波纹、糊版、硬口、露底;次要部位无明显条杠、水波纹、糊版、硬口、露底。

5.1.1.4　印面脏污点限量要求应符合表 1 的规定。

表 1　精细产品印面脏污点限量要求

脏污点最大长度 mm	产品主要部位面积 m^2			脏污点最大长度 mm	产品次要部位面积 m^2		
	≤0.5	0.5～1.0	≥1.0		≤0.5	0.5～1.0	≥1.0
≥1.5	不允许			≥2.0	不允许		
0.5～1.5	≤3 个	≤5 个	≤8 个	1.0～2.0	≤3 个	≤5 个	≤8 个
≤0.5	允许			≤1.0	允许		

5.1.1.5　图像网点清晰、层次清楚、均匀、无变形和残缺。

5.1.1.6　上光表面干净、平整、光滑、完好,无花斑现象。

5.1.1.7　模切切口光滑、痕线饱满,无污渍、毛边、粘连和爆线,无胶条印痕和底模痕。

5.1.2 一般产品

5.1.2.1 成品整洁、平整、无翘曲。

5.1.2.2 文字清晰完整，小于5号(9P)的文字不影响认读。

5.1.2.3 印刷主要部位无明显条杠，水波纹，糊版，露底，硬口宽度不大于0.5 mm；次要部位硬口宽度不大于1 mm，露底面积不大于所在部位5%。

5.1.2.4 印面脏污点限量要求应符合表2的规定。

表2 一般产品印面脏污点限量要求

脏污点最大长度 mm	产品主要部位面积 m^2			脏污点最大长度 mm	产品次要部位面积 m^2		
	≤0.5	0.5～1.0	≥1.0		≤0.5	0.5～1.0	≥1.0
≥2.0	不允许			≥3.0	不允许		
1.5～2.0	≤3个	≤5个	≤8个	2.0～3.0	≤3个	≤5个	≤8个
≤1.5	允许			≤2.0	允许		

5.1.2.5 图像网点基本清晰，层次清楚，无明显残缺和糊版。

5.1.2.6 上光表面干净、平整、光滑、完好、无花斑现象。

5.1.2.7 模切切口基本光滑、痕线饱满，无污渍、毛边、粘连和爆线，无明显胶条印痕和底模痕。

5.2 套印误差

套印误差应符合表3的规定。

表3 套印误差

单位为毫米

套印部位	精细产品	一般产品
主要部分	≤0.5	≤1.5
次要部分	≤1.0	≤2.0

5.3 实地印刷

5.3.1 同批同色色差应符合表4的规定。

表4 同批同色 CIELAB ΔE_{ab}^* 色差要求

项目	精细产品		一般产品	
L^* 值条件	$L^*>50.00$	$L^*\leqslant 50.00$	$L^*>50.00$	$L^*\leqslant 50.00$
CIELAB ΔE_{ab}^* 色差	≤6.00	≤5.00	≤7.00	≤6.0

5.3.2 实地印刷墨层耐磨性

精细产品和一般产品印面墨层或上光后墨层摩擦前后实地密度的变化符合下列要求之一：

a) 目测法应符合表5的规定。

表 5　目测法墨层耐磨性要求

项目	要求
墨层耐磨性	印面墨层无露底(掉色) 或摩擦纸面上无染色
上光后墨层耐磨性	

b)　反射密度计法应符合表 6 的规定。

表 6　反射密度计法墨层耐磨性要求

项目	要求
墨层耐磨性/%	≥40
上光后墨层耐磨性/%	≥60

5.4　压痕

压痕线饱满均匀,居中,无破裂断线。

5.5　开槽

切断口表面裂损宽度不得超过 8 mm。

5.6　模切尺寸误差

模切尺寸误差应符合表 7 的规定。

表 7　模切尺寸误差

单位为毫米

综合尺寸[a]	项目	精细产品		一般产品	
	纸板厚度	≤4.9	>4.9	≤4.9	>4.9
≤1 400	纵向	±3	±4	±4	±5
	横向	±2	±3	±3	±4
>1 400	纵向	±4	±5	±5	±6
	横向	±3	±4	±4	±5
[a] 综合尺寸是指瓦楞纸箱长、宽、高之和。					

5.7　成品图文位置偏差

位置偏差值应符合表 8 的规定。

5.8　手提扣、透气孔等功能性开口位置偏差

位置偏差应符合表 8 的规定。

表 8 位置偏差

单位为毫米

成品规格	尺寸极限偏差	
	精细产品	一般产品
≤1 400	±2	±4
>1 400	±3	±6

5.9 墨层耐水性

浸泡后的水溶液无颜色变化。

6 检验方法

6.1 检验条件

6.1.1 试验室温度为 23 ℃±5 ℃,相对湿度为(60^{+15}_{-10})%。

6.1.2 试样预处理,在 6.1.1 条件下,并在无紫外线光照射环境中放置时间≥8 h。

6.1.3 观样光源符合 CY/T 3 的规定。

6.2 印面外观

将试样放在 6.1.3 光源下,进行印面外观的目测检验。脏污点及硬口用精度为 0.01 mm 的 20 倍读数放大镜测量。

6.3 套印误差

将试样放在 6.1.3 光源下,用精度为 0.01 mm 的 20 倍读数放大镜分别测量试样主要部位和次要部位任色间的套印误差各 3 点,分别取其最大值,作为该试样主要部位和次要部位的套印误差。

6.4 同批同色色差

6.4.1 仪器

6.4.1.1 采用符合 GB/T 19437 的分光光度计。

6.4.1.2 仪器使用方法按 GB/T 18722 的规定进行。

6.4.2 检验步骤

在试样中任选一张作为基准样张,用分光光度计先测出其 CIELAB 均匀色空间的 L^*、a^*、b^* 值,然后分别测出其余试样与基准样张同色同部位的色差。

6.4.3 检验结果

比较试样各色同批同色色差,以最大值作为该试样同批同色色差。

6.5 墨层耐磨性

6.5.1 仪器

6.5.1.1 摩擦检验机

摩擦台采用表面粗糙度不低于 1.60 μm 的硬性塑料体，并有固定试样的装置；摩擦体采用二块厚 8 mm、硬度为 50 HS～53 HS、大小为 25 mm×50 mm 的橡胶，二块摩擦体内侧相距 45 mm；摩擦检验的摩擦速度为 43 次/min±2 次/min，行程约 60 mm。摩擦检验机如图 1 所示。

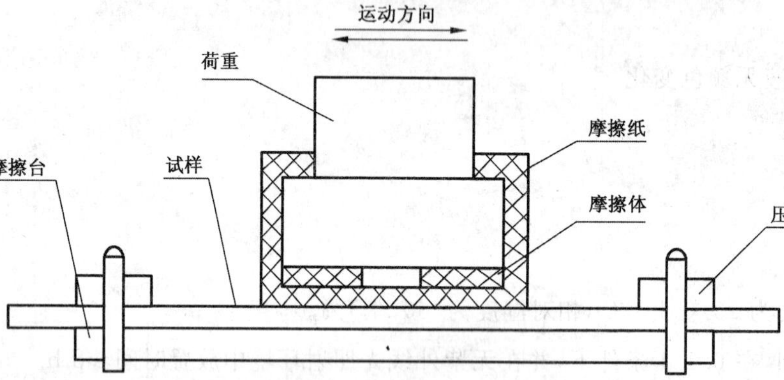

图 1 摩擦检验机

6.5.1.2 反射密度计

采用符合 GB/T 23649 的反射密度计，按 GB/T 18722 规定的使用方法进行。

6.5.2 检验步骤

6.5.2.1 采用目测墨层或上光后墨层摩擦后印面墨层颜色变化来判定印面墨层或上光墨层耐磨性的具体步骤如下：

a) 裁切大于摩擦体所摩擦的面积的试样；

b) 按表 9 的条件进行检验。

表 9 目测法墨层耐磨性检验条件

项目	摩擦纸	荷重/N	摩擦速度/(次/min)	摩擦次数
墨层耐磨性	80 g/m² 清洁胶版纸	20.0±0.2	43±2	40
上光后墨层耐磨性				60

6.5.2.2 采用反射密度计测量墨层或上光后墨层摩擦前后实地密度的变化来判定印面墨层或上光后墨层耐磨性的具体步骤如下：

a) 裁切大于摩擦体所摩擦的面积的试样；

b) 采用符合 6.5.1.2 规定的反射密度计测定试样上待磨墨层或上光后墨层的密度，测 3 点取平均密度值；

c) 按表 9 的条件进行检验；

d) 采用符合 6.5.1.2 规定的反射密度计测定被摩擦最严重的墨层或上光后墨层的密度，测 3 点取平均密度值；

e) 墨层或上光后墨层耐磨性按式(1)计算：

$$A_s = \frac{D}{D_0} \times 100\% \quad \cdots\cdots\cdots\cdots (1)$$

式中：

A_s ——墨层或上光后墨层耐磨性；

D ——试样摩擦后的平均密度值；

D_0 ——试样摩擦前的平均密度值。

6.6 压痕

将试样放在 6.1.3 光源下进行目测。

6.7 开槽

用符合 GB/T 9056 要求，标尺精度为 0.5 mm 的直尺进行测量。

6.8 模切尺寸偏差

在有尺寸规定的模切成品试样部位用卷尺测出其长度，与规定尺寸之差作为该成品规格尺寸偏差。

6.9 成品图文位置偏差

在有图文位置要求的部位测量试样左右、上下空白处的距离(精确至 1 mm)，与规定尺寸之差为成品图文位置偏差值。

6.10 功能性开口位置偏差

测量试样左右(或上下)任一对称部位的空白处宽度(精确至 1 mm)，然后按式(2)计算出位置偏差。

$$\delta = \frac{d_1 - d_2}{2} \quad \cdots\cdots\cdots\cdots (2)$$

式中：

δ ——位置偏差，mm；

d_1，d_2——试样对称部位左右(或上下)空白处的宽度，mm。

6.11 墨层的耐水性

6.11.1 检验工具

白色盛水容器一个。

6.11.2 检验步骤

6.11.2.1 印样放置 24 h 后，裁切其印刷图文处 50 mm×100 mm 作为试样。

6.11.2.2 盛水容器中注入蒸馏水 500 mL，水温为(25±2)℃。

6.11.2.3 将试样浸没于容器水中，30 min 后取出。

6.11.3 检验结果

目测白色容器中水的颜色变化。

7 检验规则

7.1 批量

生产条件相同的同一品种、同一规格、同一生产周期的产品为一批。

7.2 样本数量

委托送检产品样本单位为件。每批最低样本数量不少于5件。

7.3 抽样方法

监督检验产品，按GB/T 2828.1进行抽样。

7.4 质量判定

7.4.1 不合格品的质量判定

每件产品按本标准的规定进行检验，如有一项技术指标不符合要求，则该产品为不合格品。

7.4.2 不合格批的质量判定

每批产品按本标准的规定进行检验，其中有1件为不合格品，则应加倍抽样复检。如仍有1件产品为不合格品，则该批为不合格批。

8 标志、包装、运输、贮存

8.1 标志

在每捆明显部位应贴有标志，应印有用户单位、产品名称、品种规格、数量、生产企业名称、生产日期及检验员代号等。

8.2 包装

根据不同要求使用相应的包装材料进行包装或用牢固的捆扎带分包捆扎，确保牢固和易搬运。

8.3 运输

运输中不能扔、砸、踏或挤压，应防潮、防晒、防雨淋，确保运输全过程安全、可靠。

8.4 贮存

贮存环境要求通风，防高温、防潮、防尘、防晒、防油、防霉、防鼠、防止接触腐蚀气(液)体，不能重压。贮存期为自生产之日起不超过6个月。

参 考 文 献

[1] GB/T 7705—2008 平版装潢印刷品
[2] GB/T 9851.1—2008 印刷技术术语 第1部分:基本术语
[3] GB/T 9851.3—2008 印刷技术术语 第3部分:凸版印刷术语
[4] GB/T 9851.7—2008 印刷技术术语 第7部分:印后加工术语

ICS 71.060.01
G 10

中华人民共和国国家标准

GB/T 17518—2012
代替 GB/T 17518—1998

化工产品中硅含量测定的通用方法 还原硅钼酸盐分光光度法

General method for determination of silicon content of chemical products—Reduced molybdosilicate spectrophotometric method

(ISO 6382:1981, General method for determination of silicon content—Reduced molybdosilicate spectrophotometric method, MOD)

2012-12-31 发布　　2013-08-01 实施

中华人民共和国国家质量监督检验检疫总局
中国国家标准化管理委员会　发布

前　言

本标准按照 GB/T 1.1—2009 给出的规则起草。

本标准代替 GB/T 17518—1998《化工产品中硅含量测定的通用方法　还原硅钼酸盐分光光度法》,与 GB/T 17518—1998 相比,主要技术变化如下:

——删除了 ISO 前言(见 1998 年版的"ISO 前言");

——修改了硫酸溶液和盐酸溶液的浓度描述(见 5.1 和 5.2,1998 年版的 4.1 和 4.2);

——修改了二氧化硅(SiO_2)换算为硅(Si)的系数(见第 8 章,1998 年版的第 7 章);

——增加了用线性回归方程式计算的方法(见 7.3.3 和第 8 章,1998 年版的 6.3.4 和第 7 章);

——删除了"试验报告"的规定(见 1998 年版的第 8 章);

——删除了原标准的附录 B,将原标准的附录 A 改为附录 B,增加了资料性附录 A(见附录 A 和附录 B,1998 年版的附录 A 和附录 B)。

本标准使用重新起草法修改采用 ISO 6382:1981《硅含量测定的通用方法　还原硅钼酸盐分光光度法》。

本标准与 ISO 6382:1981 相比在结构上有较多调整,附录 A 中列出了本标准与 ISO 6382:1981 的章条编号对照一览表。

本标准和 ISO 6382:1981 的技术性差异及其原因如下:

——增加了规范性引用文件,以符合 GB/T 1.1—2009 对国家标准的编写规定;

——修改了硫酸溶液和盐酸溶液的浓度描述,便于标准使用者操作;

——修改了二氧化硅(SiO_2)换算为硅(Si)的系数,按照 2009 年国际相对原子量计算,将系数0.468 改为 0.467 4;

——删除了"试验报告"的规定,以适合我国的国情。

本标准做了下列编辑性修改:

——将标准的名称改为"化工产品中硅含量测定的通用方法 还原硅钼酸盐分光光度法",以适应我国化工行业的需要;

——增加了资料性附录 A,将国际标准的附录 A 改为附录 B,同时删除了国际标准的附录 B。

本标准由中国石油和化学工业联合会提出。

本标准由全国化学标准化技术委员会硫和硫酸分技术委员会(SAC/TC 63/SC 7)归口。

本标准起草单位:南化集团研究院、江苏省产品质量监督检验研究院、淮安市产品质量监督检验所、山东省产品质量监督检验研究院。

本标准主要起草人:邱爱玲、冯俊婷、张晓强、陈长毅、邹惠玲、王伟。

化工产品中硅含量测定的通用方法 还原硅钼酸盐分光光度法

警告:本标准所用的某些试剂(见有关注)有危险,使用时需注意。

1 范围

本标准规定了测定硅的通用方法即还原硅钼酸盐分光光度法。

本标准适用于硅含量(以 SiO_2 计)在 2 μg～200 μg 范围内的试液测定。

2 规范性引用文件

下列文件对于本文件的应用是必不可少的。凡是注日期的引用文件,仅注日期的版本适用于本文件。凡是不注日期的引用文件,其最新版本(包括所有的修改单)适用于本文件。

GB/T 6682 分析实验室用水规格和试验方法(GB/T 6682—2008,ISO 3696:1987,MOD)

3 原理

在盐酸存在下,用氟化钠处理,使任何形态的聚合硅解聚。

用硼酸掩蔽氟离子的干扰,在 pH 值为 1.1±0.2 时,形成氧化态(黄色)硅钼酸盐。

在草酸存在下,于酸度足够高的硫酸介质中,消除磷酸盐的干扰,选择性地还原硅钼酸盐配合物。

于最大吸收波长(约 800 nm)处,用分光光度法测定蓝色配合物的吸光度。

4 一般规定

本标准中所用的试剂,在没有注明其他要求时,均指分析纯试剂。水用符合 GB/T 6682 规定的三级水经石英设备蒸馏的二次蒸馏水或相等纯度的水,软化水是不适宜的。所有试剂应储放于无硅材料(如聚乙烯)制成的瓶中。

5 试剂

5.1 硫酸溶液:1+3。

5.2 盐酸溶液:1+2。

5.3 硼酸溶液:室温下的饱和溶液(约 48 g/L)。

5.4 二水合草酸溶液:100 g/L。

注:该溶液吸入或接触皮肤是有害的,应避免接触皮肤和眼睛。

5.5 氟化钠溶液:20 g/L,该溶液储存于无硅材料制成的瓶中。

注:该溶液吸入、接触皮肤或误服均会中毒。若溅入眼睛内,应立即用大量水清洗,并就医治疗。

5.6 二水合钼酸二钠溶液:140 g/L。

称取 35 g 二水合钼酸二钠($Na_2MoO_4 \cdot 2H_2O$),用 200 mL 约 50 ℃的水溶解于聚乙烯烧杯中,冷却至室温，移入 250 mL 容量瓶中，用水稀释至刻度，摇匀。将溶液移入无硅材料制成的瓶中。若有必要，使用前过滤。此溶液现用现配。

5.7 还原溶液。使用下列溶液之一：

a) 4-氨基-3-羟基-1-萘磺酸(1-氨基-2-萘酚-4-磺酸)溶液：1.5 g/L。

将 7 g 无水亚硫酸钠溶于 50 mL 水中，然后加入 1.5 g 4-氨基-3-羟基-1-萘磺酸($C_{10}H_9NO_4S$)，研磨溶解，此为溶液 A。

将 90 g 无水焦亚硫酸钠($Na_2S_2O_5$)溶于 900 mL 水中，此为溶液 B。

将溶液 A 和溶液 B 混合，并用水稀释至 1 000 mL，必要时过滤。溶液储存于无硅材料制成的深色瓶中。此溶液每 2 周或 3 周重配一次。

注：此溶液刺激皮肤和眼睛。

b) L-抗坏血酸溶液：25 g/L。

将 2.5 g L-抗坏血酸溶于水中，用水稀释至 100 mL，混匀。此溶液现用现配。

5.8 硅标准溶液：1 mL 含二氧化硅(SiO_2)0.500 mg。

配制标准溶液用的二氧化硅可按下述任一方法制备：

a) 在 1 000 ℃±50 ℃条件下，灼烧纯硅酸至恒量(即两次相邻的称量差不大于 1 mg)，并在装有五氧化二磷的干燥器中冷却。

b) 将纯二氧化硅在玛瑙研钵中仔细研细，在 1 000 ℃±50 ℃下灼烧 1 h，并在装有五氧化二磷的干燥器中冷却。

用铂皿称取 0.500 g 按上述方法制得的二氧化硅，精确至 0.000 1 g。称取 5 g 无水碳酸钠置于盛有二氧化硅的铂皿中，用铂刮勺充分搅匀，小心熔融至得到清澈透明的熔融物。冷却后加入温水，缓缓加热至完全溶解，定量转移至无硅材料制成的烧杯中。再次冷却后，用水将溶液稀释至约 500 mL，定量移入 1 000 mL 容量瓶中，用水稀释至刻度，混匀。立即将溶液转移至无硅材料制成的瓶中。此溶液 1 mL 含二氧化硅(SiO_2)0.500 mg。此溶液保存期不大于 1 个月。

5.9 硅标准溶液：1 mL 含二氧化硅(SiO_2)10 μg。

量取 20.00 mL 硅标准溶液(5.8)，置于 1 000 mL 容量瓶中，用水稀释至刻度，混匀。此溶液现用现配。

6 仪器

6.1 pH 计：配备玻璃测量电极和甘汞参比电极，用 pH=4.0 的缓冲溶液及 pH=1.1 的盐酸溶液[c(HCl)=0.1 mol/L]校正。

6.2 分光光度计：具有 800 nm 波长，配备 1 cm、2 cm 和 5 cm 光程的吸收池。

6.3 其他实验室常规仪器及无硅材料制成的特殊仪器：凡使用碱性溶液和任何涉及氟化钠溶液的操作宜在无硅材料(如聚乙烯)制成的容器中进行。玻璃容量瓶可用来稀释溶液，但应立即将溶液转移至无硅材料制成的瓶中。

7 测定步骤

7.1 试液的制备

称样量及试液的制备方法均在有关产品的标准中给出。除了在制备试液时含有水解盐需调节 pH 值外，试液的 pH 值应为 4～7。

部分离子、元素和化合物单独存在时不干扰测定的限量参见附录 B。在特定情况下，表 B.1 也给出了减少或抑制干扰的处理方法。

7.2 空白试验

在测定试液的同时,除不加试样外,用与测定相同的步骤和等量的所有试剂(包括氟化钠溶液和试液的中和溶液)进行空白试验。

7.3 工作曲线的绘制

7.3.1 标准显色溶液的制备

根据试液中估计的硅含量,按表1量取一定体积的硅标准溶液(5.9),置于一组100 mL无硅材料制成的烧杯中,用水稀释至约25 mL。

表 1

试液中估计的硅含量(以 SiO_2 计)/μg					
2~30		10~80		50~200	
硅标准溶液体积/mL	相应的 SiO_2 质量/μg	硅标准溶液体积/mL	相应的 SiO_2 质量/μg	硅标准溶液体积/mL	相应的 SiO_2 质量/μg
0[a]	0	0[a]	0	0[a]	0
0.20	2	1.00	10	5.0	50
0.50	5	2.00	20	10.0	100
1.00	10	4.00	40	15.0	150
2.00	20	6.00	60	20.0	200
3.00	30	8.00	80	—	—
吸收池光程/cm					
5		2		1	
[a] 试剂空白试验。					

向每个烧杯中加入4.0 mL盐酸溶液(5.2),1.0 mL氟化钠溶液(5.5),搅拌,静置5 min。在搅拌下,加入20.0 mL硼酸溶液(5.3),放置5 min,加入10.0 mL二水合钼酸二钠溶液(5.6),搅拌,放置10 min。此时溶液的pH值应为1.1±0.2。

在搅拌下,加入5 mL二水合草酸溶液(5.4),放置5 min,定量转移至100 mL容量瓶中。向每个容量瓶中加入20 mL硫酸溶液(5.1),混合后加入2 mL 4-氨基-3-羟基-1-萘磺酸还原溶液(5.7),或向每个容量瓶中加入30 mL硫酸溶液(5.1),混合后加入2 mL的L-抗坏血酸还原溶液(5.7)。用水稀释至刻度,摇匀,放置10 min。

7.3.2 吸光度的测量

在最大吸收波长(约800 nm)处,用表1所示合适光程的吸收池,在分光光度计(6.2)上,以水为参比,测量溶液的吸光度。此步骤应在30 min内完成。

注:如下数据可做参考:含 SiO_2 50 μg,用2 cm光程的吸收池,其溶液的吸光度值约为0.34。

7.3.3 绘制工作曲线

从每一个除试剂空白外的标准显色溶液的吸光度值中减去试剂空白试验的吸光度值,进行吸光度的校正。以100 mL标准显色溶液中二氧化硅的质量(μg)为横坐标,相应的校正吸光度值为纵坐标,绘制工作曲线,或根据所得吸光度值计算出线性回归方程。

7.4 测定

量取含有二氧化硅不大于200 μg的试液，置于100 mL用无硅材料制成的烧杯中，用水稀释至约25 mL。

向烧杯中加入约4 mL盐酸溶液(5.2)[为确保该步骤的pH=1.1±0.2，应预先用pH计(6.1)检查，以确定所需盐酸溶液的用量]，1.0 mL氟化钠溶液(5.5)，搅拌，放置5 min。

注：氟化钠是供测定聚合硅用的。如果试液中确实不含聚合态硅，可不加氟化钠。在这种情况下，可直接在100 mL玻璃容量瓶中制备溶液。

后续操作步骤按照7.3.1中"在搅拌下，加入20.0 mL硼酸溶液(5.3)……用水稀释至刻度，摇匀，放置10 min"和7.3.2进行。

8 结果计算

从试液的吸光度值减去空白试验溶液的吸光度值，根据所得吸光度值的差值，从工作曲线上查得相应的二氧化硅质量(μg)或用线性回归方程计算出相应的二氧化硅质量(μg)。

按产品标准所给出的计算公式进行计算。

注：如果以每千克所含硅(Si)的毫克数表述结果，则应把上述所得结果乘以0.4674。

附　录　A
（资料性附录）
本标准章条编号与 ISO 6382:1981 章条编号对照

表 A.1 给出了本标准章条编号与 ISO 6382:1981 章条编号对照一览表。

表 A.1

本标准章条编号	对应的 ISO 6382:1981 章条编号
1	1 的第一段和 2 的第一段
—	1 的第二段
2	—
3	3
4	4 的第一段、第二段和注
5	4
6	5
6.1	5.1
6.2	5.2
6.3	5 的第一段和注
7	6
7.1	6.1 和 2 的第二段
7.2	6.2
7.3	6.3
7.3.1	6.3.1 和 6.3.2
7.3.2	6.3.3
7.3.3	6.3.4
7.4	6.4 中 6.4.1～ 6.4.3
8	7
—	8
附录 A	—
附录 B	附录 A
—	附录 B

附　录　B
（资料性附录）
干 扰 限 量

本附录列出的干扰离子并不是包罗无遗的，因此尚需检查表 B.1 中未列出的离子、元素或化合物可能产生的干扰。

表 B.1

离子、元素或化合物	干扰限量/mg
H^+	不干扰
Na^+	300
K^+	250
Fe^{2+}	140
Zn^{2+}	300
$UO_2{}^{2+}$	250
Al^{3+}	70
Fe^{3+}	140
As^{5+}	0.05
H_2BO_3	1 600
F^-	40
Cl^-	600
$VO_3{}^-$	2.5
$SO_4{}^{2-}$	600
$PO_4{}^{3-}$	15
阴离子表面活性剂	不干扰
非离子表面活性剂	干扰[a]

[a] 加入阴离子表面活性剂可抵消非离子表面活性剂的干扰。例如，加入 5 mL 5 g/L 的十二烷基磺酸钠溶液可抑制试液中存在量高达 0.15 g 以 NP10(壬基酚聚氧乙烯醚)表示的非离子表面活性剂的干扰。

ICS 33.100.10
L 06

中华人民共和国国家标准

GB 17625.1—2012/IEC 61000-3-2:2009
代替 GB 17625.1—2003

电磁兼容 限值 谐波电流发射限值（设备每相输入电流≤16 A）

Electromagnetic compatibility—Limits—Limits for harmonic current emissions（equipment input current ≤16 A per phase）

（IEC 61000-3-2:2009,IDT）

2012-12-31 发布　　　　2013-07-01 实施

中华人民共和国国家质量监督检验检疫总局
中国国家标准化管理委员会 发布

前　言

GB 17625 的本部分的全部技术内容为强制性。

GB 17625《电磁兼容　限值》目前包括以下部分：

GB 17625.1—2012　电磁兼容　限值　谐波电流发射限值(设备每相输入电流≤16 A)

GB 17625.2—2007　电磁兼容　限值　对每相额定电流≤16 A 且无条件接入的设备在公用低压供电系统中产生的电压变化、电压波动和闪烁的限制

GB/Z 17625.3—2000　电磁兼容　限值　对额定电流大于 16 A 的设备在低压供电系统中产生的电压波动和闪烁的限制

GB/Z 17625.4—2000　电磁兼容　限值　中、高压电力系统中畸变负荷发射限值的评估

GB/Z 17625.5—2000　电磁兼容　限值　中、高压电力系统中波动负荷发射限值的评估

GB/Z 17625.6—2003　电磁兼容　限值　对额定电流大于 16 A 的设备在低压供电系统中产生的谐波电流的限制

本部分为 GB 17625 的第 1 部分。

本部分按照 GB/T 1.1—2009 给出的规则起草。

本部分代替 GB 17625.1—2003《电磁兼容　限值　谐波电流发射限值(设备每相输入电流≤16 A)》。本部分与 GB 17625.1—2003 相比，除编辑性修改外，主要技术变化如下：

——删除了对 GB 4706.24 以及 GB 8898 的引用，增加了对 IEC 60268-1:1985、IEC 61000-3-12 以及建议书 ITU-R BT.471-1 的引用(见第 2 章)；

——删除了"半灯具""照明装置"的定义，增加了"总谐波""总谐波畸变率""测量结果的重复性""测量结果的复现性""测量结果的可变性"的定义(见第 3 章)；

——增加了允许使用简化试验方法的条件及要求(见第 6 章)；

——修改了谐波电流测量功率值的相关说明(见 6.2.2)；

——增加了谐波电流测量重复性以及复现性的要求(见 6.2.3.1 和 6.2.3.2)；

——增加了谐波电流限值应用的要求(见 6.2.3.4)；

——增加了 7.3b)中描述相对相角和电流参数的图示(见 7.3 的表 2)；

——修改了 C 类设备中有功功率不大于 25 W 的放电灯的谐波电流限值要求(见 7.3b))；

——增加了对单相设备和三相设备的谐波电流测量电路的注释(见图 A.1 和图 A.2)；

——增加了电视接收机测量条件的要求(见 C.2.2)；

——增加了其他音频放大器的试验条件中对输入信号和负荷的要求(见 C.3)；

——修改了灯的试验条件的要求(见 C.5.2)；

——修改了真空吸尘器试验条件的要求(见 C.7)；

——修改了洗衣机试验条件的要求(见 C.8)；

——修改了信息技术设备试验条件的要求(见 C.10)；

——删除了其他设备试验条件的要求。

本部分等同采用国际标准 IEC 61000-3-2:2009+Cor.1(第 3.2 版)《电磁兼容(EMC)　第 3-2 部分：限值　谐波电流发射限值(设备每相输入电流≤16 A)》。该国际标准的技术勘误内容已列入本部分并用垂直双线(‖)标示在它们所涉及条款的页边空白处。

与本部分中规范性引用的国际文件有一致性对应关系的我国文件如下：

——GB/T 2900.74—2008　电工术语　电路理论[IEC 60050-131:2002，MOD]

——GB/T 4365—2003 电工术语 电磁兼容[idt IEC 60050(161):1990]

——GB/T 2900.82—2008 电工术语 核仪器 仪器、系统、设备和探测器[IEC 60050(394):2007,IDT]

——GB/T 17309.1—1998 电视广播接收机测量方法 第1部分:一般考虑 射频和视频电性能测量以及显示性能的测量(idt IEC 60107-1:1995)

——GB 20550—2006 荧光灯用辉光启动器(IEC 60155:1993,IDT)

——GB/T 12060.3—2011 声系统设备 第3部分:声频放大器测量方法(IEC 60268-3:2000,IDT)

——GB 4706.7—2004 家用和类似用途电器的安全 真空吸尘器和吸水式清洁器具的特殊要求(IEC 60335-2-2:2002,IDT)

——GB 4706.30—2008 家用和类似用途电器的安全 厨房机械的特殊要求(IEC 60335-2-14:2006,IDT)

——GB 15579.1—2004 弧焊设备 第1部分:焊接电源(IEC 60974-1:2000,IDT)

——GB/T 18039.3—2003 电磁兼容 环境 公用低压供电系统低频传导骚扰及信号传输的兼容水平(IEC 61000-2-2:1990,IDT)

——GB/Z 17625.6—2003 电磁兼容 限值 对额定电流大于16 A的设备在低压供电系统中产生的谐波电流的限制(IEC/TR 61000-3-4:1998,IDT)

——GB/T 17626.7—2008 电磁兼容 试验和测量技术 供电系统及所连设备谐波、谐间波的测量和测量仪器导则(IEC 61000-4-7:2002,IDT)

本部分做了如下编辑性修改:

——在本部分的第3章中,删除了3.5和3.8,并对第3章中3.5之后的序号进行了调整;

——在本部分的7.3中,增加了技术勘误的内容。

本部分由全国电磁兼容标准化技术委员会(SAC/TC 246)提出并归口。

本部分起草单位:中国电力科学研究院、上海电动工具研究所、中国电子科技集团公司第三研究所、中国家用电器研究院、工业和信息化部电子第五研究所、苏州出入境检验检疫局、中国电子技术标准化研究所、浙江阳光照明电器集团股份有限公司、联想集团。

本部分主要起草人:邬雄、万保权、李妮、张文亮、王勤、扈罗全、林京平、于振国、陈世钢、尹海霞、肖猛、陈以平、吕飞燕。

本部分代替标准的历次版本发布情况:

——GB 17625.1—1998;

——GB 17625.1—2003。

电磁兼容 限值 谐波电流发射限值
（设备每相输入电流≤16 A）

1 范围

本部分涉及注入到公用供电系统中的谐波电流的限制。

本部分规定了在指定的试验条件下设备可能产生的输入电流谐波分量的限值。

谐波分量按照附录 A 和附录 B 进行测量。

本部分适用于准备接入到公用低压配电系统的每相输入电流不大于 16 A 的电气和电子设备。

非专用电弧焊设备，每相输入电流不大于 16 A，属于本部分的范畴。

专用电弧焊设备的有关规定在 IEC 60974-1 中给出，本部分不涉及，可依据 IEC/TR 61000-3-4 或 IEC 61000-3-12 中给出的安装限制。

按照本部分所进行的试验为型式试验。特殊设备的试验条件在附录 C 中给出。

对于标称电压低于 220 V(相电压)系统的限值尚未考虑。

注：在本部分中使用了装置、器具、部件和设备等词语，它们在本部分中具有相同的意思。

2 规范性引用文件

下列文件对于本文件的应用是必不可少的。凡是注日期的引用文件，仅注日期的版本适用于本文件。凡是不注日期的引用文件，其最新版本(包括所有的修改单)适用于本文件。

IEC 60050(131) 国际电工词汇(IEV) 第 131 章：电路和磁路[International Electrotechnical Vocabulary (IEV)—Chapter 131：Electric and magnetic circuits]

IEC 60050(161) 国际电工词汇(IEV) 第 161 章：电磁兼容[International Electrotechnical Vocabulary (IEV)—Chapter 161：Electromagnetic compatibility]

IEC 60050(394) 国际电工词汇(IEV) 第 394 章：核仪器 仪器、系统、设备和探测器[International Electrotechnical Vocabulary (IEV)—Chapter 394：Nuclear instrumentation—Instrumens，systems，equipment and detectors]

IEC 60107-1 电视广播接收机测量方法 第 1 部分：一般考虑—射频和视频的测量(Methods of measurement on receivers for television broadcast transmissions—Part 1：General considerations—Measurements at radio and video frequencies)

IEC 60155 荧光灯用辉光启动器(Glow-starters for fluorescent lamps)

IEC 60268-1:1985 声系统设备 第 1 部分：总则(Sound system equipment—Part 1：General)

IEC 60268-3 声系统设备 第 3 部分：放大器(Sound system equipment—Part 3：Amplifiers)

IEC 60335-2-2 家用和类似用途电器 安全 第 2-2 部分：真空吸尘器和吸水式清洁器具的特殊要求(Household and similar electrical appliances—Safety—Part 2-2：Particular requirements for vacuum cleaners and water-suction cleaning appliances)

IEC 60335-2-14 家用和类似用途电器 安全 第 2-14 部分：厨房机械的特殊要求(Household and similar electrical appliances—Safety—Part 2-14：Particular requirements for kitchen machines)

IEC 60974-1 弧焊设备 第 1 部分：焊接电源(Arc welding equipment—Part 1：Welding power sources)

IEC 61000-2-2 电磁兼容(EMC) 第2部分:环境 第2分部分:公用低压供电系统低频传导骚扰及信号传输的兼容水平[Electromagnetic compatibility(EMC)—Part 2:Environment—Section 2:Compatibility levels for low-frequency conducted disturbances and signalling in public low-voltage power supply systems]

IEC/TR 61000-3-4 电磁兼容(EMC) 第3-4部分:限值 对额定电流大于16 A的设备在低压供电系统中产生的谐波电流的限制[Electromagnetic compatibility(EMC)—Part 3-4:Limits—Limitation of emission of harmonic currents in low-voltage power supply systems for equipment with rated current greater than 16 A]

IEC 61000-3-12 电磁兼容(EMC) 第3-12部分:限值 连接到公用低压系统的设备(每相输入电流大于16 A小于等于75 A)产生的谐波电流限值[Electromagnetic compatibility(EMC)—Part 3-12:Limits—Limits for harmonic currents produced by equipment connected to public low-voltage systems with input current >16 A and ≤75 A per phase]

IEC 61000-4-7 电磁兼容(EMC) 第4-7部分:试验和测量技术 供电系统及所连设备谐波、谐间波的测量和测量仪器导则[Electromagnetic compatibility(EMC)—Part 4-7:Testing and measurement techniques—General guide on harmonics and interharmonics measurements and instrumentation,for power supply systems and equipment connected thereto]

ITU-R BT.471-1 彩条信号的命名和描述(Nomenclature and description of colour bar signals)

3 术语和定义

IEC 60050(161)确定的以及下列术语和定义适用于本部分。

3.1

便携式工具 portable tool

一种用手握持着进行正常短时(几分钟)工作的电气工具。

3.2

灯 lamp

一种产生光的源。

3.3

自镇流灯 self-ballasted lamp

一种装有灯头并把光源和光源的启动、稳定运行所必需的附件组装在一起,而且不永久性损坏就不能拆卸的单元。

3.4

灯具 luminaire

将一个或多个灯发出的光进行配光、滤光或变换的一套装置(不包括灯),它包括支撑、固定和保护这些灯所必需的全部零部件,必要时,还包括电路附件以及将它们连接至电源的器件。

3.5

镇流器 ballast

连接在电源和一个或多个放电灯之间,主要用来把灯的电流限制到要求值的一种部件。它可能包括改变供电电压和(或)频率、校正功率因数的器件,即可以单独地也可以和启辉器一起给灯的启动提供必要的条件。

3.6

照明设备降压变换器 step-down converter for lighting equipment

插入在电源和一个或多个卤钨或其他灯丝的灯之间,给灯提供额定电压的装置,通常在高频情形。

它可能由一个或多个独立的元件组成，可包括用于调光、校正功率因数和抑制无线电干扰的器件。

3.7

基准灯　reference lamp

被选用作为试验镇流器的灯。当连接基准镇流器时，它的电气参数与有关灯的技术要求中给出的目标值接近。

3.8

基准镇流器　reference ballast

在试验镇流器和选择基准灯时作为比对标准的专用电感型镇流器。使用相对不受电流、温度和周围磁场变化的影响、稳定的电压-电流比表征其基本特性。

3.9

输入电流　input current

由交流配电系统直接供给设备或设备部件的电流。

3.10

电路功率因数　circuit power factor

所测的有功输入功率与供电电压(有效值)和供电电流(有效值)的乘积之比。

3.11

有功功率　active power

瞬时功率在一个周期内的平均值。

[IEV 131-03-18]

注：有功输入功率是在受试设备电源输入端测量的有功功率。

3.12

平衡的三相设备　balanced three-phase equipment

额定线电流模量相差不大于20%的设备。

3.13

专用设备　professional equipment

在商业、专业或工业中使用而不出售给一般公众的设备。其名称应由制造商规定。

3.14

总谐波　total harmonic

3.14.1

总谐波电流　total harmonic current;THC

2次～40次谐波电流分量的总有效值。

$$总谐波电流=\sqrt{\sum_{n=2}^{40} I_n^2}$$

3.14.2

总谐波畸变率　total harmonic distortion;THD

所有谐波分量有效值(本部分为2次～40次谐波电流分量 I_h)与基波电流有效值之比。

$$总谐波畸变率=\sqrt{\sum_{h=2}^{40}\left(\frac{I_h}{I_1}\right)^2}$$

3.15

内置调光器　built-in dimmer

完全安装在灯具外壳内的(包括由用户控制的)调光器。

3.16

部分奇次谐波电流　partial odd harmonic current

21次～39次奇次谐波电流分量的总有效值。

$$部分奇次谐波电流 = \sqrt{\sum_{n=21,23}^{39} I_n^2}$$

3.17

照明设备　lighting equipment

能通过白炽灯、放电灯或发光二极管产生和/或调节、和/或分配光辐射为基本功能的设备。

包括：

——灯和灯具；

——主要功能之一为照明的多功能设备中的照明部分；

——放电灯的独立式镇流器和白炽灯独立式变压器；

——紫外线(UV)或红外线(IR)辐射装置；

——广告标识的照明；

——除白炽灯外的灯调光器。

不包括：

——装在具有其他主要用途(如复印机、投影仪、幻灯机等)设备内或用于刻度照明或指示的照明装置；

——白炽灯调光器。

3.18

待机模式　stand-by mode

休眠模式　sleep-mode

一种无操作、低功耗的模式(通常在设备上以某种方式指示出来),持续时间不定。

3.19

测量结果的重复性　repeatability of results of measurements

在同一地点以及同一试验条件下,采用同一试验系统,对同一台受试设备进行谐波电流测量所得结果之间的一致性。

[IEV 394-40-38,修改采用]

3.20

测量结果的复现性　reproducibility of results of measurements

对于每次测量,拟在相同的测量条件下,采用不同的试验系统,对同一台受试设备进行谐波电流测量所得结果之间的一致性。

[IEV 394-40-39,修改采用]

注：假设试验系统和试验条件满足标准中的全部规范性要求。

3.21

测量结果的可变性　variability of results of measurements

对于每次测量,无有意差异,拟在相同的测量条件下,采用不同的试验系统,对同型号的不同受试设备进行谐波电流测量,所得结果之间的一致性。

注1：假设试验系统和试验条件满足标准中的全部规范性要求。

注2：在本部分的内容中,术语的含义可以概括如下：

术语	含　义
重复性	同一 EUT,同一试验系统,同一试验条件,重复试验
复现性	同一 EUT,不同但规范的试验系统及试验条件
可变性	同型号的不同 EUT,无有意差异,不同但规范的试验系统及试验条件

4 概述

本部分的目的是规定其范围内设备的谐波发射限值，为其他设备的发射留有适当的余地。遵守此限值即可保证谐波骚扰水平不超过 IEC 61000-2-2 所规定的兼容水平。

不符合本部分要求的专用设备，如果设备使用说明书中含有要征得供电部门的接入许可要求，则可能被允许与某些类型的低压供电系统连接。在 IEC/TR 61000-3-4 或者 IEC 61000-3-12 中有关于这方面的建议。

5 设备的分类

为了规定谐波电流限值，将设备分类如下：

A 类：

——平衡的三相设备；

——家用电器，不包括列入 D 类的设备；

——工具，不包括便携式工具；

——白炽灯调光器；

——音频设备。

未规定为 B、C、D 类的设备均应视为 A 类设备。

注 1：对供电系统有显著影响的设备，在本部分未来的版本中可能会重新分类。需要考虑的因素包括：

——在用设备的数量；

——使用持续时间；

——使用的同时性；

——消耗的功率；

——谐波频谱，包括相位。

B 类：

——便携式工具；

——不属于专用设备的弧焊设备。

C 类：

——照明设备。

D 类：

按 6.2.2 的要求，规定功率不大于 600 W 的下列设备：

——个人计算机和个人计算机显示器；

——电视接收机。

注 2：考虑注 1 中所列出的因素，对于那些对公用供电系统有显著影响的设备，保留 D 类限值。

6 通用要求

下列要求也适用于第 7 章中没有规定适用谐波电流限值的设备。

本章规定的要求和限值适用于准备接入到 220/380 V，频率为 50 Hz 供电系统的设备电源输入端。

经过少量改变或升级的设备，只要在原先完整的符合性试验中，设备的电流发射低于相应限值的 60%，并且供电电流的 THD 小于 15%，则可采用简化的试验方法。该简化试验方法包括：确认更新后的设备有功输入功率的变化在原受试产品功率的±20%范围内，以及供电电流的 THD 小于 15%。满足这两个要求的产品认为符合相应限值要求。但在有疑义时，优先采用按照第6章和第7章进行的完整符合性试验结果。

6.1 控制方法

按照IEC 60050(161)定义的不对称控制，以及直接对供电电源进行的半波整流，只能在下列情况时使用：

a) 作为检测不安全状况的唯一可行方法时，或

b) 被控制的设备有功输入功率不大于100 W时，或

c) 被控制的器具是采用双芯软电缆供电的便携式设备，且只准备短时使用，如仅几分钟。

如果满足这三个条件之一，半波整流可用于任何用途，但不对称控制仅可用于电动机的控制。

注：这类设备包括但不限于电吹风、厨房电器、便携式工具。

易于在输入电流中产生低次谐波($n \leqslant 40$)的对称控制方法可用于控制加热元件的供电，只要完整周期的正弦波输入功率不大于200 W，或谐波测量结果不超过表3的限值。

对称控制方法也可用于专用设备，只要：

a) 满足上述两个条件之一，或

b) 电源输入端的谐波测量值不超过相关限值并满足下列两个条件：

 1) 应精确控制加热器的温度，其热时间常数小于2 s，且；

 2) 无其他经济上可行的技术。

专用设备，其主要用途从整体上考虑不是加热，应对照与其相关的限值进行试验。

注1：主要用途不是加热的产品例如复印机，但炊具的主要用途是加热。

带有对称控制、短时使用的家用设备(如电吹风)应按A类设备进行试验。

即使在上述情况下允许采用不对称控制和半波整流，设备仍应满足本部分的谐波要求。

注2：在上述情况下，允许采用不对称控制和半波整流。但是在故障情况下，供电电源电流中的直流分量可干扰某些保护装置。同样，使用对称控制也可发生此现象。

6.2 谐波电流测量

6.2.1 试验配置

在附录C中规定了某些类型设备谐波电流测量的专门的试验条件。

对于附录C中未列出的设备，发射试验应在用户操作控制下或自动程序设定在正常工作状态下，预计产生最大THC的模式进行。这是规定了发射试验时设备的配置，而不是要求测量THC值或寻找最恶劣状态下的发射。

第7章规定的谐波电流限值仅适用于线电流而非中性线电流。对于单相设备，允许测量零线的电流代替线电流。

根据制造商提供的信息对受试设备进行试验。为了保证结果符合正常使用时的状况，在试验开始前，可能需要由制造商启动电动机预运行。

6.2.2 测量步骤

应按照6.2.3中的一般要求进行试验。6.2.4中给出试验周期。

应按下列要求测量谐波电流：

——对于每次谐波，按照附录B的规定在每个DFT(离散傅氏变换)时间窗口内测量1.5 s平滑有效值谐波电流；

——在6.2.4规定的整个观察周期内，计算由DFT时间窗口得到的测量值的算术平均值。

应由下列要求确定用于计算限值的输入功率值：

——在每个DFT时间窗口内测量1.5 s平滑有功输入功率；

——在整个试验周期内，由DFT时间窗口确定功率的最大测量值。

注：在附录B中规定的供给测量仪器平滑部分的有功输入功率，是在每个DFT时间窗口内的有功输入功率。

谐波电流和有功输入功率应在相同的试验条件下测量，但不需同时测量。

为了避免在某功率值附近限值急剧变化，而对采用哪类限值产生疑惑，制造商可规定与实际测量得到的功率值偏差±10%范围内的任意值，用其来确定作为在原制造商合格评定试验中的限值。试验报告中应记录根据本章定义的功率测量值和规定值。

如果发射试验中按本章条款测得的(而非原制造商合格评定试验中测得的)功率值与制造商在试验报告(见6.2.3.5)中规定的功率值相比，不小于90%或不大于110%，则应使用规定值来确定限值。当测量值在规定值的允许范围之外时，则应使用测得的功率值确定限值。

对于C类设备，应使用制造商规定的基波电流和功率因数(见3.10)计算限值。与计算D类限值时测量和规定功率一样，基波电流分量和功率因数由制造商测量和规定。应从与基波电流分量值相同的DFT测量窗获得所用的功率因数值。

6.2.3 一般要求

6.2.3.1 重复性

当满足下列情况时，在整个试验观察周期内，单个谐波电流的平均值的重复性应优于适用限值的±5%：

——同一受试设备(EUT)(不是同型号中的另一台，尽管类似)；

——一致的试验条件；

——相同的试验系统；

——一致的环境条件(如果有关)。

注：重复性的要求只是为了定义6.2.4中必要的观察周期，不是用于评估是否满足本部分要求的合格评定判据。

6.2.3.2 复现性

对相同的EUT采用不同试验系统进行测量，复现性(见3.20)不能明确计算，以便适用于所有可能的EUT、谐波分析仪和试验电源的组合。但其估计值应优于±(1%+10 mA)，此处1%是指在整个试验观察周期内总输入电流平均值的1%，通常差别小于该电流值可以忽略不计，但是某些情况下也会出现较大值。

为避免该情形下出现疑惑，在不同地点或不同场合获得的试验结果都满足相应限值的要求，就应判为符合性，即使试验结果的差别超过上述重复性或复现性规定的值。

注：除有意的偏差外，相同型号的不同EUT测量结果的可变性，可能会由于实际元器件的允差和其他效应而增大，例如EUT特性和测量仪表或供电电源间可能存在的相互作用。出于与复现性同样的原因，本部分无法量化这些效应的结果。6.2.3.2的第二段所述也适用于可变性。

从监管上考虑，限值的可能变化是允许的，但是不在本部分的范围内。

6.2.3.3 开始和终止

当手动或自动地将一台设备投入或退出运行，开关动作后第一个10 s内的谐波电流和功率不予以考虑。

受试设备不应在待机模式下超过任何观察周期的10%(见3.18)。

6.2.3.4 限值的应用

在整个试验观察周期内得到的单个谐波电流的平均值应不大于所采用的限值。

对于每次谐波,所有如6.2.2定义的1.5 s谐波电流平滑均方根值应为以下二者之一:

a) 不大于所应用限值的150%;或者

b) 当同时满足下列条件时,不大于所应用限值的200%:

  1) EUT属于A类设备;

  2) 超过150%应用限值的持续时间,不超过10%的观察周期,或者持续时间总共不超过试验观察周期内的10 min(取两者中较小者),以及

  3) 在整个试验观察周期内,谐波电流的平均值不超过应用限值的90%。

不考虑小于试验条件下测得的输入电流的0.6%或小于5 mA的谐波电流(取两者中较大者)。

对于21次及以上的奇次谐波,在整个观察周期中按照6.2.2定义的1.5 s平滑均方根值计算的每个单次谐波电流的平均值,可以超过适用限值的50%,只要满足下列条件:

——测量的部分奇次谐波电流值不超过应用限值计算而得出的部分奇次谐波电流值;

——所有单个谐波电流的1.5 s平滑均方根值应不大于所应用限值的150%。

注:上述例外(对部分奇次谐波电流使用平均值,对单个的1.5 s平滑值使用200%短时限值)互相排斥,不能同时使用。

6.2.3.5 试验报告

试验报告可以是基于制造商提供给检测机构的信息,或制造商自行试验的记录详细信息的文件。试验报告应包括试验条件、观察周期以及用于建立限值时的有功功率或基波电流及功率因数等所有相关信息。

6.2.4 试验的观察周期

在表4中考虑和描述了四种不同的设备运行类型的观察周期(T_{obs})。

6.3 安装在机柜或箱体内的设备

设备的各个组件安装在机柜或机箱内,组件视作分别与电源相连。机柜或机箱不必作为整体进行试验。

7 谐波电流限值

限值使用和结果评定流程见图1。

下列类型设备的限值在本部分中未作规定:

注1:限值可能在将来本部分的修改或修订中给出。

——额定功率75 W及以下的设备,照明设备除外;

注2:将来该值可能从75 W减小到50 W。

——总额定功率大于1 kW的专用设备;

——额定功率不大于200 W的对称控制加热元件;

——额定功率不大于1 kW的白炽灯独立调光器。

注3:见C.5.3。

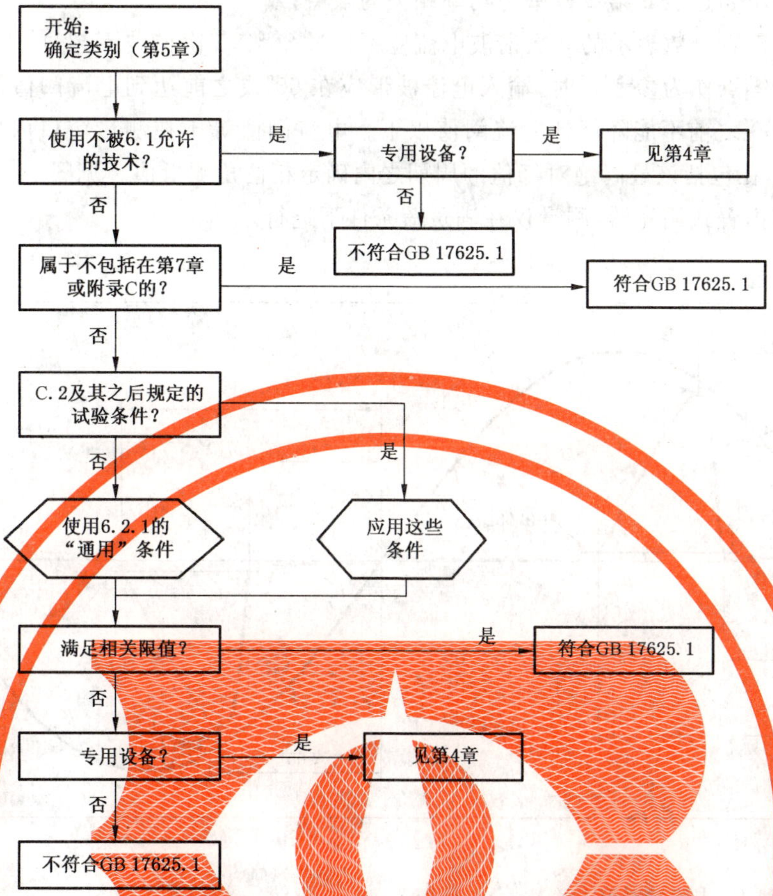

图 1 符合性确定流程图

7.1 A 类设备的限值

A 类设备输入电流的各次谐波不应超过表 1 给出的限值。

音频放大器应按照 C.3 进行试验。白炽灯调光器应按照 C.6 进行试验。

7.2 B 类设备的限值

B 类设备输入电流的各次谐波不应超过表 1 给出值的 1.5 倍。

7.3 C 类设备的限值

a) 有功输入功率大于 25 W

对于有功输入功率大于 25 W 的照明设备，谐波电流不应超过表 2 给出的相关限值。

但是，表 1 的限值适用于带有内置式调光器或壳式调光器的白炽灯照明设备。

对于带有内置式调光器、独立式调光器或壳式调光器的放电照明设备，使用下列条件：

——在最大负荷状态下谐波电流不应超过表 2 给出的百分数限值；

——在任何调光位置，谐波电流不应超过最大负荷条件下允许的电流值；

——设备应按照 C.5 规定的条件（见 C.5.3 的最后一段）进行试验。

b) 有功输入功率不大于 25 W

对于有功功率不大于 25 W 的放电灯，应符合下列两项要求之一：

——谐波电流不超过表 3 第 2 栏中与功率相关的限值；或

——用基波电流百分数表示的 3 次谐波电流应不超过 86%，5 次谐波不超过 61%；同时，当基波电源电压过零点作为参考 0°时，输入电流波形应在 60°或之前达到电流阈值，在 65°或之前出现峰值，在 90°之前不能降低到电流阈值以下。电流阈值等于在测量窗口内出现的最高绝对峰值的 5%，在包括该最高绝对峰值的周期之内确定相位角测量值。见图 2。

如放电灯带有内置式调光器，测量仅在满负荷条件下进行。

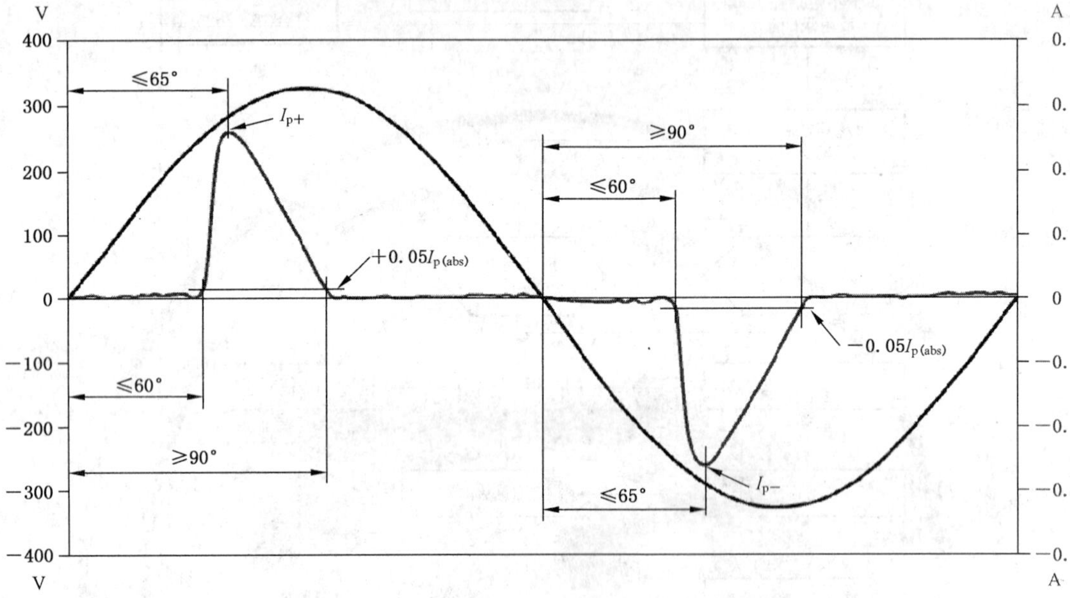

注：$I_{p(abs)}$ 取 I_{p+} 和 I_{p-} 中绝对值较大者。

图 2　7.3b)中描述的相对相位角和电流参数示意图

7.4　D 类设备的限值

对于 D 类设备，谐波电流和功率应按照 6.2.2 的规定进行测量。按照 6.2.3 和 6.2.4 规定的要求，各次谐波电流应不超过表 3 给出的限值。

表 1　A 类设备的限值

谐波次数 n	最大允许谐波电流 A
奇次谐波	
3	2.30
5	1.14
7	0.77
9	0.40
11	0.33
13	0.21
$15 \leqslant n \leqslant 39$	$0.15 \times 15/n$

表 1（续）

谐波次数 n	最大允许谐波电流 A
偶次谐波	
2	1.08
4	0.43
6	0.30
$8 \leqslant n \leqslant 40$	$0.23 \times 8/n$

表 2　C 类设备的限值

谐波次数 n	基波频率下输入电流百分数表示的最大允许谐波电流 %
2	2
3	$30 \cdot \lambda$[a]
5	10
7	7
9	5
$11 \leqslant n \leqslant 39$ （仅有奇次谐波）	3
[a] λ 是电路功率因数。	

表 3　D 类设备的限值

谐波次数 n	每瓦允许的最大谐波电流 mA/W	最大允许谐波电流 A
3	3.4	2.30
5	1.9	1.14
7	1.0	0.77
9	0.5	0.40
11	0.35	0.33
$13 \leqslant n \leqslant 39$ （仅有奇次谐波）	$3.85/n$	（见表 1）

表 4　试验观察周期

设备运行类型	观　察　周　期
准稳态	T_{obs} 具有足够的持续时间以满足 6.2.3.1 中对重复性的要求
短周期（$T_{cycle} \leqslant 2.5$ min）	$T_{obs} \geqslant 10$ 周期（参考法）或 T_{obs} 具有足够的持续时间或同步[a] 以满足 6.2.3.1 中对重复性的要求

表 4（续）

设备运行类型	观察周期
随机	T_{obs}具有足够的重复时间以满足 6.2.3.1 中对重复性的要求
长周期（T_{cycle}＞2.5 min）	完整设备程序周期（参考法）或制造商认为将产生最大 THC 的典型 2.5 min 操作周期

[a] “同步”表示总的观察周期非常接近设备运行周期的整数倍，以满足 6.2.3.1 中对重复性的要求。

附 录 A
（规范性附录）
测量电路和试验电源

A.1 试验电路

测量的谐波电流值应与第 7 章给出的限值进行比较。应按照下列图中所给出的电路测量受试设备(EUT)的谐波电流：

——图 A.1 适用于单相设备；

——图 A.2 适用于三相设备。

应使用符合附录 B 要求的测量设备。有关受试设备的试验条件在附录 C 中给出。

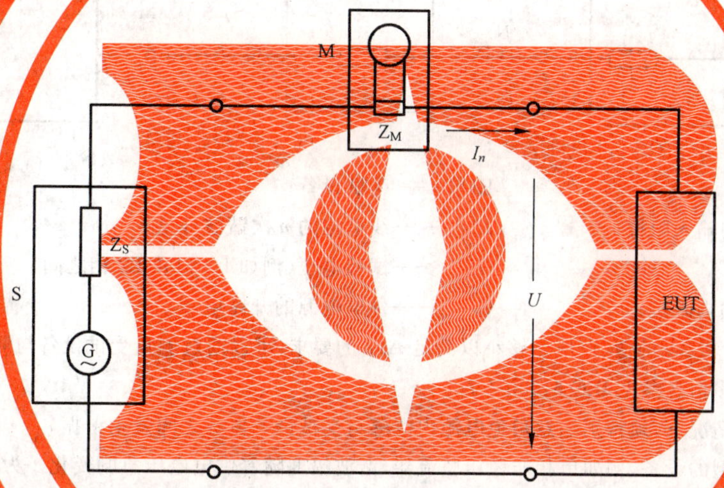

S ——供电电源；
Z_M——测量设备的输入阻抗；
M ——测量设备；
Z_S ——供电电源的内阻抗；
EUT——受试设备；
I_n ——线电流的 n 次谐波分量；
U ——试验电压；
G ——供电电源的开路电压。

注 1：没有规定 Z_S 和 Z_M 的值，但应足够小以满足 A.2 的要求，可以通过测量受试设备与测量设备连接点处的电压来验证。更多信息参见 IEC 61000-4-7。

注 2：在某些特殊情况下，须特别注意避免电源内电感与受试设备电容之间发生谐振。

注 3：对于某些类型的设备，例如单相非稳压整流器，谐波幅度随着供电电压急剧变化。为使该变化降到最低程度，推荐将受试设备与测量设备连接点处的电压维持在 220 V±1.0 V/380 V±1.0 V，采用与谐波评定相同的 200 ms 观察窗进行评估。

图 A.1 单相设备的测量电路

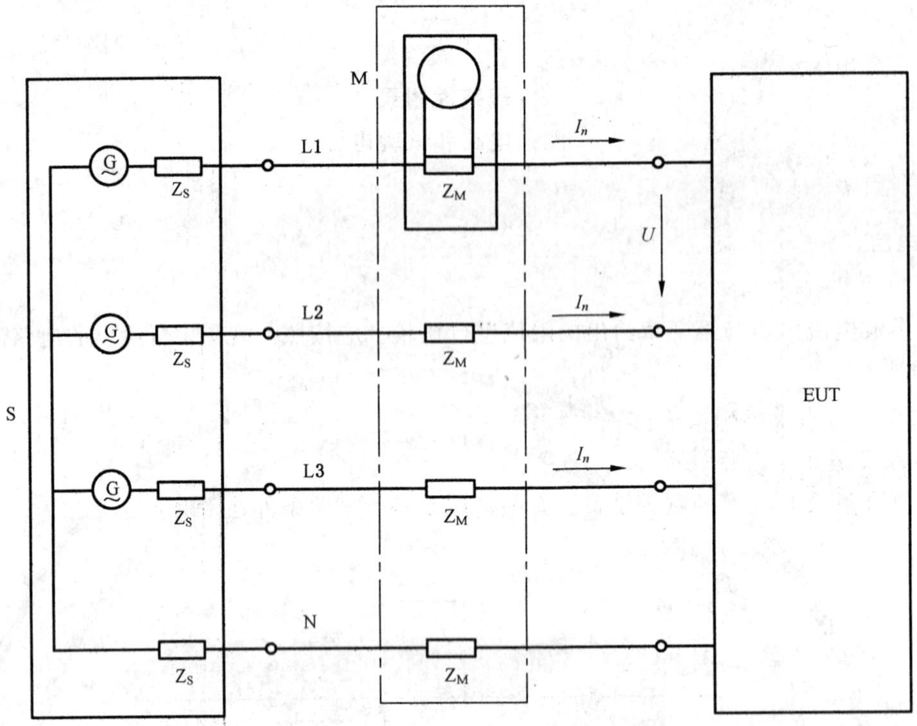

S ——供电电源；

Z_M——测量设备的输入阻抗；

M ——测量设备；

Z_S ——供电电源的内阻抗；

EUT ——受试设备；

I_n ——线电流的 n 次谐波分量；

U ——试验电压(例如 L1 相和 L2 相之间)；

G ——供电电源的开路电压。

注 1：没有规定 Z_S 和 Z_M 的值，但应足够小以满足 A.2 的要求，可以通过测量受试设备与测量设备连接点处的电压来验证。更多信息参见 IEC 61000-4-7。

注 2：在某些特殊情况下，须特别注意避免电源内电感与受试设备电容之间发生谐振。

注 3：对于某些类型的设备，例如单相非稳压整流器，谐波幅度随着供电电压急剧变化。为使该变化降到最低程度，推荐将受试设备与测量设备连接点处的电压维持在 220 V±1.0 V/380 V±1.0 V，采用与谐波评定相同的 200 ms 观察窗进行评估。

图 A.2 三相设备的测量电路

A.2 试验电源

按照附录 C 的要求进行测量时，受试设备接线端处的试验电压应满足下列要求：

a) 试验电压应为受试设备的额定电压，单相和三相电源的试验电压应分别为 220 V 或 380 V。试验电压的变化范围应保持在额定电压的±2.0％之内，频率变化范围应保持在额定频率的±0.5％之内。

b) 三相试验电源的每一对相电压基波之间的相位角应为 120°±1.5°。

c) 当受试设备按正常运行方式连接时，试验电压的谐波含有率不应超过下列值：

3 次谐波	0.9％
5 次谐波	0.4％
7 次谐波	0.3％

9 次谐波	0.2%
2 次～10 次偶次谐波	0.2%
11 次～40 次谐波	0.1%

d) 试验电压的峰值应在其有效值的 1.40 倍～1.42 倍之内，并应在过零后 87°～93°达到峰值。对 A 类或 B 类设备进行试验时不作此要求。

附 录 B
（规范性附录）
对测量设备的要求

对测量设备的要求见 IEC 61000-4-7。

附 录 C
（规范性附录）
型式试验条件

C.1 总则

下列章节给出了部分类型的设备，进行谐波电流测量的试验条件。

C.2 电视接收机的试验条件

C.2.1 一般要求

测量时应包括电视接收机内各类辅助电路的负载。由电视机供电的外部设备负载除外。

C.2.2 测量条件

应由信号发生器提供按 C.2.2.1 要求调制的射频信号，电视机图像应按 C.2.2.2 调出适当的亮度、对比度和音量。

C.2.2.1 对电视接收机以 75 Ω 匹配，馈入电平为 65 dB(μV)的射频电视输入信号，并进行如下调试。

a) 彩色电视机

射频信号：图像色度和伴音已调的全电视信号：

——在 1 000 Hz 时，54%音频调制系数；

——图像调制用按照 ITU-R BT.471-1 建议推荐的彩条试验模式：

- 100%基准白条；
- 0%基准黑条；
- 75%幅度（以白条为基准）；和
- 100%饱和度。

b) 黑白电视机

射频信号：图像色度和伴音已调的全电视信号：

——音量调节见 a)；

——图像调制为按照 a)具有黑条、白条的单色图像试验模式，以及含有 50%基准白条的平均总图像内容。

C.2.2.2 电视接收机应按 IEC 60107-1 进行调试。

白条相当于 80 cd/m²，黑条小于 2 cd/m²。

品红条相当于 30 cd/m²。

音量控制按频率为 1 000 Hz 时在扬声器输出端测得的额定功率的 1/8 进行调整。在立体声音箱设备中两路设备都应有输出。

注：工作在基带信号下的电视机，应采用匹配的视听输入信号，并对亮度、对比度和音量作同样设置。

C.3 音频放大器的试验条件

C.3.1 条件

音频放大器的输入信号在零和额定源电动势（按 IEC 60268-3 规定）之间，其引出的电源电流变化小于最大电流的 15%时，音频放大器在无输入信号(信号为零)下进行试验。

其他的音频放大器应在下列条件下试验：

——额定电源电压；

——用户控制的正常位置，特别是任何影响频率响应的控制应设置为可获得最宽的平坦响应特性；

——C.3.2 给出的输入信号和负载。

C.3.2 输入信号和负载

应用下列试验程序。

a) 将等于额定负载阻抗的电阻连接到每个放大器的输出端。将音频分析仪/示波器连接到内部线路中代表功率放大器输出的点上，监测扬声器音频功率放大器输出电压波形。

注 1：如果有源扬声器内置音频功率放大器，则扬声器和相关的分频网络是其负载。

b) 用 1 000 Hz 的正弦信号(见注 2)连接到匹配的输入端。在多通道放大器中，环绕声道放大器不能被再用作第二组左、右声道放大器。因此，设置环绕声道放大器的输入信号比左、右声道的输入信号低 3 dB。

注 2：对于不用于复现 1 kHz 信号的产品，则采用复现放大器带宽的几何中心频率。

c) 同时调节输入信号和/或放大器的增益控制，以获得具有 1%总谐波畸变的左、右声道输出信号。如果不能获得 1%总谐波畸变信号，则同时调节输入信号电压和/或增益控制，在每个输出端达到可获得的最高功率输出。确认环绕声道放大器的输出信号比左、右声道输出的信号低 3 dB。

d) 测量所有通道的输出电压，并再次调节输入信号电压和/或增益控制，使得输出电压为在上述步骤 c)结尾处输出电压的 0.354(即 $1/\sqrt{8}$)倍。

e) 提供连接外部扬声器的产品，按照 6.2 的要求进行测量。

f) 对于具有内部扬声器并且不提供连接外部扬声器的产品，记录每个放大器输出端正弦信号的均方根输出电压值。使用粉红噪声信号来代替正弦信号，带限由 IEC 60268-1:1985 中 6.1 给出。确认出现在每个放大器输出端的粉红噪声信号的均方根值，等于按上述步骤 d)设置的正弦波形的均方根值。按照 6.2 的要求进行测量。

C.4 盒式录像机的试验条件

应在重放方式、标准带速条件下进行测量。

C.5 照明设备的试验条件

C.5.1 一般条件

应在大气无对流、环境温度为 20 ℃至 27 ℃的条件下进行测量。在测量期间温度变化应不大于 1 K。

C.5.2 灯

放电灯应在额定电压下至少老化 100 h。在一系列测量前，放电灯至少已通电 15 min。某些类型灯要求的稳定时间超过 15 min。应遵守相关的 IEC 灯性能标准中给出的信息。

在老化、稳定和测量期间，灯应该按正常使用状态安装。自镇流灯应处于灯头朝上位置工作。

C.5.3 灯具

灯具按产品的情况进行测量。应该利用基准灯或电气特性接近标称值的灯进行试验。如果有怀疑，应采用基准灯进行测量。当灯具由一个以上的灯组成时，在试验期间所有的灯都应接入并点亮。当配给灯具使用的灯的类型多于一种时，测量应在每种类型的灯都分别使用的情况下进行，每次灯具都应符合标准。如果灯具配有启动器，则应使用满足 IEC 60155 要求的启动器。

未装电子变压器或调光装置的白炽灯灯具，被认为是满足谐波电流要求的，因此不必进行试验。

如果使用基准灯的单独试验能证实荧光灯、其他放电灯用的镇流器，卤钨灯或其他白炽灯用的降压变换器符合要求，则可以认为灯具符合谐波电流要求，不必进行试验。如果这些部件没有单独进行试验或不符合要求，则应对灯具本体进行试验，并应符合要求。

若灯具装有内置调光器，则应按制造商规定的灯的最大负荷测量谐波电流。为了获得全面的结论，在最小功率和最大功率之间分为五个相等的级段改变调光装置的整定值。

C.5.4 镇流器和降压变换器

荧光灯或其他放电灯用的镇流器，卤钨灯或其他白炽灯用的降压变换器，应该用基准灯或电气特性接近其标称值的灯来进行试验。如果有怀疑，则用基准灯进行测量。

对于可带或不带串联电容器的镇流器，或指定使用某些类型灯的镇流器或降压变换器，制造商应在产品说明书中指出哪一种类型的电路和灯的镇流器能满足谐波限值要求，则试验在该镇流器上进行。

C.6 独立式和内置式白炽灯调光器的试验条件

调光器应在其允许的最大白炽灯功率条件下进行试验。将触发角调整到 90°±5°，如果是多级控制，则调整到最接近 90°的那一级上。

C.7 真空吸尘器的试验条件

按照 IEC 60335-2-2 的规定正常工作，调节真空吸尘器空气进气口。

试验观察周期不短于 6 min。配有电子控制装置的真空吸尘器，调整其控制装置，在以下三种工作模式下进行试验，每种模式的时间间隔相同：

——最大输入功率；

——触发角 90°±5°；或者，如果是多级控制，则在最接近 90°的那一级；

——最小输入功率。

注：作为备选，待测设备可在三个相同的时间间隔内进行试验，每个间隔至少 2 min，在这些时间间隔内，真空吸尘器工作在上述三种模式。三个时间间隔不必连续。但在应用限值时，假设三个间隔连续，而不考虑在这三个间隔之外的谐波电流值。

如果真空吸尘器含有选择瞬时高功率（“加速器”）工作模式的控制器，该模式自动返回到低功率模式，则计算谐波电流平均值时不考虑该高功率模式。当试验使用针对单个 1.5 s 平滑均方根谐波电流值（见 6.2.3.4）的限值时，才应进行此模式的试验。

C.8 洗衣机的试验条件

洗衣机应在一个完整的洗涤程序中进行试验，即装入尺寸为 70 cm×70 cm、干重 140 g/m^2～175 g/m^2 双缝边预洗棉布的额定负荷的标准洗涤周期。

注入的水温应是：

——无加热元件并打算连接至热水供应的洗衣机为 65 ℃±5 ℃；

——其他类型的洗衣机为 10 ℃～25 ℃。

带有程序器的洗衣机应采用无预洗的 60 ℃棉布洗涤程序，否则，应使用无预洗操作的普通洗涤程序。如果洗衣机含有加热元件，但其并不受程序控制，则在第一个洗涤周期开始前，水温应加热到 65 ℃±5 ℃。

如果洗衣机有加热元件但没有程序控制器，则在第一个洗涤周期开始前，水温应加热到 90 ℃±5 ℃。如果已达到稳态条件，温度可以较低。

C.9 微波炉的试验条件

微波炉在 100%的额定功率下进行试验。试验时，在最大厚度 3 mm、外径约 190 mm 的圆柱形光学玻璃容器内装入 1 000 g±50 g 的饮用水，放置在支架的中心位置上。

C.10 信息技术设备(ITE)的试验条件

C.10.1 通用试验条件

ITE(包含个人计算机)销售时不带"工厂装配备选件"、并且不具备扩展槽能力的，按照销售的配置进行试验。个人计算机之外的 ITE，销售时带"工厂装配备选件"，或者具备扩展槽能力的，试验时需要在每个扩展槽都装上外加负载，即采用制造商规定的"工厂装配备选件"，以产生所能达到的最大功耗。

对于不多于 3 个扩展槽的个人计算机试验，每个扩展槽都要装上使该扩展槽达到最大允许功率的负载卡。对于扩展槽多于 3 个的个人计算机试验，外加负载卡的安装比率应为，至多 3 个额外的扩展槽为一组，每组至少安装一块负载卡(也就是说，对于 4、5 或 6 个扩展槽，总共需要至少 4 块负载卡；对于 7、8 或 9 个扩展槽，总共需要至少 5 块负载卡，以此类推)。

模组设备，比如硬盘组架或者网络服务器，在最大配置下试验。

在所有上述配置中，外加负载卡的使用不应导致总的直流输出功率超过额定值。

注 1：上述要求，并不意味着同一类负载的所有选件都要装上，比如多个硬盘，除非这是用户使用时的典型配置，或者，此种配置对该类产品来说并不是非正常状况(比如冗余磁盘阵列机(RAID))。

注 2：常用的扩展槽负载卡，比如 PCI 或 PCI-2 卡，功耗是 30 W，但可以根据产业标准变化而调整。

谐波发射试验应在正常运行条件下，通过用户操作控制器或者自动程序设定至产生最大 THC 的模式进行。

应关闭可能导致功率电平有较大波动的节能模式，以保证在整个测量过程中整个设备，或者设备中某部分不会自动关闭。

对于制造商提供配电装置而设计使用的 ITE 系统，如一个或多个变压器、UPS 电源或者功率调节器等，要验证该 ITE 系统是否满足本部分限值，在接入公共低压配电网的输入端应满足本部分的限值。

C.10.2 外接电源或电池充电器的 IT 设备发射测量的可选条件

对于采用外接电源或者电池充电器的 IT 设备，制造商可以选择：

——根据 C.10.1(通用试验条件)对整机进行试验；或者

——在直流输出端接上阻性负载，根据 6.2.2 测量相应的外接电源或者电池充电器的交流输入端的功率和谐波发射，只要接上该阻性负载时，负载上的峰-峰波纹电压不大于直流输出电压的 5%。

该负载阻抗值应是通过计算负载消耗的有功功率等于直流输出端的额定功率得到的，如无额定功率，则应等于在电源或电池充电器上标识的直流输出额定电压乘以直流输出额定电流。

在采用上述负载条件下，按照 6.2.2 测量的交流输入功率等于或者小于 75 W 时，根据第 7 章的规定，该外接电源或电池充电器可以认为满足要求，无需进一步试验。

C.11 电磁炉的试验条件

电磁炉试验时，取一个搪瓷平底钢锅，盛入约一半容积的水，水温为室温，依次把锅放在每个烹调区的中心，热量控制器调节到最高设定值上。

锅底的直径至少应与烹调区的直径相等，使用符合该要求的最小的平底锅。锅底的最大凹度为 $3D/1\ 000$，D 是锅底平坦区域的直径。锅底不应呈凸形。

在室温下用一个空平底锅来检查其凹度。

C.12 空调器的试验条件

如果空调器的输入功率是用电子装置控制，由改变风扇或压缩机电动机的转速以得到适宜的室温，谐波电流的测量应在运行稳定后的下述条件下进行：

——温度控制应设定在制冷模式下的最低温度及制热模式的最高温度。

——试验时的环境温度，制冷模式时应为 30 ℃±2 ℃，制热模式时应为 15 ℃±2 ℃。如果制热模式下的额定输入功率在较高温度时达到，则空调器应在此环境温度下进行试验，但不能超过 18 ℃。环境温度的定义是空调器室内机和室外机进气口处的空气温度。

假如热交换不是利用空气进行，而是利用另一种介质来进行，比如水，则空调器的全部设置以及温度的选择应使空调器在额定输入功率下运行。

如空调器内不含电力电子元件(如二极管、调光器、闸流管等)，则不需进行谐波电流试验。

C.13 在 IEC 60335-2-14 中规定的厨具的试验条件

IEC 60335-2-14 列出的厨具，可认为符合本部分的谐波电流限值要求，无需再进行试验。

C.14 非专用电弧焊设备的试验条件

焊接电源与常规负荷相连，并按照表 C.1 调节。试验应在制造商规定的最大额定焊条尺寸所对应的负荷电流下进行。

表 C.1 电弧焊设备试验时的常规负荷

额定焊条直径 mm	负荷电流[a] A	负荷电压 V
1.6	40	19.6
2	55	20.2
2.5	80	21.2
3.15	115	22.6
4	160	24.4

[a] 允许采用插值法。

ICS 33.100
L 06

中华人民共和国国家标准

GB/T 17626.24—2012/IEC 61000-4-24：1997

电磁兼容 试验和测量技术 HEMP传导骚扰保护装置的试验方法

Electromagnetic compatibility—Testing and measurement techniques—Test methods for protective devices for HEMP conducted disturbance

（IEC 61000-4-24：1997，IDT）

2012-11-05 发布 2013-02-01 实施

中华人民共和国国家质量监督检验检疫总局
中国国家标准化管理委员会 发布

前 言

GB/T 17626《电磁兼容　试验和测量技术》分为以下几个部分：

GB/T 17626.1—2006　电磁兼容　试验和测量技术　抗扰度试验总论

GB/T 17626.2—2006　电磁兼容　试验和测量技术　静电放电抗扰度试验

GB/T 17626.3—2006　电磁兼容　试验和测量技术　射频电磁场辐射抗扰度试验

GB/T 17626.4—2008　电磁兼容　试验和测量技术　电快速瞬变脉冲群抗扰度试验

GB/T 17626.5—2008　电磁兼容　试验和测量技术　浪涌(冲击)抗扰度试验

GB/T 17626.6—2008　电磁兼容　试验和测量技术　射频场感应的传导骚扰抗扰度

GB/T 17626.7—2008　电磁兼容　试验和测量技术　供电系统及所连设备谐波、谐间波的测量和测量仪器导则

GB/T 17626.8—2006　电磁兼容　试验和测量技术　工频磁场抗扰度试验

GB/T 17626.9—2011　电磁兼容　试验和测量技术　脉冲磁场抗扰度试验

GB/T 17626.10—1998　电磁兼容　试验和测量技术　阻尼振荡磁场抗扰度试验

GB/T 17626.11—2008　电磁兼容　试验和测量技术　电压暂降、短时中断和电压变化的抗扰度试验

GB/T 17626.12—1998　电磁兼容　试验和测量技术　振荡波抗扰度试验

GB/T 17626.13—2006　电磁兼容　试验和测量技术　交流电源端口谐波、谐间波及电网信号的低频抗扰度试验

GB/T 17626.14—2005　电磁兼容　试验和测量技术　电压波动抗扰度试验

GB/T 17626.15—2011　电磁兼容　试验和测量技术　闪烁仪　功能和设计规范

GB/T 17626.16—2007　电磁兼容　试验和测量技术　0Hz～150kHz 共模传导骚扰抗扰度试验

GB/T 17626.17—2005　电磁兼容　试验和测量技术　直流电源输入端口纹波抗扰度试验

GB/T 17626.24—2012　电磁兼容　试验和测量技术　HEMP 传导骚扰保护装置的试验方法

GB/T 17626.27—2006　电磁兼容　试验和测量技术　三相电压不平衡抗扰度试验

GB/T 17626.28—2006　电磁兼容　试验和测量技术　工频频率变化抗扰度试验

GB/T 17626.29—2006　电磁兼容　试验和测量技术　直流电源输入端口电压暂降、短时中断和电压变化的抗扰度试验

GB/T 17626.30—2012　电磁兼容　试验和测量技术　电能质量测量方法

本部分为 GB/T 17626 的第 24 部分。

本部分按照 GB/T 1.1—2009 给出的规则起草。

本部分等同采用国际标准 IEC 61000-4-24:1997《电磁兼容(EMC)　试验和测量技术　第 4-24 部分:HEMP 传导骚扰保护装置的试验方法》。

本部分由全国电磁兼容标准化技术委员会(SAC/TC 246)归口。

本部分负责起草单位:中国电力科学研究院。

本部分参与起草单位:国网电力科学研究院。

本部分主要起草人:邬雄、万保权、张建功、张广洲、李妮、张泽平。

电磁兼容 试验和测量技术 HEMP传导骚扰保护装置的试验方法

1 范围

GB/T 17626的本部分规定了高空电磁脉冲(HEMP)传导骚扰保护装置的试验方法。它主要包括电压击穿和电压限制特性的试验,以及在HEMP条件下,电压(u)和电流(i)作为时间函数快速变化时的残余电压的测量方法。

2 规范性引用文件

下列文件对于本文件的应用是必不可少的。凡是注日期的引用文件,仅注日期的版本适用于本文件。凡是不注日期的引用文件,其最新版本(包括所有的修改单)适用于本文件。

GB/T 4365—2003 电工术语 电磁兼容(IEC 60050(161):1990,IDT)

3 术语和定义

下列术语和定义适用于本文件。

3.1

DUT

受试装置。

3.2

气体放电管 gas discharge tube

由两个或三个金属电极形成的一个或几个密封的间隙,其内气体混合物和气压可以控制,用来保护设备或操作人员免受高暂态电压伤害。

3.3

初级保护元件 primary protection element

从保护措施的非保护侧看,分流大部分浪涌电流的第一组保护元件。

3.4

保护侧 protected side

保护措施中,被保护设备所在的一侧。

3.5

非保护侧 unprotected side

保护措施中,会出现浪涌的一侧。

4 传导骚扰保护装置的试验方法

4.1 概述

在HEMP的条件下,保护装置的实际性能很大程度上取决于它在使用场合的连接方式,以及附近的环境状况(例如保护元件的保护侧和非保护侧之间的屏蔽质量),下面的试验方法考虑了上述因素。所规定的试验方法使得到的结果尽可能与受试装置(DUT)的质量有关,且试验布置又与实际保护时的布置无太大差异。为了使本部分简单并尽可能通用,允许试验人员在一定限度内优化试验布置,但不能脱离实际保护布置的范围。

4.2 试验配置

试验配置包括脉冲发生器(G)、传输线、DUT的试验夹具、负载、连接线以及示波器,见图1。整个试验配置的特征阻抗应相同,如果阻抗不等于50 Ω,则应进行说明。

为防止脉冲发生器与示波器之间的寄生耦合,试验配置的保护侧和非保护侧都应完全屏蔽。推荐用多层编织屏蔽或实体屏蔽的电缆。确保使用质量高、特征阻抗正确且能耐受高压脉冲的同轴连接器,避免形成接地回路。

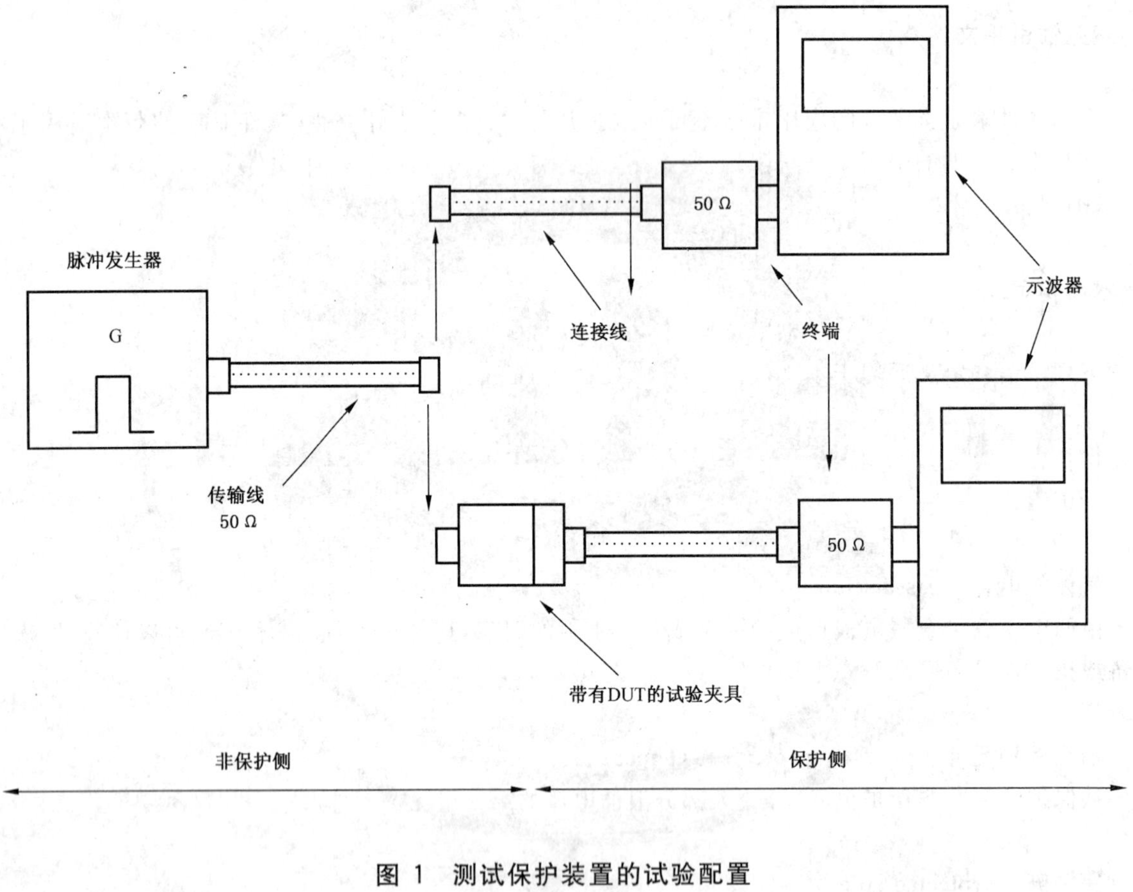

图1 测试保护装置的试验配置

4.3 脉冲发生器

脉冲发生器的特征阻抗应等于50 Ω或规定值,能够产生一个标准的矩形电压脉冲进入匹配的负载。在DUT初级保护元件的放电电压或限制电压的波前上升率至少要达到1 kV/ns。输出电压(进入到匹配负载)应可调整到高于DUT期望限制电压的2倍,且两种极性的脉冲均可产生。脉冲宽度至少要有20 ns。

4.4 传输线

传输线采用特征阻抗等于50 Ω或规定值的同轴电缆。脉冲发生器和DUT之间的电缆应足够长,以使在脉冲波前期间从DUT来的反射不会到达脉冲发生器。为了满足这一条件,沿电缆单向传播时间必须大于脉冲波前时间的一半。由于电缆衰减随着频率变化,这可能降低脉冲波前的陡度,因此,要通过增长传输线来调整脉冲波前的陡度,以达到期望值。

4.5 试验夹具

4.5.1 概述

试验夹具是非保护侧和保护侧两端都带有同轴连接器的机械装置,它们的作用是固定受试装置。有两种不同类型的夹具可以使用,分别为A类和B类,如下所述。

4.5.2 A类夹具

用作同轴高频保护的气体放电管可通过相应的商用夹具来试验。该保护设备嵌在同轴装置的内外导体之间,以使对特征阻抗的影响最小。采用这种夹具可以准确测量保护装置的特性并具有很好的重复性。

4.5.3 B类夹具

B类夹具使用普遍,通常不管是否有馈通配置,原则上对所有两端口或四端口的保护设备都适用。然而,由高 di/dt 产生的感应过冲,会严重影响如保护二极管和压敏电阻之类低压器件的测量结果。这时,DUT的机械尺寸及其在试验夹具中的插入情况要比装置本身的固有性质对试验结果有更大影响。

B类夹具由三个主要部分组成:非保护壳,隔离屏,保护壳(如图2所示)。

非保护壳:非保护壳内部是环形截面,它的直径和长度应与DUT的尺寸相适应。为了更好地连接焊点,壳沿轴向截成两部分。如果没有另作说明,从非保护连接器(P_1)到DUT焊点(P_2)的导线长度应小于非保护壳内 P_2 与 P_3 点之间DUT中电流路径的长度。

隔离屏:馈通保护设备装入隔离屏中的方式应与实际应用时一样。

对于非馈通器件,导线应按图2所示的方式穿过一个孔,导线或孔的边缘应隔离。如果没有另作说明,不应采用馈通电容器或其他馈通元件。非馈通的DUT应靠近隔离屏,但不能接触它,除非在实际应用时指定它要固定在金属壁上(如图3所示)。

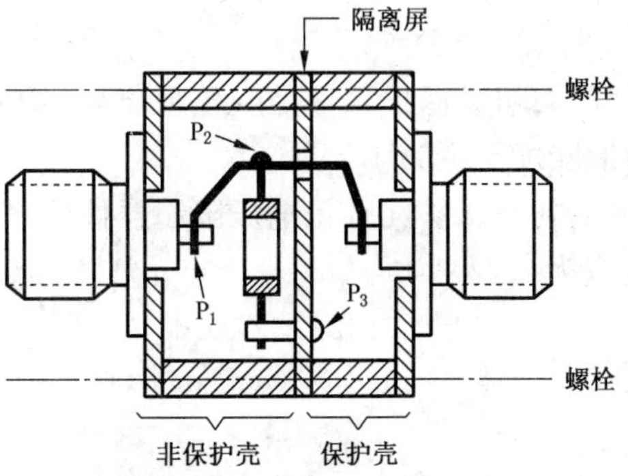

图2 非馈通配置的两端口DUT的B类试验夹具示例

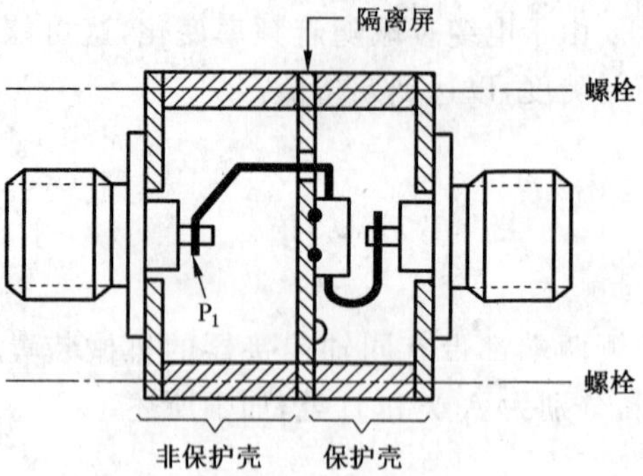

图 3　非馈通配置的四端口 DUT 的 B 类试验夹具示例

保护壳:保护壳是起到与保护连接器的过渡作用。保护壳应做得尽可能短,P_2 点与保护连接器间的连接长度也应尽可能短。

4.6　负载

在示波器 3 dB 的带宽内,负载应与试验设备的特征阻抗相匹配。负载应该是馈通型的,后面连接一个高阻抗的示波器分压探头,或负载是示波器前的衰减器第一级的一部分。试验夹具与负载之间连接线的阻抗应与终端的阻抗相等,连接线应尽可能短。它在示波器的 3 dB 高端截止频率处的衰减应小于 0.5 dB,并应确保负载能够经受住试验脉冲而不降低性能。

4.7　示波器

示波器和试验装置其他部件的带宽都应足够宽,以使由带宽限制和其他系统误差引起的 u 和 $\mathrm{d}u/\mathrm{d}t$ 峰值的总不确定度不超过±20%。

4.8　试验程序

4.8.1　脉冲发生器的调节

传输线(见图 1)首先直接连接到与终端相连的连接线上。

按以下方法调节脉冲发生器:

a)　如果 DUT 或者四端 DUT 的初级保护元件是气体放电管,则对气体放电管试验时,预期脉冲在脉冲闪络电压时的前沿陡度至少为 1 kV/ns。

b)　如果 DUT 或四端 DUT 的初级保护元件是电压限制器件(如保护二极管或压敏电阻),预期脉冲前沿的最大切向陡度应为:

$$\mathrm{d}u/\mathrm{d}t=(1/2)\times Z_C\times \mathrm{d}i/\mathrm{d}t \qquad \cdots\cdots(1)$$

式中:

Z_C　——特征阻抗;

$\mathrm{d}i/\mathrm{d}t$ ——给定值。[1)]

4.8.2　验证程序

传输线(见图 1)连接到试验夹具上。

1)　给定的 $\mathrm{d}i/\mathrm{d}t$ 与 DUT 试验时的实际 $\mathrm{d}i/\mathrm{d}t$ 应相符,当 DUT 的阻抗比 50 Ω 或规定的阻抗小很多时,在试验时,电流 i 以及 $\mathrm{d}i/\mathrm{d}t$ 也因此会加倍。

如果用的是B型试验夹具，要对保护与非保护连接器间的内部连接进行传输特性试验。

验证时，去掉DUT，并调节脉冲发生器，施加与4.8.1中相同的脉冲。测得的信号与4.8.1测到的信号相差不应超过10%。如果超过10%，应加大连接线的直径(较高的对地电容将会降低特征阻抗，和改进脉冲发生器与负载的匹配)。

为了确保避免在试验装置保护侧和非保护侧之间出现非期望的耦合，验证试验时，试验装置应做如下改变：

如果DUT是两根引线的装置，它应该用一根长度和形式与到DUT的电流路径相同的短路连接来代替。P_2与保护连接器中央引脚的连接(见图2所示)应该去掉。一次试验应该在保护连接器中央引脚断开做，另一次试验是将这个引脚接地(在保护壳内)时做。

如果DUT是馈通装置，它应被同样尺寸的模拟DUT代替，模拟DUT完全由良导电金属制成，因此它可以代表一个理想的短路电路。保护连接器的中央引脚应连接到模拟DUT的输出引脚上。

在这种条件下测得的残余电压峰值应小于最终试验测得峰值电压的5%。

4.8.3 试验

用DUT代替模拟DUT，测出残余电压值。

4.8.4 DUT的最后检查

试验后，应检查DUT是否有可见的破坏，进而检查其功能指标以及与HEMP相关的指标，如未出现明显变化，则试验结果有效。

4.9 本部分的参考信息

凡提及本部分时，应给出下述相关信息。

标准程序：

——对于气体放电管：	所用试验夹具的类型(4.5)
——对于用B型夹具的两端元件的测量：	连接线的长度，见焊点之间的DUT总长度(4.5.3)

标准程序的更改：

——特征阻抗：	如果不等于50 Ω(4.2)
——预期脉冲陡度 du/dt：	如果高于1 kV/ns(4.3)
——实际 di/dt：	如果高于40 A/ns(4.8.1)
——DUT的更改：	如果在A型夹具试验时，断开气体放电管的连接线
——DUT的附加元件：	带有规定元件的电路图
	夹具内引线长度(如果引线长于正常长度)

附 录 A
（资料性附录）
参考文献

[1] IEC 61000-5-5:1996, Electromagnetic compatibility (EMC)—Part 5: Installation and mitigation guidelines—Section 5: Specification of protective devices for HEMP conducted disturbance. Basic EMC publication.

ICS 33.100.99
L 06

GB

中华人民共和国国家标准

GB/T 17626.30—2012/IEC 61000-4-30:2008

电磁兼容 试验和测量技术 电能质量测量方法

Electromagnetic compatibility—Testing and measurement techniques—Power quality measurement methods

(IEC 61000-4-30:2008,IDT)

2012-11-05 发布 2013-02-01 实施

中华人民共和国国家质量监督检验检疫总局
中国国家标准化管理委员会 发布

前　言

GB/T 17626《电磁兼容　试验和测量技术》分为以下几个部分：

GB/T 17626.1—2006　电磁兼容　试验和测量技术　抗扰度试验总论

GB/T 17626.2—2006　电磁兼容　试验和测量技术　静电放电抗扰度试验

GB/T 17626.3—2006　电磁兼容　试验和测量技术　射频电磁场辐射抗扰度试验

GB/T 17626.4—2008　电磁兼容　试验和测量技术　电快速瞬变脉冲群抗扰度试验

GB/T 17626.5—2008　电磁兼容　试验和测量技术　浪涌(冲击)抗扰度试验

GB/T 17626.6—2008　电磁兼容　试验和测量技术　射频场感应的传导骚扰抗扰度

GB/T 17626.7—2008　电磁兼容　试验和测量技术　供电系统及所连设备谐波、谐间波的测量和测量仪器导则

GB/T 17626.8—2006　电磁兼容　试验和测量技术　工频磁场抗扰度试验

GB/T 17626.9—2011　电磁兼容　试验和测量技术　脉冲磁场抗扰度试验

GB/T 17626.10—1998　电磁兼容　试验和测量技术　阻尼振荡磁场抗扰度试验

GB/T 17626.11—2008　电磁兼容　试验和测量技术　电压暂降、短时中断和电压变化的抗扰度试验

GB/T 17626.12—1998　电磁兼容　试验和测量技术　振荡波抗扰度试验

GB/T 17626.13—2006　电磁兼容　试验和测量技术　交流电源端口谐波、谐间波及电网信号的低频抗扰度试验

GB/T 17626.14—2005　电磁兼容　试验和测量技术　电压波动抗扰度试验

GB/T 17626.15—2011　电磁兼容　试验和测量技术　闪烁仪　功能和设计规范

GB/T 17626.16—2007　电磁兼容　试验和测量技术　0 Hz～150 kHz 共模传导骚扰抗扰度试验

GB/T 17626.17—2005　电磁兼容　试验和测量技术　直流电源输入端口纹波抗扰度试验

GB/T 17626.24—2012　电磁兼容　试验和测量技术　HEMP 传导骚扰保护装置的试验方法

GB/T 17626.27—2006　电磁兼容　试验和测量技术　三相电压不平衡抗扰度试验

GB/T 17626.28—2006　电磁兼容　试验和测量技术　工频频率变化抗扰度试验

GB/T 17626.29—2006　电磁兼容　试验和测量技术　直流电源输入端口电压暂降、短时中断和电压变化的抗扰度试验

GB/T 17626.30—2012　电磁兼容　试验和测量技术　电能质量测量方法

本部分为 GB/T 17626 的第 30 部分。

本部分按照 GB/T 1.1—2009 给出的规则起草。

本部分等同采用国际标准 IEC 61000-4-30:2008(Ed 2.0)

本部分由全国电磁兼容标准化技术委员会(SAC/TC 246)提出并归口。

本部分负责起草单位：国网电力科学研究院。

本部分参加起草单位：华北电力大学。

本部分主要起草人：万保权、李澍森、李妮、董正言、肖湘宁、汪建。

电磁兼容 试验和测量技术
电能质量测量方法

1 范围

GB/T 17626 的本部分规定了 50 Hz 交流供电系统中电能质量参数测量方法及测量结果的解释。

各有关参数的测量方法均采用能提供可靠的、可重复结果的术语描述，但不涉及测量方法的实现手段。本部分涉及的是现场测量方法。

本部分适用于所指的参数测量仅限电力系统中能处理的电压现象。本部分涉及的电能质量参数是指电网频率、供电电压幅值、闪烁、供电电压暂降和暂升、电压中断、瞬态电压、供电电压不平衡、电压谐波和间谐波、供电电压中的载波信号以及快速电压变化。根据测量目的的不同，可能需要对上述全部参数或部分参数进行测量。

注 1：有关电流的参数信息见 A.3 和 A.6。

本部分仅提供测量方法以及相应的性能要求，并不设置阈值。

供电系统和仪器之间传感器的作用众所周知，因此在本部分中没有详细叙述，仅对带电电路安装监测器的注意事项作出规定。

注 2：可在 IEC 61557-12 中查询关于传感器作用的说明。

2 规范性引用文件

下列文件对于本文件的应用是必不可少的。凡是注日期的引用文件，仅注日期的版本适用于本文件。凡是不注日期的引用文件，其最新版本(包括所有的修改单)适用于本文件。

GB/T 4365 电工术语 电磁兼容(GB/T 4365—2003,IEC 60050(161):1990,IDT)

GB/T 17626.4—2008 电磁兼容 试验和测量技术 电快速瞬变脉冲群抗扰度试验(IEC 61000-4-4:2004,IDT)

GB/T 17626.7—2008 电磁兼容 试验和测量技术 供电系统及所连设备谐波、谐间波的测量和测量仪器导则(IEC 61000-4-7:2002,IDT)

GB/T 18039.4 电磁兼容 环境 工厂低频传导骚扰的兼容水平(GB/T 18039.4—2003,IEC 61000-2-4:1994,IDT)

IEC 61000-2-2:2002 电磁兼容(EMC) 第 2-2 部分:环境 公用低压供电系统低频传导骚扰及信号传输的兼容水平(Electromagnetic compatibility (EMC)—Part 2-2:Environment—Compatibility levels for low-frequency conducted disturbances and signalling in public low-voltage power supply systems)

IEC 61000-3-8 电磁兼容(EMC) 第 3 部分:限值 第 8 分部分:低压电气装置上的信号传输发射电平、频率范围和电磁骚扰电平(Electromagnetic compatibility (EMC)—Part 3:Limits—Section 8:Signalling on low-voltage electrical installations—Emission levels, frequency bands and electromagnetic disturbance levels)

IEC 61000-4-7 修订 1:2008 电磁兼容(EMC) 第 4-7 部分:试验和测量技术 供电系统及所连设备谐波、谐间波的测量和测量仪器导则(Electromagnetic compatibility (EMC)—Part 4-7:Testing and measurement techniques—General guide on harmonics and interharmonics measurements and instrumentation,for power supply systems and equipment connected thereto)

IEC 61000-4-15　电磁兼容(EMC)　第4-15部分:试验和测量技术　闪烁仪　功能和设计规范(Electromagnetic compatibility (EMC)—Part 4-15:Testing and measurement techniques—Flickermeter-Functional and design specifications)

IEC 61180(所有部分)　低压电气设备的高电压试验技术(High-voltage test techniques for low voltage equipment)

3　术语和定义

GB/T 4365界定的以及下列术语和定义适用于本文件。

3.1

通道　channel

通过某台仪器的单个信号测量通路。

注:"通道"和"相"是不相同的。通道电压定义为两个导体之间的电位差。相是指单一的导体。在多相系统中,通道可能是两相之间,或相和中性点之间,或相和地之间,或中性点和地之间。

3.2

协调世界时　Coordinated Universal Time

UTC

一种时标,它构成标准频率和时间信号的协调的无线电播发的基础。它在速率上精确地对应于国际原子时,但与之相差整数倍秒。

注1:协调世界时由国际度量衡局(BIPM)和国际地球旋转业务(IERS)建立。

注2:UTC时标通过插入或删除若干秒来调整,叫做正或负跳秒,以保证与UT1近似一致。

注3:UT是基于地球自转的一个时标,UT0是本初子午线的太平时,直接由天文观测得到,UT1是UT0校正过在恒星参考系中地球相对其旋转轴的微小运动(极向变化)效应的时间。参见GB/T 2900.54—2002的定义713-05-19。

[GB/T 2900.54—2002,定义713-05-20]

3.3

公称输入电压　declared input voltage

U_{din}

由传感器变比确定的公称供电电压。

3.4

公称供电电压　declared supply voltage

U_c

公称供电电压U_c通常是系统的标称电压U_n。如果根据供应商和客户之间的协议,加在终端的电压与标称电压不同,则该电压即为公称供电电压U_c。

3.5

暂降阈值　dip threshold

为检测电压暂降的起始和结束点而规定的电压幅值。

3.6

标记数据　flagged data

作了标记的数据表明该数据的某个测量值或某一组测量值可能已经受到电压中断、暂降或暂升的影响。

注:对数据做标记是为了在使用多种方法时,可避免单一事件被统计为多个不同类型的事件。做标记是有关一次测量或测量组合的补充信息。被标记的数据不会从数据集中删除。在有些应用中,进一步的分析可能会删除标记数据;在其他应用中,数据标记并不重要。用户、应用、规则或其他标准会决定标记数据的使用。进一步的解释参见4.7。

3.7

闪烁 flicker

亮度或频谱分布随时间变化的光刺激所引起的不稳定的视觉效果。

注：在电能质量领域中，该术语也称为“闪变”。

[GB/T 4365—2003，定义 161-08-13]

3.8

基波分量 fundamental component

频率为基波频率的分量。

[IEV 101-14-49，修改采用]

3.9

基波频率 fundamental frequency

对时域函数作傅立叶变换后得到的频谱中的频率，该频谱中所有频率以该频率作参考。

[IEV 101-14-50，修改采用]

注：为避免产生理解模糊，基波频率可由为系统供电的同步发电机的磁极数和转速确定。

3.10

谐波分量 harmonic component

频率为谐波频率的任一分量。

[IEC 61000-2-2:2002，定义 3.2.4，修改采用]

注：该值通常使用 r.m.s. 值来表示。为简单起见，该类分量有时简称为谐波。

3.11

谐波频率 harmonic frequency

基波频率整数倍的频率。

注：谐波频率与基频之比称为谐波次数(符号:h)。

3.12

迟滞 hysteresis

起点阈值与终点阈值之间的幅值差。

注 1：迟滞现象的定义和电能质量(PQ)测量参数有关，该定义不同于 IEV 的定义(与铁心饱和度无关)。

注 2：在 PQ 测量中引进迟滞现象的目的是为了避免幅值参数在阈值附近振荡造成事件多次统计。

3.13

影响量 influence quantity

任何可能会影响测量设备工作性能的量。

[GB/T 2900.77—2008，定义 311-06-01，修改采用]

注：该量通常来自于测量设备外部。

3.14

间谐波 interharmonic component

频率为间谐波频率的分量。

[IEC 61000-2-2:2002，定义 3.2.6]

注 1：该值通常使用 r.m.s. 值来表示。为简单起见，此类分量有时简称为间谐波。

注 2：GB/T 17626.7 和 GB/T 17626.13 中采用“谐间波”一词，考虑到该术语在电磁兼容以及电能质量领域中的适用性和准确性，采用“间谐波”更加合适。

3.15

间谐波频率 interharmonic frequency

非基波频率整数倍的任意频率。

[IEC 61000-2-2:2002，定义 3.2.5]

3.16

中断　interruption

电气系统中某一点的电压降低到中断阈值以下。

3.17

中断阈值　interruption threshold

为测量电压中断的起始和结束而设定的电压幅值。

3.18

测量不确定度　measurement uncertainty

与测量结果关联的一个参数，用于表征合理赋予被测量的值的分散性。

[GB/T 2900.77—2008，定义 311-01-02]

3.19

标称电压　nominal voltage

U_n

系统指定或识别的电压。

3.20

正偏离　overdeviation

仅当一个参数的测量值大于标称值时，参数的测量值和标称值之间差值的绝对值。

3.21

电能质量　power quality

评估电气系统某一给定点的电气性能时，与一系列参考技术参数相比所得的电特性参数。

注：在某些情况下，这些参数可能与供电网和连接负载之间的兼容性有关。

3.22

实时时钟　Real-Time Clock

RTC

用于实施本部分某些方法的当地计时装置。

注：实时时钟和 UTC 之间的关系在 4.6 中定义。

3.23

r. m. s.（方均根）值　r. m. s.（root-mean-square）value

在规定时间间隔和规定带宽内一个量的各瞬时值的平方的算术平均值的平方根。

[IEV 101-14-16，修改采用]

3.24

每半周波检测更新一次的 r. m. s. 电压　r. m. s. voltage refreshed each half-cycle

$U_{rms(1/2)}$

从基波的过零点开始，在一个周波内测量得到的 r. m. s. 电压值，每半个周波更新一次。

注 1：该技术对每个通道都是独立的，对于多相系统的不同通道可以产生连续的 r. m. s. 值。

注 2：该值仅适用于 A 类方法中的电压暂降、暂升和中断的检测及评估。

注 3：该 r. m. s. 电压值可以是相间电压值，也可以是相与中性点之间的电压值。

3.25

每周波检测更新一次的 r. m. s. 电压　r. m. s. voltage refreshed each cycle

$U_{rms(1)}$

在一个周波内测量得到的 r. m. s. 电压值，每一个周波更新一次。

注 1：和 $U_{rms(1/2)}$ 相比，该参数测量时不需要规定周波的开始时间。

注 2：该值仅适用于 S 类方法中的电压暂降、暂升和中断检测及评估。

注 3：该 r. m. s. 电压值可以是相间电压值，也可以是相与中性点之间的电压值。

3.26

影响量范围　range of influence quantities

单个影响量的取值范围。

3.27

参考通道　reference channel

多相测量系统的一个电压测量通道被指定为电压参考通道。

3.28

残余电压　residual voltage

U_{res}

在电压暂降或中断期间记录到的 $U_{rms(1/2)}$ 或 $U_{rms(1)}$ 的最小值。

注：残余电压可以用伏特表示，或用 U_{din} 的百分比或标么值表示。对于 A 类使用 $U_{rms(1/2)}$ 表示；对于 S 类，$U_{rms(1/2)}$ 或 $U_{rms(1)}$ 均可使用。见 5.4.1。

3.29

滑模参考电压　sliding reference voltage

U_{sr}

某特定时间段内的电压幅值平均值，用以表示某一电压变化事件（如电压暂降、暂升及快速电压变化）之前的电压。

3.30

暂升阈值　swell threshold

用于测量电压暂升的起始和结束所规定的电压值。

3.31

时间累积　time aggregation

为得到某一较长时间段上的值，对某一给定参数（在相同时间间段）的顺序值进行累加。

注：本部分中，累积总是指时间累积。

3.32

负偏离　underdeviation

仅当参数测量值小于标称值时，参数测量值和标称值之间差值的绝对值。

3.33

电压暂降　voltage dip

电气系统中某点电压幅值暂时下降到阈值以下。

注 1：电压中断是一种特殊形式的电压暂降。后续处理可用来区分电压暂降和电压中断。

注 2：电压暂降也被称作电压突降。这两个术语可互相替换；不过在本部分中只使用电压暂降这个术语。

3.34

电压暂升　voltage swell

电气系统中某点电压幅值暂时暂升到阈值以上。

3.35

电压不平衡　voltage unbalance

多相系统中的一种状态，在这种状态下，线电压（基波分量）r. m. s. 值和/或邻线电压之间的相位角不相等。

[GB/T 4365—2003，定义 161-08-09，修改采用]

注 1：不平衡度通常用负序、零序分量与正序分量的比值来表示。

注 2：在本部分中，电压不平衡是指三相系统中的电压不平衡。

4 总则

4.1 测量方法分类

对每一个待测参数定义为三类(A类、S类和B类)。每一类都包括测量方法和相应的性能要求。

——A类

该类用于必须精确测量的场合,比如,可能用于需要解决争端的合同,验证是否和标准相符等。在测量同一信号时,用两台符合A类要求的不同仪器测量同一信号的某参数,所得任意测量结果应在该参数规定的不确定度范围内。

——S类

该类用于调查或电能质量评估等统计性应用,使用的参数可能只是所有参数的一个有限子集。尽管S类使用和A类相同的测量间隔,但S类的处理要求比A类低。

——B类

定义该类方法的目的是避免现有的仪器被废弃。

注:在新设计中不推荐使用B类方法。在本部分的未来版本中可能会将B类删除。

对每一类测量方法,影响因素范围应与第6章中的规定相一致。用户应根据应用情况选择需要的类别。

注1:仪器制造商宜说明那些没有明确标示但却会降低仪器性能的影响量。例如,IEC 61557-12 中有该方面的指导。

注2:仪器可以测量本部分规定的部分或全部参数,对所有参数最好使用同一类方法。

注3:仪器制造商宜说明所测是何参数,各参数采用哪类测量方法,各类的U_{din}范围,以及满足各类所需的必要条件及附属要求(同步、探头、检定周期、温度范围等)。

注4:在本部分中,"A"代表"Advanced(高级)";"S"代表"Surveys(调查)"("B"或"Basic(基本)"方法对于新设计不推荐使用,因为本部分以后的版本可能会删除B类)。

4.2 测量组成

待测量或者可直接测量(如在一般的低压系统中),或者通过测量传感器测量。

整个测量链路如图1所示。

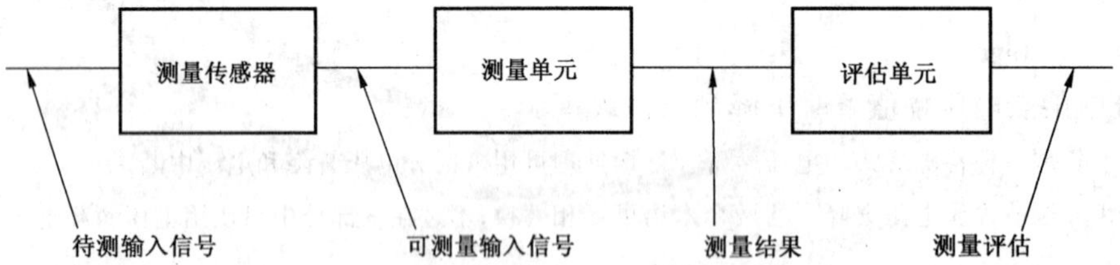

图1 测量链路

仪器可能包括整个测量链路(见图1)。本部分中规范部分不考虑仪器外部的传感器及其所引入的不确定性,但在A.3中提供指导。

4.3 待测电气量

测量可在单相供电系统中进行,也可在多相供电系统中进行。根据情况,可能需要测量的是相导线和中性点之间的电压(相—中性点电压),或相导线之间的电压(线间电压),或相导线、中性点和接地之间(相—接地电压、中性点—接地电压)。本部分的目的不是为了强制规定待测电气量应选择的方法。

除了可测量电压不平衡外(只适用于多相系统),在本部分中规定的测量方法都是可在每个测量通道上独立使用的。

相与相之间的瞬时值可直接测量,也可由相与中性点的瞬时测量值推导得到。

电流测量可在供电系统的各条导线上进行,包括中性点导线和保护接地导线。

注:通常在测量电流时同步测量电压会更好一些,这样可将一根导线的电流测量结果与该导线和参考导体(如接地导线或中性点导线)之间的电压联系起来。

4.4 某时段内的测量累加

以下测量累积适用于:

——A类

幅值参数测量(供电电压、谐波、间谐波及不平衡度)的基本测量时间间隔对 50 Hz 电力系统应为10个周波。

每隔 10 minRTC 计时点,10 周波测量应重新同步一次(见图 2)。

注 1:测量的不确定度包括在每个参数的不确定度测量协议中。

随后在另外 3 个时间间隔内对 10 周波值进行累积:

- 150 周波的间隔;
- 10 min 间隔;
- 2 h 间隔。

注 2:在某些应用中,其他的时间间隔(如 1 min)可能会更有利。如果使用这些时间间隔,宜使用与本部分规定类似的累积方法(例如,如果使用 1 min 时间间隔,则累积方法宜和 10 min 累积方法类似)。

注 3:B.1 和 B.2 中讨论了这些累积时间间隔的应用。

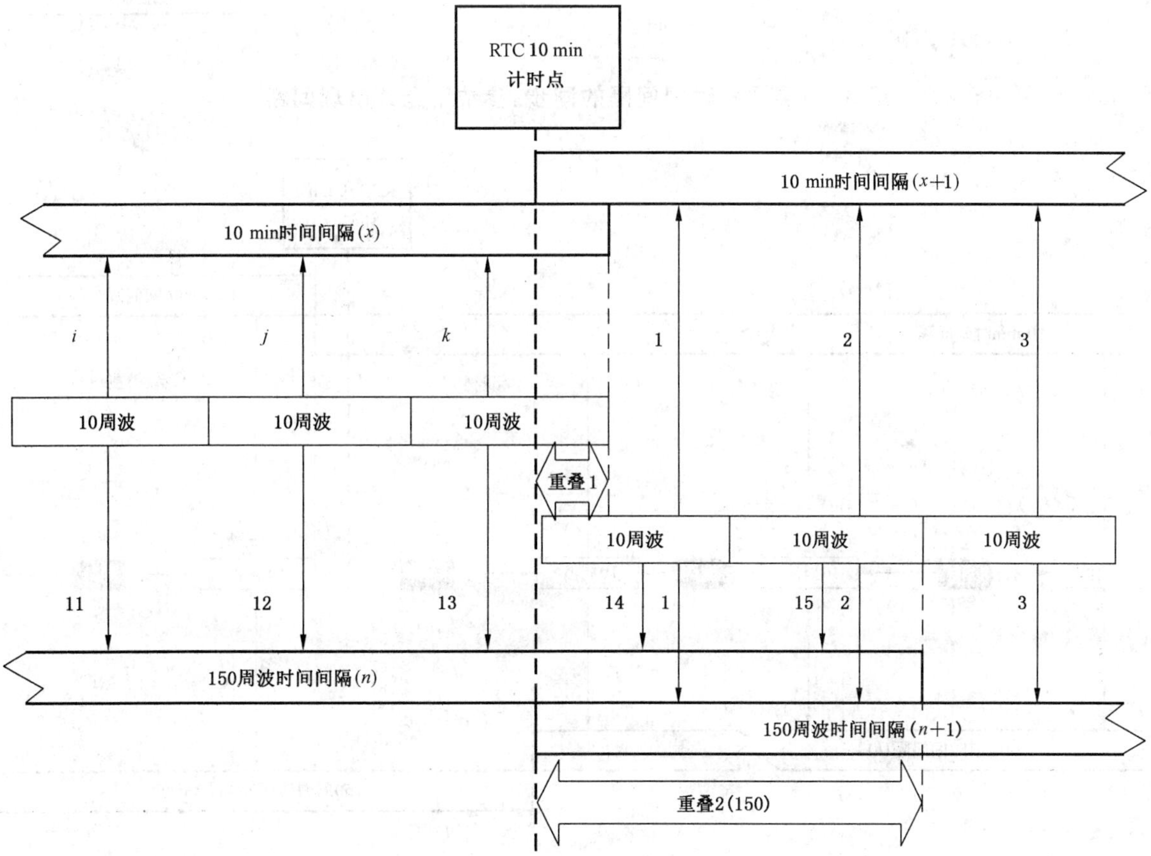

图 2 A类累积时间间隔的同步

——S类

累积时间间隔与A类相同。10周波测量应按图3和图4所示的方式进行再同步。

——B类

制造商应规定累积时间间隔的数值和持续时间。

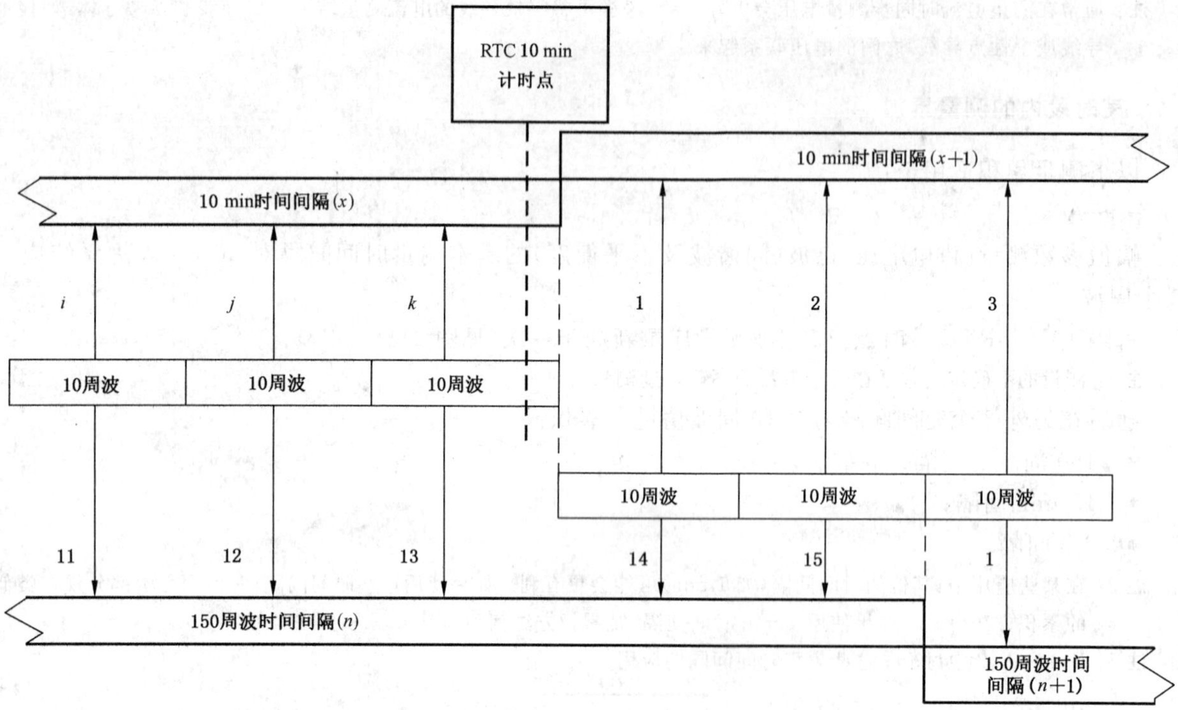

图3 S类累积时间间隔的同步:参数不允许出现间断

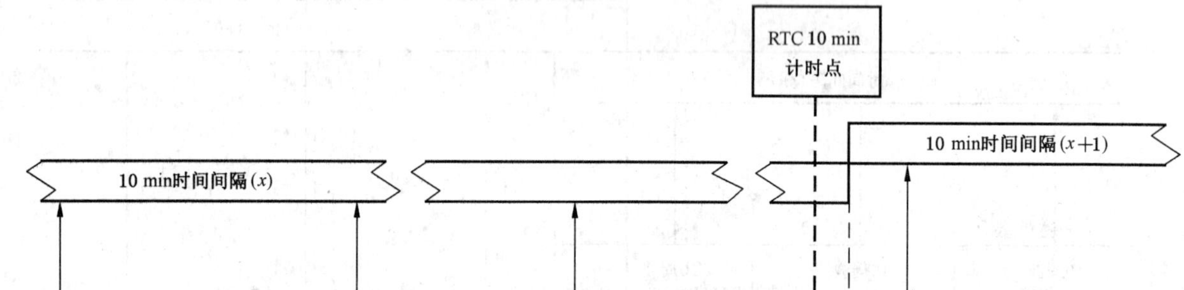

图4 S类累积时间间隔的同步:参数允许出现间断(见4.5.2)

注：电力系统的频率可能比期望值要高或者低。在图3所示的例子中，频率低于期望值，因此150周波时间间隔在10 min计时点之后出现。在图4所示的例子中，频率高于期望值，或者其中出现有间断，因此150周波时间间隔在10 min计时点之前结束。

4.5 测量累积算法

4.5.1 要求

应采用输入值的方均根进行累积计算。

注：对闪烁测量，应使用不同的累积算法（参见IEC 61000-4-15）。

4.5.2 150周波累积

——A类

150周波时段的数据应以15个10周波时段进行无缝累积。

每10 min要对150周波时间间隔进行一次再同步，如图2所示。

当10 min时间标记到时，新的150周波时段开始，悬置的150周波时段也在继续，直至结束。这两个150周波时段之间可能会有重叠（图2中的重叠2）。

——S类

150周波时段的数据应是从10周波时段开始累积。允许以10 min标记再同步，但不作要求。（见图3）。

对于谐波、间谐波、电网载波信号和不平衡度测量，允许有间隙，但并不作要求。在每个150周波时段内，至少应有3个10周波时段的最小值，而每50个周波内至少应有一个10周波值（见图4）。对于所有其他参数，150周波时间间隔内的数据应与15个10周波时间间隔间没有差距。

——B类

制造商应规定累积方法。

4.5.3 10 min累积

——A类

10 min累积值应标记为绝对时间值（例如，01H10.00）。时间标记为10 min累积结束的时刻。

10 min时段内的数据应从10周波段内的数据累积开始，并且没有缝隙。

每个10 min时段应从RTC 10 min计时处开始。10 min计时也用于对10周波间隔和150周波间隔进行再同步（见图2）。

10 min累积时段的最后一个10周波时段通常会和RTC 10 min计时重叠。任何10周波时段隔的重叠（图2中的重叠1）都会被包含在前一个10 min时间间隔的累积中。

——S类

S类中的10 min累积方法应使用A类方法或下列简化方法。

新的10 min时间间隔应在前一个10 min计时点之后，且在下一个10周波时间间隔开始处出现。

10 min时间间隔使用的数据应从10周波时间间隔累积得来。在10 min计时处没有再同步。各个10 min时间间隔都不是同步的。

10 min累积值应标记为绝对时间值。时间标记为10 min时间间隔结束的时间。

此时不会有重叠出现，如图3和图4所示。

——B类

制造商应规定累积方法。

4.5.4 2 h累积

——A类

2 h时间间隔的数据应从12个10 min时间间隔累积得到。2 h的间隔应无缝，并且没有重叠。2 h

间隔开始于第偶数个 RTC 时间间隔点处。

——S 类

同 A 类。

——B 类

制造商应规定累积方法。

4.6 实时时钟(RTC)不确定度

RTC 不确定度的定义和协调世界时(UTC)有关。

——A 类

无论总的时间间隔是多少,RTC 的不确定度应不超过±20 ms。该性能可通过测量过程中周期性同步程序实现,也可通过 GPS 接收机,或者通过接收发射的无线电时标信号实现。当无法通过一个外部信号取得同步时,RTC 的容差应满足 24 h 周期小于±1 s;但无论如何,此例外并不意味可以不满足该段第一部分所规定的要求。

注:该性能要求是必需的,它可保证采用 A 类方法的两台仪器在连接同一个信号时,产生相同的 10 min 和 2 h 累积结果。对于同时采用 A 类方法的仪器不止一台(可能位于不同地点)的情况,也必需达到该性能要求。

——S 类

RTC 不确定度每 24 h 不应超过±5 s。

——B 类

制造商应规定 RTC 不确定度,以及确定累积时间间隔的方法(如果有的话)。

4.7 标记的概念

在电压暂降、暂升或中断时,其他一些参数的测量算法(例如频率测量)可能产生一个不可靠的结果。因此使用标记的概念可避免将同一信号事件在不同参数测量中被重复使用(例如,将单次暂降同时记作暂降和频率变化),并表明累积值可能是不可靠的。

标记仅在电压暂降、暂升和中断时触发。暂降和暂升的检测取决于用户所选择的阈值,该选择将决定哪些数据会被标记。

在对电网频率、电压幅值、闪烁、供电电压不平衡、电压谐波、间谐波、电压载波信号以及对负偏离和正偏离使用 A 类和 S 类方法进行测量时适用标记的概念。

如果在给定时间间隔内,有任一值被标记,则包括该值的累积值也应被标记。被标记的值应存储并包括在累积过程中。例如,如果在一个给定时间间隔内,有任一值被标记,则包括该值的累积值也应标记并存储。

注:标记的数据应可以使用。用户、实际应用、规则或其他标准来确定是否使用标记数据。标记数据表示该数据可能存在问题。

5 电能质量参数

5.1 电网频率

5.1.1 测量方法

——A 类

频率读数应每 10 s 刷新一次。由于在 10 s 时间间隔内电力系统频率可能不会正好是 50 Hz,所以其中包括的周波数不一定正好是整数。基波分量频率输出值为 10 s 时间间隔内,整数个周波数与该整数个周波所累计持续时间的比值。在每次评估之前,应对信号中的谐波和间谐波进行衰减,最大限度减少由于多个过零点带来的影响。

测量的时间间隔之间应没有重叠。对于与 10 s 时间信号重叠的个别周波应予剔除。每个 10 s 时间间隔应从 10 s 计时处开始，其不确定度见 4.6 的规定。

其他可获得等效结果的方法，如卷积也可使用。

——S 类

同 A 类。

——B 类

制造商应规定频率测量的过程。

5.1.2 测量不确定度和测量范围

——A 类

在 6.1 所述条件下，在测量范围为 42.5 Hz～57.5 Hz 时，测量不确定度不应超过±10 mHz。

——S 类

在 6.1 所述条件下，在测量范围为 42.5 Hz～57.5 Hz 时，测量不确定度不应超过±50 mHz。

——B 类

制造商应规定在测量范围为 42.5 Hz～57.5 Hz 时测量不确定度的值。

5.1.3 测量评估

——A 类

频率测量应在参考通道上进行。

注：如果参考通道失压，制造商宜规定频率测量的方法。

——S 类

同 A 类。

——B 类

制造商应指出频率测量的方法。

5.1.4 累积

此处不需要作累积。

5.2 供电电压的幅值

5.2.1 测量方法

——A 类

电压幅值的测量值，应是 10 个周波时间段的 r.m.s. 值。每个 10 周波时间段应是连续的，而且相邻的 10 周波时 V 间间隔应无重叠，图 2 中所示的重叠 1 除外。

注 1：该规定测量方法用于准平稳信号，不适用于异常信号如暂降、暂升、电压中断和瞬态电压的检测和测量。

注 2：根据定义，这里的 r.m.s. 值包括谐波、间谐波和电网载波信号等。

——S 类

同 A 类。

——B 类

测量值应为制造商规定时间段内测得的 r.m.s. 电压值。

5.2.2 测量不确定度和测量范围

——A 类

在 6.1 所述的条件下，测量不确定度不应超过 U_{din} 的±0.1%，测量范围为 U_{din} 的 10%～150%。

——S类

在6.1所述的条件下，测量不确定度不应超过U_{din}的±0.5%，测量范围为U_{din}的20%～120%。

——B类

在6.1所述的条件下，测量不确定度应由制造商规定，并且在制造商规定的测量范围内不超过U_{din}的±1%。

5.2.3 测量评估

不作要求。

5.2.4 累积

应按照4.4和4.5的规定执行。

5.3 闪烁

5.3.1 测量方法

——A类

适用IEC 61000-4-15。

——S类

适用IEC 61000-4-15。

——B类

不适用。

注：在IEC 61000-4-15中，仅定义了230 V/50 Hz情况下的测量方法。目前正在考虑将闪烁定义扩展到其他电压范围。

5.3.2 测量不确定度和测量范围

——A类

参见IEC 61000-4-15。在6.1所述的条件下，当测量范围为(0.2～10)P_{st}时，应满足IEC 61000-4-15规定的测量不确定度要求。

——S类

参见IEC 61000-4-15。在6.1所述的条件下，当测量范围为(0.4～4)P_{st}时，应满足IEC 61000-4-15中允许测量不确定度的2倍要求。

——B类

不适用。

5.3.3 测量评估

——A类

适用IEC 61000-4-15。

P_{st}所用的10 min时间间隔应从RTC 10 min计时点处开始，并应该用绝对时间标记(见4.5.3)。

电压暂降、暂升和中断都应会导致P_{st}和P_{lt}带标记的输出值(参见IEC 61000-4-15)。

——S类

同A类。

——B类

不适用。

5.3.4 累积

——A 类

应根据 IEC 61000-4-15 进行累积。对于 P_{lt}，应根据本部分 4.5.4 的要求，在 2 h 的时间段内进行累积。

——S 类

同 A 类。

——B 类

不适用。

5.4 供电电压暂降和暂升

5.4.1 测量方法

——A 类

电压暂降和暂升的基本测量值 U_{rms} 应为每个测量通道上的 $U_{rms(1/2)}$ 值(见 3.24)。

测量 $U_{rms(1/2)}$ 的周波持续时间取决于频率。频率由最后一个没有标记的频率测量值(见 4.7 及 5.1)或者任何其他可满足 6.2 不确定度要求的方法确定。

注 1：根据定义，这里的 $U_{rms(1/2)}$ 值包括谐波、间谐波和电网载波信号等。

——S 类

电压暂降和暂升的基本测量值 U_{rms} 应为每个测量通道上的 $U_{rms(1/2)}$ 值(见 3.24)或每个测量通道上的 $U_{rms(1)}$ 值(见 3.25)。制造商应规定采用何种测量值。

注 2：根据定义，这里的 $U_{rms(1)}$ 值应包括谐波、间谐波和电网载波信号等。

——B 类

制造商应规定 U_{rms} 的测量方法。

5.4.2 电压暂降的检测和评估

5.4.2.1 电压暂降的检测

暂降阈值表示为 U_{din} 或滑模参考电压 U_{sr} 的百分比(见 5.4.4)。用户应声明所采用的参考电压。

注：在低压系统中通常不采用滑模参考电压 U_{sr}。参见 IEC 61000-2-8 可获取更多信息和建议。

——在单相系统中，当电压 U_{rms} 降低到暂降阈值以下时，记作电压暂降的开始；当电压 U_{rms} 上升到等于或大于暂降阈值与迟滞电压之和时，记作电压暂降的结束。

——在多相系统中，当一个或多个通道的 U_{rms} 电压降低到暂降阈值以下时，记作电压暂降的开始，当所有测量通道的 U_{rms} 电压上升到等于或大于暂降阈值与迟滞电压之和时，记作电压暂降的结束。

暂降阈值和迟滞电压大小均由用户根据用途进行设定。

5.4.2.2 电压暂降的评估

电压暂降的特征值包括两个参数：残余电压(U_{res})或深度，持续时间。

——残余电压为暂降过程中任一通道上测得的最低 U_{rms} 值；

——深度是指参考电压(U_{din} 或者 U_{sr})和残余电压之间的差值。通常用参考电压的百分比表示。

电压暂降的开始时间应为触发事件通道 U_{rms} 的边沿时标；电压暂降的结束时间应为终止事件 U_{rms} 的边沿时标，U_{rms} 由阈值与迟滞电压之和来确定。

电压暂降的持续时间是指从电压暂降起始到结束所用的时间。

注 1：对于多相系统测量，电压暂降的持续时间可能从其中一个通道开始，而在另一个通道结束。

注 2：电压暂降的包络曲线并不一定是矩形，因此，对于一个给定的电压暂降，测量持续的时间取决于所选定的电压暂降阈值。可使用多个暂降阈值(在电压暂降和电压中断阈值范围内设定)来估计电压暂降的包络曲线。

注 3：迟滞电压通常为 U_{din} 的 2%。

注 4：在故障检修或统计分析中的应用，暂降阈值通常为固定参考电压的 85%～90%。

注 5：残余电压通常对终端用户有用，同时因为残余电压是参考零电位，所以可能被优先加以利用。相比之下，深度通常对电气供应方有用，尤其是高压系统或者当使用滑模参考电压时。

注 6：在电压暂降过程中可能会出现相位移(见 A.7.5)。

注 7：当超过阈值时，可记录一个时间标记。

5.4.3 电压暂升的检测和评估

5.4.3.1 电压暂升的检测

暂升阈值表示为 U_{din} 或滑模参考电压 U_{sr} 的百分比(见 5.4.4)。用户应声明所使用的参考电压。

注：在低压系统中通常不使用滑模参考电压 U_{sr}。参见 IEC 61000-2-8 可获取更多信息和建议。

——在单相系统中，当 U_{rms} 电压上升超过暂升阈值时，记作电压暂升的开始，当 U_{rms} 电压下降到等于或者小于暂升阈值与迟滞电压之差时，记作电压暂升的结束。

——在多相系统中，当一个或多个通道的 U_{rms} 电压超过暂升阈值时，记作电压暂升的开始，当所有测量通道的 U_{rms} 电压下降到等于或小于暂升阈值与迟滞电压之差时，记作电压暂升的结束。

暂升阈值和迟滞电压大小均由用户根据用途设定。

5.4.3.2 电压暂升的评估

电压暂升的特征值包括两个参数：最大暂升电压幅值和持续时间。

——最大暂升电压幅值是指电压暂升过程中任一通道上测得的 U_{rms} 最大值。

——电压暂升的开始时间应为触发事件通道 U_{rms} 的边沿时标；电压暂升的结束时间应为终止事件 U_{rms} 的边沿时标，U_{rms} 由阈值与迟滞电压之差来确定。

——电压暂升的持续时间是指从电压暂升起始到结束的时间差。

注 1：对于多相系统测量，电压暂升持续时间的测量可能开始于其中一个通道，而结束于另一个通道。

注 2：电压暂升的包络曲线并不一定是矩形。因此，对于一个给定的电压暂升，测得的持续时间取决于暂升阈值。

注 3：迟滞电压通常为 U_{din} 的 2%。

注 4：暂升阈值通常大于或等于 U_{din} 的 110%。

注 5：在电压暂升过程中也有可能会出现相位移。

注 6：当超过阈值时，可记录一个时间标记。

5.4.4 滑模参考电压的计算

滑模参考电压是可选项，不作要求。如果滑模参考电压用于检测电压暂降或暂升，应该用时间常量为 1 min 的一阶滤波器计算滑模参考电压。滤波器计算公式如下：

$$U_{sr(n)} = 0.9967 \times U_{sr(n-1)} + 0.0033 \times U_{(10)rms} \quad \cdots\cdots (1)$$

式中：

$U_{sr(n)}$ ——滑模参考电压的当前值；

$U_{sr(n-1)}$ ——滑模参考电压的前一个值；

$U_{(10)rms}$ ——最近一个 10 周波的 r.m.s. 值。

测量开始时，滑模参考电压的初始值设置为公称输入电压。滑模参考电压值每 10 个周波更新一次。如果某 10 周波带有标记，则滑模参考电压值不会更新，仍使用滑模参考电压的前一个值。

5.4.5 测量不确定度和测量范围

5.4.5.1 残余电压和暂升电压幅值的测量不确定度

——A类

测量不确定度不应超过U_{din}的±0.2%。

——S类

测量不确定度不应超过U_{din}的±1.0%。

——B类

制造商应规定不确定度，不确定度不应超过U_{din}的±2.0%。

5.4.5.2 持续时间的测量不确定度

——A类

电压暂降或暂升持续时间的不确定度等于暂降或暂升起始点不确定度（半个周波）加上结束点不确定度（半个周波）。

——S类

如果使用$U_{rms(1/2)}$，电压暂降或暂升持续时间的不确定度等于暂降或暂升起始点不确定度（半个周波）加上结束点不确定度（半个周波）。如果使用$U_{rms(1)}$，则电压暂降或暂升持续时间的不确定度等于暂降或暂升起始点不确定度（一个周波）加上结束点不确定度（一个周波）。

——B类

制造商应规定持续时间的测量不确定度。

5.4.6 累积

累积不适用于触发事件。

5.5 电压中断

5.5.1 测量方法

电压的各类基本测量方法应在5.4.1中定义。

5.5.2 电压中断的评估

在单相系统中，当U_{rms}电压下降到低于中断阈值时，记作电压中断的起始；当U_{rms}电压上升到等于或大于中断阈值与迟滞电压之和时，记作电压中断的结束。

在多相系统中，当所有通道的U_{rms}电压都下降到低于中断阈值以下时，记作电压中断的起始；当任一通道的U_{rms}电压上升到等于或大于中断阈值与迟滞电压之和时，记作电压中断的结束。

电压中断阈值和迟滞电压大小均由用户根据用途设定。电压中断阈值不应小于残余电压测量不确定度与迟滞电压之和。迟滞电压通常为U_{din}的2%。

电压中断的开始时间应为记录启动中断事件通道的U_{rms}的结束时间，电压中断的终止时间应为记录中断过程结束U_{rms}的结束时间，U_{rms}由阈值和迟滞电压之和确定。

电压中断的持续时间是指从电压中断起始到结束的时间差。

注1：例如，电压中断阈值可设为U_{din}的5%或10%。

注2：GB/T 4365—2003的定义161-08-20将电压幅值降低到标称电压的1%以下的情况称为电压中断。但是当电压降低到标称电压的1%以下时很难准确测量。因此，本部分推荐用户设置一个适当的电压中断阈值。

注3：在多相系统中，其中一个或多个相电压的中断对于连接到该系统的单相用户来说意味着一次中断，即使这种情况并不能归为多相系统的中断。

5.5.3 测量不确定度和测量范围

持续时间的测量不确定度见 5.4.5.2。

5.5.4 累积

累积不适用于触发事件。

5.6 瞬态电压

A.4 提供了表征瞬态电压和瞬态电流重要参数的信息。

5.7 供电电压不平衡

5.7.1 测量方法

不平衡测量仅适用于三相系统。

——A 类

使用对称分量法评估供电电压不平衡度。在不平衡条件下，除正序分量 U_1 外，至少还存在以下分量之一：负序分量 U_2 和/或零序分量 U_0。

测量 10 个周波时间段内输入电压的基波分量。

注 1：可使用滤波器或 DFT 算法来减小谐波的影响。

注 2：仅使用 r.m.s. 值计算不平衡度无法考虑相角位移对不平衡的影响；存在谐波电压时，将导致无法预料的结果。使用负序不平衡度和零序不平衡度则可获得更精确且更直接的结果。

负序比 u_2 可用百分比表示，由式(2)计算：

$$u_2=\frac{U_2}{U_1}\times 100=\frac{负序}{正序}\times 100 \qquad\cdots\cdots(2)$$

对于只考虑相电压和基波电压的三相系统，式(2)可以写为($U_{ij\ \mathrm{fund}}=i$ 相基波电压除以 j 相基波电压)：

$$u_2=\sqrt{\frac{1-\sqrt{3-6\beta}}{1+\sqrt{3-6\beta}}}\times 100,\beta=\frac{U_{12\mathrm{fund}}^4+U_{23\mathrm{fund}}^4+U_{31\mathrm{fund}}^4}{(U_{12\mathrm{fund}}^2+U_{23\mathrm{fund}}^2+U_{31\mathrm{fund}}^2)^2} \qquad\cdots\cdots(3)$$

零序比 u_0 可用百分比表示，由式(4)计算：

$$u_0=\frac{U_0}{U_1}\times 100=\frac{零序}{正序}\times 100 \qquad\cdots\cdots(4)$$

注 3：根据定义，测量相电压时，零序不平衡度为零。但在该情况下，相对中性点或相对地电压仍有可能包括零序分量。

——S 类

估算负序比的方法同 A 类。可对零序不平衡度比率进行评估，但不作为强制性规定。

——B 类

制造商应规定计算不平衡度的算法及方法。

5.7.2 测量不确定度和测量范围

——A 类

在输入端输入一个满足“试验状态 1”条件(见表 2)的三相交流电压时，除了测量范围为 U_1 的 1%～5%的负序和零序不平衡度之外，仪器测量 u_2 和 u_0 的不确定度应小于±0.15%。例如，负序不平衡度为 1.0%的仪器，其读数 x 应满足 0.85%≤x≤1.15%，见图 5。

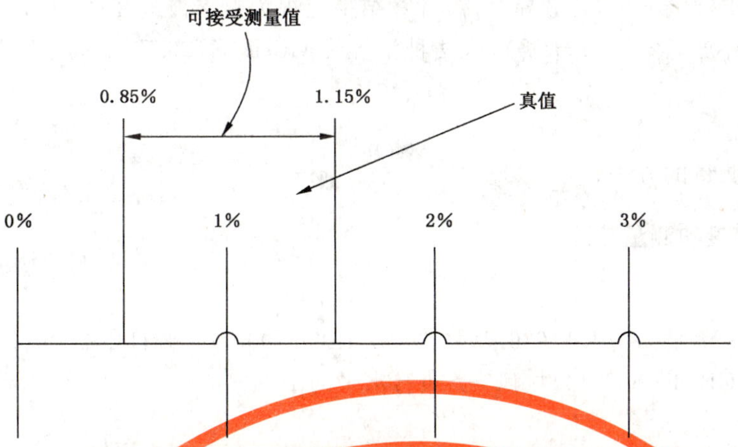

图 5　供电电压不平衡不确定度实例

——S 类

除不确定度之外，同 A 类，u_2 的不确定度应小于±0.3%（如果同时估计 u_0，则 u_0 的不确定度也应小于±0.3%）。

——B 类

除不确定度之外，同 A 类，估计的任何不平衡度参数的不确定度应小于±0.3%。

5.7.3　测量评估

不作要求。

注：如果测量用互感器出现不确定度，将会给不平衡度的计算造成很大的影响。

5.7.4　累积

应根据 4.4 和 4.5 进行累积。

5.8　电压谐波

5.8.1　测量方法

——A 类

A 类电压谐波的基本测量方法见 GB/T 17626.7—2008 及 IEC 61000-4-7 修订 1:2008 的Ⅰ类。应按照这些标准来确定 10 周波无缝谐波子群测量值，此值在这些标准中用 $U_{sg,h}$ 表示。

注 1：在特殊情况下，使用其他方法（例如模拟法或者频域法）可能会更合适（例如参见 IEC 61000-3-8）。

注 2：电流谐波测量参见 A.6。

至少应测量到 50 次谐波。

如果要计算总谐波畸变率，则应计算子群总谐波畸变率（*THDS*），见 GB/T 17626.7—2008 及 IEC 61000-4-7 修订 1:2008 中定义。

——S 类

S 类电压谐波的基本测量方法见 GB/T 17626.7—2008 及 IEC 61000-4-7 修订 1:2008 的Ⅱ类。允许有缝隙（见 4.5）。制造商应选择按这些标准规定的 10 周波谐波群测量值 $U_{g,h}$，或按这些标准规定的 10 周波谐波子群测量值 $U_{sg,h}$。制造商应指明选择何种方式。

至少应测量到 40 次谐波。

注 3：EN 50160 评估要求 40 次谐波。

如果要计算总谐波畸变率，若选择 $U_{g,h}$，计算结果应视为总谐波畸变率（THD），或选择 $U_{sg,h}$，计算结果应视为子群总谐波畸变率（$THDS$），这两种情况在 GB/T 17626.7—2008 及 IEC 61000-4-7 修订 1：2008 中均有规定。

——B 类

制造商应规定测量的方法。

5.8.2 测量不确定度和测量范围

——A 类

最大不确定度应满足 GB/T 17626.7—2008 及 IEC 61000-4-7 修订 1:2008 中Ⅰ类规定的水平。

测量范围应为 GB/T 18039.4 中第 3 类兼容水平的 10%～200%。

——S 类

最大不确定度应在 GB/T 17626.7—2008 及 IEC 61000-4-7 修订 1:2008 规定的Ⅱ类水平的 2 倍以内。这些标准的 5.3 中规定的抗互调低通滤波器应是可选的，4.4.1 中规定的上升沿之间的时间最大允许误差±0.03%也应是可选的，但在本部分第 6 章规定的影响量范围内，应满足最大不确定度要求。

测量范围应为 GB/T 18039.4 中第 3 类兼容水平的 10%～100%。

——B 类

制造商应规定测量不确定度和测量范围。

5.8.3 测量评估

不作要求。

5.8.4 累积

应根据 4.4 和 4.5 进行累积。

5.9 电压间谐波

5.9.1 测量方法

——A 类

对本部分而言，电压间谐波的基本测量见 GB/T 17626.7—2008 及 IEC 61000-4-7 修订 1:2008 的Ⅰ类。这些标准应该用于确定 10 周波无缝间谐波子群测量值，此值在这些标准中用 $U_{isg,h}$ 表示。

注：电流间谐波测量见 A.6。

至少应测量到 50 次谐波。

——S 类

制造商应规定测量的方法。

——B 类

制造商应规定测量的方法。

5.9.2 测量不确定度和测量范围

——A 类

最大不确定度等级应符合 GB/T 17626.7—2008 及 IEC 61000-4-7 修订 1:2008 的Ⅰ类水平。

测量范围应符合 GB/T 18039.4 中第 3 类兼容水平的 10%～200%。

——S 类

制造商应规定测量不确定度和测量范围。

——B 类

制造商应规定测量不确定度和测量范围。

5.9.3 测量评估

不作要求。

5.9.4 累积

应根据 4.4 和 4.5 进行累积。

5.10 供电电压上的载波信号电压

电网载波信号电压在某些应用中称作纹波控制信号，是一种突发信号，通常采用非谐波频率，用于远程控制工业设备、收费仪表等装置中。

5.10.1 测量方法

——A 类

下述方法应该用于电网载波信号频率低于 3 kHz 的情况。对于频率高于 3 kHz 的电网载波信号，参见 IEC 61000-3-8 标准。

该方法用于测量用户指定载频信号电压大小。

注：使用该方法是为了测量信号电压的最大值，而不是诊断电网载波信号故障。

电网载波信号电压的测量应基于：

- 对应 10 周波间谐波频带的有效值；
- 或 4 个最近 10 周波间谐波频带的有效值的平方和的根(例如，在供电系统中有一个 316.67 Hz 的纹波控制信号，该信号电压应近似等于 310 Hz、315 Hz、320 Hz、325 Hz 频带的平方和的根，各值可从 10 周波时间段的离散傅立叶变换即 DFT 得到)。

如果用户规定频率位于 DFT 频带的中心，则最好使用第一种方法。如果频率不在 DFT 频带的中心，则最好使用第二种方法。

用户应选择一个大于 0.3%U_{din} 的检测阈值，并选择长约 120 s 的记录时间。当相关间谐波测量值超过检测阈值时，就应检测到信号发射的开始。为了得到信号电压的最大水平，在用户规定的测量时间内记录测量值。

——S 类

制造商应规定测量的技术。

——B 类

制造商应规定测量的技术。

5.10.2 测量不确定度和测量范围

——A 类

测量范围至少应为 U_{din} 的 0%～15%。

如果电网载波信号电压为 U_{din} 的 3%～5%，则不确定度不应超过测量值的 5%。如果电网载波信号电压为 U_{din} 的 1%～3%，则不确定度不应超过 U_{din} 的 0.15%。如果电网载波信号电压小于 U_{din} 的 1%，则不确定度不作要求。

——S 类

制造商应规定不确定度及测量范围。

——B 类

制造商应规定不确定度及测量范围。

5.10.3 测量评估

不作要求。

5.10.4 累积

不需要作累积。

5.11 快速电压变化(RVC)

注：在A.5中有关于表征快速电压变化重要参数的有关信息。关于低压电网负荷的更多信息可参考标准GB 17625.2及IEC 61000-3-11。这些信息并不一定适用于电网本身。

5.12 负偏离和正偏离参数的测量

5.12.1 测量方法

——A类

应由10周波的r.m.s.值$U_{rms-200ms}$来估计负偏离和正偏离参数相对于U_{din}的百分比。负偏离$U_{rms-under}$和正偏离$U_{rms-over}$参数由式(5)、式(6)、式(7)、式(8)、式(9)和式(10)确定。

负偏离估计：

使用式(5)和式(6)计算$U_{rms-under,i}$：

$$\text{如果 } U_{rms-200ms,i} > U_{din}\text{，则 } U_{rms-under,i} = U_{din} \quad \cdots\cdots(5)$$

$$\text{如果 } U_{rms-200ms,i} \leqslant U_{din}\text{，则 } U_{rms-under,i} = U_{rms-200ms,i} \quad \cdots\cdots(6)$$

正偏离估计：

使用式(7)和式(8)计算$U_{rms-over,i}$：

$$\text{如果 } U_{rms-200ms,i} < U_{din}\text{，则 } U_{rms-over,i} = U_{din} \quad \cdots\cdots(7)$$

$$\text{如果 } U_{rms-200ms,i} \geqslant U_{din}\text{，则 } U_{rms-over,i} = U_{rms-200ms,i} \quad \cdots\cdots(8)$$

注：在单相系统中，每个时间段评估得到一个负偏离值和一个正偏离值。在三相三线系统中，每个时间段评估3个值。四线系统中，可能要测量6个或3个值。

——S类

不作要求。

——B类

不作要求。

5.12.2 测量不确定度和测量范围

10周波的r.m.s.值应符合5.2.2的要求。

5.12.3 累积

——A类

负偏离估计：

$$U_{under} = \frac{U_{din} - \sqrt{\dfrac{\sum_{i=1}^{n} U_{rms-under,i}^{2}}{n}}}{U_{din}} [\%] \quad \cdots\cdots(9)$$

式中：

n ——累积时间段内负偏离或正偏离的10周波r.m.s.值的个数；

$U_{rms-under,i}$ ——第i个10周波的r.m.s.值。

正偏离估计：

$$U_{\text{over}}=\frac{\sqrt{\frac{\sum_{i=1}^{n}U_{\text{rms-over},i}^{2}}{n}}-U_{\text{din}}}{U_{\text{din}}}[\%] \quad \cdots\cdots(10)$$

式中：

$U_{\text{rms-over},i}$——第 i 个 10 周波的 r.m.s. 值。

注：负偏离式(5)、式(6)和正偏离式(7)、式(8)得到的值均为正数值。

应根据 4.4 和 4.5 进行累积。

——S 类

不作要求。

——B 类

不作要求。

6 影响量范围和稳态验证

6.1 影响量范围

由于输入信号存在干扰(影响量)，所以在测量特定参数时可能会产生不利影响。例如在测量供电电压不平衡度时，如果电压波形存在谐波干扰，对测量会有不利影响。

当所有其他参数都在各自规定的影响量范围内(见表 1)，参数测量结果也应在第 5 章规定的测量不确定度范围内。

所用仪器应能适应影响量范围内的信号，且不会导致其他测量参数的结果超出不确定度要求，也不会造成仪器受损。仪器可显示超出测量量程及影响量范围的信号(不包括瞬态信号和快速瞬态信号)。

对于瞬态电压和快速瞬态，在瞬态变化之后应对测量没有影响。瞬态信号作用于测量输入端，而不是作用于仪器的供电电源端。

表 1 影响量范围

章节和参数	类别	影响量范围
5.1 电网频率	A	42.5 Hz～57.5 Hz
	S	42.5 Hz～57.5 Hz
	B	42.5 Hz～57.5 Hz
5.2 供电电压的幅值	A	10%～200% U_{din}
	S	10%～150% U_{din}
	B	10%～150% U_{din}
5.3 闪烁	A	0～20 P_{st}
	S	0～10 P_{st}
	B	N/A
5.4 供电电压暂降和暂升	A	N/A
	S	N/A
	B	N/A

表 1（续）

章节和参数	类别	影响量范围
5.5 电压中断	A	N/A
	S	N/A
	B	N/A
5.7 供电电压不平衡	A	0%～5% u_2，0%～5% u_0
	S	0%～5% u_2
	B	SBM
5.8 电压谐波	A	GB/T 18039.4 中第 3 类的 200%
	S	GB/T 18039.4 中第 3 类的 200%
	B	GB/T 18039.4 中第 3 类的 200%
5.9 电压间谐波	A	GB/T 18039.4 中第 3 类的 200%
	S	GB/T 18039.4 中第 3 类的 200%
	B	GB/T 18039.4 中第 3 类的 200%
5.10 电网载波信号电压	A	0%～15%U_{din}
	S	0%～15%U_{din}
	B	0%～15%U_{din}
5.12 负偏离/正偏离	A	N/A
	S	N/A
	B	N/A
瞬态电压 GB/T 17627	A	6 kV 峰值
	S	N/R
	B	N/R
快速瞬态 GB/T 17626.4	A	4 kV 峰值
	S	N/R
	B	N/R
SBM——由制造商规定 N/R——不作要求 N/A——不适用		
注：对于安全要求、电磁兼容要求或气候要求，参见产品标准，例如 IEC 61557-12。		

6.2 稳态性能验证

以下试验应确保稳态信号是在施加影响量的条件下，在规定的不确定度范围内进行测量。

这些试验是必要的，但并不足以证明实施符合本部分的要求。要充分验证第 5 章中的试验方法是否能正确实施，还必须进行其他一些试验和/或验证。

注 1：参见附录 C，以获取指导信息。

——A 类

要确认一种仪器的稳态性能是否正常，需要进行以下试验。

注 2：这些试验可作为型式试验，而不是常规试验。

仪器的不确定度应根据每个被测量按如下方式进行试验(见表 2)：

- 选择一个被测量(例如选择 r.m.s. 电压幅值)；
- 保持所有其他量处于试验状态 1，对待试验的被测量，在整个测量范围内 5 个大致分布均匀的点上(包括上限和下限)分别验证该量的不确定度(例如，A 类可选择的 5 个点为 10%、45%、80%、115%或 150%U_{din})；
- 保持所有其他量处于试验状态 2，重复试验；
- 保持所有其他量处于试验状态 3，重复试验。

表 2　A 类和 S 类的不确定度稳态验证

影响量	试验状态 1	试验状态 2	试验状态 3
频率	$f_{nom}\pm0.5$ Hz	$f_{nom}-1$ Hz±0.5 Hz	$f_{nom}+1$ Hz±0.5 Hz
电压幅值	$\pm1\%$ U_{din}	由闪烁、不平衡度、谐波和间谐波确定(如下所示)	由闪烁、不平衡度、谐波和间谐波确定(如下所示)
闪烁	$P_{st}<0.1$	$P_{st}=1\pm0.1$—矩形调制，每分钟 39 次	$P_{st}=4\pm0.1$—矩形调制，每分钟 110 次
不平衡度	在所有通道上均为$(100\%\pm0.5\%)U_{din}$； 所有相位角均为 120°(相当于 $u_0=0\%$，$u_2=0\%$)	通道 1：$(73\%\pm0.5\%)U_{din}$； 通道 2：$(80\%\pm0.5\%)U_{din}$； 通道 3：$(87\%\pm0.5\%)U_{din}$； 所有相位角均为 120°(等效于 $u_0=5.05\%$，$u_2=5.05\%$)	通道 1：$(152\%\pm0.5\%)U_{din}$； 通道 2：$(140\%\pm0.5\%)U_{din}$； 通道 3：$(128\%\pm0.5\%)U_{din}$； 所有相位角均为 120°(等效于 $u_0=4.95\%$，$u_2=4.95\%$)
谐波	0%～3% U_{din}	0°时 3 次谐波为 10%±3%； 0°时 5 次谐波为 5%±3%； 0°时 29 次谐波为 5%±3%	180°时 7 次谐波为 10%±3%； 0°时 13 次谐波为 5%±3%； 0°时 25 次谐波为 5%±3%
间谐波	0%～0.5% U_{din}	$7.5f_{nom}$时为$(1\%\pm0.5\%)U_{din}$	$3.5f_{nom}$时为$(1\%\pm0.5\%)U_{din}$

除了表 2 所规定的试验条件外，还可选用其他一些试验条件。此时，各影响量的选择值应在该影响量的变化范围内。

注 3：在理解该节时，注意有 15 个系列的试验条件可供各测量参数选择。对于带有多个子参数的参数项(例如，有 50 次单次电压谐波)，则应选择一个有代表性的子参数。

注 4：有些影响量不会影响到被测参数的值(例如，谐波不会影响不平衡度的值)。而有些影响量则会影响到被测参数的值(例如，谐波会影响到 r.m.s. 的值)。对这两种情况，均应满足不确定度要求。

当需要验证供电电源电压性能时，采用所选供电电压幅值代替表 2 中的 U_{din}进行试验。

——S 类

同 A 类。

——B 类

稳态不确定度试验不作要求。

附　录　A
（资料性附录）
电能质量测量——问题及指南

A.1　总则

本附录是本部分规范部分的参考性补充文件。

以下两章给出了电能质量测量时通常需要注意的事项及实施流程，与测量目的无关。

——A.2 安装注意事项；

——A.3 传感器。

以下章节则属于测量方法的前期规范：

——A.4 瞬态电压和电流；

——A.5 快速电压变化；

——A.6 电流；

——A.7 电压暂降特性。

A.2　安装注意事项

A.2.1　安装

在安装电能质量（PQ）测量仪器时，应确保安装人员及其他人员的安全，确保被监测系统和仪器本身的完整性。

尽管有些安装可能只是临时的，因此与永久性安装方式不同，但仍应遵守当地的规范。地方法规、规定和安全准则包括以下多项内容，并且其重要性高于此处所列注意事项。应遵守所有地方性和全国性安全要求（例如人员防护设备的要求）。

A.2.2　试验引线

A.2.2.1　试验引线连接

为确保安全，应遵守GB 4793标准规定的测量、控制和实验室用电气设备的安全要求。

试验引线连接到负荷中心控制板或接线盒，连接应确保不会影响所连接装置的正常使用。包括返回门、盖板及检修窗口应在各自的使用位置（例如，关闭以及使用全套螺钉安装等）。如果在监测时检修窗口保持打开状态，则应采取措施限制接近该区域，并将监测设置情况及相关的现场负责人联系方式通知其他人员。

在绝大多数情况下，建议将电能质量测量仪器连接到系统专门设计的测量点或计量点。

试验引线的铺设应远离裸露的导体、尖锐的物体、低频及高频电磁场，以及其他恶劣环境。如有可能，应将引线包扎或系于固定物上，以避免因为疏忽大意造成连线断开。

A.2.2.2　电压试验引线

在连接到探头端（如连接到被监测系统端）的引线上加装保险丝，以提高连接的安全性。仪器制造商应规定保险丝的尺寸，以确保其熔断限值足够低，能够在过载条件下保护试验引线。而且，保险丝的断开容量要和连接点的工频故障电流一致。

电压互感器引线不应因疏忽和已有的线缆缠绕在一起,或插入用于连接单根导线的断路器连接头上,而应使用适宜额定值的引线并进行机械固定。临时性安装采用夹子固定时,应遵循 GB 4793。必须确保夹子的额定值能够承受可能出现的最大电压,且应采用机械方式加以固定。在安装过程中,安装人员应考虑到如果夹子意外脱落(比如在拖拽电缆时)。

有些试验引线带有绝缘插头,多个插头应能互相叠插。在叠插时应注意,必须仔细连接,以避免因疏忽而造成短路。要反复检查引线,确保不发生短路。另外,只能在将引线连接到电能质量仪器、并确保正确连接后,才能将互感器引线连接到被监测回路。

A.2.2.3 电流试验引线

宜注意电流互感器(如果使用的话)的二次侧不能开路,即该电路的二次不应有保险丝,而且到负载的连接应采用机械方式加以紧固。

对于临时性安装的钳式电流传感器及相应的引线,设计应符合 GB 4793.2。

A.2.3 带电部件的防护

在安装或监测时,通常要移开面板。此时,所有带电部件都应进行充分防护,并保持该部位不可接触。如果测量仪器中使用螺旋接线柱,则接线柱应加绝缘帽。所有连接端子要符合技术规格和使用用途。例如,设计只允许接单根导线的螺旋接线柱,不应连接多根导线。

A.2.4 监测仪器的放置

放置电能质量测量仪器的位置应安全,尽量减少由于仪器移动或连接松动造成的危险。如果使用打印机输出故障报告,必须采取合适的预防措施以确保堆积的打印纸不会产生危险。测量仪器不可置于过热、潮湿或多尘的环境中,这会对仪器造成损坏,或者影响数据采集。

测量仪器应置于不会危及该区域工作人员的位置。有时可以采用护栏或栅栏降低该类风险。如有可能,测量仪器应尽量避免放置于人员密集的地点,如在人流量较大的过道中。

另外,电能质量测量仪器也不应置于对安装人员有较大危险的地点。有些地方可能过于狭窄,或者空间受限,无法顺利连接仪器的引线。这时候则应该选择其他地点来放置测量仪器。

有大量的外部环境因素会影响电能质量测量仪性能的发挥。这些环境因素包括温度、湿度、低频和高频电磁场、静电放电以及机械撞击或振动等。

A.2.5 接地

所有的仪器都有可能出现内部故障。如果制造商有明确要求,仪器的电源应有良好的保护接地线。许多安全规定也都要求电压试验引线要带接地线。使用两根或多根接地连线(例如,一根接地连线用于电源,另一根用于试验引线)的仪器,如果各接地点位于仪器不同点,就会构成接地回路。应认真考虑接地回路对测量值和待测系统带来的风险。

另外还需要考虑接地系统不同点之间的高电位差对人员及仪器构成的潜在危险。在很多种情况下,采用隔离变压器为仪器供电电源比较有用。

无论如何,应优先考虑安全问题。

A.2.6 干扰

如果电能质量测量仪器连接到移动电话或其他无线电发射机上,则应注意发射天线应远离易受干扰的装置。这类干扰装置可能包括保护装置、医疗监护仪器及科研仪器等。

A.3 传感器

A.3.1 总则

电能质量测量仪器,尤其是便携式测量仪器,通常为低压输入设备。一些永久性安装的电能质量测量仪通常远离待测点。对这两种情况,均可能需要合适的传感器用于降低电压,将输入电路和系统电压隔离,或者远距离发射信号。为此,需要提供特性合适待测参数的传感器。

在低压系统中,电能质量测量仪器通常直接连接到感兴趣的低压点,但对电流测量通常需要传感器。

在中压和高压系统中,传感器均可用于电压和电流的电能质量测量。

在使用传感器时需要考虑以下两个重要因素:

——信号水平:待测信号的水平不产生畸变或削幅的前提下,接近仪器的满量程输入;

——频率响应和相位响应:该特性对瞬态测量和谐波测量尤其重要。

为避免出现错误测量,应仔细考虑传感器的额定满量程、线性度、频率响应、相位响应和负载特性等。

注:用于保护的电流传感器精度比计量传感器要低。

A.3.2 信号水平

A.3.2.1 电压传感器

最常见的电压传感器是电压互感器。可以考虑采用两类电压互感器:一类用于继电保护电路,一类用于计量电路。第一类即使是在由于不对称短路造成过压时也能提供正确的响应。相比之下,第二类用于保护计量设备不受电网过压的影响。对于后者,出现饱和时,传送的信号就会产生畸变。

当还有其他功能(如计量)的电压互感器用于监测时,应注意额外的负载不会影响其他功能的准确度。

在连接用于继电保护的电压互感器的二次电路时,应格外小心。连接错误可能导致继电器意外跳闸。

注:关于互感器不确定度的详细内容,参见 GB 1207。

A.3.2.2 电流传感器

在电网运行过程中,电流值可从 0 变化到被监测供电网短路电流的水平。短路电流可能远大于额定电流水平。出现 20 倍的额定电流值很常见。

最常见的电流传感器是电流互感器。

有些电流互感器带有两个和/或多个铁芯或两个二次绕组:其中一个是大电流[(20～30)倍标称电流],通常用于继电保护;另一个用于标称电流。对所需测量应选择正确的二次绕组。如果选择了错误的二次绕组,在直接连接时可能会由于故障而损坏测量仪器。损坏后可能造成互感器二次绕组开路。而电流互感器二次绕组开路则会导致危险(具有破坏性)的高压。

还有其他一些因素会影响钳式电流传感器的不确定度,如导体穿过传感器窗口的中心位置及角度。

注:关于电流互感器不确定度的详细信息,参见 GB 1208。

瞬态测量可采用分流器或专用于高频响应的电流互感器。

同轴分流器通常用于实验室,其缺点是需要串电流回路中,且分流器的输出信号与电流回路没有电隔离。但另一方面,同轴分流器不存在饱和剩磁问题,这两个因素会影响电流互感器的测量。

带合适阻性负载的电流互感器运行时,输出的电压信号正比于一次电流。通常,通过铁芯窗口的一次回路包括一匝或多匝线圈绕组。这类电流传感器的主要优点是能够与电流回路电隔离,具有较大的伏安比。另外一个优点是有的(并非全部)电流互感器在安装时不需要将电流回路和负载断开。

有时候也使用一些其他类型的电流传感器,包括光学偏振传感器和霍尔效应传感器等。

A.3.3 传感器的频率响应

A.3.3.1 电压传感器的频率和相位响应

通常,类似变压器电磁转换原理的电压传感器在频率低于 1 kHz 时有较好的频率响应和瞬态响应;但是有时频率范围会远低于 1 kHz,有时又会达到几 kHz。

简单的电容分压器在频率达到几百 kHz 或更高时有较好的频率响应和相位响应;但是,在很多应用中,需要特意增加一个谐振回路,使得电容分压器在测量工频以外的任何频率时频率响应变差。

电阻性分压器在几百 kHz 范围内具有较好的频率响应和相位响应。但是,也可能会带来其他问题,例如,测量仪器的容性负载可能会影响电阻性分压器的频率响应和相位响应。

A.3.3.2 电流传感器的频率和相位响应

由于电流互感器是缠绕型电磁装置,所以其频率响根据不确定度等级、类型(制造商)、匝数比、铁芯材料和铁芯横截面积,以及二次回路负载的不同而变化。

通常,电流传感器的截止频率从 1 kHz 到几 kHz 不等,越接近截止频率,其相位响应越差。

注:具有更高截止频率和更好线性度的新概念电流传感器(光效应及霍尔效应传感器)正在研发中。应认真考虑绝缘配合、噪声问题、满量程性能及安全条件等。

A.3.4 瞬态测量传感器

在选择用于交流电网瞬态信号测量的传感器时,应考虑两个重要问题。一是信号的强弱,在没有对所测信号压缩或限幅的情况下,能够在仪器上满量程显示。二是传感器的频率响应(包括幅值响应和相位响应)应能足以反映所测信号。

——电压传感器(VT)

- 电压传感器大小应能防止感应饱和引起的测量干扰。对于低频瞬态信号,要求传感器饱和曲线的拐点至少是系统标称电压的 200%。
- 标准计量类电压传感器的频率响应取决于其类型和所连接的负载。施加大阻抗负载时,频率响应通常至少在 2 kHz 内满足要求,也有可能稍低。
- 电容式电压互感器通常不提供任何高频分量的准确信息。
- 高频瞬态信号的测量需要一个容性分压器或者纯电阻分压器。对于需要测量高达 1 MHz 的瞬态信号特性,则可使用特殊的容性分压器。

——电流传感器(CT)

- 选择合适的电流传感器更为困难。配电网馈线的电流变化更频繁,而且电流幅值变化也比电压幅值变化大。
- 标准计量类电流传感器通常满足频率高达 2 kHz(相位不确定度在该限值之前有可能变得很明显)。对于更高频率,可使用高匝数比的窗口型电流传感器(环形、分裂铁芯、棒型和钳式)。
- 电流传感器的其他性能包括:高匝数比,例如 2 000 : 5;一次绕组匝数小于 5;剩磁小,如为铁芯饱和度的 10%;铁芯截面积大;二次绕组电阻及漏抗尽可能小。当使用电流传感器测量瞬态信号时,需要考虑两个关键参数,电流时间积($I \cdot t$ 最大值)以及上升时间/下降速度。上升(从 10%上升到 90%)时间的典型值范围为 2 ns 至 200 ns。下降速度范围为 0.1%/μs~0.5%/ms。

注:在高压系统中,高频和瞬态电压的测量可通过电流传感器和互感器套管(CT 末屏)的容性抽头实现。

A.4 瞬态电压和电流

A.4.1 总则

该条最初用于测量低压系统中出现的瞬态信号，不包括气体绝缘开关(GIS)设备或高压系统中出现的瞬态信号。

在所有交流系统中都有可能出现瞬态信号。习惯上，瞬态信号往往是指"瞬态电压"；而在很多情况下，瞬态电流可能更重要。瞬态电压的检测、归类和特征描述也是颇具挑战性的课题。

A.4.2 术语和定义

A.4.2.1

瞬态 transient

在两相邻稳定状态之间变化的物理量或物理现象，其变化时间小于所关注的时间尺度。

[GB/T 4365—2003，定义 161-02-01]

A.4.2.2

浪涌 surge

沿线路或电路传播的瞬态电压波。其特征是电压快速上升后缓慢下降。

[GB/T 4365—2003，定义 161-08-11]

A.4.3 交流电网瞬态信号的频率及幅值特性

交流电路中的瞬态信号波形、幅值和持续时间均有较大的变化范围。仅凭一组简单的参数难以对此进行描述，但是获得信号的特征后，可将其归类到几种典型波形中，以便试验时使用。图 A.1 所示为一些常用的有代表性的试验波形的频谱。这些信息有助于研究适当滤除数字记录中的模拟信号并对该类事件进行数据处理的算法。

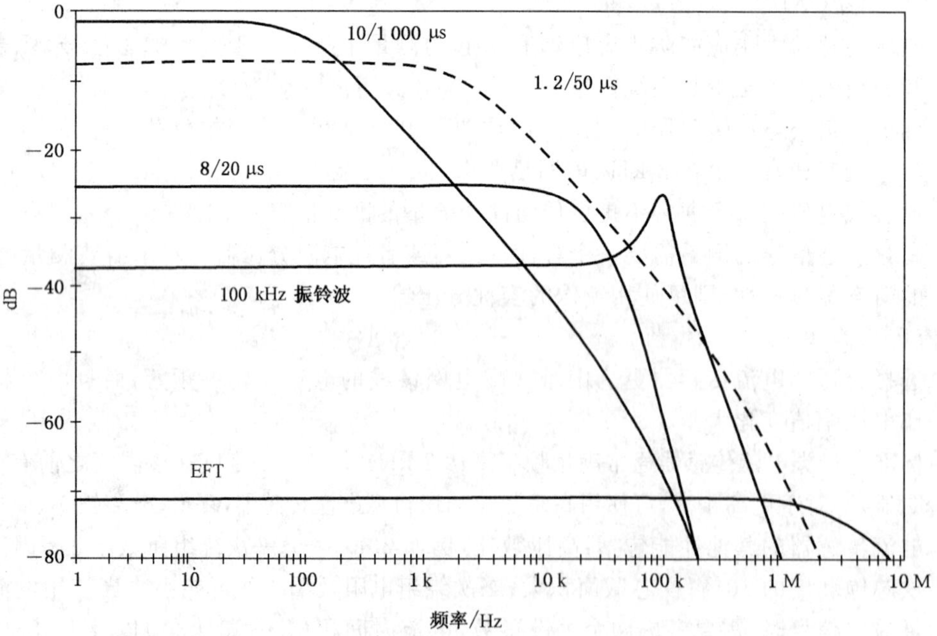

图 A.1 典型代表性瞬态试验波形频谱

电网中常见试验波形的瞬态信号,包括电压和电流,其频率最高达 10 mHz(持续 200 μs),大幅值信号频率高达 1 mHz(持续 2 ms)。对于交流电源连接的最终使用,常见试验波形的电压幅值最高达 6 kV,电流幅值最高达 5 kA。

因此,采样频率至少应为波形最高频率的两倍;另外,相应的抗混叠滤波器应具有合适的特性。有关瞬态信号测量的更多信息见 A.4.4。

A.4.4 瞬态电压检测

瞬态测量的结果取决于瞬态信号实际特性和用户选择的、以及仪器显示的参数。如果主要考虑的是绝缘的话,则瞬态测量通常是在相-接地间进行。如果主要考虑的是防止仪器损坏,则瞬态测量通常在相间、或在相-中性点间进行。

一些检测方法及应用实例,包括:

——比较法:如超过固定的绝对阈值,则认为检测到瞬态值,例如,对总电压非常敏感的浪涌保护器(SPD);

——包络法:类似于比较法,但是分析之前要去除基波分量,例如,容性耦合的瞬态分析;

——滑动窗口法:将瞬时值和前一周波对应的值作比较,例如,用于功率因数校正的电容器组的低频开关瞬态;

——dv/dt 法:如果超过了 dv/dt 的固定绝对阈值,将误触发电力电子电路或造成电感线圈呈非线性分布;

——r.m.s. 值:当需要进一步计算时,如 SPD 的能量贮存或电荷转移;采用极快速采样法,以远低于基波周波的时间间隔计算 r.m.s. 值,并用该值和阈值进行比较;

——其他方法包括频率及幅值测量(离散傅立叶变换或快速傅立叶变换,小波变换等)。

A.4.5 瞬态电压评估

一旦使用上述方法检测到瞬态信号,就可以对其进行分类。分类方法和参数包括:

——峰值电压和/或电流。注意峰值大小也受测量周期的影响;

——过冲电压;

——上升沿的上升速度(dv/dt 或 di/dt);

——频率参数;

——持续时间。由于衰减、波形不规则等因素,该参数较难定义;

——衰减系数;

——发生频率;

——有效的或传送的能量及功率;

——连续瞬态(每周波,如凹点)或者单次瞬态(不可预测)。

所有这些数值型参数均有助于开发一种利用统计术语描述瞬态环境的分类系统。

另一方面,尤其是在排除故障时,使用图形表示的记号可描述多个该类难以量化的参数。

A.4.6 浪涌保护器对瞬态测量的影响

浪涌保护器(SPD)为并联型元件,当电压超过阈值时接通。SPD 常用于限制瞬态电压。常见于电源插座的滤波装置中,并常作为敏感电子设备如个人电脑的一部分。

由于电源回路上所有浪涌保护器都是并联的,因此,具有最低限制电压(性能范围内)的浪涌保护器将所有瞬态电压值限制在该浪涌保护器的限制电压范围内,并将流入大部分的瞬态电流。因此,在很多情况下(办公室、实验室、工厂等)测量瞬态电压的作用不大,因为测量到的阈值电压仅仅是众多使用的浪涌保护器中的某一个阈值电压。

由于这个原因,测量瞬态电流通常要比测量瞬态电压更能反映交流系统瞬态变化的严重程度。

A.5 快速电压变化(RVC)

快速电压变化是指在两个相邻稳态条件之间的 r. m. s. 电压发生快速变化。

要测量快速电压变化,需要定义以下各阈值:最小变化率、稳态条件的最小持续时间、两个稳态条件之间的电压最小差值、变化期间电压变化的最大值(电压变化特性)以及稳态条件的稳定程度。

快速电压变化的变化量不应超过电压暂降和/或电压暂升阈值,这样,就不会将快速电压变化归为电压暂降或暂升。

快速电压变化的特征参数是初始稳态值和骤变结束后达到的稳态值之间的差值。

A.6 电流

A.6.1 总则

在确定电能质量事件的起因时,如:确定电压幅值变化、暂降、中断,或者不平衡的起因时,电流测量是电压测量的有效补充。

电流波形还可进一步将记录的事件和特定装置与动作(如电机启动、变压器通电或电容投切等)联系起来。

电压谐波、间谐波和电流谐波、间谐波均可用于描述连接到电网负载的特征。

注:本附录没有考虑测量传感器。

A.6.2 术语和定义

$I_{半周波rms}$

在每半个周波测量到的 r. m. s. 电流值。

A.6.3 电流幅值

A.6.3.1 测量

制造商或用户应规定满量程的 r. m. s. 电流值,包括最大波峰因数值。

注:评估包括谐波、间谐波和脉动控制信号。

——A 类

该测量值应为电流的 r. m. s. 值(定义见 3.23),测量时间间隔为 10 个周波。各个 10 周波时间间隔应是连续的,并且不重叠。

——S 类

制造商应规定所采用的测量时间间隔。

——B 类

同 S 类。

A.6.3.2 测量不确定度

——A 类

在 6.1 所规定的影响量条件下,测量不确定度 ΔI 不能超过满量程的±0.1%。

——S 类

制造商应在 6.1 所规定的影响量条件下的测量不确定度 ΔI。在任何情况下,测量不确定度不应超过满量程的±1.0%。

——B类

制造商应在6.1所规定的影响量条件下的测量不确定度 ΔI 在任何情况下,测量不确定度不应超过满量程的±2.0%。

A.6.3.3 测量评估

对于单相系统,只有一个电流 r.m.s. 值。对于三相三线系统,通常有3个电流 r.m.s. 值;对于三相四线系统,通常有四个电流 r.m.s. 值。也可选择测量接地导线中的电流。

——A类

应采用4.4和4.5所述的累积时间间隔,但可能需要使用其他累积技术以平滑波形,如采用GB/T 17626.7—2008及IEC 61000-4-7修订1:2008中的数字滤波器。

如果任一10周波 r.m.s. 值大于规定的满量程电流值,则该时段内的10周波 r.m.s. 电流值应作"标记"。

——S类

制造商和/或用户应规定测量的时间间隔。

——B类

同S类。

A.6.4 浪涌电流

A.6.4.1 测量

——A类

当 $I_{半周波rms}$ 电流超过浪涌电流阈值时,浪涌电流开始,当 $I_{半周波rms}$ 电流下降到等于或小于涌入电流阈值与用户自定义迟滞电流的差值时,浪涌电流结束。

测量值应为 $I_{半周波rms}$ 值。各半周波时间间隔应连续而且没有重叠。

注1:浪涌阈值由用户自行设置。通常,浪涌阈值应大于标称电流值的120%。

注2:为充分了解浪涌现象,建议用户所有与浪涌电流相关的电流和电压进行标记(见B.7.2)。

——S类

测量值应为制造商规定的短时间间隔内的 r.m.s. 电流值。

——B类

同S类。

A.6.4.2 测量评估

——A类

浪涌电流还可以进一步表征为:

- 浪涌电流从开始到结束的持续时间;
- 浪涌电流测量值 $I_{半周波rms}$ 的最大值;
- 在浪涌电流持续期间实测 $I_{半周波rms}$ 的方均根。

——S类

不作要求。

——B类

同S类。

A.6.4.3 测量不确定度

——A类

在6.1所述的影响量范围内，测量不确定度应不超过读数的±0.5%。持续时间不确定度为半个周波。

——S类

制造商应规定：

- 在6.1所述规定影响量条件下的不确定度；
- 电流范围。

——B类

同S类。

在所有情况下，测量不确定度应不超过读数的±5.0%。

A.6.5 谐波电流

——A类

GB/T 17626.7—2008及IEC 61000-4-7修订1:2008规定了本部分所用电流谐波的基本测量方法。使用该标准可确定10周波无缝谐波子群测量值，记作$I_{sg,h}$。

应使用4.4和4.5中所述的累积时间间隔。

在该时间间隔内，如果出现了电压暂降或暂升(见5.4)或电压中断(见5.5)，则应对该10周波的电流谐波测量值作“标记”。

——S类

制造商应规定测量和累积方法。

——B类

同S类。

A.6.6 间谐波电流

——A类

GB/T 17626.7—2008及IEC 61000-4-7修订1:2008规定了本部分所用电流间谐波的基本测量方法。使用该标准可确定10周波无缝隙间谐波子群测量值，记作$I_{isg,h}$。

应使用4.4和4.5中所述的累积时间间隔。

在该时间间隔内，如果出现了电压暂降或电压暂升(见5.4)或电压中断(见5.5)，则应对该10周波的间谐波电流测量值作“标记”。

——S类

制造商应规定测量和累积方法。

——B类

同S类。

A.7 电压暂降特性

A.7.1 总则

电压暂降是一种公认的常见电能质量事件。

本部分用两个特征参数描述电压暂降，即深度(或残余电压)和持续时间。这两个参数需每半周波更新全周波r.m.s.值。

不过，电压暂降通常很少是矩形，即，暂降过程中U_{rms}会不断变化，这限制了用深度和持续时间参数表征暂降特征的意义。例如，因电机启动或变压器受电导致电压暂降，在电压暂降和正常运行之间的平滑过渡。

总之，使用电压暂降过程中存储的波形能够提供最大的信息量。但使用特征参数可以减少数据量，并能对事件进行描述和归类。

如在某线路部分故障，自动重合闸失败，可能会发生多次暂降。大约在同一时间内发生的事件可能会被统计为一次事件。

根据测量目的，除深度和持续时间之外，也可考虑采用其他特征参数。

A.7.2 快速更新 r.m.s. 值

在电压暂降过程中，全周波 r.m.s. 值计算更新的频率快于半周波一次（如本部分的规范部分所述）可能十分有用。例如在每个周波对周波 r.m.s. 值进行 128 次更新。该方法采用设置简单阈值即可更精确地标记电压暂降的起始点和结束点。其缺点是增加了数据量和处理过程，并引入了可能引起误解的滑动滤波器。

方均根电压能够正确反映电阻性负载的可用功率。但是，电子负载对方均根电压不敏感。相反，电子负载通常对波形接近峰值的电压敏感，而对波形的其他部分不敏感。采用均方根电压之外的方法评估电压暂降对电子负载的影响时可能更有用。

A.7.3 相位角/波形起始角度

在有些应用中，例如机电式接触器触点分离时，电压暂降起始点的相位角是一个非常重要的参数，该参数有时称为波形起始角度。

该相位角可通过采集暂降前和暂降过程中的波形来确定，采集到波形后，找出波形何时偏离理想值，例如，偏离 10%，然后返回沿着波形，采用更小的阈值，如下降 5%，找到暂降的起始点。寻找电压暂降准确起始点的算法具有很高的灵敏度，并且不会触发任何微小的非暂降变化。

也可使用类似的算法确定暂降结束点。该方法除了可提供相位角信息外，还可更为精确地计算暂降的持续时间，其精度远高于 1 周波算法。

此外，使用更先进的信号处理技术可以更精确地检测到电压暂降的起始点。

A.7.4 电压暂降不平衡

即使是很短暂的不平衡，也能损坏三相整流负载，或引起过电流装置跳闸。三相暂降常不平衡。采用 A.7.2 所述的快速更新 r.m.s. 值，在暂降过程中计算三相不平衡度是十分有用的。暂降过程中不平衡度通常会有变化，因此，不平衡度可用图形表示，或采用暂降期间的最大不平衡度表示。

在不平衡暂降过程中，单独分析基波的零序、负序和正序可能更有用。该方法还能提供暂降在电网中传播的信息，也有助于理解不同相同时出现的暂降和暂升。

A.7.5 电压暂降中的相移

在有些应用中，如三相整流器，电压暂降的相移可能非常重要。该相移可通过对暂降开始前的一个周波和暂降开始后的一个周波分别作 DFT 来测量得到。如果在暂降的整个过程中使用该方法，则可以计算出暂降过程中的最大相移。暂降结束时的相移也可能有用。在有些应用中，如锁相环的稳定性中，使用该值有助于计算暂降过程中相位角的最大变化率（$\mathrm{d}\Theta/\mathrm{d}t$）。

通过计算不平衡电压暂降过程中的零序、负序和正序分量的幅值和相角，可将暂降和不平衡度计算结合同时进行。

A.7.6 电压缺损

电压暂降的特性可通过计算得到，根据暂降前波形的幅值、相位和频率，从一个理想波形中减去暂降波形即可得到。该特性可用于分析暂降（例如电压恢复装置）的影响。

A.7.7 电压暂降过程的畸变

暂降过程中的电压经常会畸变，而畸变对于理解暂降对电子装置的影响可能很重要。可以考虑用传统方法如THD描述这种畸变，但是THD将畸变和基波比较，而基波在暂降过程中变化很快。因此，用暂降过程中非基波分量的r.m.s.值评估畸变更有效。

暂降过程中或在暂降后存在偶次谐波可能意味着变压器饱和。

A.7.8 其他特性及参考

这里并没有包括所有的电压暂降特性。没有提到的其他特性可能会有助于分析电压暂降对于各类负载、控制装置和校正装置的影响。更多信息及实例建议参见IEC 61000-2-8和IEEE 1159。

附 录 B
（资料性附录）
电能质量测量——应用指南

B.1 电能质量测量的合同应用

B.1.1 总则

本章提供电能质量(PQ)测量合同指导。重点介绍相关各方应考虑的各种因素。

注：所讨论的电压质量参数如下所述。

推荐在签订PQ合同前查阅B.1.2，在进行PQ测量之前查阅B.1.3，以确保与合同中的条款相符合。

B.1.2 基本考虑

合同中规定的条款由一方提出并需要另一方接受。签订PQ合同首先应考虑PQ标准或规范。应考虑相关标准的规划值或指导值，如IEC 61000-2-2、GB/T 18039.4、IEC 61000-2-12，以及IEC/TR 61000-3-6和IEC/TR 61000-3-7的一部分。

为确保测量结果能代表系统正常运行条件下的值，在供电网遭受以下严重干扰时，PQ测量数据可能不完全准确，但可以作为参考：

——异常天气条件；

——第三方干扰；

——政府当局的行动；

——产业行动；

——不可抗力；

——由外部事件造成的电能短缺。

合同中应规定，在评估结果时是否分析被标记的数据(见4.7)。如果剔除被标记的数据，则每个参数的测量结果通常是彼此独立的；而且也很容易将各个参数直接与合同规定值进行比较。如果包括被标记的数据，则测量结果通常可直接反应敏感负荷的电能质量效应，但将测量结果与合同规定值进行比较将非常困难，甚至无法进行比较。

注：标记过的数据意味着有干扰影响到测量结果；而且一个干扰可能会影响多个参数。

如果PQ测量为了验证供电质量是否符合合同条款，且没有永久性监测系统可利用，则由认为有必要的一方安排测量。当然，也可以由合同具体规定由哪一方负责。这可能需要咨询第三方。

合同应规定相关方如何承担测量费用。也可由测量结果决定。

合同应规定合同的有效期、测量的时间间隔、待测的PQ参数以及测量仪器的电气位置。见B.1.3中关于测量时间间隔及电能质量参数的实例。

测量装置接线方式(即相—中性线或相—相)的选择应与供电连接类型一致，或者经相关各方同意。该项应在合同中明确说明。

合同条款应规定使用的测量方法及本部分规范部分所述的不确定度。

如果合同一方未能履行合同条款，应明确补偿方式。

合同应包括对测量结果解释出现争议的解决方法规定。

合同应规定数据获取及保密方面的内容，例如，PQ测量方不能同时是不必对数据进行分析，并评估合同履行情况方。

B.1.3 特殊考虑

B.1.3.1 总则

电能质量(PQ)评估是将PQ参数测量值与合同限值(合同值)作比较。这些合同限值不属本部分的讨论范围。

在合同中,每个PQ参数的描述应包括:合同值、考虑的时间间隔、以及评估时间间隔的长短,还应包括“标记”测量值的专门程序。

很多PQ参数(电压、谐波、闪烁)在工作日和周末之间会有变化。因此,评估周期至少应为一周(或数周)。

B.1.3.2 电网频率

测量时间段:最小评估周期为1周。

评估技术:考虑10 s内的值。建议采用以下技术,而经各方同意也可采用其他评估技术。

——在测量时间段内,统计超出合同值上限或下限值的数量或百分比;

——将最坏情况下的值与合同值进行比较的上限值和/或下限值(该情况下测量时间间隔可以不同);

——可将每周测量的以Hz表示的一个或多个95%(或其他百分比)概率值与合同上限值和/或下限值进行比较;

——统计连续超过合同上限值和/或下限值的个数;

——将偏离标称频率的值在测量时间段内求和,然后与合同值进行比较。

B.1.3.3 供电电压幅值

测量时间间隔:最小评估周期为1周。

评估技术:考虑10 min内的值。建议采用以下技术,而经各方同意也可采用其他评估技术。

——在测量时间段内,统计超出合同上限值或下限值的数量或百分比;

——比较最坏情况下的值与合同上限值或下限值(该情况下测量的时间间隔可以不同);

——可将每周测量的以V表示的一个或多个95%(或其他百分比)概率值与合同上限值和/或下限值进行比较;

——统计连续超过合同上限值和/或下限值的个数。

B.1.3.4 闪烁

测量时间段:最小评估周期为1周。

评估技术:可以考虑10 min内的P_{st}值和/或2 h内的P_{lt}值。建议采用以下技术评估,而经各方同意也可采用其他评估技术。

——在测量时间间隔内,统计超出合同值的个数或百分比;

——将每周测量的99%(或其他百分比)概率的P_{st}值,或95%(或其他百分比)概率的P_{lt}值与合同值进行比较。

B.1.3.5 电压暂降/暂升

测量时间段:最小评估周期为1年。

评估技术:合同各方应在设定输入电压U_{din}上取得一致。

注:对于低压用户,设定输入电压通常等于供电系统的标称电压。而对于中压或高压的用户,设定输入电压则可能与标称电压不同。

合同各方应对以下条款达成一致:

——暂降和暂升的检测阈值；
——时间累积技术；
——地点累积技术(如果测量多个地点)；
——报告技术，如残余电压/持续时表；
——任何其他可能相关的评估技术。

B.1.3.6 电压中断

测量时间段：最小评估周期为1年。

评估技术：各方协商确定区分短时、长时电压中断的持续期。应考虑在测量时间间隔内电压中断的次数，以及电压长时中断的总持续时间。也可使用其他各方同意的评估技术。

对于客户得到提前通知的中断(例如至少提前24 h)须与没有得到提前通知的中断分开统计。

B.1.3.7 供电电压不平衡

测量时间段：最小评估周期为1周。

评估技术：考虑10 min和/或2 h内的值。建议采用以下技术，而经各方同意也可采用其他评估技术。

——在测量时间段内，统计超出合同上限值或下限值的数量或百分比；
——将最坏情况下的与合同值进行比较(这种情况下测量的时间间隔可能不同，如1年)；
——将每周测量的以百分比表示的一个或多个95%概率值(或其他百分比)与合同值进行比较。

B.1.3.8 谐波电压

测量时间间隔：10 min内的值最小评估周期为1周，每日评估150周波时段的值，评估周期至少持续1周。

评估技术：考虑150周波时间段和/或10 min的值。可为各次谐波、谐波范围或其他谐波群规定相应的合同值，例如，根据合同各方协商，对偶次谐波和奇次谐波采用不同的合同值。建议采用以下技术，而经各方同意也可采用其他评估技术。

——在测量时间段内，统计超出合同值的数量或百分比；
——将最坏情况下的值与合同值进行比较(这种情况下测量的时间间隔可能不同，例如1年)；
——将以百分比表示的每周测量的一个或多个95%(或其他百分比)概率的10 min值，和/或每日测量的95%(或其他百分比)概率的150周波时间间隔值与合同值进行比较。

B.1.3.9 间谐波电压

测量时间间隔：10 min内的值最小评估周期为1周，每日评估150周波内的值至少持续1周。

评估技术：考虑150周波时间间隔或10 min的值。根据合同各方协商，可为某间谐波范围或其他间谐波集规定相应的合同值。建议采用以下技术，而经各方同意也可采用其他评估技术。

——在测量时间段内，统计超出合同值的数量或百分比；
——将最坏情况下的值与合同值进行比较(这种情况下测量的时间间隔可能不同，比如1年)；
——将以百分比表示的每周测量的一个或多个95%(或其他百分比)概率的10 min值，和/或每日测量的95%(或其他百分比)概率的150周波时间间隔值与合同值进行比较。

B.1.3.10 供电电压上的载波信号电压

测量时间段：最小评估周期为1周。

评估技术：对所有值建议采用以下技术，而经各方同意也可采用其他评估技术。

——在测量时间间隔内,统计超出合同值的数量或百分比;

——将最坏情况下的值与合同值进行比较(这种情况下测量的时间间隔可能会不同)。

B.2 统计调查的应用

B.2.1 总则

以下是有关电能质量统计调查(包括长期监测)的设计和实施指导原则:

a) 满足客户需求,此类调查的目的是提供电能质量参数信息供客户参考,并与正式发布的电能质量指标体系进行比较。该指标体系与正式发布的标准有关,或与预定的由特定安装的设备规定的要求有关(例如,合同或设备规范)。

b) 满足电网运行需求,评估当前电网的畸变/干扰等级(例如,接入新负荷时所要求的评估)。

由于历史原因,各个国家的电网设计及营运方式有所不同,对不同国家电能质量调查工作进行规范极为复杂,并易于产生误解。

该条解释电能质量统计的目的,并提供一些指导原则。

首先,采用这些技术是为了对大量的测量数据进行压缩。

其次,计算包括在某特定点或整个电网上的电能质量基准指标,这是为了:

——验证是否与合同约定一致(见B.1);

——监测较长时间段内电网的性能变化;

——在同一时间段内比较不同的电网。

B.2.2 考虑因素

统计分析的对象应是同类数据:同样的测量时间间隔,同样的测量数据,同一电网等。

应对测量值进行分类的基础上作统计计算。

用户可为每一个参数规定一个变化“正常范围”,并决定是否包括标记数据(见4.7),因为根据定义该标记数据可能是无关的。

然后将变化的正常范围分为宽度相等的若干类。类别的数量决定了置信区间——100类可能就足够。在正常变化范围内,一个测量周期如,1日,1周,1年等。各类别应是连续的,并按从最低类到最高类排序。

统计各类测量值的数量。这些统计数值可用于确定累积曲线,反之该曲线可用于确定百分位数值。

使用具有置信度的统计公式(如95%)来确定置信区间。如果统计值的数量较少,则应注意置信区间。

B.2.3 电能质量指标

B.2.3.1 表征电网的某一点

根据相关现象,可用两类电能质量指标来表征描述单个测量点的特征:

——统计指标如某时间段内的百分位数、最大值或平均值(谐波参见IEC 61000-3-6,闪烁参见IEC 61000-3-7,或不平衡参见IEC 61000-3-13);

——事件统计及列表。

各参数的电能质量指标实例见B.1.3。

B.2.3.2 表征全电网

整个电网是通过对电网或客户类型进行分类的单个点的集合。可能需要采用加权法才能得出整体结果。加权法既可用于统计指标，也可用于事件。

B.2.4 监测目标

电能质量监测对于表征电力线路某特定点的电磁现象特征很有必要。

目标可能很简单，如验证某馈线的电压调节稳定性；也可能很复杂，如分析配电网的谐波电流。

一般而言，实施电能质量监测包括以下三方面的原因：

a) 排除故障：诊断电源和现有连接设备间的不兼容性。

b) 电能质量评估：评估某特定点的电气环境，以完善建模技术或建立电能质量基准。

c) 规划新设备接入：预测计划接入设备或改善电能质量装置的性能。不管何种情况，任何监测方案最重要的任务是清楚界定被监测目标。

确定监测目标的程序取决于实施监测的目的。由此可确定需要测量的参数，监测持续的时间，以及对参数进行评估的阈值等。

B.2.5 电能质量调查的经济因素

影响一次测量的成本及总费用的因素可能很多。这些因素包括：

——测量设备；

——传感器；

——安装，包括连接通道；

——人力；

——通信；

——数据管理(数据库等)；

——数据处理和分析；

——调查持续时间。

在以上因素中，测量设备费用往往不是最多的。在变电站及输电线路应用中，安装及人力成本通常要远超过测量设备。如果考虑长期测量，则通信和数据分析费用是主要的。因此，较为明智的做法是，选择易于安装并有多种通信方式的仪器，且仪器提供的数据格式能够简化分析工作(例如，采用标准格式的数据)。

测量费用与持续时间密切相关。例如与 EN 50160 等标准相关的测量。从该方面而言，首先要符合国家标准中关于调查持续时间的要求，如果国家标准中没有关于持续时间的强制要求，再考虑测量的内容。测量的持续时间应根据实际情况进行调整，在全面获取评估所需信息的同时，尽量缩短调查持续的时间。影响测量活动持续时间选择的因素包括：

——客户类型(例如住宅、商业、工业)；

——监测原因(参见上述内容)；

——负荷变化，以及预计负荷变化的时间段。

在安装长期电能质量监测系统之前，通常先做一个商业企划。典型的商业企划包括直接的和间接的效益。直接效益包括：

——在完全失效之前通过特征分析判断故障设备(例如，抽头转换开关、电容器组及其开关、变压器)；

——缩短系统恢复时间(例如故障探测)；

——合同履约；

——新设备的接入要求。

间接效益包括：

——确认问题来源，帮助改善可靠性指标；

——获取客户反馈，帮助改善与客户的关系。

还可以使用其他非电能质量测量专用设备采集的信息，来提高系统中电能质量测量的经济性。通过这种方式共享资源，测量成本可由自动重合闸、电容器开关控制等设备的原值所分担。

B.3 调查地点与类型

B.3.1 监测地点

电能质量监测器的安装地点选择取决于调查的目标。如果监测目标是诊断设备性能问题，则安装地点应该尽可能接近负载。适用于灵敏电子负荷如计算机及调速驱动等带来的性能问题，以及配电设备如断路器和电容器带来的性能问题。在监测到电压波动后，为确定扰动源，可将监测器沿线路移向源端。

在不违反技术、规章或法规的情况下，也可以根据经济性和便捷性来选择监测点。例如，监测低压点比监测高压点的成本低。在变电站测量通常比在馈线或电杆测量花费要少。

为使监测符合服务合同的要求，监测地点应事先得到合同各方的同意。通常这个点被定义为客户和系统之间的公共连接点(PCC)。PCC点定义为公用电网和特定负荷之间电气距离最近的点，而且该点也接入或可接入其他负荷。

B.3.2 监测前的地点调查

在进行测量之前，建议收集系统环境的信息，有助于设备的放置、运行和分析。所有调查包括如下内容：

——电气系统数据(系统接线图、变压器规格、变压器连接组别、短路容量、电容器组大小及地点、线路参数、负荷参数、接地等)；

——电气系统结构随时间的变化情况(如：功率因数补偿电容器的状态、负荷、运行/退出的变压器等)；

——已知的干扰负载、额定和运行工况。

B.3.3 客户端地点调查

对于客户端安装的调查，除了上述信息外，还需要收集任何与遇到问题有关的信息。例如，敏感设备的本性与特性，任何与性能下降同时发生事件的时间标记。应检查此类事件，确认此事件是与设备还是与电网的操作同时发生。

B.3.4 电网侧调查

供电网调查需要收集电网特定信息，包括：

——电网保护设备及设置

- 设置值是否在调查过程中由于各种原因被改动，例如，改动会影响对电压暂降的统计；
- 可以根据调查结果评估对保护设置的改变；

——可能影响测量的脉动控制(或其他相关的通过电力线载波的遥控)的存在及特性；

——负荷特性(例如工业、商业、民用或综合负荷)；

——关于电压/无功控制—调整的电网运行协议。

B.4 连接及待测量

B.4.1 设备连接选项

需要做出多项与测量设备连接有关的决定，包括：

——单相或三相测量；

——线-线连接或线-中性点连接或线-接地连接；

——变压器附近的高压侧测量或低压侧测量。

这些决定很大程度上受调查原因的制约。有时不论进行何种调查，连接受某特定标准的制约。无论如何，连接应和需求一致，或与受影响设备的连接一致，并考虑变压器的连接问题。

一般原则是，在测量稳态现象如谐波和闪烁时，常用单相测量而不是三相测量。这可能是由于这些现象通常是三相平衡的。这一点可通过进行一次临时三相测量进行检验。如果监测的主要原因是为了发现电压暂降和暂升，则有必要监测为受影响设备供电的所有各相。

如果使用三相连接进行一般测量，和/或监测点以下有多级电压变换，则推荐在接地系统中测量设备接线-中性点，因为线—线测量值既可通过仪器获得，也可离线导出。

否则，在选择监测仪器连接方式时，应考虑可能受影响设备的连接方式及各级电压变换方式。

B.4.2 待测量的优先次序

待测量通常由监测目标、相关适用标准及其他因素确定。对于一般的调查，为节省存储空间，有必要确定监测量的优先顺序。例如：

a) 电能参数（V、I、P、Q、S、DPF、TPF 等）；

b) 电压暂降/暂升；

c) 谐波电压；

d) 谐波电流；

e) 三相不平衡；

f) 瞬态（例如，电容器投切—低频）；

g) 闪烁；

h) 间谐波电压和电流；

i) 电网载波信号。

注：DPF 为畸变功率因数，表示为基波电压、电流之间相角的余弦值。TPF 是真实功率因数，用有功与视在功率之比表示。

该顺序是一个示例，实际使用的优先顺序由总目标和某次具体测量的目标确定。

一旦确定了优先顺序并在基础上选择了仪器，建议尽可能利用该仪器能提供的所有信息。一般在测量后丢弃一些数据，而不是分析数据得到某个以后可能需要的量，而该量在当时无法直接测量。通常，影响做出是否丢弃数据取决于仪器的存储容量及通信时间/成本。

B.4.3 电流监测

一般而言，客户应为设备从系统汲取的或者注入系统的电流负责，而供电方负责供电电压。这一点可以作为确定何时测量电流的依据。

测量电流对发射评估很重要。对兼容性试验，测量谐波电流的幅值通常足够了。对其他类型的试验，如在研究规划中的新装置产生的谐波电流加上已存在的谐波电流是否可以接受时，了解谐波电流相位角很重要。而且，谐波电流和谐波电压间的相位角还有助于发现可能存在的谐波畸变电流源。精确测量相位角需要合适的仪器，包括电压、电流传感器，而且随着谐波次数的增大，测量难度也越来越大。

在确定电能质量事件的源头或起因时，测量电流极为重要，因为测量值有助于确定事件的起因是在测量仪器的上端还是下端。在确定电压暂降起因时尤其如此。

B.5 选择监测阈值及监测周期

B.5.1 监测阈值

监测阈值由电能质量指标与测量结果进行比较或由负载要求确定。而且，同样要考虑电能质量调查的目的。

应考虑到用于捕获干扰所需的阈值和用于事件描述、统计及分析的阈值之间的不同之处。

一般建议设置一个尽可能严格但合理实用的阈值(同时避免连续触发阈值)。宽松的阈值可以有效实现数据捕获,但是由于宽松阈值而丢失的数据不会被再次捕获。

在电网的无调节部分测量时,可采用滑模参考阈值。例如,如果带有负载抽头变换器或电压调节电容器组的配电馈线,则其监测器可采用固定阈值。输电系统或电网中其他不能直接根据电压进行调节的部分则应采用滑模参考阈值的方法。

B.5.2 监测周期

监测周期应由电能质量调查的目的确定。例如,如果调查结果用于和电能质量指标做比较,则这些指标的监测周期会有相应的指导说明。

通常比较不同时间的电能质量测量值比较有用,例如,用某一年的测量值和前一年的测量值进行比较。如果这类比较有用,则监测周期应比较固定。

有些标准中会规定最短的测量周期。总之,事件测量(如电压暂降和暂升)通常需要较长的测量周期,因为只有捕获足够多的事件才能提供有意义的统计值(月)。很少出现的事件如电压中断可能需要更长的测量周期;相比之下,谐波测量及其他稳态测量,仅需相对较短的时间周期就可获得足够有用的信息(但至少需要一周)。

对于兼容性监测,监测周期应在相关的标准中已有规定。出于实际原因,可能需要对标准进行解释——例如“需要对与 EN 50160 标准要求的兼容性进行每年一次测量吗?是否需要连续测量?”

B.6 测量数据的统计分析

B.6.1 总则

对所测数据应选择适当的统计分析方法。根据电能质量参数及测量目的的不同,选择的统计方法也可能不同。不过统计方法可粗略分为以下两类:

——统计超过某些阈值的事件产生次数的方法;

——将大量准稳态测量值归入单个数或几个数的方法。

对于后一种方法,可能选择各种不同的数据作为结论值:最大值、99%值、95%值、平均值、最小值等。参考各种数据表明,选择95%概率值较为有用。

B.6.2 指标

测量之前,有必要了解用于和测量结果作比较的指标。该信息将有助于确定测量持续时间、触发阈值以及对结果的统计分析。如果没有公认的标准可用,则需要专门为每次测量规定一组指标。

世界上已有各种专业组织对电能质量指标方面的问题进行了大量的研究,其中一些比较知名的指标已经列于参考文献中。

B.7 故障排除应用

B.7.1 总则

排除与电能质量相关的故障通常是为解决运行中出现的事故或问题。因此,通常希望能尽快产生结果,而不是给出数据值或合同值。不过尽管需要快速诊断,但也不能因此而得到不成熟或没有根据的结论。

通常,原始未累积的样本对故障排除最有用,因为该类样本可进行所需任何类型的后续处理,例如,特征值、小波变换等。不过应尽量减少排除故障所需存储及审核的数据量,仪器记录和保存某一事件(如:电压暂降、瞬态电压)发生之前、之中及之后的数据。

B.7.2 电能质量特征

用图形表示电能质量事件特征,通常还带有简明的数字特征值表格。

最常见的形式是电压、电流波形的时域图。其他形式如谐波的直方图、累积概率分布等可能也有用。特征图形时间刻度范围在 100 μs 到 30 日之间。根据事件特性值及持续时间,由仪器确定能够表征电能质量事件的最佳时间刻度。

通常认为,有用的特征可表示电能质量事件(预触发系统)发生之前、之中及之后的信号。典型地说,图形的四分之一用于表示事件发生前的信号。

这些电能质量特征有助于整个电网包括客户装置在内的故障排除。通常,这些特征用于识别并定位电能质量事件的源头,并选择适当的解决方法。

专业人员可能利用特征,如电压暂降的特征,来确定起因是位于监测点下游的大型电机启动,并选择适当的解决方法。尽管该例子涉及的是电压暂降,但实际上大量的参考文献中提供了数百种不同电能质量事件的典型特征:功率因数补偿电容器的投切、雷击、设备故障及客户故障、连线松动、触点通断、无线电传输干扰,与电机共电路的电子负载等。

尽管许多专家仅通过电压特征就可识别常见的电能质量事件,但同时利用电流特征将极大提高电能质量事件报告的范围及精度。而且,电流特征还可辅助判断干扰源的方向。

附 录 C
（资料性附录）
仪 器 指 南

C.1 总则

本部分为 EMC 基础标准。关于仪器性能、性能验证方法、额外的影响量及其他类似信息的详细说明资料一般可从产品标准中获得。

然而，目前还没有该类产品标准，因此认为本部分的用户希望能利用该基本部分设计、指定、试验或选择电能质量测量仪。本附录提供有关这方面的提示性指导。

在全套产品标准颁布后，后续版本将删除本附录。

C.2 要求概述

表 C.1 提供了 A 类和 S 类设备总要求信息。如果表 C.1 中的内容与本部分中的规范条款不一致，以本部分规范条款为准。

表 C.1 要求一览表

章节及参数	类别	测量方法	不确定度	测量范围[a]	影响量范围[b]	累积方法
5.1 频率	A	见 5.1.1	±10 mHz	42.5Hz～57.5Hz	42.5Hz～57.5Hz	N/R
	S	见 5.1.1	±50 mHz	42.5Hz～57.5Hz	42.5Hz～57.5Hz	N/R
5.2 供电电压的幅值	A	见 5.2.1	±0.1%U_{din}	10%～150%U_{din}	10%～200%U_{din}	见 4.4 和 4.5
	S	见 5.2.1	±0.5%U_{din}	20%～120%U_{din}	10%～150%U_{din}	见 4.4 和 4.5
5.3 闪烁	A	IEC 61000-4-15	IEC 61000-4-15	0.2～10.0P_{st}	0～20P_{st}	IEC 61000-4-15
	S	IEC 61000-4-15	见 5.3.2	0.4～4.0P_{st}	0～10P_{st}	IEC 61000-4-15
5.4 暂降和暂升	A	$U_{rms(1/2)}$	幅值：±0.2%U_{din}；持续时间：+/−1 周波	N/A	N/A	N/R
	S	见 5.4.1	幅值：±1%U_{din}；持续时间：+/−1 周波或+/−2 周波	N/A	N/A	N/R
5.5 中断	A	$U_{rms(1/2)}$	持续时间：+/−1 周波	N/A	N/A	N/R
	S	见 5.5.1	持续时间：+/−1 周波或+/−2 周波	N/A	N/A	N/R

表 C.1（续）

章节及参数	类别	测量方法	不确定度	测量范围[a]	影响量范围[b]	累积方法
5.7 不平衡	A	对称分量 U_2 和 U_0	±0.15%	0.5%～5%u_2；0.5%～5%u_0	0%～5%u_2；0%～5%u_0	见 4.4 和 4.5
	S	对称分量 U_2 和可选的 U_0	±0.3%	1%～5%u_2 1%～5%u_0（若用到）	0%～5%u_2 0%～5%u_0（若用到）	见 4.4 和 4.5
5.8 电压谐波	A	见 5.8.1	GB/T 17626.7—2008 及 IEC 61000-4-7 修订 1:2008 中Ⅰ类	GB/T 18039.4 中第 3 类的 10%～200%	GB/T 18039.4 中第 3 类的 200%	见 4.4 和 4.5
	S	见 5.8.1	GB/T 17626.7—2008 及 IEC 61000-4-7 修订 1:2008 中Ⅱ类的 200%	GB/T 18039.4 中第 3 类的 10%～100%	GB/T 18039.4 中第 3 类的 200%	见 4.4 和 4.5
5.9 电压间谐波	A	见 5.9.1	GB/T 17626.7—2008 及 IEC 61000-4-7 修订 1:2008 中Ⅰ类	GB/T 18039.4 中第 3 类的 10%～200%	GB/T 18039.4 中第 3 类的 200%	见 4.4 和 4.5
	S	SBM	SBM	SBM	GB/T 18039.4 中第 3 类的 200%	见 4.4 和 4.5
5.10 电网载波信号电压	A	见 5.10.1	见 5.10.2	0%～15%U_{din}	0%～15%U_{din}	N/R
	S	SBM	SBM	SBM	0%～15%U_{din}	N/R
5.12 负偏离/正偏离	A	见 5.12.1	见 5.12.2	见 5.12.2	N/A	见 4.4 和 4.5
	S	N/R	N/R	N/R	N/A	N/R
瞬态电压 GB/T 17627	A	N/R	N/R	N/R	6 kV 峰值[c]	N/A
	S	N/R	N/R	N/R	N/R	N/A
快速瞬态 GB/T 17626.4	A	N/R	N/R	N/R	4 kV 峰值[c]	N/A
	S	N/R	N/R	N/R	N/R	N/A

SBM——由制造商规定；N/R——不作要求；N/A——不适用。

注：表中没有包括 B 类方法，因为在新设计中不推荐使用 B 类方法。提示读者，B 类方法将会在本部分的后续版本中删除。

[a] 仪器应满足信号测量范围内的不确定度要求。

[b] 所用仪器应能适应影响量范围内的信号，并且不会影响其他参数测量结果超出对应的不确定度要求，也不会造成仪器损坏。仪器能显示超出测量范围（直至超出影响量范围）的信号（不包括瞬态和快速瞬态信号）是否过载。

[c] 对于瞬态电压和快速瞬态电压，在瞬态之后应对测量没有影响。瞬态信号作用于测量终端，而不是作用于仪器的电源端。

C.3 试验指南

本部分的电能质量参数可分为两类:非触发型和触发型参数。例如,非触发参数包括供电电压幅值、频率、谐波、闪烁、不平衡度及相关参数。触发参数包括暂降、暂升及中断等。

第 6 章中提供的稳态试验足以验证非触发参数的不确定度、性能和影响量响应。然而,第 6 章中的稳态试验不能完全验证所有参数都得到正确的测量。

无论是触发参数还是非触发参数,根据第 5 章,均可利用非稳态波形进行验证。

例如,为验证仪器是否按 5.4 规定的方法测量电压暂降,可用第 1 个非稳态波形验证采用真实方均根值测量电压暂降;用第 2 个非稳态波形验证在每个周波都计算了方均根值;用第 3 个非稳态波形验证每半个周波更新一次方均根值;用第 4 个非稳态波形验证该半周波对各个通道是各自独立并同步的;用第 5 个非稳态信号验证多相系统中暂降的深度和持续时间报告的正确性。

上一段示例仅作为指南的说明。对所有参数的验证可能需要数百个非稳态波形进行试验(或者,在某些情况下,参数测量的方法可能需要使用详细的固件校验进行验证)。

本部分没有列出对测量方法进行完整验证的所有测试列表。该列表将在以后的产品标准中给出。

另外,对某些类型的特定参数,要求"由制造商规定"特定条目。在进行性能验证时,应根据出版的仪器规范验证是否满足该类型的要求。

C.4 报告指南

仅报告仪器符合 A 类、B 类或 S 类的要求并不够。

至少还应在报告中包括以下各项内容:

——U_{din}的可接受范围及对应的频率;

——符合要求所需的任何附件及选件;

——本部分的参数列表,包括对应每个参数的验证类别。

参 考 文 献

[1] GB 1207—1997 电压互感器(IEC 60044-2:1997,IDT)

[2] GB 1208—1997 电流互感器(IEC 60044-1:1996,IDT)

[3] GB/T 2900.77 电工术语 电工电子测量和仪器仪表 第1部分:测量的通用术语[IEC 60050(300-311),IDT]

[4] GB/T 2900.79 电工术语 电工电子测量和仪器仪表 第3部分:电测量仪器仪表的类型[IEC 60050(300-313),IDT]

[5] GB 4793(所有部分) 测量、控制和实验室用电气设备的安全要求[IEC 61010(所有部分)]

[6] GB 4793.2 测量、控制和实验室用电气设备的安全要求 第2部分:电工测量和试验用手持和手操电流传感器的特殊要求(GB 4793.2—2008,IEC 61010-2-032:2002,IDT)

[7] GB 17625.2—2007 电磁兼容 限值 对每相额定电流≤16 A且无条件接入的设备在公用低压供电系统中产生的电压变化、电压波动和闪烁的限制(IEC 61000-3-3:2005,IDT)

[8] IEC 60050-101 International Electrotechnical Vocabulary—Part 101:Mathematics

[9] IEC 60050-300 International Electrotechnical Vocabulary—Electrical and electronic measurements and measuring instruments—Part 312:General terms relating to electrical measurements

[10] IEC 61000-2-8 Electromagnetic compatibility (EMC)—Part 2-8:Environment—Voltage dips,short interruptions on public electric power supply system with statistical measurement results

[11] IEC 61000-2-12 Electromagnetic compatibility (EMC)—Part 2-12:Environment—Compatibility levels for low-frequency conducted disturbances and signalling in public medium-voltage power supply systems

[12] IEC/TR 61000-3-6:2008 Electromagnetic compatibility (EMC)—Part 3-6:Limits—Assessment of emission limits for the connection of distoring installations to MV, HV and EHV power systems

[13] IEC/TR 61000-3-7:2008 Electromagnetic compatibility (EMC)—Part 3-7:Limits—Assessment of emission limits for the connection of fluctuating installations to MV, HV and EHV power systems

[14] IEC 61000-3-11:2000 Electromagnetic compatibility (EMC)—Part 3:Limits—Section 11:Limitation of voltage changes, voltage fluctations and flicker in public low-voltage supply systems—Equipment with rated current≤75 A and subject to concitional connection-Basic EMC publication

[15] IEC 61000-3-13 Electromagnetic compatibility (EMC)—Part 3-13:Limits—Assessment of emission limits for the connection of unbalanced installations to MV,HV and EHV power systems

[16] IEC 61557-12 Electrical safety in low voltage distribution system up to 1 000 V a.c. and 1500 V d.c.—Equipment for testing,measuring or monitoring of protective measures—Part 12:Performance measuring and monitoring devices (PMD)

[17] IEEE 1159:1995 Recommended Practice for Monitoring Electric Power Quality

[18] EN 50160 Voltage characteristics of electricity supplied by public distribution systems

ICS 33.100.20
L 06

中华人民共和国国家标准

GB/T 17626.34—2012/IEC 61000-4-34:2009

电磁兼容 试验和测量技术 主电源每相电流大于16 A的设备的电压暂降、短时中断和电压变化抗扰度试验

Electromagnetic compatibility—Testing and measurement techniques—Voltage dips, short interruptions and voltage variations immunity tests for equipment with mains current more than 16 A per phase

(IEC 61000-4-34:2009, IDT)

2012-06-29 发布　　2012-09-01 实施

中华人民共和国国家质量监督检验检疫总局
中国国家标准化管理委员会　发布

前言

GB/T 17626《电磁兼容 试验和测量技术》分为以下几个部分：

GB/T 17626.1—2006 电磁兼容 试验和测量技术 抗扰度试验总论

GB/T 17626.2—2006 电磁兼容 试验和测量技术 静电放电抗扰度试验

GB/T 17626.3—2006 电磁兼容 试验和测量技术 射频电磁场辐射抗扰度试验

GB/T 17626.4—2008 电磁兼容 试验和测量技术 电快速瞬变脉冲群抗扰度试验

GB/T 17626.5—2008 电磁兼容 试验和测量技术 浪涌(冲击)抗扰度试验

GB/T 17626.6—2008 电磁兼容 试验和测量技术 射频场感应的传导骚扰抗扰度

GB/T 17626.7—2008 电磁兼容 试验和测量技术 供电系统及所连设备谐波、谐间波的测量和测量仪器导则

GB/T 17626.8—2006 电磁兼容 试验和测量技术 工频磁场抗扰度试验

GB/T 17626.9—2011 电磁兼容 试验和测量技术 脉冲磁场抗扰度试验

GB/T 17626.10—1998 电磁兼容 试验和测量技术 阻尼振荡磁场抗扰度试验

GB/T 17626.11—2008 电磁兼容 试验和测量技术 电压暂降、短时中断和电压变化的抗扰度试验

GB/T 17626.12—1998 电磁兼容 试验和测量技术 振荡波抗扰度试验

GB/T 17626.13—2006 电磁兼容 试验和测量技术 交流电源端口谐波、谐间波及电网信号的低频抗扰度试验

GB/T 17626.14—2005 电磁兼容 试验和测量技术 电压波动抗扰度试验

GB/T 17626.15—2011 电磁兼容 试验和测量技术 闪烁仪 功能和设计规范

GB/T 17626.16—2007 电磁兼容 试验和测量技术 0 Hz～150 kHz 共模传导骚扰抗扰度试验

GB/T 17626.17—2005 电磁兼容 试验和测量技术 直流电源输入端口纹波抗扰度试验

GB/T 17626.27—2006 电磁兼容 试验和测量技术 三相电压不平衡抗扰度试验

GB/T 17626.28—2006 电磁兼容 试验和测量技术 工频频率变化抗扰度试验

GB/T 17626.29—2006 电磁兼容 试验和测量技术 直流电源输入端口电压暂降、短时中断和电压变化的抗扰度试验

GB/T 17626.34—2012 电磁兼容 试验和测量技术 主电源每相电流大于 16 A 的设备的电压暂降、短时中断和电压变化抗扰度试验

本部分为 GB/T 17626 的第 34 部分。

本部分按照 GB/T 1.1—2009 给出的规则起草。

本部分等同采用国际标准 IEC 61000-4-34:2009《电磁兼容 试验和测量技术 主电源每相电流大于 16 A 的设备的电压暂降、短时中断和电压变化抗扰度试验》。

本部分由全国电磁兼容标准化技术委员会(SAC/TC 246)提出并归口。

本部分主要起草单位：上海工业自动化仪表研究院、国网电力科学研究院。

本部分参加起草单位：上海仪器仪表自控系统检验测试所、上海出入境检验检疫局。

本部分主要起草人：王英、万保权、刘晓东、干喆渊、李妮、洪济晔、张顺达。

电磁兼容 试验和测量技术 主电源每相电流大于16 A的设备的电压暂降、短时中断和电压变化抗扰度试验

1 范围

本部分规定了与低压供电网连接的电气和电子设备对电压暂降、短时中断和电压变化抗扰度试验方法和优选的试验等级范围。

本部分适用于主电源每相额定电流超过16 A的电气和电子设备(每相额定电流超过200 A的电气和电子设备的指南见附录E)。本部分适用于安装在居民区和工业区的连接到50 Hz或者60 Hz交流网络的可能发生电压暂降和短时中断的单相和三相设备。

注1:主电源每相额定电流不大于16 A的设备的要求见GB/T 17626.11。

注2:本部分没有规定额定输入电流上限值。但是在一些国家因为有强制安全标准,所以规定了某个主电源每相额定电流上限值,如75 A或250 A。

本部分不适用于连接到400 Hz交流网络的电气和电子设备。与这些网络连接的设备的试验将在以后的标准中涉及。

本部分的目的是建立一种评价电气和电子设备在经受电压暂降、短时中断和电压变化时的抗扰度的通用准则。

注1:电压波动试验见GB/T 17626.14。

注2:对于额定电流大于250 A的受试设备,可能难于获得合适的试验设备。在此种情况下,通用标准、产品标准和产品类标准的专业委员会应认真地评估本部分的适用性,本部分也可作为制造商和购买方双方协商的性能判据的框架。

本部分所规定的试验方法为评估设备或系统对定义的电磁现象的抗扰度表述一致的方法。本部分是电磁兼容基础标准的一部分,专业标准化技术委员会负责确定本抗扰度试验标准是否适用,若适用,则负责确定适当的试验等级和性能判据。电磁兼容标准化技术委员会和其分委员会准备与有关专业标准化技术委员合作,评估用于其产品的特定抗扰度试验值。

2 规范性引用文件

下列文件对于本文件的应用是必不可少的。凡是注日期的引用文件,仅注日期的版本适用于本文件。凡是不注日期的引用文件,其最新版本(包括所有的修改单)适用于本文件。

GB/T 4365 电工术语 电磁兼容(GB/T 4365—2003,IEC 60050(161):1990,IDT)

GB/Z 18039.7 电磁兼容 环境 公用供电系统中的电压暂降、短时中断及其测量统计结果(GB/Z 18039.7—2011,IEC/TR 61000-2-8:2002,IDT)

IEC 61000-4-30 电磁兼容(EMC) 第4-30部分:试验和测量技术 电能质量测量方法(Electromagnetic compatibility (EMC)—Part 4-30: Testing and measurement techniques—Power quality measurement methods)

3 术语和定义

GB/T 4365界定的以及下列术语和定义适用于本文件。

3.1

电磁兼容基础标准　basic EMC standard

为达到电磁兼容而给出的通用的和基本的条件或规则的标准，它关系到所有的产品和系统，或适用于所有产品和系统，并可作为有关专业标准化技术委员会的参考文件。

3.2

(对骚扰的)抗扰度　immunity (to a disturbance)

装置、设备或系统面临电磁骚扰不降低运行性能的能力。

[GB/T 4365—2003,161-01-20]

3.3

电压暂降　voltage dip

在电气供电系统某一点上的电压突然减少到低于规定的暂降阈值，随后经历一段短暂的间隔恢复到正常值。

注1：典型的暂降与短路的发生和结束有关，或者与系统或系统相连装置上的急剧电流增加有关。

注2：电压暂降是一种二维电磁骚扰，其等级由电压和时间(持续时间)决定。

3.4

短时中断　short interruption

供电系统某一点上所有相位的电压突然下降到规定的中断阈值以下，随后经历一段短暂间隔恢复到正常值。

注：典型的短时中断与开关装置的动作有关，该动作是由系统或系统相连装置上短路的发生和结束引起。

3.5

(电压暂降)剩余电压　residual voltage (of voltage dip)

在电压暂降或短时中断期间记录的最小电压均方根值。

注：剩余电压可以表示为一个以伏为单位的值或者表示为相对于参考电压的百分比或者一个以参考电压为单位的值。

3.6

故障　malfunction

设备执行预定功能的能力终止，或设备执行非预定功能。

3.7

校准　calibration

在规定条件下，建立标示值和按参考标准的测量结果之间关系的一组操作。

注1：该术语基于"不确定度"方法。

注2：原则上，标示值与测量结果之间的关系可以用校准图表示。

[GB/T 2900.77—2008,311-01-09]

3.8

校验　verification

用于检查试验设备系统(例如，试验信号发生器和互连电缆)，为验证试验系统功能上符合第6章规定的规范而进行的一组操作。

注1：校验方法可能与校准方法不同。

注2：6.1.2中的验证过程是确保试验发生器正确操作的指导，其他条款是规定试验配置以确保预期的试验波形传送到受试设备。

注3：该定义适用于本基础电磁兼容标准，与GB/T 2900.77规定的定义有所不同。

4 概述

电气和电子设备可能会受到供电电源的电压暂降、短时中断或电压变化的影响。

电压暂降、短时中断是由电网的故障、装置的严重短路(参见 GB/Z 18039.7)或负载突然出现大的变化所引起的。在某些情况下可能会出现两次或更多次连续的暂降或中断。电压变化是由接到电网上的连续变化的负载所造成的。

在设备侧的电压暂降受到供电系统故障点和设备连接点之间的变压器连接方式的影响。变压器连接方式会影响设备所经受到的电压暂降幅值和相位关系。

这些现象本质上是随机的,为了在实验室进行模拟,可以用额定电压的偏离值和持续时间来最低限度地表述其特征。

所以,本部分中规定了不同类型的试验来模拟电压突变的效应。在产品规范或有关专业标准化技术委员会的责任范围内,这些试验仅用于特殊的和认为合理的情况。

有关专业标准化技术委员会的责任是确定哪些现象是与本部分所考虑的现象相关的,并决定试验的适用性。

5 试验等级

本部分的电压采用设备的额定电压作为电压试验等级规范的基准(U_T)。

这里设备的额定电压范围采用如下规定:

——如果额定电压的范围不超过其低端的电压值的 20%,则在额定电压范围内可规定一个电压作为试验等级的基准(U_T);

——在所有其他情况下,试验过程应采用已明确的电压范围内的最低和最高电压;

——试验等级和持续时间的选择参考 GB/Z 18039.7。

5.1 电压暂降和短时中断

U_T 和变化后的电压之间的变化是突然发生的。除非负责的产品委员会另有规定,电压暂降和电压短时中断的开始和停止相位角应为 0°(例如,暂降相位在电压正向过零点),见 8.2.1。采用下述电压试验等级(以%U_T 表示):0%、40%、70%、80%,相应的暂降后剩余电压为参考电压的 0%、40%、70%、80%。

对于电压暂降,优先采用的试验等级和持续时间见表 1,示例见图 1。

对于短时中断,优先采用的试验等级和持续时间见表 2。

表 1 和表 2 中给出的优先采用的试验等级和持续时间考虑了 GB/Z 18039.7 给出的信息。

表 1 中列出的优先采用的试验等级严酷程度是适当的,它代表了实际情况下的暂降特性,但这并不意味着保证抗扰度满足所有的暂降。更多严酷的试验等级,例如 0%,持续 1 s 和平衡的三相暂降,有关的标准化技术委员会可能在考虑中。

表 4 给出了在突变期间电压的上升时间 t_r 和下降时间 t_f。

试验等级和持续时间应由产品规范给出,试验等级为 0%相当于完全电压中断。实际上,额定电压 U_T 从 0%到 20%的电压试验等级都可以认为是完全中断。

表 1　电压暂降试验优先采用的试验等级和持续时间

<table>
<tr><td>类别[a]</td><td colspan="4">电压暂降的试验等级和持续时间(t_s)(50 Hz/60 Hz)</td></tr>
<tr><td>1类</td><td colspan="4">根据设备要求依次进行</td></tr>
<tr><td>2类</td><td>0%
持续时间 1 周期</td><td colspan="3">70%
持续时间 25/30[c] 周期</td></tr>
<tr><td>3类</td><td>0%
持续时间
1 周期</td><td>40%[d]
持续时间
10/12 周期[c]</td><td>70%
持续时间
25/30 周期[c]</td><td>80%
持续时间
250/300 周期[c]</td></tr>
<tr><td>×类[b]</td><td>×</td><td>×</td><td>×</td><td>×</td></tr>
</table>

[a] 分类依据 GB/T 18039.4,见附录 B。

[b] "×类"由有关的标准化技术委员会进行定义,对于直接或间接连接到公共网络的设备,严酷等级不能低于 2 类的要求。

[c] "25/30 周期"是指"50 Hz 试验采用 25 周期"和"60 Hz 试验采用 30 周期"。
"10/12 周期"是指"50 Hz 试验采用 10 周期"和"60 Hz 试验采用 12 周期"。
"250/300 周期"是指"50 Hz 试验采用 250 周期"和"60 Hz 试验采用 300 周期"。

[d] 有关专业标准化委员会可用试验等级 50%来代替 40%,主要用于额定工作电压为 200 V 或 208 V 的设备。

表 2　短时中断试验优先采用的试验等级和持续时间

类别[a]	短时中断的试验等级和持续时间(t_s)(50 Hz/60 Hz)
1类	根据设备要求依次进行
2类	0% 持续时间 250/300 周期[c]
3类	0% 持续时间 250/300 周期[c]
×类[b]	×

[a] 分类依据 GB/T 18039.4,见附录 B。

[b] "×类"由有关的标准化技术委员会进行定义,对于直接或间接连接到公共网络的设备,严酷等级不能低于 2 类的要求。

[c] "250/300 周期"是指"50 Hz 试验采用 250 周期"和"60 Hz 试验采用 300 周期"。

5.2　电压变化(供选择)

这个试验考虑在额定电压 U_T 和变动电压之间定义一个过渡过程。

注:电压波动发生时间很短,可能是由负荷变化引起的。

表 3 给出了优先采用的电压变化所需时间和减少后的电压维持时间。电压变化的速率应该是常数,但电压可能是步进变化的,应该在过零点上步进,且不应大于 10%U_T,当步进在 1%U_T 以下,则可认为电压变化速率是常数。

表 3 短期供电电压变化的时间设定

电压等级	电压降低所需时间(t_d)	降低后电压维持时间(t_s)	电压增加所需时间(t_i)(50 Hz/60 Hz)
70%	突发的	1 周期	25/30[b]周期
×[a]	×[a]	×[a]	×[a]

[a] "×类"由有关的标准化技术委员会进行定义。

[b] "25/30 周期"是指"50 Hz 试验采用 25 周期"和"60 Hz 试验采用 30 周期"。

对于三相系统的电压变化试验,无论其是否有中线,三相应同时进行试验。三相系统电压在某一电压过零处同时变化。

这一波形是电动机启动时的典型波形,t_d 是电压快速降低所需时间,t_i 是电压缓慢增加所需时间。如图 2 所示,电压的均方根值为时间的函数。其他值可由产品委员会说明并依规定。

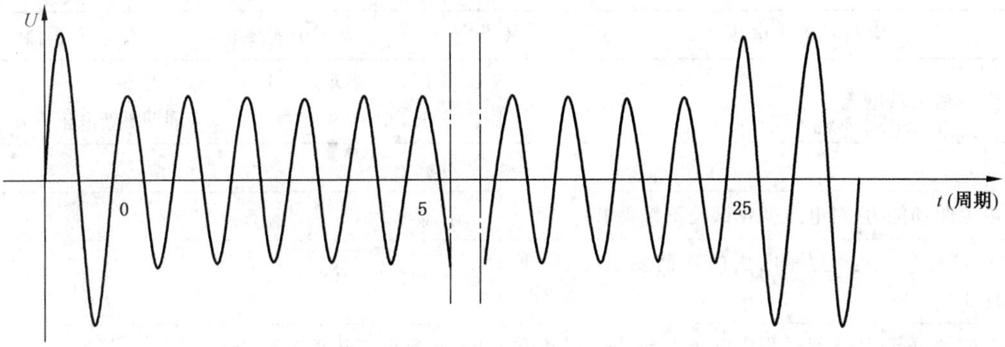

注:电压减少到 70%,持续 25 个周期(50 Hz),在过零处突变。

图 1 电压暂降——70%电压暂降正弦波波形图

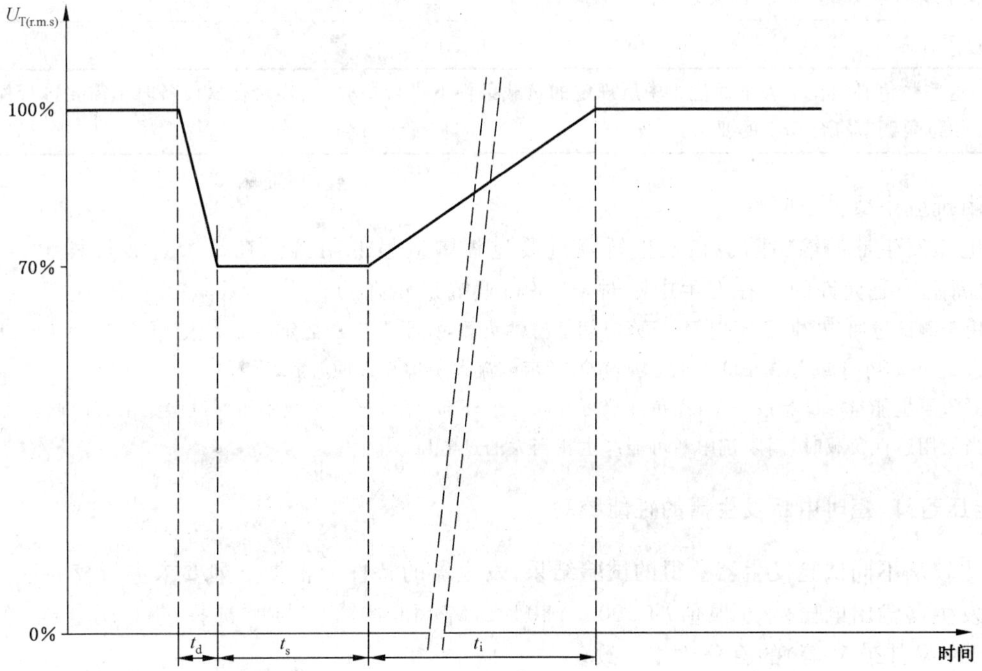

图 2 电压变化

6 试验设备

6.1 试验发生器

除专门指出的以外,电压暂降、短时中断和电压波动发生器的共同特性如下。

在附录D中给出了发生器的例子。

发生器应有防止产生强骚扰发射的措施,否则这些骚扰注入供电网络,有可能会影响试验结果。

允许发生器产生与现行标准所规定的特性(幅度和持续时间)相比是相等的或者更严酷的电压暂降。

发生器的输出可以受发生器的特性、负载的特性和/或提供发生器的交流电网络的特性的影响。

6.1.1 发生器的性能和特性

表4 发生器规范

空载时输出电压	如表1中所要求,±5%剩余电压值
试验时发生器输出端电压	如表1中所要求,±10%剩余电压值 依据IEC 61000-4-30标准每0.5周期更新电压均方根测量值
输出电流能力	见附录A
峰值冲击电流驱动能力(对电压变化试验不作要求)	见附录A
发生器带有阻性负载时,实际电压的瞬间峰值上冲/下冲——见注1	$<5\%U_T$
发生器带有阻性负载时,突变过程中电压上升时间 t_r 和下降时间 t_f——见注A和注1	1 μs~5 μs,电流≤75 A 1 μs~50 μs,电流>75 A
电压暂降开始和停止时的相位角	0°~360°,最大分辨率为5°,见注B
电压暂降和中断与电源频率的相位关系	<±5°
发生器的过零控制	±10°
注A:这些数值必须在本表下面注1中所规定的负载条件下进行检验,当连接受试设备时不需要进行检验。 **注B**:相位角调节符合5.1的要求。	

输出阻抗应主要呈电阻性。

试验电压发生器的输出阻抗在发生暂降过渡过程中应呈低阻抗。在每个过渡过程中,短时(高至100 μs)的高阻抗是允许的。在发生中断时,开路高阻抗是允许的。

注1:用于测试过冲/欠冲、上升时间、下降时间非感性负载,如果发生器额定电流不大于50 A,为100 Ω;额定电流大于50 A小于或等于100 A时,为50 Ω;额定电流大于100 A时,为25 Ω。

注2:对于再生能量的试验设备来说,负载端可并联一个外部电阻,这一负载不应对试验结果有影响。

注3:当使用感性负载时,高阻抗中断可能产生相当大的过电压。

6.1.2 电压暂降、短时中断发生器的性能校验

为了比较从不同试验发生器获得的试验结果,发生器的特性应根据下列要求进行校验:

——发生器输出电压均方根值的100%、80%、70%和40%应与所选择的工作电压(如230 V、220 V、120 V等)的百分比相一致;

——发生器的输出电压均方根值100%、80%、70%和40%应在空载时测量,且保持在 U_T 的规定百分比内;

——试验时发生器的输出电压均方根值应每 0.5 周期监测一次，并且在整个试验期间要保持在规定的百分比内。

注：如果设备的峰值电流足够小到不会影响发生器的输出电压，则试验中不必监测发生器输出电压。

上升时间和下降时间以及过冲和欠冲应在相位角 90°和 270°处，从 0%到 100%，100%到 80%，100%到 70%，100%到 40%和 100%到 0%，进行切换验证。

相位角的准确度应在 0°至 315°中以 45°为增量的 9 个相位角上，从 0%到 100%和 100%到 0%进行切换验证。且在相位角 90°和 180°处，从 100%到 80%和 80%到 100%，从 100%到 70%和 70%到 100%，以及 100%到 40%和 40%到 100%，进行切换验证。

6.2 电源

试验电压的频率应在额定频率±2%以内。

7 试验布置

用受试设备制造商规定的、最短的电源电缆把受试设备连接到试验发生器上进行试验。如果无电缆长度规定，则应是适合于受试设备所用的最短电缆。

本部分描述三类现象的试验配置：

——电压暂降；

——短时中断；

——在额定电压和变动电压之间有渐变过程的电压变化(可选)。

试验布置示例见附录 D。

8 试验程序

在试验准备和实施期间应谨慎。受试设备和试验设备不应由于施加本部分的试验而发生危险或不安全。应采取预防措施以避免人员、受试设备和试验设备发生危险或不安全的情况。

对于一个给定的受试设备，在试验开始之前，应先准备一份试验计划。

试验计划应代表系统预期使用的方法。

要对系统作一次正确的预估，以确定被测系统哪一种配置能够体现现场情况。

在试验报告中必须对试验的情况作解释和说明。

建议试验计划包括下列项目：

——受试设备的类型；

——有关连接(插头、端子等)和相应的电缆以及辅助设备的资料；

——受试设备的输入电源端口；

——关于设备冲击电流要求的信息；

——做试验时，受试设备的典型运行方式；

——技术规范中采用和定义的性能判据；

——设备的运行方式；

——试验布置的描述。

如果没有受试设备实际运行用的信号源，则可以模拟。

对每一项试验，应记录任何性能降低的情况。监视设备应能够显示试验中和试验后受试设备的运行状态。在每组试验后，要对受试设备的所有功能进行检查。

8.1 试验室参考条件

8.1.1 气候条件

除非对通用标准或产品标准负责的有关专业化标准委员会另有规定，实验室的气候条件应满足受试设备操作和试验设备制造商规定的任何限制。

如果相对湿度太大以至于在受试设备或者试验设备上引起冷凝，就不能进行试验。

注：如果有充分的证据证明由于气候条件对本部分涵盖的现象产生影响，则应引起负责本部分的标准化技术委员会的注意。

8.1.2 电磁条件

实验室的电磁条件应能保证受试设备正常运行，使试验结果不受影响。

8.2 试验的实施

试验时，监测试验的电源电压应在2%准确度之内。

8.2.1 电压暂降和短时中断

受试设备应按每一种选定的试验等级和持续时间组合，顺序进行三次暂降或中断试验，最小间隔10 s(两次试验之间的间隔)应在每个典型的工作模式下进行试验。

对于电压暂降，电源电压的变化应发生在0°(即电压正向过零处)。有关专业标准化技术委员会或个别产品规范可增加认为需要的相位，每相优先选择45°、90°、135°、180°、225°、270°和315°。

对于短时中断，由有关专业标准化技术委员会根据最坏的情况来规定起始角度。如果没有规定，建议任选一相，在相位角为0°值进行测试。

对于三相系统的短时中断试验，根据5.1所述，三相应同时进行试验。

对于单相系统的电压暂降试验，电压应根据5.1要求进行试验，这意味着将进行一系列的试验。

对于具有中线的三相系统的电压暂降试验，根据5.1每次单独测量一个电压(相－中线和相－相)，这意味着进行六个不同系列的试验，见图3a)、图3b)和图3c)。

对于不具有中线的三相系统的电压暂降试验，根据5.1每次单独对相－相电压进行试验，这意味着进行三个不同系列的试验，见图3b)和图3c)。

注1：对于三相系统，在相线对相线电压的暂降，电压变动也会在其他一个或两个电压上出现。

注2：对于三相系统的相线对相线的测试，图3b)中的向量表示可接受的方法1，图3c)中的向量表示可接受的方法2。在图3b)中表示的可接受的方法1的向量更易于在试验室产生，见附录D的图D.1。图3c)中表示的可接受的方法2的向量更可代表现场真实暂降。当比较图3b)和图3c)中的向量时，会发现非常明显的不同。

对于包含一根以上电源线的受试设备，每根电源线应分别试验。

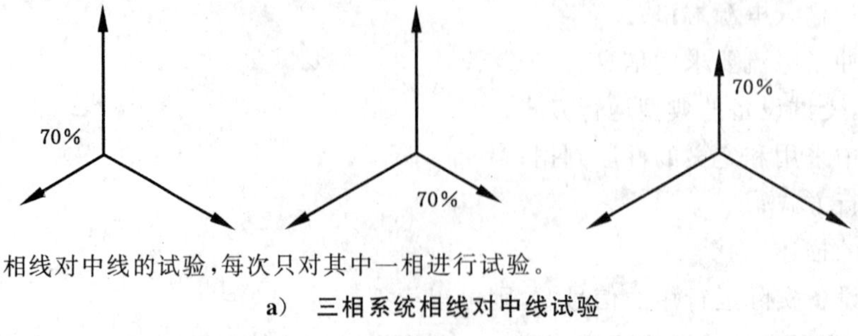

注：三相系统的相线对中线的试验，每次只对其中一相进行试验。

a) 三相系统相线对中线试验

图3 三相系统试验

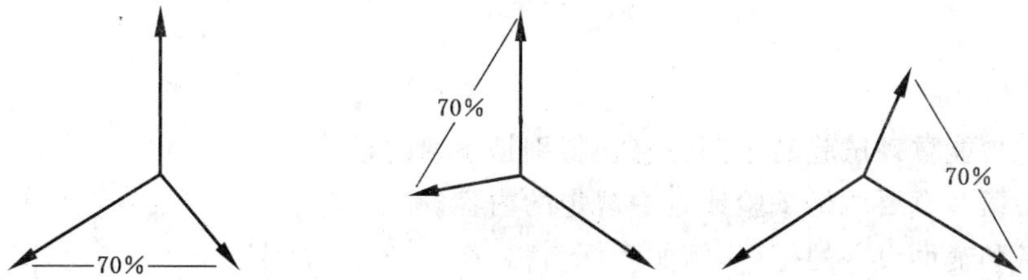

注：三相系统的相线对相线的试验，每次只对其中一相进行试验。

b） 三相系统相线对相线试验——可接受的相移方法 1

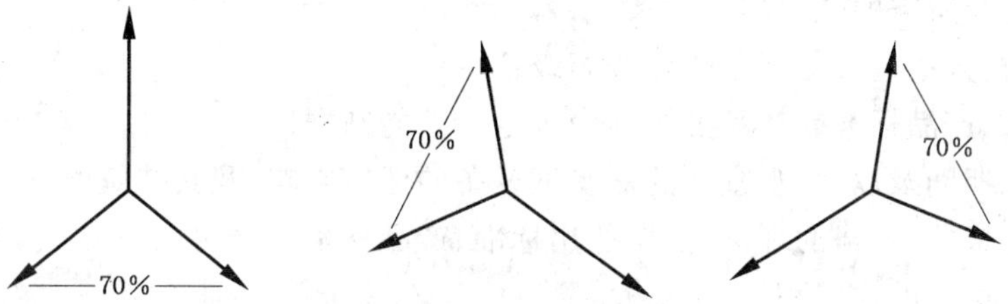

c） 三相系统相线对相线试验——可接受的相移方法 2

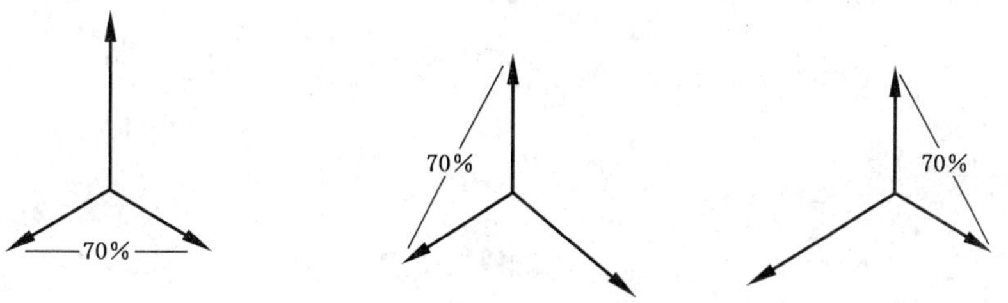

d） 不可接受的方法——相线对相线无相移试验

图 3（续）

8.2.2 电压变化（供选择）

对受试设备进行每一种规定的电压变化试验，应在最典型的运行方式下进行三次试验，间隔为 10 s。

9 试验结果的评估

试验结果应依据受试设备在试验中的功能丧失或性能降低现象进行分类，相关的性能水平由设备的制造商或委托方或由产品的制造商与购买方双方协商确定。推荐按如下要求分类：

a） 在制造商、委托方或客户规定的技术规范限值内性能正常；

b） 功能或性能暂时丧失或降低，但在骚扰停止后能自行恢复，不需要操作者干预；

c） 功能或性能暂时丧失或降低，但需操作者干预才能恢复；

d） 因设备硬件或软件损坏，或数据丢失而造成不能自行恢复的功能丧失或降低。

由制造商提出的技术规范可以规定对受试设备产生的某些影响是不重要的，因而这些影响是可接受的。

在没有适用的通用标准、产品标准或产品类标准时，这种分类可以由负责相应产品通用标准、产品标准和产品类标准的专业标准化技术委员会制定用于作为明确性能判据的指南，或作为制造商和购买方双方协商的性能判据的框架。

注：电压暂降、短时中断和电压变化试验（如果被要求）所采用的性能等级可以不同。

10 试验报告

试验报告应包含能重现试验的全部信息。特别是下列内容：

——本部分中第8章要求的试验计划中规定的内容；

——受试设备和辅助设备的标识，例如商标名称、产品型号、序列号；

——试验设备的标识，例如商标名称、产品型号和序列号；

——任何进行试验所需的专门的环境条件，例如屏蔽室；

——确保试验进行所需的任何特定的条件；

——制造商、委托方或购买方规定的性能等级；

——在通用标准、产品标准或产品类标准中规定的性能判据；

——在骚扰施加期间及以后，观察到的对受试设备的任何影响，及其持续时间；

——判定试验合格/不合格的理由(依据通用标准、产品标准或产品类标准规定的性能判据或制造商和购买方达成的协议)；

——采用的任何特殊条件，例如电缆长度或类型，屏蔽或接地，或受试设备运行条件，均要符合规定。

附 录 A
（规范性附录）
试验发生器（峰值冲击）电流驱动能力

电压暂降试验时，设备峰值冲击电流可能远超过设备的额定电流值。峰值冲击电流可能在试验过程的任意时刻产生，并非仅在能量第一次施加到设备上时产生。

对多相负载进行电压暂降试验时，在暂降期间，非暂降相的电流可以增至额定电流的 200%。

试验发生器输出电流的能力是试验发生器和提供试验发生器的交流主电源的函数。

A.1 试验发生器冲击电流要求

试验发生器应有提供表 A.1 的峰值冲击电流的能力。

表 A.1 最小峰值冲击电流能力

设备额定电流	发生器的最小峰值冲击电流
16 A～50 A	500 A
50.1 A～100 A	1 000 A
大于 100 A	不低于 1 000 A，在最大峰值冲击期间，所要求的电压要足够维持±10%内。按 IEC 61000-4-30，每 0.5 Hz 更新 1 次测量的均方根值

A.2 试验发生器峰值冲击电流驱动能力的测量

试验发生器电流驱动能力的电路如图 A.1 所示。桥式整流可以在 90°与 270°时试验，而不必变化整流器极性。

1 700 μF 的电解电容器容许±20%的误差。例如对 220 V～240 V 电源其电压为 400 V，其电压额定值最好超过电源的正常峰值电压的 15%～20%。电容器的等效串联阻抗(ESR)在 100 Hz 和 20 kHz 应尽可能小，并且不应对峰值冲击电流产生限制。多个电容并联可获得足够低的阻抗 ESR。

由于试验时 1 700 μF 的电容要放电，所以应并联一个电阻，在两次试验之间必须有几个 RC 时间常数的时间间隔。采用 10 000 Ω 电阻时，则 RC 时间常数为 17 s，所以在两次冲击驱动能力试验之间应等待 1.5 min 到 2 min。要求等待时间较短时，如 100 Ω 的低值电阻也可用。

电流探头应能在 1/4 周期中容纳全部发生器峰值冲击电流而不饱和。

在发生器输出为 90° 和 270°处，从 0%到 100%的切换来进行试验，以保证在两个极性上有足够的峰值冲击电流驱动能力。

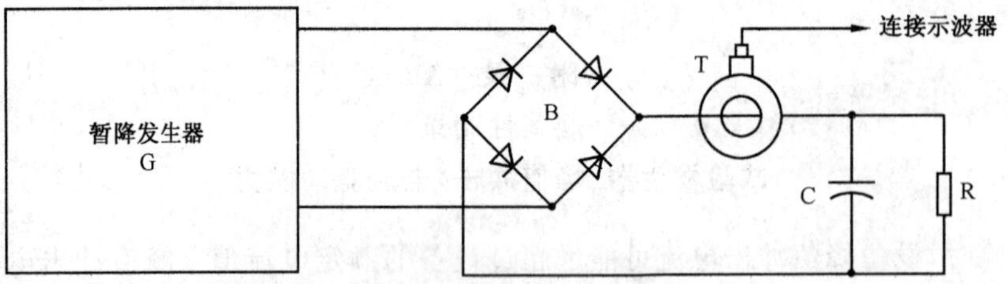

元器件：

G——试验电压发生器，在 90° 和 270°处启动；

T——电流探头，可输出给示波器监视；

B——整流桥；

R——分流电阻器，100 Ω≤R≤10 000 Ω；

C——1 700(1±20%)μF 的电解电容。

图 A.1　确定发生器峰值冲击电流驱动能力的电路

A.3　暂降时试验发生器的电流要求

对多相负载的暂降试验时，试验发生器应有能力在非暂降的相线上提供足够的电流。在电压暂降时以保持表 1 中±10%的电压变化要求，按 IEC 61000-4-30，每 1/2 周波更新一次测量的均方根值(平均时间为 1 个周期)。

注：在暂降期间，非暂降相线上的电流可以达到额定电流值的 200%。

附 录 B
（资料性附录）
电磁环境分类

以下的电磁环境分类是从 GB/T 18039.4 概括而来的。

第 1 类

适用于受保护的供电电源，其兼容水平低于公用供电系统。它涉及到对电源骚扰很敏感的设备的使用，例如实验室仪器、某些自动控制和保护设备及计算机等。

注：安装在第 1 类环境中的设备要求有保护装置，如不间断电源(UPS)、滤波器或浪涌抑制器等。

第 2 类

一般适用于工业环境的公共耦合点（用户系统的 PCC）和内部的公共耦合点（IPCs）。该类的兼容水平与公用供电系统的相同。因此设计用于公用系统的元件也适用于这类工业环境。

第 3 类

仅适用于工业环境中的 IPCs。该类某些骚扰现象的兼容水平要高于第 2 类。例如，在连接有下列设备时应认为是这类环境：

——大部分负载经变流器供电；

——有焊接设备；

——频繁启动的大型电动机；

——变化迅速的负载。

注 1：像诸如通常由隔离母线供电的电弧炉及大型变流器等强骚扰负载供电的电源，其骚扰水平常超过第 3 类（严酷环境），在这种特定情况下，兼容水平应协商确定。

注 2：适用于新建和现有工厂的扩建部分的环境类型不能预先确定，而宜与设备类型和所考虑的生产过程相关联。

附 录 C
(资料性附录)
三相线试验的向量

本附录中的图形、公式和表格使用的前提是三相线间的中线是居中的。对于中线不居中的电力系统,会产生不同的向量。

C.1 相线对中线暂降的向量

相线对中线的施加电压暂降,每相依次施加(见 8.2.1),其向量图和向量值分别见图 C.1 和表 C.1。图 D.1 中暂降发生器是按照图 D.2b)来施加时所产生的向量。

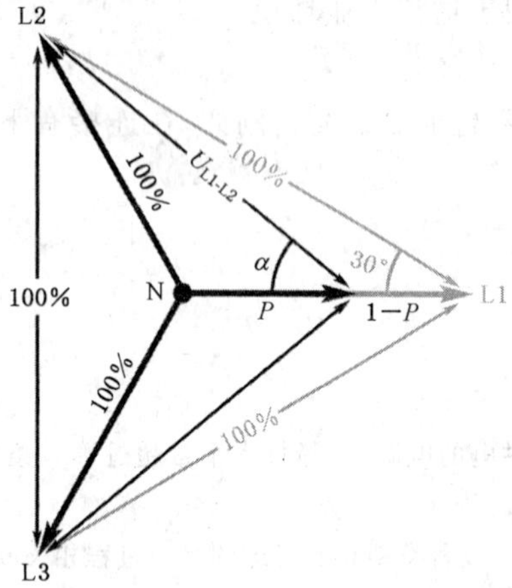

$$\alpha = \sin^{-1}\left(\frac{\sin(120^\circ)}{\sqrt{1+P^2-2P\cos(120^\circ)}}\right) \quad \cdots\cdots(C.1)$$

$$U_{L1-L2} = \frac{\sqrt{1+P^2-2P\cos(120^\circ)}}{\sqrt{3}} \quad \cdots\cdots(C.2)$$

P——相线对中线暂降的百分比,用相线对中线额定电压的分数表示。

$U_{L1\text{-}L2}$——L1 对 L2 电压,用相线对相线额定电压的分数表示。

注:反正弦函数的映射关系不是唯一的(因为同一个值对应两个不同的角度),返回值介于−90°和 90°之间,所以必须选择正确的象限。

图 C.1 相线对中线电压暂降向量图

表 C.1 相线对中线电压暂降的向量值

P	$U_{L1\text{-}L2}$	$U_{L2\text{-}L3}$	$U_{L3\text{-}L1}$	$U_{L1\text{-}N}$	$U_{L2\text{-}N}$	$U_{L3\text{-}N}$
100% (没有暂降)	100% 150°	100% 270°	100% 30°	100% 0°	100% 120°	100% 240°
80% L1-N	90% 146°	100% 270°	90% 34°	80% 0°	100% 120°	100% 240°
80% L2-N	90% 154°	90% 266°	100% 30°	100% 0°	80% 120°	100% 240°
80% L3-N	100% 150°	90% 274°	90% 26°	100% 0°	100% 120°	80% 240°
70% L1-N	85% 144°	100% 270°	85% 36°	70% 0°	100% 120°	100% 240°
70% L2-N	85% 156°	85% 264°	100% 30°	100% 0°	70% 120°	100% 240°

表 C.1（续）

P	U_{L1-L2}	U_{L2-L3}	U_{L3-L1}	U_{L1-N}	U_{L2-N}	U_{L3-N}
70% L3-N	100% 150°	85% 276°	85% 24°	100% 0°	100% 120°	70% 240°
40% L1-N	72% 136°	100% 270°	72% 44°	40% 0°	100% 120°	100% 240°
40% L2-N	72% 164°	72% 256°	100% 30°	100% 0°	40% 120°	100% 240°
40% L3-N	100% 150°	72% 284°	72% 16°	100% 0°	100% 120°	40% 240°
注："100%"表示没有发生电压暂降。对于相线对相线电压，为相线对中线值的$\sqrt{3}$倍。						

C.2　可接受的方法 1——相线对相线电压暂降向量

在三相系统中，相线对相线的施加电压暂降，每对相线依次施加(见 8.2.1)。图 C.2 中显示的向量体现了在三相系统中相-相暂降的可接受方法 1，其向量值见表 C.2。在图 D.1 中的暂降发生器是按照图 D.2a)，来施加时所产生的向量。

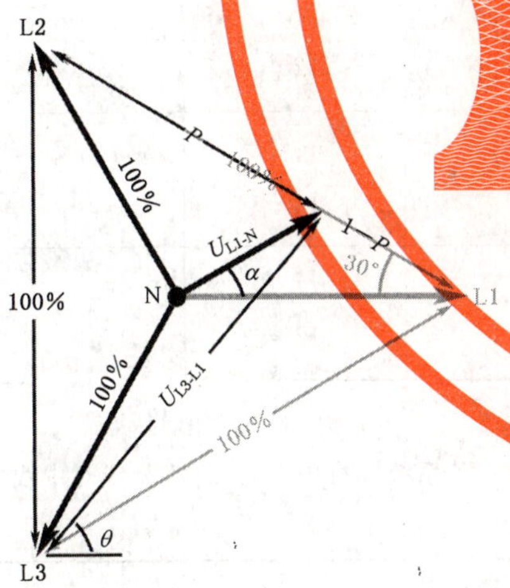

$$U_{L1\text{-}N}=\sqrt{1+3P^2-(2\sqrt{3})P\cos(30°)} \qquad \cdots\cdots(C.3)$$

$$\alpha=120°-\sin^{-1}\left(\frac{P\sqrt{3}\sin(30°)}{U_{L1\text{-}N}}\right) \qquad \cdots\cdots(C.4)$$

$$U_{L3\text{-}L1}=\frac{\sqrt{1+(U_{L1\text{-}N})^2-2U_{L1\text{-}N}\cos(\alpha+120°)}}{\sqrt{3}} \qquad \cdots\cdots(C.5)$$

$$\theta=60°-\sin^{-1}\left(\frac{U_{L1\text{-}N}\sin(\alpha+120°)}{\sqrt{3}U_{L3\text{-}L1}}\right) \qquad \cdots\cdots(C.6)$$

P——相线对相线暂降的百分数，用相线对相线额定电压的分数表示。

$U_{L1\text{-}N}$——L1 对中线的电压(如果存在中线)，用相线对中线额定电压的分数表示。

$U_{L3\text{-}L1}$——L3 对 L1 的电压，用相线对相线额定电压的分数表示。

注：反正弦函数的映射关系不是唯一的(因为同一个值对应两个不同的角度)，返回值介于－90°和 90°之间，所以必须选择正确的象限。

图 C.2　可接受的方法 1——相线对相线电压暂降向量图

表 C.2 可接受的方法 1——相线对相线电压暂降的向量值

P	$U_{L1\text{-}L2}$	$U_{L2\text{-}L3}$	$U_{L3\text{-}L1}$	$U_{L1\text{-}N}$	$U_{L2\text{-}N}$	$U_{L3\text{-}N}$
100% (没有暂降)	100% 150°	100% 270°	100% 30°	100% 0°	100% 120°	100% 240°
80% L1-L2	80% 150°	100% 270°	92% 41°	72% 14°	100% 120°	100% 240°
80% L2-L3	92% 161°	80% 270°	100% 30°	100% 0°	72% 134°	100% 240°
80% L3-L1	100% 150°	92% 281°	80% 30°	100% 0°	100% 120°	72% 254°
70% L1-L2	70% 150°	100% 270°	89% 47°	61% 25°	100% 120°	100% 240°
70% L2-L3	89% 167°	70% 270°	100% 30°	100% 0°	61% 145°	100% 240°
70% L3-L1	100% 150°	89% 287°	70% 30°	100% 0°	100% 120°	61% 265°
40% L1-L2	40% 150°	100% 270°	87% 67°	53% 79°	100% 120°	100% 240°
40% L2-L3	87% 187°	40% 270°	100% 30°	100% 0°	53% 199°	100% 240°
40% L3-L1	100% 150°	87% 307°	40% 30°	100% 0°	100% 120°	53% 319°

注 1:"100%"表示无暂降。对于相线对相线电压，为相线对中线值的$\sqrt{3}$倍。

注 2:本表给出了相线对中线的电压和相位角，但是仅用于有中线的系统。若系统没有中线，则忽略相线对中线相关列。

C.3 可接受的方法 2——相线对相线电压暂降向量

在三相系统中，相线对相线的电压暂降，在每一时间为一对相线(见 8.2.1)。在图 C.3 中的向量代表在三相系统中相线对相线暂降的可接受的方法 2，其向量值见表 C.3。在图 D.3 的例子中暂降发生器可以用来产生这些向量，这些向量可以比 C.2 的向量更能代表实际的暂降。

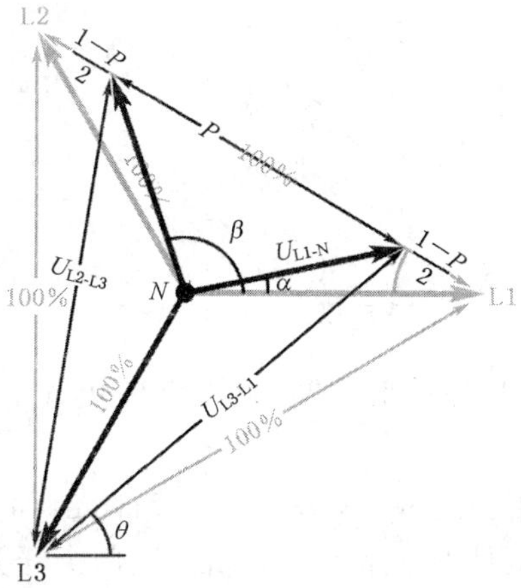

$$\alpha = \sin^{-1}\left[\frac{\left(\sqrt{3}\ \frac{(1-P)}{2}\right)\sin(30^\circ)}{U_{L1-N}}\right] \quad \cdots\cdots(C.7)$$

$$\beta = 120^\circ - \alpha \quad \cdots\cdots\cdots(C.8)$$

$$U_{L3-L1} = U_{L2-L3} = \frac{\sqrt{1+(U_{L1-N})^2 - 2(U_{L1-N})\cos(120^\circ+\alpha)}}{\sqrt{3}} \quad \cdots\cdots\cdots\cdots(C.9)$$

$$\theta = 60^\circ - \sin^{-1}\left(\frac{U_{L1-N}\sin(120^\circ+\alpha)}{\sqrt{3}U_{L3-L1}}\right) \quad \cdots(C.10)$$

P——相线对相线暂降的百分值，用相线对相线额定电压的分数表示。

U_{L1-N}和U_{L2-N}为 L1 或 L2 对中线的电压（如果有中线），用相线对中线额定电压的分数表示。

注：反正弦函数的映射关系不是唯一的（因为同一个值对应两个不同的角度），返回值介于$-90°$和$90°$之间，所以必须选择正确的象限。

图 C.3 可接受的方法 2——相线对相线电压暂降向量图

表 C.3 可接受的方法 2——相线对相线电压暂降的向量值

P	U_{L1-L2}	U_{L2-L3}	U_{L3-L1}	U_{L1-N}	U_{L2-N}	U_{L3-N}
100% （没有暂降）	100% 150°	100% 270°	100% 30°	100% 0°	100% 120°	100% 240°
80% L1-L2	80% 150°	95% 265°	95% 35°	85% 6°	85% 114°	100% 240°
80% L2-L3	95% 155°	80% 270°	95% 25°	100% 0°	85% 126°	85% 234°
80% L3-L1	95% 145°	95% 275°	80% 30°	85% −6°	100% 120°	85% 246°
70% L1-L2	70% 150°	93% 262°	93% 38°	79% 10°	79% 110°	100% 240°
70% L2-L3	93% 158°	70% 270°	93% 22°	100% 0°	79% 130°	79% 230°
70% L3-L1	93% 142°	93% 278°	70% 30°	79% −10°	100% 120°	79% 250°
40% L1-L2	40% 150°	89% 253°	89% 47°	61% 25°	61% 95°	100% 240°
40% L2-L3	89% 167°	40% 270°	89% 13°	100% 0°	61% 145°	61% 215°
40% L3-L1	89% 133°	89% 287°	40% 30°	61% −25°	100% 120°	61% 265°

注 1：“100%”表示无暂降。对于相线对相线电压，为相线对中线值的$\sqrt{3}$倍。

注 2：本表中的相线对中线的电压和相位仅用于有中线的系统。若系统没有中线，则忽略相线对中线相关列。

附 录 D
（资料性附录）
试 验 仪 器

发生器和试验布置实例

图 D.1 和图 D.3 为两种可能的电源模拟器的试验原理图。这只是举例说明，也可以使用其他的结构。

在图 D.1 中电压暂降可以通过交替闭合开关 1 和开关 2 来模拟。这两个开关不会同时闭合，将两个开关断开的间隔达到 100 μs 是可以接受的。可以在与相位无关的情况下来断开和闭合这两个开关。采用功率 MOSFET 和 IGBT 构成半导体开关可以满足这一要求，而可控硅和双向可控硅开关要在电流过零的时候才能断开，故不满足这一要求。

波形发生器和功率放大器可用于替代调压器和开关（见图 D.3），这一结构也可于受试设备的频率变化试验和谐波试验。

上述类型的试验发生器任何一个都可用于单相试验或者三相试验（例如，按照图 D.2 所示在两个相线之间连接图 D.1 所示的发生器）。

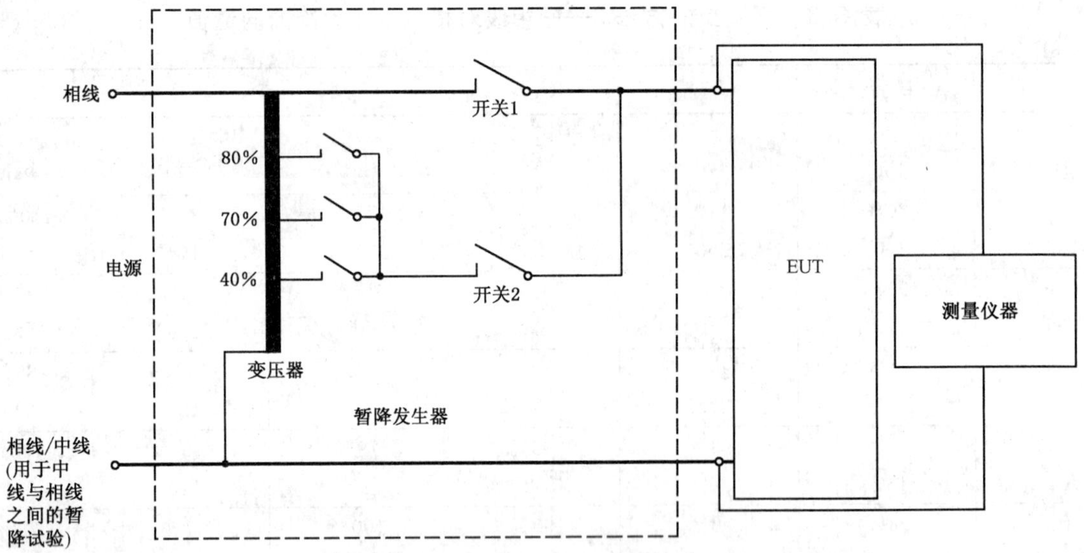

图 D.1 采用带抽头变压器和开关的试验仪器进行电压暂降和短时中断的原理图

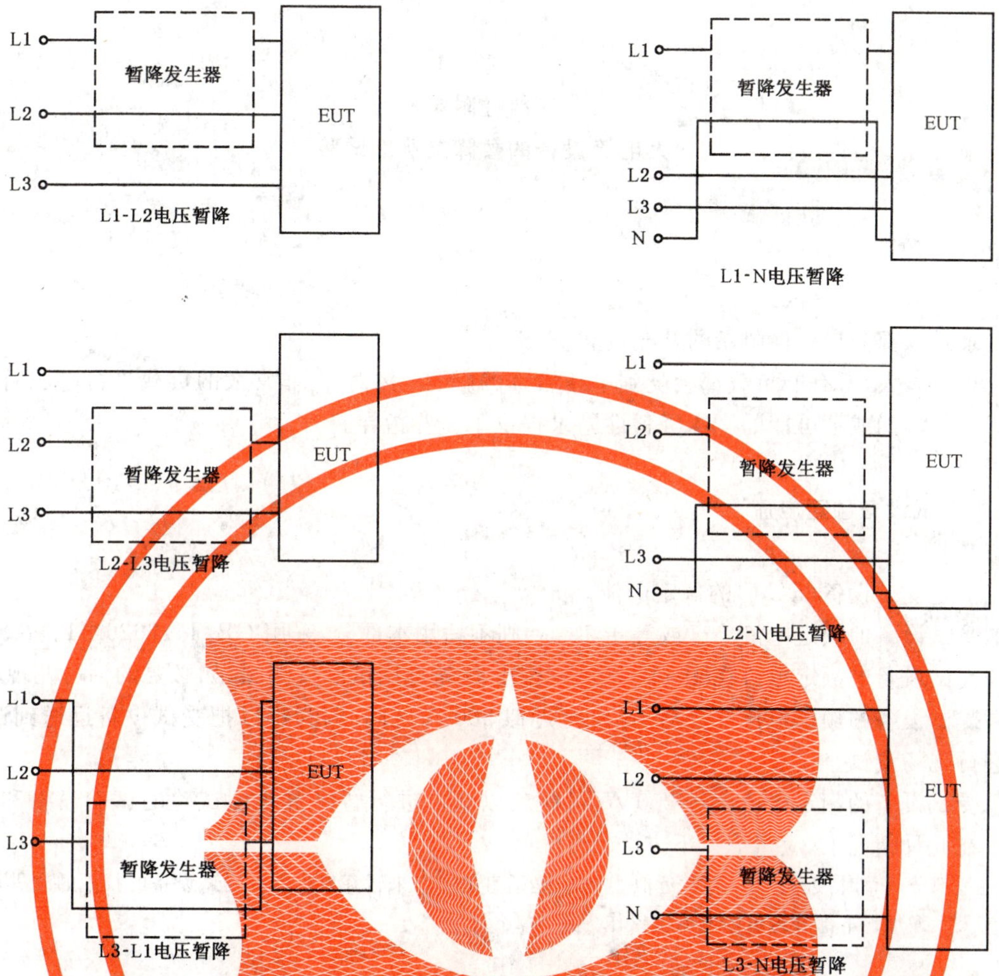

a) 相线与相线之间的暂降　　　　b) 相线与中线之间的暂降

图 D.2 使用图 D.1 中的试验仪器产生图 C.1、图 C.2 和图 3b)所示的可接受方法 1 的向量

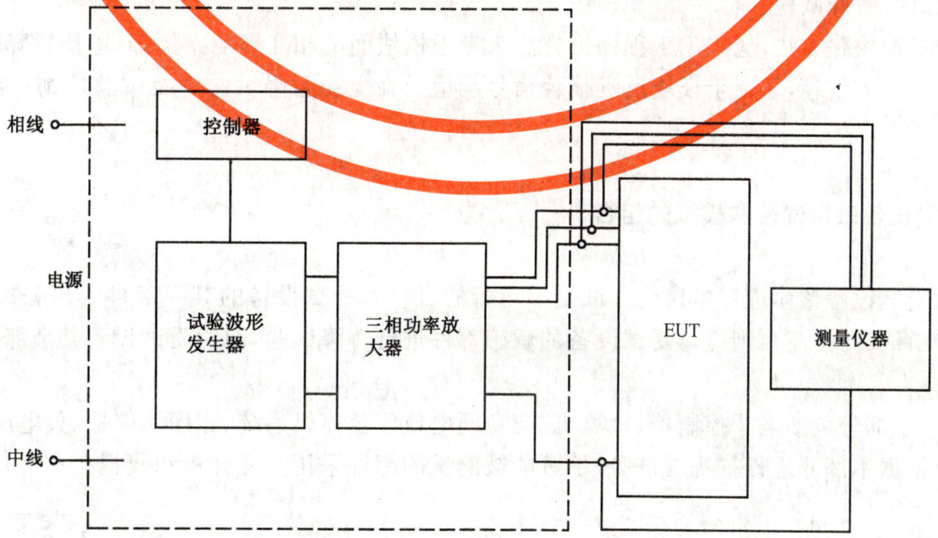

图 D.3 采用功率放大器的三相电压暂降、短时中断和电压变化试验仪器原理图

附　录　E
（资料性附录）
大电流设备的暂降抗扰度试验

E.1　概要

本附录是本部分规范性附录的补充资料。

无论负载多大，所有的负载都会受到电压暂降的影响。然而，对非常大的负载进行电压暂降抗扰度试验可能是困难的或不可能的。本资料性附录提供了一些指导。

E.2　考虑受试设备额定电流

首先确定受试设备(EUT)的额定电流。

如果受试设备的额定电流小于或等于16 A，则不适用本部分，采用GB/T 17626.11。

如果受试设备的额定电流在16 A～75 A之间，优先选用试验室测试，如必要的话可在现场测试。

如果受试设备的额定电流在近似75 A至近似200 A之间，因为难以把受试设备运送到试验室，可能需要进行现场测试。

如果受试设备的额定电流超过200 A，可能难以获取进行暂降抗扰度试验的试验设备和适宜的试验环境。在此种情况下，应考虑以下方法。

注：在本部分起草时"近似75 A"和"近似200 A"是适宜的。未来暂降发生器或受试设备的技术的改进可能使这些值大大增加。本部分给出的电流值仅作为指导。

E.3　对大型设备进行模块化测试

为进行暂降抗扰度试验，可以把受试设备分成电流等于或小于200 A的模块，然后依据本部分对每个模块单独进行暂降试验。

如果选择模块化方法，应采用工程评价方法来考虑模块间的相互影响。例如，电压暂降时某一模块可能产生一个报警信号，另一个模块负责报警信号响应。在电压暂降试验中及试验后都可能发生相互影响。

E.4　对大型设备采用试验和模拟的组合

如果对受试设备整体进行模块化测试是不可行的(例如，受试设备的某一部件不可分离，如电阻加热器，需要几百安培电流)，则应对受试设备的敏感部件进行暂降试验，而对受试设备其余部件进行工程分析/模拟。

例如，敏感部分包括电子控制器、计算机、应急断电或应急停机系统、相序继电器、欠电压继电器等，这些部件应依据本部分进行抗扰度试验，不可能被测试的部件采用工程分析和模拟。

E.5　超大型设备实施电压暂降抗扰度分析

即使对部分系统，暂降抗扰度试验总是比模拟和分析被优先选用。

然而，如果工程分析和模拟是不可避免，应仔细考虑以下各点：

——电压暂降期间不平衡的影响，包括幅值和相位的不平衡，尤其是对变压器和电动机；
——暂降期间的非暂降相中电流可能增加，包括对于元器件、连接器、保护设备(例如保险丝和断路器等)的影响；
——暂降发生后可能电流立刻有大量增加，包括对于元器件、连接器、保护设备(例如保险丝和断路器等)的影响；
——安全功能对电压暂降的响应，包括紧急断开、急停电路和光幕等；
——对独立供电传感器暂降可能的影响，这些传感器可能对受试设备的运行状态；
——受试设备电源端或其内部的保护器件在暂降中和暂降后对电流变化的响应；
——电源敏感设备(例如相序继电器、欠电压继电器)对电压暂降的响应；
——控制继电器和接触器(例如 24 V 交流继电器)对电压暂降的响应；
——由于泵或者风扇旋转在电压暂降期间引起的短时变化，绘出了水流、空气压力、真空等错误信号，可能会影响受试设备的运行状态；
——元器件参数变化可能产生的影响。例如，电解电容常常被用作能量贮存器件，在电压暂降期间可以有±20%或更大的容差。

这里没有完全列出，仅作指导之用，应认真进行工程评价。

参 考 文 献

［1］ GB/T 18039.4 电磁兼容 环境 工厂低频传导骚扰的兼容水平

［2］ GB/T 17626.11 电磁兼容 试验和测量技术 电压暂降、短时中断和电压变化的抗扰度试验

［3］ GB/T 17626.14 电磁兼容 试验和测量技术 电压波动抗扰度试验

ICS 75.040
E 21

中华人民共和国国家标准

GB/T 17674—2012
代替 GB/T 17674—1999

原油中氮含量的测定 舟进样化学发光法

Determination of nitrogen in crude oil by boat-inlet chemiluminescence

2012-12-31 发布 2013-07-01 实施

中华人民共和国国家质量监督检验检疫总局
中国国家标准化管理委员会 发布

前　言

本标准按照 GB/T 1.1—2009 给出的规则起草。

本标准代替 GB/T 17674—1999《原油及其产品中氮含量的测定　化学发光法》，与 GB/T 17674—1999 相比，主要技术变化如下：

——将标准名称更改为“原油中氮含量的测定　舟进样化学发光法”；

——增加了“警告”的内容；

——删除了规范性引用文件 GB/T 2538，增加了规范性引用文件 GB/T 1884、SH/T 0604 和 SY/T 5317（见第 2 章，1999 年版的第 2 章）；

——修改并增加了对燃烧管、加热炉的描述（见 4.3、4.5，1999 年版的第 5 章）；

——修改并增加了对氧化催化剂的描述（见 5.2，1999 年版的第 5 章）；

——增加了对原油样品预处理的要求（见 6.2）；

——增加了注（见 8.1、8.2、8.2.1、9.1）；

——重新规定了精密度指标（见第 11 章，1999 年版的第 9 章）；

——将“质量保证”一章修改为“质量保证和控制”，并增加其内容（见第 12 章，1999 年版的 7.4）。

本标准使用重新起草法修改采用 ASTM D5762—2010《化学发光法检测石油和石油产品中氮含量（舟进样）的标准试验方法》。

本标准与 ASTM D5762—2010 的技术性差异及其原因如下：

——将标准名称更改为“原油中氮含量的测定 舟进样化学发光法”。

——关于规范性引用文件，本标准做了具有技术性差异的调整，以适应我国的技术条件，调整的情况集中反映在第 2 章“规范性引用文件”中，具体调整如下：

- 用等效采用国际标准的 GB/T 4756 代替了 ASTM D4057（见 6.1）；
- 用等同采用国际标准的 SY/T 5317 代替了 ASTM D4177（见 6.1）；
- 增加引用了 GB/T 1884（见第 10 章）；
- 增加引用了 SH/T 0604（见第 10 章）。

——增加了 5.6 注 1 中也可使用 8-羟基喹啉配制标准储备液的内容，以增加可操作性，便于标准的执行。

本标准由全国石油天然气标准化技术委员会（SAC/TC 355）提出并归口。

本标准起草单位：大庆油田工程有限公司、中国石油化工股份有限公司石油化工科学研究院、中国石油兰州润滑油研究开发中心。

本标准主要起草人：宋守国、何沛、程型国、杨帆、呼爱华。

本标准所代替标准的历次版本发布情况为：

——GB/T 17674—1999。

原油中氮含量的测定
舟进样化学发光法

警告：使用本标准的人员应有正规实验室工作的实践经验。本标准并未指出所有可能的安全问题。使用者有责任采取适当的安全和健康措施，并保证符合国家有关法规规定的条件。

1 范围

本标准规定了采用舟进样化学发光法测定原油中氮含量的方法。

本标准适用于氮含量为 40 μg/g～10 000 μg/g 的原油及其产品。对于氮含量小于 100 μg/g 的轻质烃类，可采用 SH/T 0657 进行测定。

2 规范性引用文件

下列文件对于本文件的应用是必不可少的。凡是注日期的引用文件，仅注日期的版本适用于本文件。凡是不注日期的引用文件，其最新版本(包括所有的修改单)适用于本文件。

GB/T 1884 原油和液体石油产品密度实验室测定法(密度计法)(GB/T 1884—2000，eqv ISO 3675:1998)

GB/T 4756 石油液体手工取样法(GB/T 4756—1998，eqv ISO 3170:1988)

SH/T 0604 原油和石油产品密度测定法(U 形振动管法)(SH/T 0604—2000，eqv ISO 12185:1996)

SY/T 5317 石油液体管线自动取样法(SY/T 5317—2006，ISO 3171:1988，IDT)

3 方法概要

在室温下将试样放入样品舟中，通过进样器将载有试样的样品舟送入高温燃烧管，氮在富氧的条件下氧化成一氧化氮，一氧化氮与臭氧接触转化为激发态的二氧化氮，激发态的二氧化氮衰减时的发射光被光电倍增管检测，由所测得的信号值计算试样中的氮含量。

4 仪器

4.1 舟进样系统：能与燃烧管的入口密封连接，并易于用惰性气体吹扫。样品舟由铂或石英制成。为便于液体样品的注入，样品舟内应加一小片石英棉。舟进样器应能将样品舟完全送入燃烧管入口段，送入和移出的速度应是可控制的。

4.2 化学发光检测器：能够测定一氧化氮与臭氧反应发射的光，带有可调衰减放大器、积分仪和数字显示器。

4.3 燃烧管：由石英制成。入口应能使样品舟进入，且应带有用来导入氧气和惰性气体的侧管。氧化段的空间应能确保试样完全燃烧。在保证精密度的情况下，也可使用其他结构的燃烧管。

4.3.1 适用于单段管式炉的石英燃烧管如图 1 所示。入口段应具有循环水夹套，用于进样前冷却样品舟。

单位为毫米

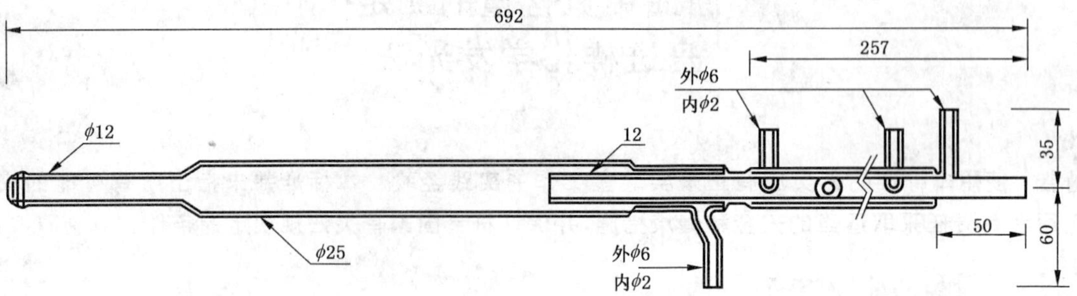

图 1 石英燃烧管(适用于单段管式炉)

4.3.2 适用于双段管式炉的石英燃烧管如图 2 所示。图 3 所示为适用于双段管式炉的另一种结构的石英燃烧管,当舟全部进入炉内时,该燃烧管具有将载气完全切换成氧气的功能(参阅仪器说明书,确认舟进入炉内后具有将载气完全切换成氧气的功能),燃烧管的出口安装了可拆卸的石英插管,用氧化催化剂填充此管。

单位为毫米

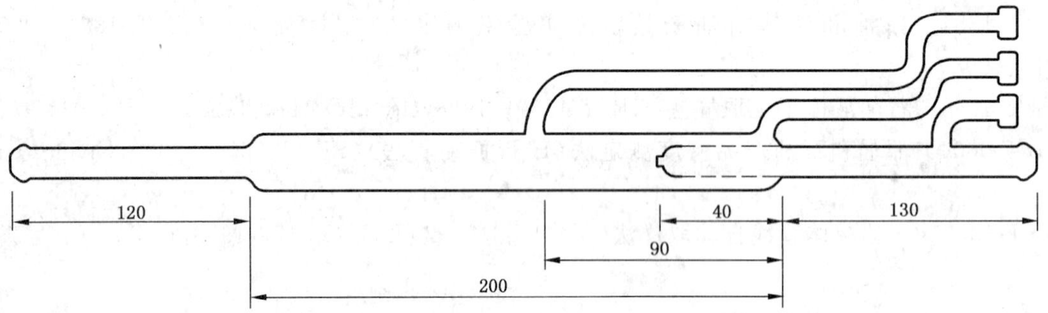

图 2 石英燃烧管(适用于双段管式炉)

4.4 干燥管:用于除去进入检测器前反应产物中的水蒸气,可采用无水高氯酸镁干燥管、隔膜式或冷却式干燥装置。

4.5 加热炉:能保证足够温度使试样全部裂解,并使氮氧化成一氧化氮。所有加热炉都要配置气体流量控制装置,例如针型阀、流量调节阀或质量流量控制器。下述两种加热炉均可使用。

4.5.1 单段管式炉:带有控温装置,以保证炉温稳定在 1 100 ℃±25 ℃。

4.5.2 双段管式炉:带有控温装置,以保证每段炉温稳定在 950 ℃~1 050 ℃。或具有如下功能的双段管式炉:当石英舟全部进入炉内时,可将载气完全切换成氧气,并且温度控制装置能使每段炉温控制在 950 ℃±25 ℃。

4.6 注射器:5 μL、10 μL。

4.7 臭氧发生器。

4.8 记录仪。

4.9 电子天平:感量 0.1 mg。

4.10 电子天平:感量 0.01 mg。

单位为毫米

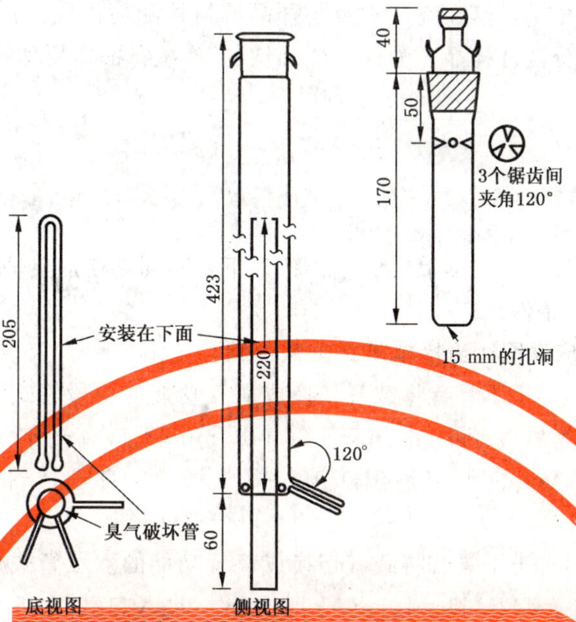

图3　石英燃烧管(适用于双段管式炉,具有将载气切换成氧气的功能)

5　试剂和材料

5.1　吖啶:分析纯,$C_{13}H_9N$,相对分子质量179.21,氮的质量分数为7.82%。

警告:吖啶有刺激性。

注:也可选用8-羟基喹啉:C_9H_6NOH,相对分子质量145.16,氮的质量分数为9.65%。

5.2　氧化催化剂:线状氧化铜(CuO)或铂催化剂($PtAl_2O_3$)。

5.3　惰性气体:氩气或氦气,纯度不小于99.998%,水含量不大于5 mg/kg。

5.4　无水高氯酸镁:$Mg(ClO_4)_2$,用于干燥燃烧产物(在不采用隔膜干燥器或冷却式干燥器时使用)。

警告:高氯酸镁是强氧化剂,有刺激性。

5.5　二甲苯或甲苯:分析纯。

警告:二甲苯和甲苯易燃,对健康有害。

5.6　氮标准储备液(500 ng/μL):准确称取吖啶0.64 g于100 mL容量瓶中,精确至0.1 mg,用二甲苯溶解并稀释至刻度,计算其氮含量。该储备液可再稀释成所需要的浓度。

注1:也可选用8-羟基喹啉配制标准储备液。准确称取8-羟基喹啉0.52 g,精确至0.1 mg,转移至100 mL容量瓶中,用甲苯溶解并稀释至刻度,计算其氮含量。该标准储备液可再稀释成所需要的浓度。

注2:根据使用的次数和时间,需定期重新配制标准储备液和标准溶液,一般情况下,使用有效期为3个月。

5.7　氧气:纯度不小于99.75%,水含量不大于5 mg/kg,需经分子筛干燥。

警告:氧气具有强助燃性。

5.8　石英棉或其他具有吸附性的材料:稳定并且能够经受炉内高温。

5.9　银丝棉:根据仪器厂家推荐选用。

6　取样

6.1　按GB/T 4756或SY/T 5317的规定取样。当原油水含量大于0.5%时,应进行脱水处理。

6.2 为减少某些样品中易挥发性组分的损失，开启样品容器盖时间应尽可能短，取出试样后应立即进行分析，以避免氮的损失或由于暴露在空气中及与样品容器接触而使样品污染。如果取样后不能立即分析，则在进行分析前应充分混合样品。为保证样品均匀，有些样品需要加热。

7 仪器准备

7.1 按仪器说明书安装仪器。

7.2 按仪器说明书调节臭氧发生器的氧气流量。按以下对不同规格加热炉的规定，调节燃烧管气体流量和温度以满足所需的操作条件。

警告：臭氧毒性极强，应采取适当措施防止臭氧泄漏。

7.2.1 舟完全进入炉内时，对于不具有将载气切换成氧气功能的单段管式炉，参照仪器说明书调节燃烧管气体流量到下列值：裂解氧气 360 mL/min±36 mL/min；入口氧气 60 mL/min±6 mL/min；入口载气 155 mL/min±15 mL/min。调节炉温 1 100 ℃±25 ℃，舟进样器进样速度 150 mm/min±10 mm/min。

7.2.2 舟完全进入炉内时，对于不具有将载气切换成氧气功能的双段管式炉，参照仪器说明书调节燃烧管气体流量到下列值：裂解氧气 165 mL/min±16 mL/min；入口载气 85 mL/min±9 mL/min；舟载气 50 mL/min±5 mL/min。调节加热炉入口温度 1 050 ℃±25 ℃，加热炉出口温度 925 ℃±25 ℃，舟进样器进样速度 150 mm/min±10 mm/min。

7.2.3 舟完全进入炉内时，对于具有将载气切换成氧气功能的双段管式炉，参照仪器说明书调节燃烧管气体流量到下列值：裂解氧气 400 mL/min±40 mL/min；入口氩气 400 mL/min±4 mL/min；入口氧气 400 mL/min±4 mL/min。调节加热炉入口温度 600 ℃±25 ℃，加热炉出口(催化剂段)温度 950 ℃±25 ℃，自动舟进样程序按仪器说明书设置。

7.3 将样品舟送入加热炉内至少加热 2 min，以除去所有残留的氮化物。

8 标准曲线绘制和仪器校准

8.1 用二甲苯稀释 500 ng/μL 氮标准储备液(5.6)，配制成 1 ng/μL、5 ng/μL、10 ng/μL、50 ng/μL、100 ng/μL 氮标准溶液。

注：由 8-羟基喹啉标准储备液(见 5.6 的注 1)配制标准溶液时用甲苯稀释。

8.2 选用体积法或质量法，将 5 μL 标准溶液注入样品舟中，检测化学发光响应值。

注：液体烃中所含氮化物氧化燃烧时生成的一氧化氮和二氧化氮的量取决于燃烧条件，如温度和氧气的浓度，用同一种溶剂稀释所有的试样和配制标准溶液，进样量一致，以保证试样和标准溶液的燃烧条件相同。

8.2.1 体积法：用标准溶液冲洗微升注射器几次，弃去每次的冲洗液。用 10 μL 注射器抽取 5 μL 溶液。拉回推杆使最低弯液面落到 10%刻度上，当液柱中有气泡时，冲洗注射器，重新抽取溶液，记录注射器中溶液的体积。将溶液立即注入样品舟，用针尖接触样品舟边缘或石英棉，小心地注入最后一滴液滴。注入后再次拉回推杆，使最低弯液面落至 10%的刻度上，并记录注射器中溶液的体积。两次读数的体积之差即为进样的体积。

注：可用自动进样代替手动进样。

8.2.2 质量法：按 8.2.1 所述的方法用注射器抽取溶液。称量抽取溶液的微升注射器，记录其质量，准确至 0.01 mg。立即将溶液注入样品舟中，用针尖接触样品舟边缘或石英棉，小心地注入最后一滴液滴。注入后取出微升注射器，再次称量注射器和剩余溶液，记录质量，准确至 0.01 mg。两次称量的质量之差即为进样的质量。如所用的天平感量为 0.01 mg，则质量法较体积法具有更高的准确度。

8.3 启动舟进样器，将样品舟送入加热炉内。在样品开始汽化之前，基线应保持稳定。测量完成后，退出样品舟。在样品舟完全从加热炉退出前基线应重新稳定。记录化学发光响应积分值。在下次注样前样品舟至少冷却 1 min。

8.4 选用下列两种方法之一校准仪器：

——按 8.2 和 8.3 所述步骤测定标准溶液和空白溶液。对每个标准溶液和空白溶液测量 3 次，计算出每个标准溶液的平均化学发光响应积分值。绘制平均响应积分值（Y 轴）与标准溶液氮纳克数（X 轴）关系曲线。

——如果系统具有内部校准程序，按 8.2 和 8.3 所述步骤测量标准溶液和空白溶液 3 次。按照仪器说明书用每个标准溶液和空白溶液的 3 次测量平均值校准仪器。

8.5 如果仅用 8.1 所述标准溶液校准仪器，则与待测样品浓度接近的标准溶液必须在 8.1 所述标准溶液的范围内（即如果待测样品的氮含量是 20 ng/μL，则校准用标准溶液浓度应在 10 ng/μL～50ng/μL 之间）。每天应至少用标准溶液校验系统性能一次。

9 试验步骤

9.1 将试样用二甲苯稀释，稀释系数至少为 1∶5（见 8.2 的注）。试样溶液中的氮含量必须低于校准时使用标准溶液的最高浓度，且不低于 3 ng/μL。可按质量或体积进行稀释：

——按质量稀释：记录试样的质量和试样与溶剂的总质量。

——按体积稀释：记录试样的质量和试样与溶剂的总体积。

注：如果用 8-羟基喹啉配制标准溶液时用甲苯稀释试样。

9.2 按 8.2 和 8.3 所述测定试样溶液的化学发光响应积分值。

9.3 如果试样溶液的化学发光响应积分值大于最高浓度标准溶液的化学发光响应积分值，应按 9.1 所述用更高的稀释系数稀释样品，并重复 8.2 和 8.3 的步骤进行分析。

9.4 检查样品舟和燃烧管以确认试样溶液完全燃烧。如果在样品舟上发现焦炭或油垢，应增加样品舟在加热炉内的停留时间；如果在燃烧管出口末端发现焦炭或油垢，则应减小样品舟的进样速度。应清除所有焦炭或油垢，每次清除或调节后需重新校准仪器。

9.5 对每个样品重复测定 3 次，计算平均化学发光响应积分值。

10 计算

10.1 对于使用标准曲线校准的仪器，样品中氮含量以质量分数 w 计，数值以微克每克（μg/g）表示，按式（1）或式（2）计算：

$$w=\frac{I-Y}{SmK_m} \quad (1)$$

或

$$w=\frac{I-Y}{SVK_V} \quad (2)$$

式中：

I ——试样溶液平均响应积分值，数值；

Y ——标准曲线截距，数值；

S ——标准曲线斜率，数值/纳克氮；

K_m ——质量稀释系数，试样质量/（试样质量＋溶剂质量），g/g ；

K_V ——体积稀释系数，试样质量/（试样体积＋溶剂体积），g/mL ；

m ——注入试样溶液质量，直接称量或由注入试样溶液体积和密度计算，$V\rho$，单位为毫克（mg）；

V ——注入试样溶液体积，直接测量或由注入试样溶液质量和密度计算，m/ρ，单位为微升（μL）；

ρ ——试样溶液密度（按 GB/T 1884 或 SH/T 0604），单位为克每毫升（g/mL）。

10.2 对于具有内部校准程序的仪器,样品中氮含量以质量分数 w 计,数值以微克每克(μg/g)表示,按式(3)或式(4)计算:

$$w=\frac{I}{mK_m} \quad \cdots\cdots(3)$$

或

$$w=\frac{I}{VK_V} \quad \cdots\cdots(4)$$

式中:

I ——试样溶液平均响应积分值,数值;

K_m——质量稀释系数,试样质量/(试样质量+溶剂质量),g/g;

K_V——体积稀释系数,试样质量/(试样体积+溶剂体积),g/mL;

m ——注入试样溶液质量,直接称量或由注入试样溶液体积和密度计算,$V\rho$,单位为毫克(mg);

V ——注入试样溶液体积,直接测量或由注入试样溶液质量和密度计算,m/ρ,单位为微升(μL);

ρ ——试样溶液密度(按 GB/T 1884 或 SH/T 0604),单位为克每毫升(g/mL)。

10.3 测量结果报告至 1 μg/g。

11 精密度

11.1 重复性(r):由同一操作者,在同一实验室,使用同一台仪器,对同一试样,使用本方法进行试验,所得两个结果之差不大于按式(5)计算的值(95%置信水平):

$$r=0.087X \quad \cdots\cdots(5)$$

式中:

X——两次测定结果的平均值,单位为微克每克(μg/g)。

11.2 再现性(R):由不同操作者,在不同实验室,使用同类型仪器,对同一试样,使用本方法进行试验,所得两个结果之差不大于按式(6)计算的值(95%置信水平):

$$R=0.266X \quad \cdots\cdots(6)$$

式中:

X——两次测定结果的平均值,单位为微克每克(μg/g)。

12 质量保证和控制

12.1 通过分析一种受控的质控样品保证仪器的性能和试验步骤的准确。

12.2 检测机构应制定质量控制和质量评价方法,并能确保试验结果的可靠性。

13 试验报告

报告至少应包括以下几方面的内容:

a) 识别被测试的样品所需的全部资料;

b) 使用的标准(包括发布年号);

c) 试验结果,按第 10 章的规定计算;

d) 与规定的分析步骤的差异;

e) 在试验中观察到的异常现象;

f) 试验日期。

参考文献

［1］ SH/T 0657 液态石油烃中痕量氮的测定 氧化燃烧和化学发光法

ICS 37.080
A 14

中华人民共和国国家标准

GB/T 17739.6—2012
代替 GB/T 17739.6—2002

技术图样与技术文件的缩微摄影 第6部分:35 mm 缩微胶片放大系统的质量准则和控制

Microfilming of technical drawings and other drawing office documents—Part 6:Quality criteria and control of systems for enlargements from 35 mm microfilm

(ISO 3272-6:2000,MOD)

2012-12-31 发布　　　　2013-06-01 实施

中华人民共和国国家质量监督检验检疫总局
中国国家标准化管理委员会　发布

前言

GB/T 17739《技术图样与技术文件的缩微摄影》分为以下几个部分：

——第1部分：操作程序；

——第2部分：35 mm 银-明胶型缩微品的质量准则与检验；

——第3部分：35 mm 缩微胶片开窗卡；

——第4部分：特殊和超大尺寸图样的拍摄；

——第5部分：开窗卡中缩微影像重氮复制的检验程序；

——第6部分：35 mm 缩微胶片放大系统的质量准则和控制。

本部分为 GB/T 17739 的第6部分。

本部分按照 GB/T 1.1—2009 给出的规则起草。

本部分代替 GB/T 17739.6—2002《技术图样与技术文件的缩微摄影　第6部分：35 mm 缩微胶片放大系统的质量准则和控制》。

本部分与 GB/T 17739.6—2002 相比主要技术变化如下：

——规范性引用文件中引用了相关国家标准的最新版本；增加了 GB/T 17739.1—2008；将 GB/T 14691—1993移入参考文献(见第2章和参考文献)；

——删除了"表1 A 系列规格原件缩微品的放大倍率和复制尺寸(推荐值)"(2002年版第4章)；

——修改了"5 可读性"中的要求，将"宜能分辨表1中列出……"中的"宜"改为"应"；

——修改了表2和表3列出的部分有误的放大倍率和缩率，并将表的编号分别改为表1和表2(见第5章表1、表2，2002年版表2、表3)。

本部分使用重新起草法修改采用 ISO 3272-6:2000《技术图样和其他绘图室文件的缩微摄影　第6部分：35 mm 缩微胶片放大系统的质量准则和控制》。

本部分与 ISO 3272-6:2000 的技术性差异及其原因如下：

——关于规范性引用文件，本部分做了具有技术性差异的调整，以适应我国的技术条件。调整的情况集中反映在第2章"规范性引用文件"中。

——修改了"5 可读性"中的要求。将第一段"宜能分辨表1中列出……"中的"宜"改为"应"，与第三段的要求相一致，因为用符合 ISO 3272-2:1994 的测试片测试的结果只有一个。

——修改了"5 可读性"中表1和表2列出的部分有误的放大倍率和缩率，使其与 ISO 3272-1:2003 的规定相一致，也符合工作实际。

——修改了"附录 A"中的错误，将最后一段第二行中错用的"密度"(density)改为"反差"(contrast)。

本部分做了下列编辑性修改：

——小数点符号用"."代替","；

——删除了原国际标准的前言；

——删除了原国际标准的引言。

请注意本文件的某些内容可能涉及专利。本文件的发布机构不承担识别这些专利的责任。

本部分由全国文献影像技术标准化技术委员会(SAC/TC 86)提出并归口。

本部分起草单位：全国文献影像技术标准化技术委员会六分会、国家档案局档案科学技术研究所。

本部分主要起草人：聂曼影、魏伶俐。

本部分所代替标准的历次版本发布情况为：

——GB/T 17739.6—2002。

技术图样与技术文件的缩微摄影 第6部分：35 mm缩微胶片放大系统的质量准则和控制

1 范围

GB/T 17739 的本部分规定了缩微胶片放大系统和放大复印件的最低可读性要求和放大质量的检验方法。

本部分适用于技术图样和技术文件缩微胶片的放大复印。

2 规范性引用文件

下列文件对于本文件的应用是必不可少的。凡是注日期的引用文件，仅注日期的版本适用于本文件。凡是不注日期的引用文件，其最新版本(包括所有的修改单)适用于本文件。

GB/T 6159.1—2003 缩微摄影技术 词汇 第1部分：一般术语(ISO 6196-1:1993，MOD)

GB/T 6159.2—2011 缩微摄影技术 词汇 第2部分：影像的布局和记录方法(ISO 6196-2:1993，MOD)

GB/T 6159.3—2003 缩微摄影技术 词汇 第3部分：胶片处理(ISO 6196-3:1997，MOD)

GB/T 6159.4—2003 缩微摄影技术 词汇 第4部分：材料和包装物(ISO 6196-4:1998，MOD)

GB/T 6159.5—2011 缩微摄影技术 词汇 第5部分：影像的质量、可读性和检查(ISO 6196-5:1987，MOD)

GB/T 6159.6—2003 缩微摄影技术 词汇 第6部分：设备(ISO 6196-6:1992，MOD)

GB/T 6159.7—2011 缩微摄影技术 词汇 第7部分：计算机缩微摄影技术(ISO 6196-7:1992，MOD)

GB/T 6161—2008 缩微摄影技术 ISO 2号解像力测试图的描述及其应用(ISO 3334:2006，IDT)

GB/T 17739.1—2008 技术图样与技术文件的缩微摄影 第1部分：操作程序(ISO 3272-1:2003，IDT)

GB/T 17739.2—2006 技术图样与技术文件的缩微摄影 第2部分：35 mm银-明胶型缩微品的质量准则与检验(ISO 3272-2:1994，MOD)

GB/T 18405—2008 缩微摄影技术 ISO字符和ISO 1号测试图的特征及其使用(ISO 446:2004，IDT)

3 术语和定义

GB/T 6159.1、GB/T 6159.2、GB/T 6159.3、GB/T 6159.4、GB/T 6159.5、GB/T 6159.6和GB/T 6159.7界定的术语和定义适用于本文件。

4 放大倍率

应从GB/T 17739.1—2008的6.3中规定的倍率中选定一种倍率制作放大影像。对于连续放大，所选取的放大倍率应使最大的放大复印件不超出卷式复印材料的宽度范围。

5 可读性

用符合 GB/T 17739.2—2006 第 6 章要求的测试片制作的放大影像的可读性，应能分辨出表 1 中列出的 ISO 1 号测试图字符值或表 2 中列出的 ISO 2 号测试图图样值。宜检验其中心线的位置，并记录所有水平或垂直方向的偏差。

为了检测可读性，可使用光学仪器(如放大镜)。

由于缩微胶片的可读性取决于缩率及其他因素，因此放大的质量也取决于缩率。表 1 和表 2 给出了 GB/T 18405—2008 的第 5 章和 GB/T 6161—2008 的第 4 章规定的各种缩率对应的不同放大倍率下应能分辨清楚的 ISO 1 号测试图字符值或 ISO 2 号测试图图样值。

表 1 不同放大倍率下读出的 ISO 1 号测试图字符值

缩率	不同放大倍率下读出的 ISO 1 号测试图字符值				
	(7.4/1)	(10.4/1)	14.9/1	21/1	29.9/1
(1∶7.5)	100	80	63	56	50
(1∶10.5)	125	100	80	71	63
1∶15	140	125	112	100	80
1∶21.2	180	160	140	125	112
1∶30	250	225	180	160	140
注：括号中的数值没有列在 GB/T 17739.1—2008 中，只作为参考列入本表。					

表 2 不同放大倍率下读出的 ISO 2 号测试图图样值

缩率	不同放大倍率下读出的 ISO 2 号测试图图样值				
	(7.4/1)	(10.4/1)	14.9/1	21/1	29.9/1
(1∶7.5)	4.0	5.0	6.3	7.1	8.0
(1∶10.5)	3.2	4.0	5.0	5.6	6.3
1∶15	2.8	3.2	3.6	4.0	5.0
1∶21.2	2.2	2.5	2.8	3.2	3.6
1∶30	1.6	1.8	2.2	2.5	2.8
注：括号中的数值没有列在 GB/T 17739.1—2008 中，只作为参考列入本表。					

附 录 A
（资料性附录）
技术文件缩微品放大复印件的可读性

技术文件缩微品放大复印件的可读性取决于以下 5 个方面：

——字体的大小；

——字符的形状；

——字符的间隔；

——清晰度或解像力；

——反差。

GB/T 14691 规定了字符的大小、形状和间隔。当技术图样符合 GB/T 14691 时，缩微品放大复印件的可读性由解像力和反差共同决定。当解像力和反差都高时，可读性就高，两者都低时，可读性就低。当解像力高但反差低时制作出的放大复印件可读性也低。本部分只提出了解像力的测量，在鉴定复印质量时考虑反差也是必要的。决定可读性的最终标准是复印件是否满足使用者的需要。

参 考 文 献

[1] GB/T 14691 技术制图 字体(GB/T 14691—1993,eqv ISO 3098-1:1974)

[2] GB/T 17739.4—2008 技术图样与技术文件的缩微摄影 第4部分:特殊和超大尺寸图样的拍摄(ISO 3272-4:1994,MOD)

[3] GB/T 6159.8 缩微摄影技术 词汇 第8部分:应用(GB/T 6159.8—2003,ISO 6196-8:1998,MOD)

ICS 13.100
C 72

中华人民共和国国家标准

GB 17750—2012
代替 GB 17750—1999

涂装作业安全规程 浸涂工艺安全

Safety code for painting—Safety for dipping process

2012-07-31 发布　　2013-03-01 实施

中华人民共和国国家质量监督检验检疫总局
中国国家标准化管理委员会　发布

前 言

本标准的全部技术内容为强制性的。

《涂装作业安全规程》系列国家标准已发布的共有12项：

——GB 6514—2008《涂装作业安全规程　涂漆工艺安全及其通风净化》；

——GB 7691—2003《涂装作业安全规程　安全管理通则》；

——GB 7692—2012《涂装作业安全规程　涂漆前处理工艺安全及其通风净化》；

——GB 12367—2006《涂装作业安全规程　静电喷漆工艺安全》；

——GB 12942—2006《涂装作业安全规程　有限空间作业安全技术要求》；

——GB/T 14441—2008《涂装作业安全规程　术语》；

——GB 14443—2007《涂装作业安全规程　涂层烘干室安全技术规定》；

——GB 14444—2006《涂装作业安全规程　喷漆室安全技术规定》；

——GB 14773—2007《涂装作业安全规程　静电喷枪及其辅助装置安全技术条件》；

——GB 15607—2008《涂装作业安全规程　粉末静电喷涂工艺安全》；

——GB 17750—2012《涂装作业安全规程　浸涂工艺安全》；

——GB 20101—2006《涂装作业安全规程　有机废气净化装置安全技术规定》。

本标准为《涂装作业安全规程》系列标准之一。

本标准按照GB/T 1.1—2009给出的规则起草。

本标准代替GB 17750—1999《涂装作业安全规程浸涂工艺安全》。

本标准与GB 17750—1999相比，主要技术变化如下：

——增加、更新了引用的国家标准；

——在"术语和定义"中补充增加了"3.3　真空浸涂"；

——在内容上进行补充调整，如在"5　浸涂设备"一章中，增加了"5.4　真空浸漆烘干设备"、"5.5　电磁线浸漆设备"内容；

——在段落文字上进行了整合，如把原标准中内容相近的5.1.2调整到6.5，把5.3调整到9.2，将5.2和5.4合并为5.1.2；

——补充增加了5.3.1，即"输送链下部应设安全防护装置，防止润滑液滴落污染槽液，并防止悬链与轨道摩擦产生的火花而引发火灾"；

——将原标准中"6.1　一般要求"中的6.1.1和6.1.2修改合并为6.1，将6.1.3和6.1.4修改合并为6.2，并重新编排；

——删除原标准中"11　培训"一章，修改原标准"10　操作和维修"一章为"10　操作、维修和培训"。

本标准参照了美国国家标准NFPA34《易燃和可燃材料喷涂作业标准》(2007版)。

本标准由国家安全生产监督管理总局提出。

本标准由全国安全生产标准化技术委员会涂装作业分技术委员会(SAC/TC 288/SC 6)归口。

本标准起草单位：机械工业第一设计研究院、江苏省安全生产科学研究院、浙江华立涂装设备有限公司、浙江明泉工业涂装有限公司、浙江鱼童发达造漆有限公司、浙江志强涂料有限公司、扬州琼花涂装工程设备有限公司、无锡锡洲电磁线有限公司、重庆长江涂装设备有限责任公司、东莞丰卓机电设备有限公司。

本标准主要起草人:徐洪洲、胡义铭、吕建立、黄立明、茅立安、吴中直、徐进法、石安涛、周国栋、金赞芳、梁新方、卢志强。

本标准所代替标准的历次版本发布情况为:

——GB 17750—1999。

涂装作业安全规程
浸涂工艺安全

1 范围

本标准规定了涂装作业中浸涂工艺的浸涂区及其作业场所、浸涂设备、电气设备的防火防爆、通风、涂料的贮存、使用和输送、消防、操作、维修和培训的要求。

本标准适用于使用易燃或可燃液态涂料的浸涂工艺及其设备设计、制造、安装、验收和使用。水性涂料浸涂的通风及滚涂、淋涂、幕涂等工艺也可参照使用。

2 规范性引用文件

下列文件对于本文件的应用是必不可少的。凡是注日期的引用文件，仅注日期的版本适用于本文件。凡是不注日期的引用文件，其最新版本(包括所有的修改单)适用于本文件。

GB 150(所有部分) 压力容器

GB 6514—2008 涂装作业安全规程 涂漆工艺安全及其通风净化

GB 7691 涂装作业安全规程 安全管理通则

GB/T 14441 涂装作业安全规程 术语

GB 14443—2007 涂装作业安全规程 涂层烘干室安全技术规定

GB 14444 涂装作业安全规程 喷漆室安全技术规定

GB 16297 大气污染物综合排放标准

GB 50016 建筑设计防火规范

GB 50058 爆炸和火灾危险环境电力装置设计规范

3 术语和定义

GB/T 14441 界定的以及下列术语和定义适用于本文件。

3.1

浸涂 dipping

将工件浸于涂料中，并除去过量涂料的工艺方法。

3.2

浸涂槽 dip tank

盛有涂料能用于浸涂工件并具备安全防护功能的槽体。

3.3

真空浸涂 vacuum dipping

将工件置于密闭、耐压、并抽真空的容器中，注入浸涂液并加压，能彻底浸透工件的工艺方法。

3.4

浸涂区 dipping area

实施浸涂作业的涂漆区。

3.5

浸涂蒸气源 dipping vapor source

浸涂及沥漆工位敞露的漆液以及在浸涂工件 0.3 m 范围内，仍能测出漆液有机溶剂蒸气浓度超过其爆炸下限浓度 25%的地方。

4 浸涂区及其作业场所

4.1 浸涂区范围

存在浸涂挥发气源以及有机溶剂挥发气源的区域。浸涂区一般应包括以下范围：

a) 浸涂区内部及其相连接的排风系统内部；

b) 浸涂流水线上封闭的内部空间；

c) 经有关部门确定的浸涂工艺所在的其他作业区域。

4.2 浸涂作业场所

4.2.1 浸涂作业场所的火灾危险性分类按 GB 6514—2008 中表 1 执行。

4.2.2 浸涂作业场所应采用防火间距、防火墙、防火隔板或经安全认可的其他方法把浸涂区与其他工位、材料等隔开，并应符合 GB 50016 的有关规定。

4.2.3 浸涂作业场所不应设在低于周围场地的低洼处。

4.2.4 浸涂作业场所的通道及出入口应畅通无阻，并应符合 GB 50016 的有关规定。

4.2.5 浸涂作业场所的卫生及噪声应符合 GB 6514—2008 中 5.1.2 的有关规定。

5 浸涂设备

5.1 浸涂槽

5.1.1 槽体

浸涂槽应由钢、钢筋混凝土或其他不燃烧体材料构成，并应有坚固的支承。槽体容积若超过 2 m^3 或液体表面积超过 1 m^2 时，结构材料的耐火极限应不低于 1 h。

5.1.2 槽口

浸涂槽槽口应高于所在地面至少 150 mm，而槽液的液位距槽口应不小于 150 mm。当浸涂槽槽口高于所在地面少于 500 mm 时，其四周应设安全栏杆。

5.1.3 溢流管

5.1.3.1 浸涂槽容积超过 0.6 m^3 或槽液表面积超过 1 m^2，槽体应设置泄放多余涂料的溢流管。

5.1.3.2 溢流管直径应根据槽液表面积、管子长度、倾斜度而定。溢流管的处理能力应能满足多余槽液的排放。溢流管直径应不小于 75 mm。

5.1.3.3 溢流管与排放管的连结应易于检修和清理。

5.1.3.4 溢流管安装位置应保证在液面距槽口不小于 150 mm 的槽体上。

5.1.4 槽体底部的排放装置

5.1.4.1 浸涂槽容积超过 2 m^3 应设置底部排放装置和转移槽，当发生火灾时，应能迅速安全地把槽液转移到转移槽中。

5.1.4.2 槽液排放操作可以是手动,也可以是自动。对于手动操作,操作工位应设在既方便、又安全的位置。当不能靠重力流动排放时,应设置自动转移泵。对于配有自动关闭盖板的浸涂槽,可不设底部排放装置。

5.1.4.3 底部排放管应能在5 min之内排空槽液。管径应不小于表1所示的尺寸。

表1 排放管道的最小尺寸

浸槽容积/L	排放管管径/mm
1 900<V≤2 850	75
2 850<V≤3 800	100
3 800<V≤9 500	125
9 500<V≤15 000	150
V>15 000	200

5.1.5 槽液温度控制

5.1.5.1 当槽液需要间接加热时,浸涂槽应根据工艺要求设置温度控制装置,以防止槽液过热、蒸气积聚和可能的自燃。

5.1.5.2 槽液温度和浸涂工件表面温度应不超过其沸点温度或55 ℃中的任一项。

5.1.5.3 温控器应能控制极限高温。当温度超过所设定的温度时,输送链、加热器应停止工作。

5.1.5.4 当槽液液面超过或低于安全液面时,加热系统应自动关闭。

5.2 转移槽

5.2.1 转移槽的容积应大于浸涂槽容积,并应与浸涂槽相连通。不工作时浸涂槽中的涂料应排到转移槽。

5.2.2 转移槽应装备转移泵,以便将转移槽的涂料再送回浸涂槽中。

5.2.3 转移槽应设在车间范围以外的地下、半地下室建筑内,并应符合GB 50016的有关规定。

5.3 输送链系统

5.3.1 输送链下部应设安全防护装置,防止润滑液滴落污染槽液,并防止悬链与轨道摩擦产生的火花而引发火灾。

5.3.2 当发生火灾时,应立即停止输送链运行。

5.3.3 当浸涂区内有机溶剂蒸气浓度超过其爆炸下限的25%时,输送链应停止运行。

5.4 真空浸漆烘干设备

5.4.1 真空浸漆烘干设备的设计、制造、检验和验收应符合GB 150(所有部分)的有关规定。

5.4.2 真空浸漆烘干设备应配有-0.1 MPa安全防爆装置(安全膜),在真空不超设计压力时方可正常工作。

5.4.3 真空浸漆烘干设备在下列情况下应对其工作真空、漏气率、工作压力等进行检验:

a) 新产品鉴定时;

b) 正常情况下每年一次;

c) 停产三个月以上,恢复生产时。

5.4.4 真空浸漆烘干设备在使用时,应详细阅读该设备相关说明书,严格按照操作说明开启设备(先后开启序号阀、风机、加热器、真空泵、输漆泵等),在相关仪表指示正常后,方可投入生产。

5.4.5 每班工作结束时,要打开真空浸涂烘干设备底阀,放空油漆混合物洗净后关闭阀门。

5.4.6 真空浸漆烘干设备内部的浸漆缸、油漆过滤器、浸漆架要定期清理。

5.4.7 定期检查真空浸漆烘干设备内部的热风管道是否积有结炭,一旦发现应及时清理。

5.4.8 真空浸漆烘干设备要符合 GB 14444 和 GB 14443—2007 的有关规定。

5.5 电磁线浸漆设备

5.5.1 电磁线浸涂槽应由钢材构成,支承应牢固,且有承受拉力的强度。其底部应设有排放口。

5.5.2 电磁线浸涂槽下方应有一个废漆贮存槽,以防止浸涂槽中的绝缘漆在生产过程中滴漏在设备上和污染地面。

5.5.3 电磁线浸涂槽应有溢流管,溢流管应采用钢制无缝圆锥体,并可以插入浸涂槽底部的排放口内,溢流管顶端距槽口不小于 100 mm。

5.5.4 槽液(绝缘漆或涂料)加热方式应采用蒸汽或其他间接加热方式,严禁使用明火或电热管等直接加热。

5.5.5 电磁线浸漆设备的安全运行及检修,应符合 GB 14443—2007 中第 9 章的要求。

5.5.6 电磁线浸漆设备运转时,应有人值守。不应在设备运转状态下进行维修、润滑工作。

5.5.7 电磁线浸漆设备发生故障和火灾危险时,应能自动关闭电源。

6 电气设备的防火防爆

6.1 爆炸危险区域的确定,应符合 GB 50058 中爆炸性气体环境危险区域划分的规定,详见附录 A。电气设备及其布线应符合 GB 50058 的有关规定。

6.2 外表面温度超过浸涂涂料自燃点的设备均不能安放在浸涂区或爆炸性气体环境危险区域 2 区内。产生火花或产生灼热金属颗粒的设备应是全封闭型的或防爆型的,才能设置在浸涂区或爆炸性气体环境 2 区内。

6.3 电气设备及其布线位于靠近敞口浸涂槽时,应符合 6.3.1、6.3.2 的要求。详见图 A.1 和图 A.2。

6.3.1 电气设备及其布线位于距浸涂挥发气源 1.5 m 之内以及布置在水平方向距浸涂挥发气源 7.6 m 以内的池、坑或低于地平面的通道中,应符合爆炸性气体环境危险区域 1 区的要求。如果池、坑或通道延伸至浸涂挥发气源 7.6 m 以外,则应放置挥发气源挡板或将延伸部分的整个长度都划为 1 区。

6.3.2 电气设备的布线和所用的设备位于 6.3.1 所述的 1 区外围 3 m 范围之内以及在水平方向上延伸 6 m 和在地面上方 1 m 所构成的空间,应符合爆炸性气体环境危险区域 2 区的要求。当浸涂挥发气源表面积不超过 0.5 m^2,浸涂槽容积不超过 20 L 以及在操作或不操作期间挥发气体浓度不超过爆炸下限浓度 25%时,则电气安装可不遵循本条款。

6.4 有封闭罩壳的浸涂槽的操作区域,应符合 6.4.1、6.4.2 要求。详见图 A.3。

6.4.1 浸涂槽罩壳内部应划为爆炸性气体环境危险区域 1 区,在该区空间内电气设备及其布线应符合爆炸性气体环境危险区域 1 区的要求。

6.4.2 对着罩壳开口及延伸至地面的 3 m 空间应划为爆炸性气体环境危险区域 2 区,在该空间内的电气设备及其布线应符合爆炸性气体环境危险区域 2 区的要求。

6.5 在涂料库和调漆间的外部,从任何装有涂料或溶剂的敞口容器和设备的各个方向 1.5 m 之内并延伸到地面的空间应划为爆炸性气体环境危险区域 1 区,1 区以外 3 m 范围应划为爆炸性气体环境 2 区,在此区域内的布线和所用设备应符合该区域的要求。详见图 A.4。

6.6 有罩壳的浸涂设备,其照明应采用防爆灯具或隔板照明。灯箱或观察所使用的玻璃板应采用防爆玻璃,灯箱应密封以限制蒸气进入。灯具的维修在罩壳的外面进行。

6.7 为了防止静电积聚而产生火花，所有的工作人员不应穿绝缘鞋或与地面摩擦会产生火花的鞋，所有的导电物体，包括工艺设备、容器、排风管、输送涂料的管路系统等金属件都应良好接地，其接地电阻应符合 8.4.6 规定。

7 通风

7.1 浸涂作业场所的送风、排风系统应符合本章要求及 GB 6514—2008 的有关规定。

7.2 浸涂区应采用机械通风，使距挥发气源超过 1.5 m 区域的有机溶剂挥发气体浓度不超过其爆炸下限浓度 25%。通风系统内有机溶剂挥发气体浓度应不超过其爆炸下限浓度的 25%。

7.2.1 浸涂工位应有一个设计合理的罩壳，借助通风把蒸气限制在罩壳内。

7.2.2 当通风系统出现故障时，控制系统应自动停止浸涂工作，并发出声光警报。

7.2.3 在整个浸涂过程中，通风系统应保持正常运行，输送链系统启动前，排风系统提前运行 10 min，浸涂操作结束后，排风系统应继续运行 10 min。在自动的无人操作的浸涂工位，控制系统应在确认排风风机正常工作的情况下，浸涂设备才能开始工作。

7.3 浸涂区应补充足量的新鲜空气，以补偿从浸涂区中排出的空气。补充空气的吸入口的位置应保证从浸涂工序排出去的空气不再被循环回来。

7.4 排风管应以最便捷路线到达排放口，但不应横穿防火墙。排风管的排风口应远离新鲜空气吸入口，并且排风口应远离外墙或高出房顶不少于 2 m。不应将排风口对着 7.5 m 以内的可燃性建筑物，也不应将排风口对着 7.5 m 以内的不燃或难燃建筑物的未加保护的开口处。

7.5 排风管和固定装置应是钢或其他有足够强度的非燃烧体构成。

7.6 排风管的支撑：

7.6.1 设计管路支撑时应考虑承受管路系统本身的和可以预见到的任何残留物的重量。当管路系统内部有喷水保护时，则管路支撑还应考虑能承受可以预见的喷水器累积排放水的重量。载荷不应直接加于或传递给与管路系统相连的设备上。

7.6.2 管路悬挂和支撑应牢固地固定在建筑物上或构件上，以免振动或压在管路系统上。

7.6.3 设计管路悬挂和支撑时应考虑管路膨胀和收缩。

7.6.4 不应把建筑墙、地板、天花板、房顶作为排风管路的组成部分。

7.7 排风管路的横截面可以是圆形、方形或其他合适的形状。必要时排风管应设有检修孔，以便于检查、维修、清扫以及防火设施的使用。

7.8 排风机及驱动装置应采用防爆型风机。

7.9 浸涂过的工件只能在有机溶剂蒸气浓度不超过其爆炸下限浓度 25% 的通风场合下干燥。

7.10 排风系统排出的废气应符合 GB 16297 的相关规定。

8 涂料的贮存、使用和输送

8.1 在浸涂作业场所内，调漆间应定时通风换气，换气次数不小于 10 次/h。

8.2 在邻近浸涂区的贮漆间里存放的涂料和溶剂数量应不超过一天的使用量，而且贮漆间应与浸涂区隔开，其耐火极限应不低于 2 h。

8.3 从贮漆间把涂料输送至浸涂区应采用以下方法：

a) 通过排布适当的管路；

b) 用密闭容器或专用的安全移动槽；

c) 敞口的或易积聚静电和易破碎的容器都不应用于输送或贮存涂料。

8.4 槽液管理：

8.4.1 在停产的时候，浸涂槽中的涂料应排到转移槽。配制涂料及有机溶剂应保存在密闭的容器或可移动的槽罐内。也可以贮存在容积小于 0.6 m^3 或液体表面积小于 1 m^2 的加盖板的浸槽中。

8.4.2 在使用或处置涂料的地方，应迅速采用安全的方式处理或清理泄漏的液体。

8.4.3 只有在没有明火或其他火源的地方，才能使用可燃涂料及有机溶剂。

8.4.4 可燃涂料及有机溶剂在其原装容器和浸涂槽、容器、可移动槽之间输送时应用以下方法实现：

a） 用容量不大于 19 L 的容器或安全罐；

b） 经密封的管道系统；

c） 可移动槽或容器顶上的抽出装置；

d） 靠重力输送。

8.4.5 不应用空气对容器加压的方法输送涂料，只有在有控制的情况下，包括用减压装置限压，使之不超过容器的设计压力，才能靠惰性气体加压输送涂料。

8.4.6 只有在连接管、容器或浸涂槽良好接地时，可燃涂料及有机溶剂才能注入金属容器或浸涂槽中。在注入的过程中，用电阻不大于 1×10^6 Ω 的导电体保持金属容器的接地。

8.5 输送涂料的管路系统及其附属装置：

8.5.1 转移涂料所用的设备，管道、管件、泵或仪表应满足耐腐蚀、抗静电、有足够强度的要求。

8.5.2 当从浸涂槽顶部注入涂料时，送漆管的末端距槽底应在 150 mm 之内。送漆管末端应装有一个单向阀以防虹吸。

8.5.3 当用泵灌注涂料时，应有自动保护设施，以防止系统压力超过管路部件的工作压力。

8.5.4 浸涂槽应有液位限位装置，以防止对浸涂槽过量加料。

8.5.5 工作泵应与火灾探测装置或自动灭火系统联锁，以便在着火的情况下，能自动关闭工作泵。

9 消防

9.1 浸涂区应安装消防部门认可的可燃气体报警装置和灭火装置。

9.2 对于槽容积小于 0.6 m^3 或液体表面积小于 1 m^2 的敞口小型槽应设置槽盖板或专用的灭火装置。盖板应是不燃材料构成，盖住盖板时，与槽体重叠宽度至少应有 25 mm；或翻边能扣在槽的周边上。

9.3 对于容积大于 0.6 m^3 或液体表面积大于 1 m^2 的大型浸涂槽应选择设置下列消防保护系统，以保护浸涂槽、滴漆板、刚浸过漆的工件、罩壳、风管等：

a） 泡沫灭火系统；

b） 气体灭火剂系统；

c） 干式化学灭火系统；

d） 水喷淋系统。

在选用泡沫灭火剂时应考虑以下几方面：

——工艺特性：如浸涂槽内液面的自由高度；

——涂料及其对形成泡沫的影响；

——涂料中润湿剂的作用，它可能会阻止泡沫的形成；

——其他灭火剂对泡沫层的影响。

9.4 当浸涂槽不工作时，盖板应保持关闭状态。

9.5 对有滴漆板使滴漆返回浸涂槽的情况，应采取特殊的措施，防止来自喷淋器或其他滴落源的水从滴漆板流入浸涂槽。

9.6 在靠近浸涂区最醒目的区域设置安全标志。

10 操作、维修和培训

10.1 在浸涂区内，尤其是滴漆板、滴漆盘，应定期清理，尽量减少可燃剩余物积累。在浸涂区内允许使用便于清理的覆盖层（薄纸、塑料膜等）和可剥性涂层，以便于清理。当残余物在工作区、风管及其排放点或其他邻近区积累太多的时候，所有的浸涂操作应中断，并实施清除，直到除净为止。

10.2 沾有涂料或溶剂的抹布等物品，用完后应放入带盖的金属箱内，当班应按危险废弃物处理规定处理，严禁乱抛。

10.3 定期检查整个浸涂区，包括盖板、溢流管入口、排放出口、底部排放口、泵、阀、电线及电气设备、设备接地、通风系统和灭火设备，发现问题应立即解决。每月至少检查一次。

10.4 清理浸涂设备应在通风设备开启时进行。所用的溶剂闪点应高于 38℃或不小于浸涂涂料的闪点。

10.5 操作电磁线浸漆设备人员应经过培训、考核，熟知设备特性和操作规程后，方能上岗。

10.6 浸涂设备停产维修时，若采用电焊、气焊、磨削设备等明火作业，应经企业安全技术部门审查批准，严格执行动火安全制度，遵守安全操作规程。

10.7 所有浸涂作业人员应按照 GB 7691 的培训规程进行专业培训，考核合格后，取得上岗合格证方可上岗操作。

10.8 安全管理与应急预案的培训。

附 录 A
（规范性附录）
浸涂作业爆炸危险区域划分图

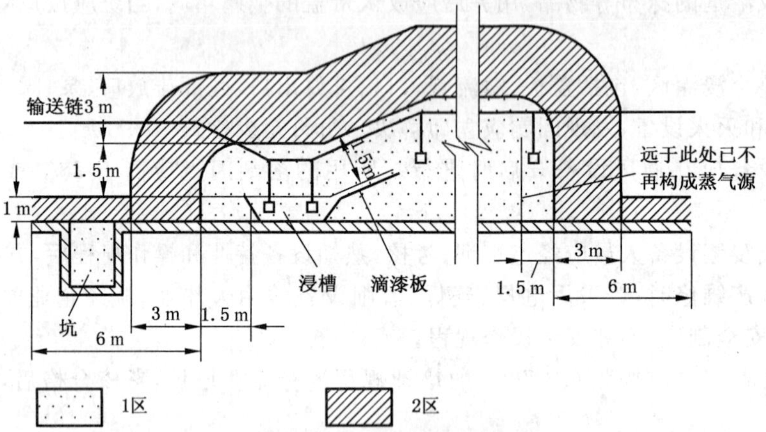

图 A.1 无抑制蒸气或通风的浸涂作业的爆炸危险区域划分图

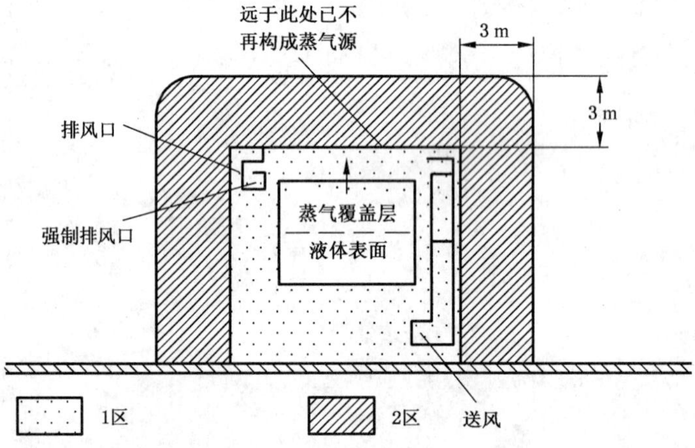

图 A.2 有抑制蒸气和通风的浸涂作业的爆炸危险区域划分图

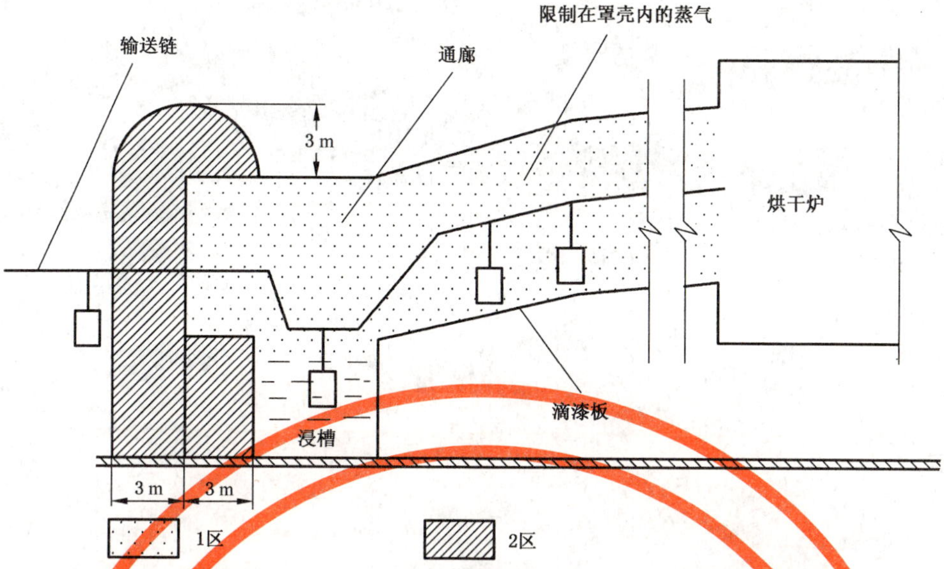

图 A.3 封闭浸涂作业的爆炸危险区域划分图

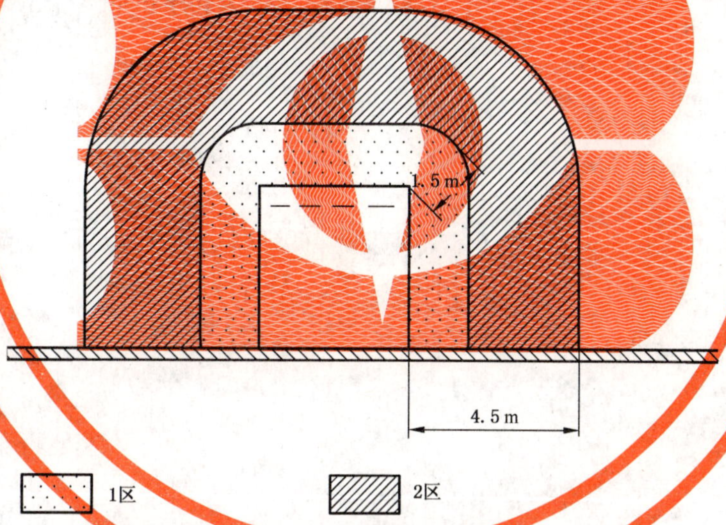

图 A.4 敞开容器的爆炸危险区域划分图

ICS 01.040.07
A 42

中华人民共和国国家标准

GB/T 17754—2012
代替 GB/T 17754—1999

摩擦学术语

Tribology terminology

2012-12-31 发布 2013-10-01 实施

中华人民共和国国家质量监督检验检疫总局
中国国家标准化管理委员会 发布

前　言

本标准按照 GB/T 1.1—2009 给出的规则起草。

本标准替代 GB/T 17754—1999《摩擦学术语》。本标准与 GB/T 17754—1999 相比主要变化如下：

——修改了第 7 章润滑油脂特性；

——修改了第 8 章润滑油脂；

——修改了第 9 章固体润滑的内容和条目，合并为第 8 章润滑材料，部分归入第 6 章润滑；增加了摩擦学表面技术的内容和条目；

——修改了第 10 章摩擦学材料的内容和条目，改为第 7 章摩擦副材料；

——修改了第 11 章摩擦学试验的内容和条目，改为第 10 章摩擦学试验设备。

本标准由中国机械工业联合会提出。

本标准由全国金属与非金属覆盖层标准化技术委员会(SAC/TC 57)归口。

本标准起草单位：中国科学院金属研究所，武汉材料保护研究所。

本标准主要起草人：李曙、李诗卓、赵源、董祥林。

本标准所代替标准的历次版本发布情况为：

——GB/T 17754—1999。

摩 擦 学 术 语

1 范围

本标准确定了摩擦学常用术语及其定义或定义性说明。

本标准适用于摩擦学及其相关领域的技术标准、技术文件、教材、书刊的编写和翻译，以及摩擦学科研、教学、学术交流和工程应用。

2 基本术语

2.1

摩擦学 tribology

有关作相对运动物体的相互作用表面、类型及其机理、中间介质及环境所构成的系统的行为与摩擦及损伤控制的科学与技术，包括对摩擦(2.2)、磨损(2.3)、润滑(2.4)及相关问题的研究和应用。

2.2

摩擦 friction

在力作用下物体相互接触表面(3.30)之间发生切向相对运动或有运动趋势时出现阻碍该运动行为并且伴随着机械能量损耗的现象和过程。

2.3

磨损 wear

由于摩擦(2.2)造成表面的变形、损伤或表层材料逐渐流失的现象和过程。

2.4

润滑 lubrication

在相对运动又相互作用表面间加入易剪切物质以减少摩擦(2.2)、控制磨损(2.3)或减缓其他形式表面破坏的设计和措施。

2.5

摩擦物理学 tribophysics

研究摩擦[表]面(4.1)上出现的物理现象及其相互作用对摩擦学(2.1)影响规律的学科分支。

2.6

摩擦化学 tribochemistry

研究摩擦[表]面(4.1)上发生的化学反应及其变化对摩擦学(2.1)影响规律的学科分支。

2.7

纳米摩擦学 nanotribology

关于纳米材料及表面或在纳米尺度上研究其行为规律的摩擦学(2.1)。

2.8

生物摩擦学 biotribology

关于生物体、生物材料、仿生运动器件的摩擦学(2.1)。

2.9

工业摩擦学　industrial tribology

应用摩擦学　applied tribology

工程摩擦学　engineering tribology

摩擦学(2.1)的一个有机组成部分,体现其技术内涵及基本属性(实践性或实用性),主要内容是关于摩擦学(2.1)的技术和研究结果在工业领域或工程实际中的应用。

2.10

摩擦学系统　tribological system

由若干个摩擦学元素(4.2)通过摩擦学行为联系起来,且与环境之间具有输入和输出关系的系统。

2.11

摩擦学设计　tribological design

运用摩擦学(2.1)知识和相关数据,基于摩擦学系统(2.10)理论,综合考虑多种因素的优化设计。

2.12

摩擦副材料　rubbing pair material

构成摩擦副(4.4)的材料,它包括摩擦材料(7.1)、减摩材料(7.3)、耐磨材料(7.9)、自润滑复合材料(7.24)。

3　固体表面及其接触

3.1

初(新)生表面　nascent (neonatal) surface

完全无污染的固体表面,例如在超高真空中形成的表面。

3.2

亚表面　subsurface

固体表面下紧靠表面的部分,无明确尺寸界定。

3.3

表面形貌　surface topography

固体表面与微观峰谷的形态与分布有关的几何形状。

3.4

[表面]粗糙度　[surface] roughness

在一定取样范围内描述固体表面形貌(3.3)无规则起伏的特征量度。

3.5

表面波纹度　surface waveness

固体表面主要由于机械加工系统的振动而形成的有一定周期性的形状和起伏的特征量度。

3.6

微凸体　asperity

固体表面上微小的不规则凸起。

3.7

基准线　reference line

用于测定[表面]粗糙度(3.4)参数的理想直线。

3.8

表面轮廓[线]　surface profile

由垂直于基准面的平面与被测表面相交所得的曲线。

3.9

轮廓偏距　profile departure

Y

在表面轮廓[线](3.8)上的点与某基准线(3.7)之间的距离。

3.10

取样长度　sampling length

L

为测量[表面]粗糙度(3.4)参数所取的一段基准线(3.7)长度。

注：根据表面起伏的程度按规定选值。

3.11

中线　mean line of the profile

m

在取样长度 L(3.10)内使轮廓偏距 Y(3.9)的平方和为最小的基准线(3.7)。

3.12

轮廓算术平均中线　arithmetical mean centre line of the profile

划分表面轮廓[线](3.8)并与其走向一致的基准线(3.7)，在取样长度 L(3.10)内该线与两侧的峰谷组成闭合曲线所围的面积相等。

注：该线近似于中线 m(3.11)。

3.13

轮廓峰高　profile peak height

Y_p

在一组峰谷范围内中线 m(3.11)至表面轮廓[线](3.8)峰点之间的距离。

3.14

轮廓谷深　profile valley depth

Y_v

在一组峰谷范围内中线 m(3.11)至表面轮廓[线](3.8)谷点之间的距离。

3.15

轮廓最大平均高度　maximum height of profile

R_z

在取样长度 L(3.10)内五个最大轮廓峰高 Y_p(3.13)和五个最大轮廓谷深 Y_v(3.14)平均值之和。

$$R_z=\frac{1}{5}\left(\sum_{i=1}^{5}Y_{pi}+\sum_{i=1}^{5}Y_{vi}\right) \qquad \cdots\cdots(1)$$

式中：

i——取值点序数。

3.16

轮廓算术平均偏差　arithmetic mean deviation of the profile

R_a

在取样长度 L(3.10)内轮廓偏距 Y(3.9)绝对值的算术平均值。

$$R_a=\frac{1}{L}\int_0^L|Y(x)|\,\mathrm{d}x \qquad \cdots\cdots(2)$$

近似为：

$$R_a = \frac{1}{n}\sum_{i=1}^{n}|Y_i| \qquad \cdots\cdots(3)$$

式中：

i——取值点序数；

n——测量次数。

注：通常用该值描述[表面]粗糙度(3.4)，单位为微米(μm)。

3.17

轮廓均方根偏差　root mean square deviation of the profile

R_q

在取样长度 L(3.10)内轮廓偏距 Y(3.9)的均方根值。

$$R_q = \left[\frac{1}{L}\int_0^L Y^2(x)\,dx\right]^{\frac{1}{2}} \qquad \cdots\cdots(4)$$

3.18

轮廓峰顶线　line of profile peaks

通过表面轮廓[线](3.8)最高点并平行于中线 m(3.11)的直线。

3.19

轮廓谷底线　line of profile valleys

通过表面轮廓[线](3.8)最低点并平行于中线 m(3.11)的直线。

3.20

轮廓最大高度　maximum peak to valley height

R_y

固体表面轮廓峰顶线(3.18)和轮廓谷底线(3.19)之间的距离。

3.21

轮廓水平截距　profile section level

C

某一平行于中线 m(3.11)且与表面轮廓[线](3.8)相交的直线与轮廓峰顶线(3.18)间的距离。

注：一般用微米表示，也可以用轮廓最大高度 R_y(3.20)的百分数表示。

3.22

轮廓支承长度　profile bearing length

η_p

某一与中线 m(3.11)平行的直线在表面轮廓[线](3.8)上所截得的各线段长度之和的均方根值。

3.23

轮廓支承长度率　profile bearing length ratio

t_p

用轮廓支承长度 η_p(3.22)与取样长度 L(3.10)之比表示的在某一与中线 m(3.11)平行的直线上的支撑程度。

3.24

轮廓支承长度率曲线　curve of the profile bearing length ratio

表达轮廓支承长度率 t_p(3.23)与轮廓水平截距 C(3.21)之间相互关系的曲线。

3.25

[摩擦学]吸附　adsorption

在摩擦学系统(2.10)中起润滑(2.4)作用的材料中的某些物质，尤其是极性物质，借助范德瓦尔斯力或键合力粘附在固体表面，使被粘附分子浓度升高的表面富集现象。

注：分子或原子借助范德瓦尔斯力被吸附在固体表面称为物理吸附，通过键合力(表面化学反应)被吸附在固体表面称为化学吸附；形成的表面吸附膜具有减摩耐磨作用；环境温度升高，被吸附的分子或原子会脱离固体表面，称为脱附或脱吸。

3.26

列宾捷尔(罗宾德)效应　Rehbinder effect

固体与表面活性剂相互作用使表面或近表层的机械性能发生变化的现象。

3.27

克雷默效应　Kramer effect

在变形或断裂的新表面释放出电子的现象，这些电子也被称为外激电子。

3.28

罗素效应　Vogel-Colson-Russell effect

在暴露于水蒸汽和氧气中的初生表面(3.1)上形成过氧化氢的现象。

3.29

釉面　glaze

材料在摩擦(2.2)过程中形成硬而光滑的陶瓷质表层。

注：称该效应为釉化。

3.30

接触表面　contact surface

两物体无限靠近(从工程量级直到分子、原子尺度)且形成相互作用的有共同边界的表面。

注1：由宏观的名义边界确定的固体接触表面的面积称为名义接触面积 A_n。

注2：由接触表面中微凸体(3.6)顶部被压平部分形成面积的总和称为真实接触面积 A_r。

3.31

载荷　load

P

法向力　normal force

N

施加在互相接触物体上且垂直于接触表面(3.30)的外力。

3.32

赫兹接触　Hertzian contact

赫兹(H. R. Hertz)提出的一种描述固体接触的模型。在该接触下的面积称为赫兹接触面积，在该面积上的压力称为赫兹接触压力。

注：在固体理想接触基础上，运用材料力学、弹性力学及弹塑性力学进行分析计算，得到由载荷 *P*(3.31)产生的接触压力分布和接触区尺寸，进而获得接触表面(3.30)附近及固体内部的应力分布。

3.33

弹塑性接触　elastoplastic contact

固体的接触表面(3.30)中一部分处于材料的弹性变形状态，另一部分处于材料的塑性变形状态。

3.34

接触角　contact angle

固体表面的液滴在固/液/气三相交界面处的气/液相接口与固/液相接口之间的夹角。

3.35

同曲表面　conformal surfaces

曲率中心位于接触表面(3.30)同一侧的两个曲面。

注：曲率中心位于接触表面(3.30)两侧的称为异曲表面。

3.36

接触应力　contact stress

外力作用下在固体接触表面(3.30)上所产生的应力。

3.37

牵引应力　tractive stress

在运动中通过接触表面(3.30)传递的切向应力。

3.38

比压　specific pressure

p

单位名义接触面积 A_n上的正压力。

注：单位真实接触面积 A_r上的正压力称为真实比压。

3.39

闪温　flash temperature

两接触物体相对运动及相互作用时，在一些微凸体(3.6)接触点上产生的局部瞬时的最高温度。

3.40

最佳粗糙度　optimum roughness

保证摩擦副(4.4)能最有效磨合(5.17)或具有最大耐磨性(5.5)或最佳密封性的[表面]粗糙度(3.4)。

3.41

综合粗糙度　combined surface roughness

组成摩擦副(4.4)的两个表面的轮廓均方根偏差 R_q(3.17)平方和的平方根值。

注：应用于流体润滑(6.3)计算。

4　摩擦　friction

4.1

摩擦[表]面　friction surface

发生摩擦(2.2)的固体相互作用表面。

4.2

摩擦学元素　triboelement

在摩擦学系统(2.10)中发生摩擦(2.2)作用的单个组元；每个组元可有一个或多个摩擦[表]面(4.1)。

4.3

[摩擦]工况　[friction] condition

在摩擦(2.2)过程中摩擦副(4.4)相对运动时的载荷 P(3.31)、速度、行程及环境温度、真空度及介质等条件。

4.4

摩擦副　rubbing pair；tribopair

专指由两个相对运动又相互作用摩擦学元素(4.2)构成的最小的系统。

注：作为摩擦副的物体互称为对摩副。

4.5

滑动　sliding

两个固体接触表面(3.30)发生不同速度的切向相对运动。

注：其相对速度称为滑动速度。

4.6

滚动　rolling

摩擦副(4.4)的公共线或点上的两表面速度大小和方向相同而接触线或点位置在不断改变的运动。

注：如果接触点在表面上位置不变，则称为自旋。

4.7

滑滚运动　combined sliding and rolling

固体接触表面(3.30)同时发生滑动(4.5)和滚动(4.6)的相对运动。

4.8

滚动速度　rolling velocity

摩擦副(4.4)在滚动(4.6)中其球心或柱中心线的切向相对运动速度。

4.9

滑滚率　sliding-roll ratio

作滑滚运动(4.7)的物体其滑动(4.5)速度与滚动(4.6)速度之比。

4.10

往复滑动　reciprocating sliding

周期性改变运动方向并平行于接触表面(3.30)的滑动(4.5)。

4.11

微动　fretting

名义上无相对运动的固体接触表面(3.30)间的微小距离往复切向或法向运动。

注：通常仅指一种运动形式而不涉及磨损(2.3)或其他损伤，其单程距离称微动振幅，每秒往复次数称微动频率。

4.12

微观滑动　microslip

〈摩擦学〉固体的接触表面(3.30)内仅局部发生微小切向位移，而其余部分仍相对静止。

4.13

粘-滑　stick-slip

物体在滑动(4.5)时，摩擦力 F(4.16)和相对速度发生循环波动的现象。

注：通常与摩擦副(4.4)的弹性和滑动(4.5)时的动、静摩擦系数 μ(4.18)差引起的张弛振动有关。

4.14

静摩擦　static friction

两物体接触表面(3.30)尚未发生宏观相对运动但有运动趋势时的摩擦(2.2)。

4.15

动摩擦　kinetic friction

两物体接触表面(3.30)发生宏观相对运动时的摩擦(2.2)。

注1：根据运动特征分为滑动摩擦、滚动摩擦、滑滚摩擦等。

注2：这时测得的为动摩擦系数 μ(4.18)。

4.16

摩擦力　friction force

F

在摩擦[表]面(4.1)上发生的切向阻力。

注1：有相对运动时的摩擦力称动摩擦力，尚未发生相对运动时的摩擦力称静摩擦力。

注2：由静摩擦(4.14)转为动摩擦(4.15)之前瞬间的摩擦力称为最大静摩擦力。

4.17

鲍登-泰伯理论　Bowden-Tabor theory

鲍登和泰伯提出的用摩擦副(4.4)间的微凸体(3.6)焊合、剪切机制描述摩擦力 F(4.16)的学说。

注1：又称摩擦(2.2)二项式定律，其要点是金属与金属紧密接触表面(3.30)发生焊合，将这些粘着(4.23)点剪断需要剪切力，微凸体(3.6)压入软表面造成塑性流动(5.21)和[微]犁削(5.22)需要切向力，二者构成相对运动中的摩擦力 F(4.16)。

注2：前苏联学者克拉盖尔斯基提出了分子——机械理论，比鲍登的更有说服力，表明摩擦(2.2)是分子或原子吸附和粗糙啮合的结果。

4.18

摩擦系数　frictional coefficient

μ

一组摩擦副(4.4)之间的摩擦力 F(4.16)与法向力 N(3.31)之比。

注：摩擦系数与摩擦因数是具有相同物理意义的概念的不同中文表述，均可以使用。

4.19

静摩擦系数　static frictional coefficient

μ_s

最大静摩擦力 F(4.16)与法向力 N(3.31)之比。

4.20

滚动摩擦系数　rolling frictional coefficient

μ_r

物体滚动(4.6)时摩擦力矩 M(4.38)与法向力 N(3.31)之比，即

$$\mu_r = \frac{M}{N} = \frac{f \cdot r}{N} \qquad \cdots\cdots(5)$$

式中：

f ——通过滚动中心的驱动力；

r ——滚动半径。

注：μ_r具有长度量纲。

4.21

阿蒙顿定律　Amontons′laws

阿蒙顿于1699年提出的摩擦(2.2)两定律，即

a)　摩擦力 F(4.16)与法向力 N(3.31)成正比；

b)　摩擦力 F(4.16)与两物体间名义接触面积的大小无关。

注1：库伦于1781年证实阿蒙顿定律并提出摩擦(2.2)第三定律：动摩擦(4.15)明显低于静摩擦(4.14)，且与相对运动速度无关。有时把阿蒙顿定律称为阿蒙顿—库伦定律。莫林于1833年再次证明库伦定律。

注2：现代的研究证实阿蒙顿—库伦定律仅能在一定的条件和范围内粗略描述摩擦(2.2)的规律。

4.22

焊合　welding

摩擦过程中直接接触的金属表面在一定压力下形成的局部固态连接现象。

注：超高真空环境中两种材料的干净表面在较低温度下相接触而出现的焊着称为冷焊(cold welding)。

4.23

粘着　adhesion

摩擦过程中固体接触表面(3.30)间由于分子力作用或原子间键合发生了互溶或焊合(4.22)。

4.24

粘着系数　coefficient of adhesion

分开粘着(4.23)表面所需的法向拉力与发生粘着(4.23)所施的法向力 N(3.31)之比。

4.25

摩擦相容性　frictional compatibility

在摩擦(2.2)和磨损(2.3)过程中由给定材料组成的摩擦副(4.4)抵抗粘着(4.23)的性能。

注：在摩擦(2.2)和磨损(2.3)中显示出良好磨合(5.17)性能的材料也被视为有良好的相容性,反之则为不相容;因此,在一些条件下冶金学上不相容,如银与铁,但在磨合(5.17)性能上可以很好地相容,这表明对摩擦相容性的理解应该避免不确切的解释。

4.26

减摩性　antifriction ability

作为摩擦副(4.4)的材料在一定条件下降低或维持较低摩擦系数 μ(4.18)的性能。

注：该性能不是材料的固有属性,而是与摩擦副材料(2.12)和[摩擦]工况(4.3)密切相关的服役性能。

4.27

***PV* 值　*PV* value**

施于摩擦副(4.4)之间单位名义接触面积上的载荷 P(3.31)与相对运动速度的乘积。

注：允许使用的最大值称 PV 极限,常用于评价非流体润滑(6.3)轴承的性能。

4.28

摩擦热脉冲　friction induced thermal impulse

非稳定运行的摩擦副(4.4)装置(如制动器、离合器等)在工作过程产生的脉冲式发热现象。

4.29

摩擦升华　friction induced sublimation

物体表面因摩擦(2.2)引起材料由固态直接转变为气态的现象。

4.30

摩擦裂解　tribocracking

高沸点石油产品受摩擦(2.2)作用的分解过程。

4.31

摩擦聚合物　tribopolymer

介质因摩擦(2.2)发生聚合反应生成的有机化合物。

4.32

摩擦颤动(摩擦振荡、张弛振动)　frictional oscillation (frictional vibration, relaxation vibration)

由于摩擦系数 μ(4.18)随相对运动速度变化而引起摩擦学系统(2.10)振动的效应。

4.33

摩擦噪声　friction induced noise

在摩擦学系统(2.10)运行时由于摩擦副(4.4)振动引起的噪声。

4.34

摩擦功　frictional work

测得的摩擦力 F(4.16)与相对运动位移的乘积。

注：单位时间的摩擦功称为摩擦功率。

4.35

摩擦传动　friction drive

利用摩擦副(4.4)之间的摩擦力 F(4.16)传递运动力或力矩功的技术,如摩擦轮、皮带轮、摩擦离合器等的应用。

4.36

摩擦制动　friction brake

利用摩擦副(4.4)间的摩擦力 F(4.16)作功来消耗动能，以降低物体运动速度或终止相对滑动(4.5)的技术。

4.37

制动静摩擦系数　static friction coefficient of braking

在摩擦制动(4.36)时摩擦副(4.4)之间的相对滑动(4.5)速度达到零值瞬间的摩擦系数 μ(4.18)。

4.38

摩擦力矩　frictional moment

M

在转动摩擦副(4.4)中，转动体在周向上受到的摩擦力 F(4.16)与转动体有效半径的乘积。

注：在摩擦离合器和制动器中一般用下式表示：

$$M = \mu p A_1 Z R_e \qquad \cdots\cdots(6)$$

式中：

μ ——摩擦系数；

p ——单位名义接触面积载荷；

A_1 ——一个摩擦[表]面(4.1)的面积；

Z ——参与摩擦(2.2)的面数；

R_e ——有效半径。

4.39

摩擦力矩稳定系数　steady coefficient of friction moment

测得的摩擦力矩 M(4.38)的平均值与最大值之比。

注：其最小值与最大值之比称摩擦力矩波动系数。

4.40

制动效率损失　loss of brake efficiency

制动摩擦副(4.4)在运行中受热引起摩擦系数 μ(4.18)下降所造成的制动效率降低。

4.41

制动容量　brake capacity

制动器中摩擦副(4.4)的制动(部件承受)力、吸收功率等的许用极限。

5　磨损　wear

5.1

磨损量　wear loss

在磨损(2.3)过程中摩擦副(4.4)的材料接触表面(3.30)变形或表层材料流失的量。

注：通常可用体积、质量、几何尺度等表示。

5.2

磨损率　wear rate

测得的磨损量(5.1)对于[摩擦]工况(4.3)中某一特定条件参量的变化率。

注：通常可用单位行程、单位时间、单位载荷或一个运行周期的磨损量(5.1)表示。

5.3

磨损系数　coefficient of wear

K_w

描述滑动(4.5)过程磨损率(5.2)的一个无量纲数，用摩擦副(4.4)的材料体积磨损量(5.1)V 和较

软材料的屈服应力 P_m 的乘积与载荷 P(3.31)和行程 S 的乘积之比表示，即

$$K_w = \frac{VP_m}{PS} \quad \cdots\cdots(7)$$

5.4

磨损因子　wear factor

K

轴承比磨损率　bearing specific wear rate

以系数方式表达的滑动轴承的一种磨损率(5.2)，用轴承径向线磨损量(5.1)h 与比压 p(3.38)和行程 S 的乘积之比表示，即

$$K = \frac{h}{pS} = \frac{h}{pvt} \quad \cdots\cdots(8)$$

式中：

v ——滑动速度；

t ——运动时间。

5.5

耐磨性　wear resistance

材料在一定条件下抵抗磨损(2.3)的性能，通常用磨损率(5.2)的倒数表示。

注：该性能不是材料的固有属性，而是与摩擦副材料(2.12)和[摩擦]工况(4.3)密切相关的服役性能。

5.6

相对磨损率　relative wear rate

一定[摩擦]工况(4.3)下被研究材料与选定的对比材料的磨损率(5.2)之比。

5.7

相对耐磨性　relative wear resistance

一定[摩擦]工况(4.3)下被研究材料与选定的对比材料的耐磨性(5.5)之比。

5.8

磨损机理　wear mechanism

对摩擦副(4.4)表面损伤程度、变形形式或表层材料逐渐流失过程和原因的描述。

5.9

磨损转型　transition of wear mechanism

在一定条件下磨损机理(5.8)发生相互转变的行为及特征效应。

示例：从轻微磨损(5.14)转变为严重磨损(5.15)的特征通常是磨损率(5.2)急剧增大，反之则相应急剧减小。

5.10

磨损[机制]图　wear [mechanism] map

根据不同[摩擦]工况(4.3)下的磨损(2.3)试验或计算结果，按照磨损机理(5.8)的异同将其各部分用分界线或分界面划分开，构成若干区域的二维或多维图，以表征发生每种机理的条件、范围及变化趋势。

注：按照磨损率(5.2)划分的，称为磨损率图。

5.11

磨痕　wear track

固体表面经磨损(2.3)后在摩擦[表]面(4.1)上留下的损伤痕迹。

注：是评定磨损机理(5.8)的重要依据之一。

5.12

磨屑　wear debris

在磨损(2.3)过程中从参与摩擦(2.2)的固体表面上脱落下来的细微颗粒。

注：是评定磨损机理(5.8)的重要依据之一。

5.13

正常磨损 normal wear

机械设计中摩擦副材料(2.12)的磨损率(5.2)在允许范围内的一种磨损(2.3)。

5.14

轻微磨损 mild wear

以极细小的磨屑(5.12)为特征且磨损率(5.2)很低的一类磨损(2.3)。

注：对于金属材料其磨屑(5.12)通常主要由氧化物组成。

5.15

严重磨损 severe wear

以较大的碎片或颗粒状磨屑(5.12)为特征且磨损率(5.2)很高的一种磨损(2.3)。

注：对于金属材料其磨屑(5.12)通常以金属为主。

5.16

干磨损 dry wear

在摩擦副(4.4)之间，无人为添加润滑剂(6.48)时发生的磨损(2.3)。

5.17

磨合 running in

为消除新摩擦副(4.4)运转初期摩擦系数 μ(4.18)和磨损率(5.2)具有的暂态特征，采用一组特定的[摩擦]工况(4.3)参数进行操作，以改善该系统的摩擦学行为(2.11)的技术。

注1：磨合通常在低操作规范，即低功耗、低速和低载的特定条件下进行。

注2：在运行初期，改善摩擦副(4.4)的接触表面(3.30)特性，使其摩擦系数 μ(4.18)和磨损率(5.2)减小的能力称为磨合性。

5.18

磨粒(料)磨损 abrasive wear

在摩擦(2.2)过程中，由于硬颗粒或摩擦副(4.4)表面的硬微凸体(3.6)对固体表面挤压和沿表面运动所引起的损伤或材料流失。

注1：既是一种最常见的磨损(2.3)，也可视为一种磨损机理(5.8)。

注2：根据硬颗粒对摩擦副(4.4)的一个表面还是两个对磨表面作用，可分为两体磨粒磨损和三体磨粒磨损；硬颗粒是相对固定的还是松散的、相对摩擦副(4.4)表面是滑动(4.5)为主还是滚动(4.6)兼滑动(4.5)，可分为固定磨粒磨损和松散磨粒磨损。

5.19

拉宾洛维奇公式 Rabinowicz's equation

通过 Rabinowicz 模型推出描写磨粒磨损(5.18)中材料以[微]犁削(5.22)或塑性流动(5.21)机理产生的体积磨损量(5.1)V 的公式，即

$$V = K\frac{PS}{H} \qquad \cdots\cdots(9)$$

式中：

P ——载荷；

S ——行程；

H——较软材料的硬度；

K ——系数。

5.20

磨粒 abrasive particle

在磨粒磨损(5.18)过程中引起表面损伤和材料流失作用的硬颗粒或硬微凸体(3.6)。

5.21

塑性流动　plastic flow

塑性变形　plastic deformation

〈摩擦学〉在磨粒(5.20)的机械力作用下,摩擦副(4.4)表层材料产生的不可逆变形。

5.22

[微]犁削　[micro-] ploughing

[微]犁沟　[micro-] grooving

硬质磨粒(5.20)犁过摩擦副(4.4)固体表面形成微小沟槽的损伤现象。

5.23

微切削　micro-cutting

硬质磨粒(5.20)划过摩擦副(4.4)固体表面,造成表层材料产生磨屑(5.12)并直接造成流失的现象。

5.24

凿削　gouging

硬质磨粒(5.20)从材料表层凿下大颗粒磨屑(5.12)并形成较深且不连续沟槽的损伤现象。

5.25

微断裂　micro-fracture

硬质磨粒(5.20)在材料表层引起微裂纹萌生、扩展和断裂脱落的破坏现象。

5.26

滑动磨损　sliding wear

固体摩擦[表]面(4.1)之间因相对滑动(4.5)造成的磨损(2.3)。

注:属于一种最常见的磨损(2.3)形式,一般承受的是平稳载荷 P(3.31)。

5.27

划伤　scratching

刮伤

由于微凸体(3.6)的滑动(4.5)作用造成固体摩擦[表]面(4.1)上出现划痕的一种磨损(2.3)。

5.28

咬合　galling

在滑动(4.5)的固体摩擦[表]面(4.1)局部出现黏着撕裂的损伤,这种损伤常伴随有材料的塑性流动(5.21)和[材料]转移(5.31)。

5.29

嵌藏性　embedability

轴瓦材料在滑动(4.5)中嵌埋藏磨屑(5.12)和其他外来硬颗粒以降低这些硬颗粒划伤(5.27)摩擦副(4.4)表面或减缓磨粒磨损(5.18)倾向的能力。

5.30

粘着磨损　adhesive wear

由于粘着(4.23)作用使摩擦副(4.4)表面之间发生冷焊和[材料]转移(5.31)现象引起的磨损(2.3)。

注:是一种易引起严重磨损(5.15)的磨损机理(5.8)。

5.31

[材料]转移　[material] transfer

在滑动(4.5)或滚动(4.6)过程中,摩擦[表]面(4.1)上出现对摩副材料的现象。

5.32

选择性转移　selective transfer

某些合金摩擦副(4.4)在一定[摩擦]工况(4.3)下发生有选择的金属成分[材料]转移(5.31),从而影响摩擦(2.2)和磨损(2.3)的特殊效应。

5.33

阿查德模型　Archard model

描述粘着磨损(5.30)并根据真实接触面积、材料屈服应力和被撕裂下的微凸体(3.6)体积推导出来以计算单位磨程下的磨损量(5.1)的一种简单模型。

5.34

涂抹　smearing

在摩擦副(4.4)之间由于塑性流动(5.21)或[材料]转移(5.31),较软材料的磨屑(5.12)以薄层形式附着于摩擦[表]面(4.1)上的轻微磨损(5.14)。

注:涂抹层一般为较软的材料,它可能附着于摩擦副(4.4)的一个表面或两个表面上。

5.35

粘焊　scoring

相对运动的摩擦[表]面(4.1)之间由于闪温(3.39)过高使许多小接触点出现焊接并在相对滑动(4.5)中被撕裂的磨损(2.3)。

5.36

胶合　scuffing

是粘焊(5.35)这类磨损(2.3)中更为严重的一种形式。

5.37

咬死　seizure

在摩擦[表]面(4.1)产生粘着(4.23)或[材料]转移(5.31),使相对运动停止或断续停止的严重磨损(5.15)。

注:根本原因是大面积粘着(4.23)和粘焊(5.35),但能否造成咬死还与摩擦副(4.4)的间隙和驱动力有关。

5.38

抗咬性　anti-seizure property

抗焊合性　anti-weld characteristic

在润滑膜(6.1)被破坏瞬间摩擦[表]面(4.1)材料抗咬死(5.37)的能力。

5.39

疲劳磨损　fatigue wear

接触疲劳　contact fatigue

表面疲劳　surface fatigue

当在摩擦(2.2)接触区受到滑动(4.5)、滚动(4.6)或滑滚运动(4.7)的循环应力超过材料的疲劳极限,在表面或近表层中萌生裂纹,并逐步扩展,导致材料表面断裂剥落(5.44)的磨损机理(5.8)。

注:在接触表面(3.30)形成的疲劳损伤还可能成为引发材料疲劳断裂的裂纹源,从而降低材料疲劳强度。

5.40

微动磨损　fretting wear

由微动(4.11)作用使接触表面(3.30)产生的损伤和材料流失。

注:损伤过程中可能包含粘着磨损(5.30)、磨粒磨损(5.18)、疲劳磨损(5.39)及氧化磨损(5.46)等机制。

5.41

微动腐蚀　fretting corrosion

腐蚀环境中接触表面(3.30)间发生微动(4.11),且腐蚀起重要作用的损伤现象。

5.42

微动疲劳　fretting fatigue

由于微动(4.11)导致接触表面(3.30)产生的疲劳现象使部件的疲劳强度降低或早期断裂。

注1:是微动磨损(5.40)和疲劳应力同时或先后联合作用的结果;

注2:表面缺陷的产生可能伴随表面材料流失,但其危害处于次要地位。

5.43

点蚀　pitting

因表面疲劳(5.39)作用导致材料流失,在摩擦[表]面(4.1)留下小而浅的锥形凹坑的损伤形式。

5.44

剥落　spalling

在摩擦[表]面(4.1)因接触疲劳(5.39)而产生鳞片状磨屑(5.12)并出现深而大凹坑的损伤形式。

5.45

剥层　delamination

在接触应力(3.36)作用下摩擦[表]面(4.1)及附近表层的塑性流动(5.21)不断积累,使其次表面(3.2)萌生裂纹并平行于表面扩展,最后裂纹折向表面使材料以薄片状脱落的磨损机理(5.8)。

注:这是 N. P. Suh 于 1973 提出的理论。

5.46

氧化磨损　oxidative wear

氧或氧化介质与摩擦[表]面(4.1)相互作用形成氧化膜,材料流失仅发生在氧化膜或是由于氧化膜不断形成又不断被去除的一种磨损机理(5.8)。

注:通常属轻微磨损(5.14),但当在强氧化介质中摩擦(2.2)时,可能因腐蚀作用加强而发生严重磨损(5.15)。

5.47

腐蚀磨损　corrosive wear

腐蚀环境中摩擦[表]面(4.1)出现损伤和材料流失的一类磨损(2.3)。

注:一般是机械和化学两因素交互作用、互相促进、加速表面损伤和材料流失的过程。

5.48

化学机械抛光　chemical mechanical polishing

利用化学与机械相互作用实现固体表面的平坦化的一种方法。

注:利用腐蚀磨损(5.47)原理的一种材料加工方法,目前多用于超大规模集成电路制造中制备大尺寸硅晶片。

5.49

冲蚀　erosion

冲蚀磨损　erosive wear

固体表面受到小而松散的流动粒子冲击,造成表层材料逐渐流失或表面损伤的一种特殊的磨损(2.3)形式。

注:流动的粒子一般为多相流中的粒子,气流中带有的小固体颗粒称为喷砂冲蚀,液流中带有的小固体颗粒称为料浆冲蚀,高速液滴称为雨蚀,流体中夹有气泡称为空蚀(5.56)。

5.50

攻角　angle of attack

冲击角　impingement angle

流体的运动方向与被冲击表面切线之间的夹角,是冲蚀(5.49)中特殊的[摩擦]工况(4.3)参量。

5.51

冲击速度　impact velocity

一般指流体与被冲击表面之间的相对速度,但在模型的理论描述中应是冲击靶材表面粒子的速度,它是冲蚀(5.49)中特殊的[摩擦]工况(4.3)参量。

注:其他特殊的[摩擦]工况(4.3)参量还包括固体颗粒、液滴及气泡的性质、几何特性、空间密度及时间密度等。

5.52

冲蚀量　erosion loss

在冲蚀(5.49)中固体表层材料流失或表面损伤造成的磨损量(5.1)。

注:可以用体积、质量或几何尺寸表示。

5.53

平均冲蚀深度　mean depth of erosion

用被冲击固体的某特定表面区域内材料流失的平均厚度表示的冲蚀量(5.52)。

注：通常由体积损失除以相应的面积计算出，而体积则由测定的质量损失除以材料密度求得。

5.54

冲蚀率　erosion rate

单位时间内由于冲蚀(5.49)造成的被冲击表面的材料流失量。

5.55

空化　cavitation

〈摩擦学〉在流体中气泡形成的现象和过程。

注1：由于浸入液体的固体表面振动产生的称为振动空化，由于液体流速变化导致压力波动产生的称为流动空化。

注2：气泡在固体表面或附近溃灭时才对该表面造成破坏。

5.56

空蚀　cavitation erosion

气蚀

处于空化(5.55)环境中的固体表面受气泡溃灭的反复作用造成表面材料逐渐流失的一种冲蚀(5.49)现象。

5.57

穿透率的平均深度　mean depth of penetration rate

MDPR

在空蚀(5.56)中固体表面材料的体积流失速率除以暴露的面积。

5.58

净正吸头　net positive suction head

NPSH

液流中的总压力和蒸气压力之差，由液体的相等高度或“头”表示，即

$$NPSH=(P_0/W)+(v^2/2g)-(P_v/W) \quad \cdots\cdots(10)$$

式中：

P_0——流体中静压力；

P_v——蒸气压；

v——液体流速；

W——液体密度与重力加速度 g 的乘积。

注：该参数常用于泵的设计，以确定泵入口发生空化(5.55)的倾向，可与空穴数 σ(5.59)相联系。

5.59

空穴数　cavitation number

σ

确定液流中发生空化(5.55)倾向的一个无量纲数，由下式得出：

$$\sigma=(P_0-P_v)\Big/\frac{1}{2}\rho v^2 \quad \cdots\cdots(11)$$

式中：

P_v——蒸气压；

P_0——流体中静压力；

v——液体流速；

ρ ——液体密度。

注：空穴数 σ 与净正吸头 $NPSH$(5.58)有如下关系：

$$NPSH = (\sigma+1)v^2/2g \quad \cdots\cdots(12)$$

式中：

g——重力加速度。

5.60

冲蚀腐蚀　erosion corrosion

由冲蚀(5.49)和腐蚀对金属表面协同作用造成材料流失的现象。

5.61

冲击磨损　impact wear

锤击磨损　peening wear

承受冲击载荷 P(3.31)的固体表面因反复碰撞造成的表层变形和材料脱落现象。

5.62

热磨损　thermal wear

在运动过程中摩擦副(4.4)由于材料的热软化、熔化或蒸发而造成的磨损(2.3)。

5.63

扩散磨损　diffusion wear

相对运动的接触表面(3.30)由于受温度、应力、电磁、成分梯度等作用影响，在摩擦副(4.4)材料间发生原子扩散现象导致的磨损(2.3)加速。

注：高温时原子在摩擦[表]面(4.1)间扩散造成的磨损(2.3)称为热磨损(5.62)。

5.64

氢致磨损　hydrogen wear

氢磨损

在摩擦(2.2)过程中，金属材料副与含氢环境，如烃基、羧基的润滑剂(6.48)或水溶液发生摩擦化学(2.6)反应，析出氢并扩散在摩擦[表]面(4.1)内，导致裂纹萌生和扩展以加速表层材料流失的一种磨损机理(5.8)。

6　润滑　lubrication

6.1

润滑膜　lubricating film

在相互摩擦(2.2)表面间由易剪切物质形成的薄膜。

6.2

润滑状态　state of lubrication

对润滑膜(6.1)形成原理和特征的描述。一般分为流体润滑(6.3)、弹性流体动力润滑(6.4)、边界润滑(6.5)、混合润滑(6.6)、薄膜润滑(6.7)和固体润滑(6.8)等状态。

注1：按润滑流体成膜原因可分为动力(压)润滑、静力(压)润滑、动静力(压)润滑。

注2：按润滑剂(6.48)的流变特性可分为弹性流体润滑、塑性流体润滑、流变体润滑、磁流体润滑。

注3：按接触特征还可分为部分弹流润滑、微观弹流润滑。

6.3

流体润滑　fluid lubrication

作相对运动的摩擦[表]面(4.1)被气体或液体完全隔开的润滑状态(6.2)。

注1：由外供气体或液体的静压力使摩擦[表]面(4.1)隔开的润滑状态(6.2)称为流体静压润滑。

注2：由于摩擦[表]面(4.1)的收敛间隙形状并由相对运动自行吸进气体或液体而形成润滑膜(6.1)的称为流体动压润滑。

6.4

弹性流体动力润滑　elastohydrodynamic lubrication

弹流润滑

点线接触中弹性表面间的一种流体润滑(6.3),即润滑膜(6.1)厚度取决于材料弹性、摩擦[表]面(4.1)间隙形状、相对运动速度和液体流变特性的流体动压润滑状态(6.2)。

注:当摩擦[表]面(4.1)间液体膜的厚度减薄至一定值而出现轮廓峰点接触时的弹流润滑,称为部分弹性流体动力润滑。

6.5

边界润滑　boundary lubrication

在摩擦[表]面(4.1)间不完全依靠润滑剂(6.48)承载,还包含其他物质形成的低剪切强度化合物膜的润滑状态(6.2)。

6.6

混合润滑　mixed lubrication

同时存在流体润滑(6.3)和边界润滑(6.5)的润滑状态(6.2)。

6.7

薄膜润滑　thin film lubrication

介于弹流润滑(6.4)与边界润滑(6.5)之间润滑膜(6.1)厚度为纳米级的润滑状态(6.2)。

注:摩擦副(4.4)固体表面的物理化学特性对润滑分子的作用不可忽略。

6.8

固体润滑　solid lubrication

利用具有低剪切应力的固体粉末、固体薄膜等隔离摩擦[表]面(4.1)以减少摩擦(2.2)和控制磨损(2.3)的润滑状态(6.2)。

6.9

牛顿流体　Newtonian fluid

流动性遵循牛顿粘性定律,即剪切应力与剪切应变速率成正比的流体。

注:剪切应力与剪切应变速率不成正比的称为非牛顿流体。

6.10

宾汉流体　Bingham fluid

塑性流体　plastic fluid

流动性不遵循牛顿粘性流动规律的液体,它在开始流动或变形之前需要克服一定的剪应力,一旦超过该屈服应力后剪应力就与剪应变率成正比的流体。

注:润滑脂(8.11)可近似看作宾汉流体。

6.11

假(伪)塑性　pseudoplastic behavior

非宾汉塑性　non-Bingham behavior

流体的粘度(6.12)随剪应变率增加而下降的特性。

注:假塑性流体通常由无规则取向、无联系结构的长链分子组成。

6.12

粘度　viscosity

一般将阻碍液体内部发生相对运动的内摩擦力 F(4.16)称为粘性,以表征液体抵抗剪切变形的能力,对粘性的量度称为粘度。

注1:液体流动的剪切应力 τ 与剪切速率 $\mathrm{d}v/\mathrm{d}x$ 的比值称为动力粘度 η(国际单位为 Pa·s)。

注2:在同一温度下液体的动力粘度 η 和液体密度 ρ 之比值称为运动粘度 $\nu=\eta/\rho$(国际单位为 m^2/s)。

注3:在规定条件和温度下,以一定量的液体穿过规定孔道的时间(秒)计量的粘度称为条件粘度。

注4:在同温度下流体与水的粘度的比值称为比粘度。

6.13

表观粘度　apparent viscosity

非牛顿流体(6.9)流动时其内部阻力特性的量度，其值为在规定的剪应变率下，剪应力与剪应变率之比。

6.14

粘度比　viscosity ratio

同一流体在50 ℃下与100 ℃下的运动粘度(6.12)值之比。

注：我国评定润滑油(8.6)粘温性能最简便方法之一，即以50℃和100℃作标准温度，粘度比=ν_{50}/ν_{100}。

6.15

粘温系数　viscosity-temperature coefficient

同种润滑油(8.6)在0 ℃和100 ℃时运动粘度(6.12)值之差与该油在50 ℃时运动粘度(6.12)的比值。

$$粘温系数=(v_0-v_{100})/v_{50} \qquad (13)$$

注：粘温系数大者粘度指数(6.16)高。

6.16

粘度指数　viscosity index

待测润滑油(8.6)与标准油的粘度(6.12)随温度变化程度比较所得的相对值。

注1：粘度指数的计算方法：

$$VI=[(L-U)/(L-H)]\times 100 \qquad (14)$$

式中：

VI——粘度指数；

L——在100 ℃时的运动粘度与待求VI相同，但其VI为0的油品在40 ℃的运动粘度；

H——在100 ℃时的运动粘度与待求VI相同，但其VI为100的油品在40 ℃的运动粘度；

U——待求VI值油品在40 ℃的运动粘度。

注2：粘度指数高的油，其粘温性能好，粘度(6.12)随温度变化小，反之则变化大。

6.17

粘-温方程　viscosity temperature equation

美国材料与试验协会(ASTM)推荐的运动粘度(6.12)ν与绝对温度T的关系式。

注：该方程所得曲线的斜率称为粘-温斜率。

6.18

粘弹性　visco-elasticity

在一定条件(低温或高压)下，润滑剂(6.48)对应力的响应兼有弹性固体和粘性流体的双重特性。

6.19

巴鲁斯方程　Barus equation

压粘关系式　pressure viscosity equation

表达润滑油(8.6)的动力粘度(6.12)与压力的关系式。

$$\eta_p=\eta_o e^{\alpha\cdot p} \qquad (15)$$

式中：

η_p——压力为p时的动力粘度；

η_o——常压下的动力粘度；

α——压粘特性系数。

6.20

触变性　thixotropy

流变体在剪切作用下，其粘度(6.12)发生变化并在剪切去除后又可恢复的性能。

注1：受恒定剪切力作用其粘度(6.12)随时间而变化，取消剪切力后又可恢复的一类流体材料称为流变材料。

注2：触变时效硬化效应是指比表观粘度(6.13)增加的触变性更长的过程，这是在非牛顿流体(6.9)中观测到的现象。

6.21

膨胀增稠　dilatant

膨胀性

某些非牛顿流体(6.9)的粘度(6.12)随剪切应力作用而增大的特性，一般具有可逆性。

注：受剪切应力作用而粘度(6.12)降低的效应称为剪切稀化。

6.22

斯特里贝克曲线　Stribeck curve

基于滑动轴承试验得出的润滑状态(6.2)随[摩擦]工况(4.3)条件而改变的过程曲线。

6.23

纳维-斯托克司方程　Navier-Stokes equation

描述粘性流体的运动方程。

6.24

雷诺方程　Reynolds equation

描述流体润滑(6.3)机理的基本方程。

注：根据流体润滑(6.3)特点所引入的一系列假设简化后，由纳维-斯托克司方程导出。

6.25

雷诺数　Reynolds number

R_e

流体内部发生运动时惯性力与粘性力比值的无量纲数。

$$R_e = \frac{\rho v h}{\eta} \qquad \cdots\cdots (16)$$

式中：

ρ——流体密度；

v——流体速度(对压力流动为平均流速，对速度流动为相对滑动速度)；

h——流体层厚度；

η——流体动力粘度。

注1：用于以判断粘性流体的流动状态(层流或紊流)和相似分析。

注2：流体质点作互不干扰的层状流动状态称为层流。

注3：流体质点呈现不规则的紊乱运动，而且流体微团间发生动量交换的流动状态称为紊(湍)流。

6.26

承载能力　load carrying capacity

ζ

在摩擦副(4.4)正常运转时所能承受的最大载荷 P(3.31)。

注1：仅用于流体动压径向滑动轴承，其无量纲表达形式称为承载能力系数；

注2：对轴承承载能力系数的表达方式为：

$$\zeta = \frac{W\Psi^2}{\eta v B} \qquad \cdots\cdots (17)$$

式中：

W——作用在轴承上的载荷；

Ψ——轴承间隙比(轴承半径间隙与轴承孔半径之比)；

η ——动力粘度；

v ——相对滑动速度；

B ——轴承有效宽度。

6.27

索莫菲尔德数　Sommerfeld number

S

轴承承载能力 ζ(6.26)的另一种无量纲表达形式(仅用于流体动压径向滑动轴承)。

$$S=\frac{\eta n}{p}\left(\frac{R}{c}\right)^2 \quad \cdots\cdots(18)$$

式中：

η——动力粘度；

n——轴颈转速；

R——轴承孔半径；

c ——轴承半径间隙(轴承孔半径与轴颈半径之差)；

p——单位投影面积上的载荷。

6.28

彼得洛夫方程　Petroff equation

同心径向滑动轴承中的摩擦力 F(4.16)公式(仅用于流体动压轴承)。

$$F=\frac{2\pi\eta VBR}{c} \quad \cdots\cdots(19)$$

式中：

η——动力粘度；

V——相对滑动速度；

B——轴承有效宽度；

R——轴承孔半径；

c ——轴承半径间隙。

6.29

压缩数　compressibility number

Λ

计算气体润滑(2.4)的无量纲数。

注：例如对气体轴承。

$$\Lambda=\frac{\eta vR}{P_a c^2} \quad \cdots\cdots(20)$$

式中：

η——动力粘度；

v——相对滑动速度；

R——轴承孔半径；

c ——轴承半径间隙；

P_a——环境压力。

6.30

挤压数　squeezing number

Σ

计算气体挤压膜润滑(2.4)的无量纲数。

$$\Sigma=\frac{\eta f B^2}{P_a h^2} \quad \cdots\cdots(21)$$

式中：

η——动力粘度；

f——挤压频率；

B——有效宽度；

h——膜厚；

P_a——环境压力。

6.31

努森数 Knudsen number

K

气体润滑(2.4)中表征气体平均自由程影响的无量纲数。

$$K=\frac{L_p}{h} \qquad \cdots\cdots(22)$$

式中：

L_p——气体分子自由程；

h——膜厚。

6.32

哈特曼数 Hartman number

H

计算磁流体润滑(2.4)的无量纲数。

$$H=Bh\left(\frac{\sigma}{\eta}\right)^{\frac{1}{2}} \qquad \cdots\cdots(23)$$

式中：

B——磁感应强度；

h——膜厚；

σ——电导率；

η——动力粘度。

6.33

马丁方程 Martin equation

马丁于1916年基于雷诺方程(6.24)导出的刚性圆柱接触表面(3.30)作相对运动时的油膜厚度方程。

注：将雷诺理论和赫兹理论联系起来用以计算弹性圆柱接触表面(3.30)作相对运动时的油膜厚度，称欧台尔-格鲁宾(Ertel-Grubin)方程。

6.34

道森-希金森方程 Dowson-Higginson equation

计算弹流润滑(6.4)的油膜厚度方程。

注：上世纪60年代道森-希金森等根据对等温线接触弹流进行系统数值计算提出。

6.35

动压油膜 dynamic oil film

在流体润滑(6.3)轴承中，依靠轴颈在轴承中运动维持的油膜。

6.36

挤压油膜 squeeze oil film

两摩擦[表]面(4.1)沿法向接近时，由于挤压作用形成动力(因挤压效应产生)的油膜。

注：间隙中的润滑剂(6.48)受到挤压作用而产生压力的现象称为挤压效应。

6.37

压力楔　pressure wedge

具有一定粘性的流体流入楔形间隙而产生的压力增加区域。

注：由于摩擦[表]面(4.1)受热变形或两表面之间的润滑剂(6.48)受热膨胀而引起的压力增加称为热楔。

6.38

油膜动力特性　oil film dynamic characteristic

通常指油膜刚度和油膜阻尼。

注1：油膜力对轴心位移的导数称为油膜刚度。

注2：油膜力对轴心变位速度的导数称为油膜阻尼。

6.39

油膜失稳　oil film instability

在油膜动力特性作用下轴心所处的不稳定平衡状态，亦即丧失了动力稳定性的状态。

6.40

润滑特性　lubrication characteristic

通常指摩擦副(4.4)的静特性，包括承载能力 ζ(6.26)、摩擦功(4.34)耗、润滑剂(6.48)流量和温升；动特性包括润滑膜(6.1)的刚度、阻尼和稳定性。

6.41

润滑状态区域图　region map of lubrication

按各种线接触弹流油膜厚度计算公式及其适用范围绘制的曲线图。

注：为方便计算，采用统一的无量纲参数。

6.42

临界油膜厚度　critical oil film thickness

可将两摩擦[表]面(4.1)完全隔开的最小油膜厚度。

6.43

油膜涡动　oil whirl

在径向轴承中，当轴颈中心由于油膜失稳(6.39)作用而偏离静平衡位置并绕该位置运动的状态。

注：对于高速轻载流体动力润滑轴承，产生油膜涡动时的速度(频率)约为轴颈转动速度(频率)之半，且其涡动方向与轴颈的旋转方向一致，称为半速(频)涡动。

6.44

泰勒涡流　Taylor vortices

在径向轴承中，位于两同心圆柱面之间环形区的流体在一定转速下，由层流变成的环状涡流的流动状态。

6.45

空穴效应　cavitation effect

由于油膜间隙发散或摩擦[表]面(4.1)分离造成油膜压力降低，出现负压，形成空穴使油膜不连续的现象。

注：轴承或齿轮传动系统中，脂或油膜破裂形成空气沟的现象称为气沟效应。

6.46

补偿作用　compensation effect

在流体静力润滑(2.4)系统中，安装节流补偿组件以控制进油流量，使油腔中压力恒定。

6.47

润滑方式　methods of lubrication

向摩擦副(4.4)的表面供给润滑(2.4)介质的方式。

注1：按供给时间分为间歇润滑、连续润滑、单程润滑、循环润滑、集中供脂润滑。

注2：按供给动力来源分为重力润滑、压力润滑、手工给油〔脂〕润滑、脂枪润滑。

注3：按供给方法分为滴油润滑、喷油润滑、油浴〔池〕润滑、飞溅润滑、油雾润滑、油气润滑。

注4：按供给媒介分为油绳润滑、油垫润滑、油〔脂〕环润滑、油盘润滑、油链润滑等。

注5：按固体润滑剂的供给方法可分为喷粉润滑、干膜润滑、蜡笔润滑、镶嵌润滑、转移膜润滑。

6.48

润滑剂　lubricant

加入到相对运动表面之间，用于减少摩擦(2.2)和控制磨损(2.3)的易剪切物质。

注1：按形态可分为流体、半流体或粘稠膏状、粉末、干膜、敷层等。

注2：按照使用条件可分为液体润滑剂、气体润滑剂、固体润滑剂。

6.49

润滑油特性　lubricant property

专指润滑油(8.6)减少摩擦(2.2)和控制磨损(2.3)的能力和性质。

注1：包括极端[摩擦]工况(4.3)下提高承载能力ζ(6.26)的极压性；几种成分能够混合使用或贮藏的兼容(配伍)性；抵抗由于剪切使粘度(6.12)下降的剪切安定性；高温和空气中抵抗生成酸或漆状物的热氧化安定性；以及应用中涉及的可燃性、流动性、压缩性、清净性(6.56)、导热性、吸水性等。

注2：用于发动机的燃料油应有一定的润滑(2.4)性能以防止油料系统磨损(2.3)失效，为保护环境不受污染不能添加润滑油(8.6)中常用的硫磷抗磨剂，故必需强调燃料润滑性(fuel lubricity)。

6.50

苯胺点　aniline point

在规定条件下，润滑油(8.6)与等体积的苯胺互相溶解成单一相的最低温度。

6.51

酸值　acid value；acid number

中和1 g润滑油(8.6)中的酸所需的氢氧化钾毫克数。

6.52

碘值　iodine number

被测试的100 g润滑油(8.6)吸收碘的克数。

注：碘值越高则不饱和烃含量越多，油品氧化稳定性越差。

6.53

残碳值　conradson carbon value

在规定条件下润滑油(8.6)、润滑脂(8.11)受热蒸发后剩下的黑色残留物占油品总质量的百分数。

注：油品在试验条件下灼烧后剩留的以百分数表示的不燃物称为灰分。

6.54

抗乳化度　anti-emulsifying degree

在规定条件下使润滑油(8.6)和水混合并乳化，其量度一般用一定温度下静置后油、水完全分离所需的时间来表示。

注：主要用来评定汽轮机油的脱乳化能力。

6.55

油泥　sludge

低温油泥

内燃机油的氧化产物、碳粒、水分和外界固体物质，在低温时形成的油膏状凝聚物。

6.56

清净性　detergency

专指润滑油(8.6)在清洗、溶解、分散内燃机高温时形成的漆膜、积炭等氧化产物而保持清净的能力。

6.57

润滑脂特性　grease property

通指润滑脂(8.11)长期存放或使用时,其减摩和抗磨能力衰减的特性。

注:包括润滑脂(8.11)经长期存放或在较高温度下存放或使用时,其基础油(8.2)从该脂中析出的分油现象;受力时,抵抗变形能力的稠度(锥入度)随贮藏时间的延长而增大的时效硬化;在外力作用下,抵抗稠度变化的机械安定性;重力作用下流入泵或油桶能力的粘稠性。

6.58

积碳　carbon deposit

燃料油和润滑油(8.6)或轴承材料(7.4)的有机组分,在高温下分解和碳化所产生的褐色或黑色沉积物。

注 1:较软的沉积物称为胶质。

注 2:聚合粘附在摩擦[表]面(4.1)上的棕色或黑色的漆状物称为漆膜。

6.59

固体润滑分散液　solid lubricant dispersion

固体润滑悬浮液　solid lubricant suspension

起固体润滑(6.8)作用的物质微细固体颗粒在水、油或各种溶剂中的胶体分散体系。

6.60

絮凝　flocculation

起固体润滑(6.8)作用的物质中胶体粒子沉淀凝集的现象。

注:对稳定分散液来说是一种不希望发生的现象;阻止这种现象的发生称为抗絮凝。

7　摩擦副材料　rubbing pair material

7.1

摩擦材料　friction material

摩阻材料　friction drag material

利用摩擦(2.2)作用将动能转化为热能以降低摩擦副(4.4)的相对运动速度,或用来转换和传送动力和功率的专用材料。

注:以石棉纤维、纸浆加石棉、碳素粉末或碳素纤维、石棉纤维加金属增强纤维等为基体并以树脂为粘结剂,可制成石棉基摩擦材料、纸基摩擦材料、碳基摩擦材料和复合摩擦材料。

7.2

摩擦添加物　friction additive

制备摩擦材料(7.1)时,用于调整摩擦系数 μ(4.18),防止粘着(4.23)和咬死(5.37)而添加的组分。

注:常用的摩擦添加物有:氧化硅、氧化铝(7.16)、氧化铬、碳化硅(7.17)、碳化硼、硼化铬、硼化钛、硼化钨、硼化锆、石棉、莫来石、蓝晶石等。

7.3

减摩材料　antifriction material

具有良好减摩性(4.26)和一定的耐磨性(5.5)以用于制备摩擦副(4.4)的专用材料。

7.4

轴承材料 bearing material

具有低摩擦系数 μ(4.18),用于制造运动支承或导向零件(如滑动轴承、导轨等)的减摩材料(7.3)。

注1:由承载的母体材料和固态的润滑材料(8.1)复合组成的称为复合轴承材料。

注2:这类材料一般也具有较好的耐磨性(5.5)和承载能力 ζ(6.26)。

注3:分为金属材料(轴承合金)、粉末冶金材料和非金属材料三大类。

注4:轴承合金有巴氏合金(7.5)、轴承青铜(7.6)、铝基或锌基合金等,常用于滑动轴承的轴瓦衬套。

7.5

巴氏合金 Babbitt metal

巴比特合金

白合金 white metal

巴比特研制的以锡和铅为基体的双相合金,呈浅白色,是传统的轴承材料(7.4)。

注:现在该术语表示一系列含有不同量的锑、铜、铅、锡的铅基、锡基合金。

7.6

轴承青铜 bearing bronze

专门用于制作轴承材料(7.4)的铜合金。

注:包括含少量硅(≤3.50%质量分数)和锰或镍的硅青铜;铜和铝的二元合金及其中再加入锰、铁、镍等的铝青铜;铜和铍的二元合金及其中再加入钴、镍、铝、硅、铁等的铍青铜;含锰量为4.5~5.5%(质量分数)的锰青铜和常用锡青铜、铅青铜、磷青铜等。

7.7

铝基轴承合金 aluminium alloy for bearing

用作轴承材料(7.4)的铝基合金。

注:现用的有铝锡合金、铝硅合金、铝铅合金、铝锑合金、铝镍合金、铝铜合金等。

7.8

锌基轴承合金 zinc alloy for bearing

用作轴承材料(7.4)的锌合金,含8~30%质量分数的铝和少量的铜、镁等。

注:当含铝量较高时,亦称锌铝合金。

7.9

耐磨材料 wear resistant material

具有高耐磨性(5.5)的各种金属、非金属材料的总称。

注:按材质可以分类为耐磨钢(7.10)、耐磨铸铁(7.11)、耐磨合金(7.12)、金属陶瓷(7.13)、精细陶瓷(7.14)、硬面材料(7.21)及聚合物材料(7.23)等。

7.10

耐磨钢 wear resistant steel

不仅具有优良的耐磨性(5.5),同时也具有较高强度和韧性的钢。

注:使用较多的耐磨钢有含锰量11~14%(质量分数),适合冲击载荷 P(3.31)下工作的高锰钢;制作轴承用的GCr-15钢;制作切削刀具的高速钢;耐磨耐蚀的不锈钢,以及含合金元素(锰、硅、铬、钼、镍等)的铸钢。

7.11

耐磨铸铁 wear resistant cast iron

具有高耐磨性(5.5)和一定强度和韧性的铸铁。

注:主要有价格低廉的白口铁;低合金稀土镁球墨铸铁;通过激冷工艺使铸件具有激冷层的冷硬铸铁;含镍、铬的镍硬铸铁;含铬量大于12%(质量分数)的高铬铸铁;含磷量0.3~0.8%(质量分数)的高磷灰口铸铁等。

7.12

耐磨合金　wear resistant alloy

专用于制造耐磨部件或涂敷于工件表面以提高其耐磨性(5.5)的合金。

注：常用的耐磨合金有含铬、钨的钴基合金(斯太立合金 Stellite alloy)；利用金属间化合物 Laves 相强化以提高抗擦伤性的低碳钴基、镍基合金(耐磨合金 Tribaloy alloy)；金属碳化物以钴或镍作粘结剂通过粉末冶金方法制备的合金(硬质合金 hard alloy)等。

7.13

金属陶瓷　cermet

由金属与金属碳化物、硼化物、氧化物等粉末共混、烧结制成的用于高温[摩擦]工况(4.3)的耐磨材料(7.9)或自润滑复合材料(7.24)。

7.14

精细陶瓷　fine ceramic

由传统陶瓷发展出的硬度高、耐磨性(5.5)好、耐蚀、耐热的先进陶瓷材料。

注1：以氧化物、碳化物、氮化物、硼化物、硅化物等制成的单一陶瓷或陶瓷合金。

注2：应用于高温摩擦副(4.4)如涡轮增压器转子、内燃机汽缸套内衬、汽缸头活塞顶、进排气阀门、滚动轴承等。

注3：脆性限制了其更广泛应用。

7.15

氧化锆　zirconium oxide

具有高韧性、高熔点(2667℃)、良好化学稳定性的 ZrO_2，在 1170℃时会因相变发生体积改变，需加入氧化物稳定剂以改善其抗热震性和热稳定性，用于模具、轴承、密封件和人工关节的为部分稳定氧化锆(PSZ)。

7.16

氧化铝　alumina

具有多种同质异构晶体的 Al_3O_2，以刚玉型高温强度高、化学稳定性好、脆性大，广泛用于难加工材料的切削刀具。

7.17

碳化硅　silicon carbide

具有闪锌矿结构的共价键化合物陶瓷 SiC，具有良好的电导率、导热性、化学稳定性和较高抗热震性，广泛用于轴承、密封、阀片、喷嘴、泵部件和模具。

7.18

氮化硅　silicon nitride

一种机械性能好、硬度高、比重低、耐磨性(5.5)好，耐蚀、耐热冲击的六方晶体结构精细陶瓷(7.14)。

注：常用作极苛刻条件下(高温、低温)高速滚动轴承球、喷嘴、热压模具等。

7.19

碳石墨　carbon-graphite

一种耐磨性(5.5)好、摩擦系数 μ(4.18)适中(0.2～0.35)的部分石墨化的碳材料。

注1：导热和导电性高，耐热耐蚀，常用于密封组件、轴套、导电刷及飞机和化工设备中的摩擦副(4.4)。

注2：碳石墨材料或制品中可渗硅或渗入树脂、金属等以提高其强度和耐磨性(5.5)或减摩性(4.26)。

7.20

渗硅(硅化)石墨　cementation of silicon in graphite

在高于 2000℃含硅气氛中在催渗剂的作用下，石墨(8.17)表面生成 SiC 并形成由 SiC、Si、C 多相组成的新型复合材料，具有很强的耐高温、耐高压、耐腐蚀、抗磨损(2.3)、抗氧化、抗热震等性质，并且是电和热的良导体，在机械、化工、冶金、航空航天、电子、生物工程等领域有着重要的应用。

7.21

硬面材料　hardfacing material

在热喷涂(9.4)或硬面堆焊(9.3)、真空熔结涂层(9.5)等摩擦学表面技术(9.1)中作为表面强化用的金属或非金属材料。

注：喷涂、喷焊、真空熔结涂层(9.5)等工艺所用的自熔合金，一般在钴、镍、铁基中添加适量的硼和(或)硅，以降低熔点，并使之有良好的浸润性，在熔融过程中脱氧、造渣、除气以保护形成的涂层。

7.22

自粘结材料　self-bonding material

主要指在热喷涂(9.4)过程中能发生突发的放热反应形成 Ni、Al 金属间化合物，同时产生的高温能使涂层致密并与基材形成准冶金结合的镍铝复合粉末或线材。

7.23

聚合物材料　polymer material

可用于摩擦副材料(2.12)的一类由化学方法合成其分子量一般在几千到几百万的高分子聚合物。

注：高密度聚乙烯有较低的摩擦系数 μ(4.18)，聚酰胺有良好的耐磨性(5.5)，均已得到实际应用。

7.24

自润滑复合材料　self lubrication composite material

以聚合物或金属为基体，加入固体润滑(6.8)材料的粉末，制备出的低摩擦系数 μ(4.18)的复合材料。

注：这类材料的硬度可高于基体，在减小摩擦系数 μ(4.18)的同时提高耐磨性(5.5)。

8　润滑材料

8.1

润滑材料　lubricating material

专指用于润滑(2.4)或制备润滑剂(6.48)的各类材料，包括油、脂、粉末、膜层、水、乳化剂、填加料等物质。

8.2

基础油　base oil

未加入添加剂(8.3)、稠化剂(8.4)及填料(8.5)的矿物油、合成油、植物油、动物油等原料油品，是制备润滑油(8.6)、润滑脂(8.11)的主要原料。

8.3

添加剂　additive

加到油品中能赋予润滑剂(6.48)某些优异性能，或减弱甚至消除某种有害影响的物质。

注1：传统添加剂：防止不溶于油中的悬浮物形成积碳(6.58)、漆膜和油泥(6.55)的分散剂；能减缓油品氧化并能在金属表面形成保护膜以防止腐蚀作用的抗氧化抗腐蚀剂；提高油品极端[摩擦]工况(4.3)下的承载能力 ξ(6.26)和金属摩擦副(4.4)的减摩抗磨性能的极压抗磨剂；能在金属表面形成定向吸附膜，以防止摩擦副(4.4)表面直接接触的油性剂和摩擦(2.2)改进剂；可钝化金属表面以降低油品氧化速度的金属减活剂；改善油品粘温性能的粘度指数(6.16)改进剂；降低油品的凝固点，改进油品低温流动性的降凝剂；抑制并消除泡沫的产生的抗泡剂；以及由多种添加剂配合调制油品以达到抗磨、抗氧、防锈、降凝、抗泡等复合作用的复合添加剂。

注2：环境友好添加剂(environmentally acceptable additive)：为减少含硫、磷等成份添加剂对大气的污染及发动机废气转换器中催化剂的中毒，而发展用于发动机和其他机械部件油的低磺酸盐、低磷、低灰添加剂。

注3：含有满足各种使用性能(如润滑(2.4)性，抗氧性，防锈性，抗泡性等)的各种添加剂的组合物，广泛用于调和成品油的复合添加剂(additive package)。

8.4

稠化剂 thickener

为配制润滑脂(8.11)而分散在润滑油(8.6)中提高粘度(6.12)的固体材料，又称增稠剂。

注1：能形成结构骨架，使基础油(8.2)固定在其中成为半固体状的脂类。

注2：金属皂和有机物是常用的稠化剂，无机稠化剂有碳黑、膨润土、氧化硅凝胶等。

8.5

填料 filler

添加到润滑脂(8.11)中以增强润滑(2.4)性能并提高其稠度的固体物质，如石墨(8.17)、二硫化钼(8.16)、滑石(8.22)、云母和铜粉等。

8.6

润滑油 lubricating oil

在基础油(8.2)中加入添加剂(8.3)制备的最常用的液体润滑剂(6.48)。

注：按不同用途分为汽油机油，柴油机油，汽轮机油，变压器油，锭子油，齿轮油，主轴油，磨合油，多效油，多级润滑油等。

8.7

复合油 compounded oil

配制油

混合矿物油、合成油、动、植物油等基础油(8.2)和添加剂(8.3)制备的润滑油(8.6)。

8.8

矿物润滑油 mineral lubricating oil

由石油提炼并经过精制的基础油(8.2)制备的润滑油(8.6)。

注：包括内燃机油、各类齿轮油、液压油、压缩机油、导轨油、汽轮机油。

8.9

轴[承]油 bearing oil

主轴、轴承和有关离合器用润滑油(8.6)。具有抗氧、防锈、抗磨作用。

8.10

合成润滑油 synthetic lubricating oil

通过化学方法人工合成基础油(8.2)制造的润滑油(8.6)。

注1：具有较好的高温性能，优良的抗氧化，抗辐射，化学稳定性和粘温及低温性。

注2：按其基础油(8.2)可分为有机酯、合成烃、聚醚、聚硅氧烷、含氟油、磷酸酯等六类，多用于航空及汽车工业的高低温部件和仪器仪表的润滑(2.4)。

8.11

润滑脂 grease

将稠化剂(8.4)均匀地分散在润滑油(8.6)中得到的半流体或粘稠膏状的润滑剂(6.48)。

注1：包括脂肪酸钙、锂或硬脂酸锂皂稠化矿物油的钙基、锂基脂；不用金属皂稠化的非皂基润滑脂；高聚物稠化的聚合物脂；合成油加脂肪酸锂、钙、二硫化钼(8.16)和鳞片石墨(8.17)稠化的合成润滑脂。

注2：按其特性和用途可以分为专门用于特殊摩擦副(4.4)或极端[摩擦]工况(4.3)的专用润滑脂，具有明显纤维结构在受剪切时其稠度持久增大的特种触凝润滑脂等。

8.12

极压润滑剂 extreme-pressure lubricant

含有硫、磷、硼或卤素极压添加剂(8.3)的润滑油(8.6)或润滑脂(8.11)。

注1：常见的有硫化烯烃、氯化石蜡、硫氯化动植物油、硼酸盐、含磷和杂环氮的极压润滑剂等。

注2：在摩擦[表]面(4.1)形成比基体金属的剪切强度低的金属硫化物或氯化物膜，可防止表面严重破坏或咬死(5.37)，硼酸盐可在摩擦(2.2)高温下对表面渗硼，磷和杂环氮的磷剂在摩擦[表]面(4.1)生成高熔点低剪切强度反应膜而起到极压作用。

8.13

硅酸盐自修复添加剂　silicate self-repair additive

一种完全不同于传统添加剂(8.3)的组合物,含高度分散硅酸盐粒子和助剂,具有自行修复磨损(2.3)表面的功能。

注:配合润滑油(8.6)、润滑脂(8.11)应用,摩擦(2.2)过程中在硅酸盐的催化作用下可能生成接近金刚石硬度并具有抗磨性和涂覆性的表面膜。

8.14

层状点阵材料　layer-lattice material

具有良好固体润滑(6.8)特性的层状晶体结构材料,如石墨(8.17)、二硫属化合物(8.15)、六方氮化硼(8.18)等。

8.15

二硫属化合物　dichalcogenides

钨、钼、铌、钽与ⅥA族元素形成的二硫化物、二硒化物、二碲化物的统称,具有固体润滑(6.8)特性。

注:这类化合物如 MoS_2、WS_2、WSe_2、$NbSe_2$ 等,均具有层状结构。

8.16

二硫化钼　molybdenum disulfide

MoS_2 为最常用的具有良好固体润滑(6.8)特性的二硫属化合物(8.15)。

注1:为六方晶系层状结构的灰黑色无光泽粉末,不溶于水,空气中最高使用温度为350 ℃;可用于高速、重载、高真空及有化学腐蚀等[摩擦]工况(4.3)。

注2:二硫化钨是另一种常用的固体润滑(6.8)材料,由人工合成的具有鳞片状外观的深灰色粉末,结构和润滑(2.4)性能均与二硫化钼相似,空气中最高使用温度为440 ℃。

8.17

石墨　graphite

六方层状结构的碳结晶体,化学稳定性极高,是常用的固体润滑(6.8)材料。

注1:空气中最高使用温度为500 ℃。

注2:水蒸汽或其他气体吸附物质对石墨的润滑(2.4)性能影响极大;在真空中,石墨将失去润滑(2.4)作用。

注3:氟化石墨作为固体润滑(6.8)材料其性能优于石墨,是碳与氟在高温下反应形成的稳定高分子化合物,由于氟化程度不同,可呈黑色、灰色或白色等几种颜色。

8.18

氮化硼　boron nitride

六方晶系的BN,热稳定性好,常作为高温固体润滑(6.8)材料使用。

8.19

氟化钙　calcium fluoride

CaF_2 高温下具有低摩擦系数 μ(4.18),工作温度可达800℃以上,常以干膜方式应用的高温固体润滑(6.8)材料。

注:氟化钡是另一种高温固体润滑(6.8)材料,常与氟化钙一起按一定比例复合使用。

8.20

一氧化铅　lead monoxide

PbO是具有正方晶体或者斜方晶体结构的高温固体润滑(6.8)材料,使用温度最高为600 ℃左右。

8.21

软金属膜　soft metal film

具有低剪切强度的金属所容易形成的膜,如铅(Pb)、铟(In)、镓(Ga)、锡(Sn)、锌(Zn)、银(Ag)、钡(Ba)、金(Au)的薄膜,可作为固体润滑(6.8)材料应用。

8.22

滑石 talc

单斜晶系的 $Mg_3Si_4O_{10}(OH)_2$ 呈白色或淡黄色，鳞片状且有滑腻感的软材料，可用于高温固体润滑(6.8)。

8.23

酞青 phthalocyanine

可用作固体润滑(6.8)材料的有机颜料，层状结构，在各个结晶方向均柔软，能很好保护摩擦[表]面(4.1)，使用温度约为 500℃。

8.24

聚四氟乙烯(PTFE) polyterafluoroethylene(PTFE)

常用的一种聚合物固体润滑(6.8)材料，可直接涂敷或喷涂于摩擦[表]面(4.1)起润滑(2.4)作用，也可单独或加填料(8.5)使用，也可作为填料(8.5)制备成复合材料。

注：俗称塑料王，化学稳定性好，摩擦系数 μ(4.18)很低(0.05～0.10)，在－230 ℃～260 ℃的宽温度范围内仍保持低摩擦系数 μ(4.18)，可制成纤维和其他有机纤维混纺成布，贴在摩擦[表]面(4.1)上起减摩作用。

9 摩擦学表面技术

9.1

摩擦学表面技术 surface technology for tribology

专指在摩擦学(2.1)领域应用的材料表面强化和改性技术。

注 1：利用物理、化学或机械等方法在基材表层获得特殊成分、组织、结构，使摩擦副(4.4)具有适用且优异的减摩耐磨特性。

注 2：涉及的技术主要有化学热处理(扩渗)、高能束流处理或注入、气相沉积(9.8)、硬面堆焊(9.3)、热喷涂(9.4)、熔覆、电镀、化学镀等。

9.2

离子注入 ion implantation

在真空条件下将选定的元素电离并用静电场加速，离子以高速冲击被处理的表面并注入基材以形成极薄的近表面合金层以提高基材耐磨减摩能力的一种摩擦学表面技术(9.1)。

9.3

硬面堆焊 hardfacing

利用等离子弧、电弧、火焰等热源将具有特定性能的金属或合金熔化并涂敷在基材表面的一类摩擦学表面技术(9.1)。

注 1：堆焊层与基材表面有一定厚度的熔化混合，并形成冶金结合的过渡区。

注 2：用气体火焰为热源的称为气体堆焊，用电弧为热源的称为电弧堆焊。

注 3：常用的耐磨堆焊材料是 Ni、Co 或 Fe 基自熔合金及高铬高碳铁合金。

9.4

热喷涂 thermal spraying

用高温、高速气流将金属、陶瓷或高分子材料等熔化或半熔化并雾化，加速喷射至已预处理的基材表面以形成涂层的一类摩擦学表面技术(9.1)。

注 1：按使用的热源可将其分为电弧喷涂、火焰喷涂、爆炸喷涂、等离子喷涂等。

注 2：按被喷涂材料可将其分为金属喷镀、陶瓷喷涂、塑料喷涂等。

9.5

真空熔结涂层　vacuum fusing coating

将自熔合金粉末预涂敷于基材表面的工件置放在真空炉中或用高能束流加热、熔化、凝结而形成涂层的一种摩擦学表面技术(9.1)。

9.6

激光表面处理　laser surface treatment

用高能量密度激光束照射使材料表面局部快速熔凝或发生相变的一种摩擦学表面技术(9.1)。

注：包括表面相变强化、形成微晶和非晶、表面合金化、表面涂覆等。

9.7

液相沉积　deposition in solution

通过电解或化学还原反应在特制的溶液中获得金属沉积层的一类摩擦学表面技术(9.1)。

注1：最常用以改善基材耐磨性(5.5)的电镀品种为镀硬铬，化学镀品种为镀Ni-P。

注2：在镀液中分散固体微粒与金属共沉积的复合镀，如Ni-P/SiC或Ni-P/PTFE表层可以改善基材的耐磨性(5.5)或减摩性(4.26)。

注3：用化学或电化学原理与基材反应的方法处理金属表面得到膜层以改善其摩擦学(2.1)性能的工艺称为转化膜技术。

9.8

气相沉积　vapor deposition

利用电极放电、加热、施加电磁场等物理方法使固体气化，并通过气相化学反应在基材表面形成具有特殊性能金属或化合物薄膜的一类摩擦学表面技术(9.1)。

注1：就其沉积原理可分为化学气相沉积(CVD)和物理气相沉积(PVD)两类。

注2：物理气相沉积又可分为在真空中将靶材加热蒸发或升华后沉积在基材上的蒸镀；在强电场作用下的惰性气体正离子轰击阴极靶材并使溅出的原子沉积在基材上的溅射；通过加热使靶材气化产生离子辉光放电并沉积在基材上的离子镀等。

10　摩擦学试验设备　tribology test device

10.1

摩擦学试验　tribology test

模拟摩擦副(4.4)的[摩擦]工况(4.3)以确定试验参数，或在一定加速条件下进行摩擦学行为(2.11)研究的试验。

注1：试验所使用的各类仪器或装置统称为摩擦学(2.1)试验装置。

注2：按试验目的和要求，可分为试片试验，模拟[摩擦]工况(4.3)的零部件试验和整机的台架试验等。

10.2

摩擦试验机　tribometer

测量相对运动表面间的法向力 N(3.31)和摩擦力 F(4.16)及其相互关系的仪器或试验装置。

注：评定摩擦副(4.4)的静摩擦系数(4.19)的试验装置称为静摩擦试验机；研究摩擦副(4.4)相对滑动(4.5)时的跳跃运动行为的试验装置称为粘-滑试验机；将试片压在以一定速度旋转的圆板或圆环上以评定摩擦材料(7.1)的热稳定、热冲击刹车性能和耐磨性(5.5)的设备称为定速式摩擦试验机。

10.3

四球试验机　four-ball tester

由一个转动钢球与三个静止钢球组成点接触的摩擦副(4.4)作单向滑动(4.5)的试验机；可在混合润滑(6.6)和边界润滑(6.5)区工作，多用于评定润滑油(8.6)极限承载能力 ζ(6.26)的试验；摩擦副的组成见图1。

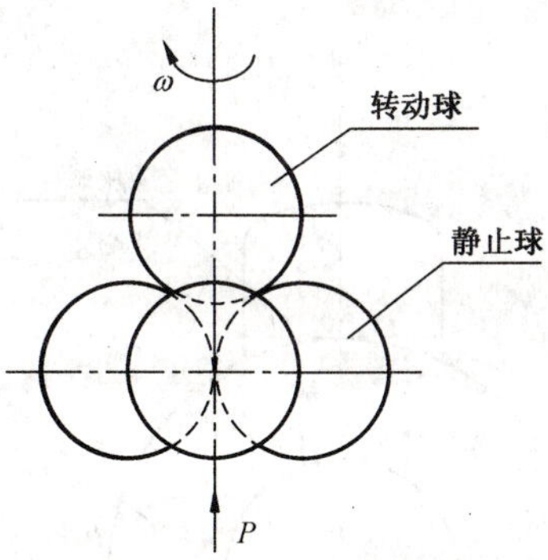

图 1 一个转动球与三个静止球组成的单向滑动摩擦副

10.4

往复试验机 reciprocating tester

由销试样与平板试样组成点接触或面接触的摩擦副(4.4)作往复滑动(4.10)的试验机,如 SRV 试验机;多工作于干摩擦(2.2)、混合润滑(6.6)和边界润滑(6.5)区,可用于评价润滑油(8.6)、固体润滑(6.8)材料及耐磨材料(7.9)的试验;摩擦副的组成见图 2。

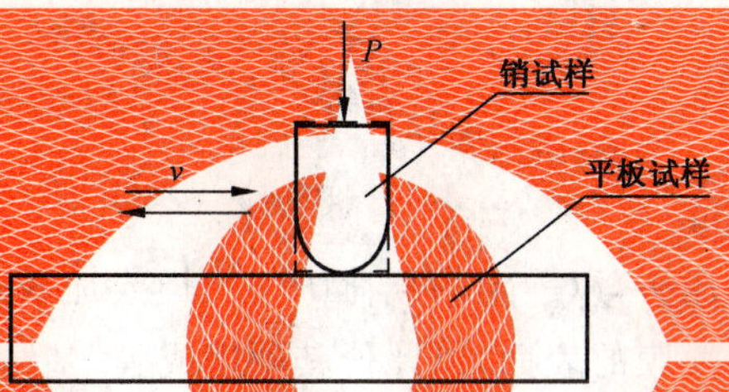

图 2 销试样与平板试样组成的往复滑动摩擦副

10.5

销/盘试验机 pin on disk tester

由销试样与转动圆盘试样组成点接触或面接触的摩擦副(4.4)作单向滑动(4.5)的试验机,如国内仿制前苏联 X-4b 的 ML-10 试验机;多用于干摩擦(2.2),也有以砂布(纸)覆盖转动圆盘与销试样对磨,可进行材料的磨粒磨损(5.18)试验;摩擦副的组成见图 3。

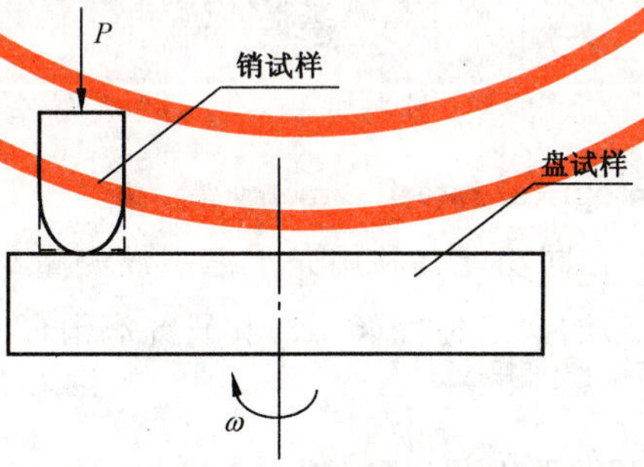

图 3 销试样与转动圆盘试样组成的单向滑动摩擦副

10.6

环/块试验机 ring/block tester

由块状试样与转动圆环试样组成线接触或面接触的摩擦副(4.4)作单向滑动(4.5)的试验机;常用于润滑油(8.6)、润滑脂(8.11)的规格试验;摩擦副的组成见图 4。

注:这类试验机国内外均有多种型号,如改制 Amsler 公司的试验机为国产型号 MM-2000,改制 Falex 公司的试验机为国产型号 MPX-2000,改制 Timken 公司的试验机为国产型号 MHK-500A 等。

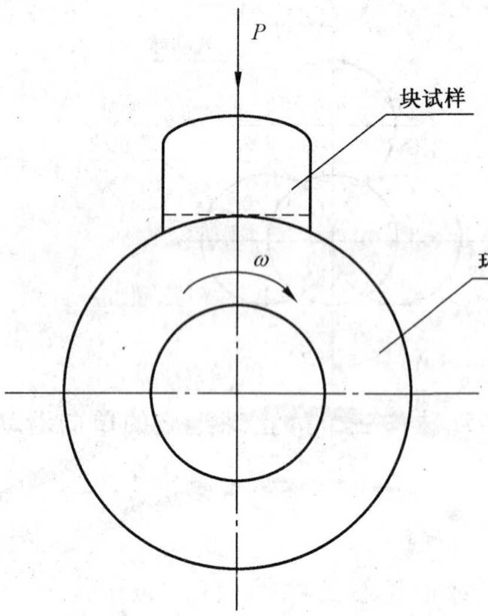

图 4　块状试样与转动圆环试样组成的单向滑动摩擦副

10.7

划痕仪　scratch tester

利用圆锥形或棱锥形金刚石压头，以一定的载荷 P(3.31)或加载速率在平板试样表面滑动(4.5)，划破或犁开固体材料表面或镀有薄膜的表面，以评价其硬度或膜/基结合情况的仪器。

注 1：利用载荷 P(3.31)与痕槽截面积之比或根据划痕沟槽尺寸，可表征材料的划痕硬度。

注 2：划痕过程中通过声发射监听方法测得薄膜破裂时的载荷 P(3.31)，可用以评估膜/基结合强度。

注 3：以纳牛量级的载荷 P(3.31)对分子量级的平坦表面进行划痕试验的仪器称为纳米划痕仪。

10.8

微牵引力试验台　mini-traction machine(MTM)

可在不同载荷 P(3.31)、速度和一定温度下的滚动(4.6)、滑动(4.5)或滑滚运动(4.7)时，评定润滑油(8.6)、润滑脂(8.11)在弹性流体动力润滑(6.4)、混合润滑(6.6)和边界润滑(6.5)各区摩擦(2.2)性能的新型润滑油脂试验机。

10.9

薄膜光干涉试验台　thin film optical interferometry

具有与微牵引力试验台(10.8)相同功能并利用光干涉条纹测量纳米级厚度油膜，用于评定润滑油(8.6)、润滑脂(8.11)及添加剂(8.3)的润滑特性(6.40)和研究润滑(2.4)机理的精密仪器。

10.10

交叉圆柱试验机　crossed cylinders tester

由两个交叉圆柱试样组成的摩擦副(4.4)作接触柱面间相对运动的试验机；摩擦副的组成见图 5。

注 1：两圆柱一般采用 90°交角，一圆柱沿自身轴线转动，另一圆柱静止或沿其轴线往复运动；或两圆柱同时旋转并作轴向运动。

注 2：由圆球和圆柱组成摩擦副(4.4)，其球面和柱面接触作相对运动的称为球/柱试验机。

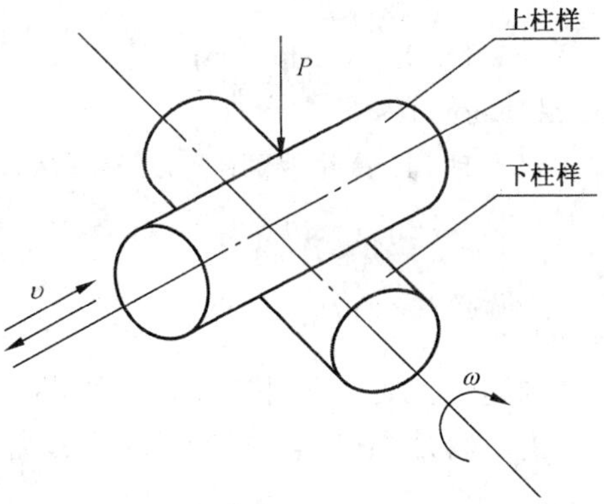

图 5　两个交叉圆柱试样组成的相对运动摩擦副

10.11

接触疲劳试验机　contact fatigue tester

由两圆盘(或球/盘、球/柱)试样组成摩擦副(4.4),两圆盘的周面接触(或球/盘、球/柱接触)保持不同线速度运动,使其互相接触表面之间作相对的滚动(4.6)或滑滚运动(4.7)的试验机;可进行疲劳磨损(5.39)试验;两圆盘接触摩擦副的组成见图 6。

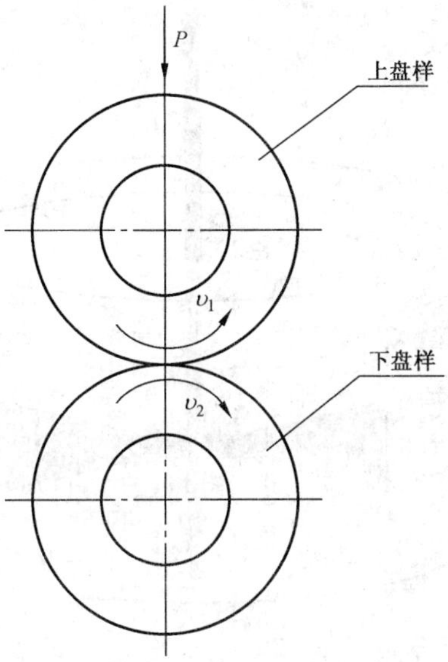

图 6　两圆盘试样组成的滑滚运动摩擦副

10.12

橡胶轮(式)磨粒磨损试验机　rubber wheel abrasion tester

由具有橡胶轮缘的圆盘旋转携带磨粒(5.20)滑过紧压在轮缘上的平板试样表面的试验机,可进行磨粒磨损(5.18)试验。

注:该试验机分为干砂和湿砂两类,国产 MLS-23 磨粒磨损试验机可于做干/湿砂两种试验。

10.13

冲击磨粒磨损试验机　impact abrasion tester

通过试样冲击磨料的方式研究在冲击性载荷 P(3.31)作用下材料磨粒磨损(5.18)特性的试验机。

10.14

块/滑轨式磨粒磨损试验机　block track abrasion tester

平面磨粒磨损试验机　plane abrasion tester

块状试样压在滑轨平面上作相对滑动(4.5)并使磨粒(5.20)不断进入试样和滑轨之间的试验机，可进行磨粒磨损(5.18)试验。

10.15

喷砂冲蚀装置　sand erosion tester

使大量松散的微小固体颗粒在高速气流裹挟下冲击试样表面，用以研究在各种冲击速度(5.51)、攻角(5.50)及不同颗粒性质等条件下的材料冲蚀(5.49)行为的试验设备。

10.16

料浆罐式冲蚀磨损试验机　stauffer slurry erosion tester

将固体颗粒和液体介质配制成料浆装入容器罐内，令试样与料浆之间进行相对旋转运动，可在不同条件(旋转速度、试样方位、固体颗粒、料浆浓度、液体介质等)下进行冲蚀(5.49)试验；典型的试验装置组成见图7。

注：用此类试验机还可进行干式、湿式或腐蚀性磨粒磨损(5.18)试验。

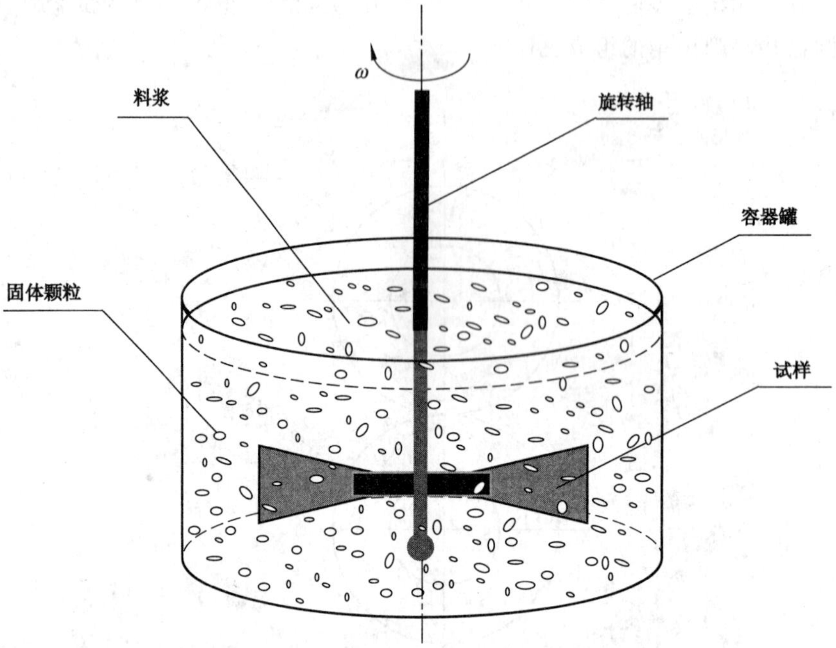

图7　试样浸入料浆中作旋转运动的试验装置

10.17

腐蚀磨损试验机　corrosive wear tester

既能测量浸在溶液或料浆中摩擦副(4.4)的摩擦系数 μ(4.18)和磨损量(5.1)，又能测定其腐蚀电化学参数(电位、腐蚀电流等)的试验机。

注：可以将往复试验机(10.4)、销/盘试验机(10.5)、环/块试验机(10.6)、料浆罐式冲蚀磨损试验机(10.16)等进行改装，增添电化学测试系统，组成各种腐蚀磨损试验机。

10.18

高温磨损试验机　high temperature wear tester

研究摩擦副(4.4)在高温环境中的摩擦学(2.1)性能的试验机。

注：国内已有在销/盘试验机(10.5)、喷砂冲蚀装置(10.15)上增设加热炉以提供高温环境的试验设备。

10.19

液体射流台架　liquid jet rig

利用喷射运动状态近似圆柱形的液体流冲击固定或旋转的靶材，以模拟高速飞行器表面遭受雨蚀类冲蚀(5.49)的试验装置。

注：常用如下两种射流：a) 连续射流(continuous jet)——液体的喷射形式为连续流。b) 断续射流(slug or segment jet)——液体以短圆柱的形式喷射，圆柱长度通常为其直径的几倍，其运动方向近似平行于长度方向。

10.20

空化冲蚀试验　cavitation erosion test

固体表面在特定的或可测量(至少是可重复)的条件下空化(5.55)，进行空蚀(5.56)试验以研究其冲蚀(5.49)行为。

注：根据产生空化(5.55)的方式，可将其分为振动空蚀和流动空蚀，使用的设备有(超声)振动空蚀试验机、流动空蚀隧道、台架转盘空蚀试验装置等。

10.21

铁谱仪　ferrograph

利用磁场作用，从使用过的润滑油(8.6)样品中分离出磨屑(5.12)，并使其按照尺寸大小有序地沉积到玻璃基片(铁谱片)上，以显微观察、检测和分析故障及探索磨损机理(5.8)的一种仪器。

注1：有分析式、直读式和在线式三种基本类型。

注2：我国开发出利用定向气流分散干磨粒磨损(5.18)产生磨屑(5.12)的气动式铁谱仪。

注3：主要用于设备的监测，故障诊断及磨损机理(5.8)研究。

10.22

硬度计　hardness tester

测定固体材料抵抗较硬物体压入程度，即表面抵抗塑性变形(5.21)能力的专用设备。

注1：根据压头特征和测定方法，可将常用的布氏、维氏、洛氏、肖氏、努氏等硬度计测得的摩擦副材料(2.12)硬度值作为评价材料耐磨性(5.5)的重要判据。

注2：微小棱锥金刚石压头测定微区硬度的设备为显微硬度计，可测定磨痕(5.11)及其不同部位的硬度，其测定结果有助于磨损机理(5.8)的研究。

10.23

表面轮廓仪　surface profile instrument

测量固体的[表面]粗糙度(3.4)和表面轮廓[线](3.8)的专用设备。

注1：接触式轮廓仪通常用沿被测量表面移动的金刚石触针来测量[表面]粗糙度(3.4)和表面轮廓[线](3.8)，其局限性是容易破坏软表面和不易反映表面的精细结构。

注2：激光轮廓仪是利用微聚焦的激光束非接触地扫描被测量表面，它能够克服接触式轮廓仪的局限性并获得较为精细的表面形貌(3.3)。

注3：光学干涉轮廓仪，应用计算机技术能够生成深度较大、分辨精度很高的物体表面三维空间图像，可用于评价光滑表面的形貌特征和更精细的结构。

注4：光学共焦轮廓仪，可在激光轮廓仪中利用两个光圈将激光激发额外产生的光过滤掉以更清晰显示表面形貌(3.3)。

10.24

纳米压痕仪　nanoindenter

压头为尖锐的三角形金刚石，可在纳牛量级的载荷 P(3.31)下使压痕尺寸处于纳米量级以获得纳米硬度的仪器。

注：可用原子力显微镜(10.25)作为纳米压痕仪，将扫描尺寸设为零而使探针在试件表面上产生压痕。

10.25

原子力显微镜　atomic force microscope(AFM)

利用光偏转、光干涉、电容、隧道电流等精密测量技术，通过柔性变形悬臂梁探针扫描被测量表面，以获取纳米尺度下的表面形貌(3.3)、粘着(4.23)力和静电力的仪器。

注：探针尖半径 5 nm～100 nm，滑动速度 0.02 μm/s～2 μm/s，扫描尺寸 1 nm×1 nm～125 μm×125 μm。

10.26

摩擦力显微镜　friction force microscope(FFM)

可以用于研究甚至原子量级的微观尺度摩擦学行为(2.11)的仪器，一般由原子力显微镜(10.25)经过改进而建立，其工作参数指标与之相同。

10.27

表面力仪　surface force apparatus(SFA)

研究在大气或真空中分子量级光滑的两个表面之间的静作用力随分隔间距变化的仪器。

注：探针尖半径～10 μm，接触面半径 10 μm～40 μm，作用力 10 mN～100 mN，滑动速度 0.001 μm/s～100 μm/s。

10.28

流变仪　rheometer

测量液体的剪应力-剪切速率曲线的仪器，适用于润滑油(8.6)的性能评定。

10.29

粘度计　viscosimeter

测定润滑油(8.6)及其他液体的粘度(6.12)的仪器。

10.30

锥入度计　penetrometer

用角锥在规定条件下沉入润滑脂(8.11)的程度以测定其稠度的仪器。

汉语拼音索引

M

N

P

Q

R

S

T

W

X

英文字母索引

A

B

C

D

M

N

O

P

R

S

V

W

Z

ICS 59.120.01
W 90

中华人民共和国国家标准

GB/T 17780.1—2012
部分代替 GB/T 17780—1999

纺织机械 安全要求 第1部分:通用要求

Textile machinery—Safety requirements—Part 1:Common requirements

(ISO 11111-1:2005,MOD)

2012-11-05 发布 2013-06-01 实施

中华人民共和国国家质量监督检验检疫总局
中国国家标准化管理委员会 发布

前　言

GB/T 17780《纺织机械　安全要求》分为七个部分：

——第 1 部分：通用要求；

——第 2 部分：纺纱准备和纺纱机械；

——第 3 部分：非织造布机械；

——第 4 部分：纱线和绳索加工机械；

——第 5 部分：机织和针织准备机械；

——第 6 部分：织造机械；

——第 7 部分：染整机械。

本部分为 GB/T 17780 的第 1 部分。

本部分按照 GB/T 1.1—2009、GB/T 20000.2—2009 给出的规则起草。

GB/T 17780 的本部分代替 GB/T 17780—1999《纺织机械安全要求》中的部分内容(GB/T 17780—1999 除第 7 章～第 12 章外)，未被代替的内容为下述 6 个涉及各类设备的安全要求：纺纱准备和纺纱机械、非织造布机械、纱线和绳索加工机械、机织和针织准备机械、织造机械、染整机械。这些内容将分别纳入 GB/T 17780 的第 2～第 7 部分。

本部分修改采用 ISO 11111-1:2005《纺织机械　安全要求　第 1 部分：通用要求》。

本部分根据 ISO 11111-1:2005 重新起草。本部分与 ISO 11111-1:2005 的技术性差异如下：

——将引用的有关国际、国外标准改为对应的国家标准。关于规范性引用文件，本部分做了具有技术性差异的调整，以适应我国的应用，具体调整列在附录 F 中。

——本部分删除了 ISO 11111-1:2005 中 1.2 的参考性注释“注 2:EU 和 ETTA 有关于压力容器和电磁适用性的规定。”

为便于使用，本部分做了下列编辑性修改：

——“ISO 11111 的本部分”改为“GB/T 17780 的本部分”；

——删除 ISO 11111 的前言；

——修改了 ISO 11111 的引言成为本部分引言；

——将附录 B 的两段编号为 B.1 和 B.2，分别对应表 B.1、表 B.2；

——本部分附录 C 中表 C.2 中规定的对 GB/T 17880.4,5.2b)的检验方法，删除了原国际标准中的“Ⅰ”，因为标准中没有代号为“Ⅰ”的检验方法，参考此表中对 GB/T 17880.2,5.8.2d)的规定，该条款的检验方法由原文“A,Ⅰ”修正为“A”。

本部分由中国纺织工业联合会提出。

本部分由全国纺织机械与附件标准化技术委员会(SAC/TC 215)归口。

本部分起草单位：恒天重工股份有限公司、中国纺织机械器材工业协会、贝斯特机械制造有限公司、经纬纺机股份公司榆次分公司、上海一纺机械有限公司、苏州工业园区职业技术学院、江苏宏源纺机股份有限公司、青岛宏大纺织机械有限公司、邵阳纺织机械有限公司、上海一纺机械有限公司七纺机分公司、山西鸿基科技股份有限公司、无锡纺织机械研究所、天津宏大纺织机械有限公司、深圳市华测检测技术股份有限公司。

本部分主要起草人：亓国红、王静怡、徐景禄、师雅并、陈慧、冯翠、徐向红、王莉、王爱芹、孙品、高小改、赵基平、冯广轩、郭冰。

GB/T 17780 于 1999 年首次发布，本次为第一次修订，本次修订将 GB/T 17780 分为 7 个部分。

引　言

国际标准 ISO 11111-1～11111-7 是由 ISO/TC 72 和 CEN/TC 214 共同制定的，并根据《维也纳协定》通过，以便于在纺织机械的设计和生产中应用相同的安全标准。

GB/T 17780.1～17780.7 修改采用 ISO 11111-1～11111-7：2005。

GB/T 17780 是为所有关心纺织机械安全的人们，如纺织机械的设计者、制造商以及系统成套供应商等而编制的，同时它也是纺织机械的使用者和安全专家所关心的。

本部分是按照 GB/T 15706.1—2007/ISO 12100-1：2003 规定的 C 类专用标准制定的。GB/T 17780 的各个部分涉及纺织行业中使用的纺织机械所存在的潜在的、重要的危险因素。标准内容涵盖所涉及的各种机器危险因素存在的范围。

当 C 类标准的规定与 A 类或 B 类标准的内容不同时，应以 C 类标准的规定为准。

对于那些在 GB/T 17780 相关章节中没有提及的机器或零部件存在的危险因素，设计者应根据 GB/T 16856/ISO 14121 的内容对其做出风险评价并提出降低风险的方法。

本部分第 5 章包括了主要安全要求和/或对纺织机械常见的危险应采取的措施。

本部分第 6 章描述了纺织机械专件（如罗拉）和部件的主要危险及相应的安全要求和/或措施。

GB/T 17780 的各个部分分别提出了各类纺织机械的主要危险和相应的安全要求和/或措施。为了避免重复，减少篇幅，本部分的第 5 章和第 6 章中主要讲述的安全要求也同样适合 GB/T 17780 的其他部分。纺织机械的安全标准应包括 GB/T 17780.2～17780.7 和本部分中相关的安全要求。

纺织机械　安全要求
第1部分:通用要求

1　范围

1.1　GB/T 17780的本部分针对纺织机械常见的危险及包含在GB/T 17780.2～17780.7中的有关零部件的危险规定了相应的安全要求。

1.2　本部分适用于纺织工业中有以下用途的机械和有关设备:

——纤维(短纤维和长丝)和其他原料制成纱线或非织造布(包括毡)的开、清、混、梳、精梳准备、纺纱和其他工序;

——纱线卷绕、并纱、捻线、变形工艺等以及机织和针织前的纱线准备工序;

——形成织物的机织、针织、花边织造以及其他类似工艺;

——带、绳、缆、索、麻线、网的编织等,搓绳机的卷取框除外;

——纤维、纱线、织物、编织带、绳索等的预处理,漂白、染色、印花和整理及出厂整装;

——成品的匹染;

——经编、纬编的整理,包括袜类,但不包括成品的缝合(即缝纫);

——机织、簇绒和其他生产地毯的工艺。

本部分适用于以上所列生产过程中的所有纺织机械和设备,包括能使单元机或联合机自动操作的设备,如纤维气流输送设备,但不包括机器间的运输装置。

注:对特定的纺织机械安全要求,通常包括两部分:本部分和GB/T 17780有关机械的具体部分。非织造布生产线包含在GB/T 17780.3中,同时还要考虑GB/T 17780.2、GB/T 17780.6和GB/T 17780.7。

GB/T 17780不涉及压力容器的具体要求。

1.3　本部分和其他部分提及的危险,仅限发生于机器的运输、装配、调整、使用、维护以及分解、拆卸和处理中。人工装卸也是机器正常操作的一部分。

1.4　GB/T 17780不适用于以下机械和相关设备:

——长丝和人造纤维的生产,包括形成初次成品(如长丝筒子、短纤维包);

——亚麻和类似原料的梳理;

——纺粘法和熔喷法非织造布的生产;

——服装、家用、产业用纺织品的缝制及非织造布的针刺和轧制;

——纺织成品的洗涤与干洗;

——纺织机械的维修(如梳针维护设备,印花机器组件的清洗);

——某些切割装置,如木料切割装置、激光切割、高压水枪、超声波装置。

注:附录E中的机械和设备用于纺织工业,但不包括在本部分范围内。

1.5　本部分及GB/T 17780的其他部分不适用于在潜在爆炸性环境中使用的机械。

1.6　本部分及其他部分不适用于GB/T 17780.1～17780.7发布前制造的机器。

2　规范性引用文件

下列文件对于本文件的应用是必不可少的。凡是注日期的引用文件,仅注日期的版本适用于本文件。凡是不注日期的引用文件,其最新版本(包括所有的修改单)适用于本文件。

GB/T 4205 人机界面标志标识的基本和安全规则 操作规则(GB/T 4205—2010,IEC 60447:2004,IDT)

GB 5226.1—2008 机械电气安全 机械电气设备 第1部分:通用技术条件(IEC 60204-1:2005,IDT)

GB/T 7111.1 纺织机械噪声测试规范 第1部分:通用要求(GB/T 7111.1—2002,eqv ISO 9902-1:2001)

GB/T 7111.2 纺织机械噪声测试规范 第2部分:纺前准备和纺部机械(GB/T 7111.2—2002,eqv ISO 9902-2:2001)

GB/T 7111.3 纺织机械噪声测试规范 第3部分:非织造布机械(GB/T 7111.3—2002,eqv ISO 9902-3:2001)

GB/T 7111.4 纺织机械噪声测试规范 第4部分:纱线加工、绳索加工机械(GB/T 7111.4—2002,eqv ISO 9902-4:2001)

GB/T 7111.5 纺织机械噪声测试规范 第5部分:机织和针织准备机械(GB/T 7111.5—2002,eqv ISO 9902-5:2001)

GB/T 7111.6 纺织机械噪声测试规范 第6部分:织造机械(GB/T 7111.6—2002,eqv ISO 9902-6:2001)

GB/T 7111.7 纺织机械噪声测试规范 第7部分:染整机械(GB/T 7111.7—2002,eqv ISO 9902-7:2001)

GB/T 8196—2003 机械安全 防护装置 固定式和活动式防护装置设计与制造一般要求(ISO 14120:2002,MOD)

GB 11291—1997 工业机器人 安全规范(eqv ISO 10218:1992)

GB 12265.3—1997 机械安全 避免人体各部位挤压的最小间距[eqv EN 349:1993(ISO/DIS 13854)]

GB/T 13379 视觉工效学原则 室内工作场所照明(GB/T 13379—2008,ISO 8995:2002,NEQ)

GB 14048.5 低压开关设备和控制设备 第5-1部分 控制电路电器和开关元件 机电式控制电路电器(GB 14048.5—2008,IEC 60947-5-1:2003,MOD)

GB/T 15192 纺织机械用图形符号(GB/T 15192—2008,ISO 5232:1988,MOD)

GB/T 15706.1—2007 机械安全 基本概念与设计通则 第1部分:基本术语和方法(ISO 12100-1:2003,IDT)

GB/T 15706.2—2007 机械安全 基本概念与设计通则 第2部分:技术原则(ISO 12100-2:2003,IDT)

GB/T 16405 声学 管道消声器无气流状态下插入损失测量 实验室简易法(GB/T 16405—1996,ISO 11691:1995,EQV)

GB 16754 机械安全 急停 设计原则(GB/T 16754—2008,ISO 13850:2006,IDT)

GB/T 16855.1—2008 机械安全 控制系统有关安全部件 第1部分:设计通则(ISO 13849-1:2006,MOD)

GB/T 16855.2—2007 机械安全 控制系统有关安全部件 第2部分:确认(ISO 13849-2:2003,IDT)

GB/T 16856.1 机械安全 风险评价 第1部分:原则(GB/T 16856.1—2008,ISO 14121-1:2007,IDT)

GB/T 17454.1—2008 机械安全 压敏保护装置 第1部分:压敏垫和压敏地板的设计和试验通则(ISO 13856-1:2001,IDT)

GB/T 17454.2—2008 机械安全 压敏保护装置 第2部分:压敏边和压敏棒的设计和试验通则

(ISO 13856-2:2005,IDT)

GB/T 17780.2 纺织机械 安全要求 第2部分:纺纱准备和纺纱机械(GB/T 17780.2—2012,ISO 11111-2:2005,MOD)

GB/T 17780.3 纺织机械 安全要求 第3部分:非织造布机械(GB/T 17780.3—2012,ISO 11111-3:2005,MOD)

GB/T 17780.4 纺织机械 安全要求 第4部分:纱线和绳索加工机械(GB/T 17780.4—2012,ISO 11111-4:2005,MOD)

GB/T 17780.5 纺织机械 安全要求 第5部分:机织和针织准备机械(GB/T 17780.5—2012,ISO 11111-5:2005,MOD)

GB/T 17780.6 纺织机械 安全要求 第6部分:织造机械(GB/T 17780.6—2012,ISO 11111-6:2005,MOD)

GB/T 17780.7 纺织机械 安全要求 第7部分:染整机械(GB/T 17780.7—2012,ISO 11111-7:2005,MOD)

GB 17888.1 机械安全 进入机械的固定设施 第1部分:进入两级平面之间的固定设施的选择(GB 17888.1—2008,ISO 14122-1:2001,IDT)

GB 17888.2 机械安全 进入机械的固定设施 第2部分:工作平台和通道(GB 17888.2—2008,ISO 14122-2:2001,IDT)

GB 17888.3 机械安全 进入机械的固定设施 第3部分:楼梯、阶梯和护栏(GB 17888.3—2008,ISO 14122-3:2001,IDT)

GB 17888.4 机械安全 进入机械的固定设施 第4部分:固定式直梯(GB 17888.4—2008,ISO 14122-4:2001,IDT)

GB 18209.1—2000 机械安全 指示、标志和操作 第1部分:关于视觉、听觉和触觉信号的要求(idt IEC 61310-1:1995)

GB/T 18569.1—2001 机械安全 减小由机械排放的危害性物质对健康的风险 第1部分:用于机械制造商的原则和规范(eqv ISO 14123-1:1998)

GB/T 18569.2—2001 机械安全 减小由机械排放的危害性物质对健康的风险 第2部分:产生验证程序的方法学(eqv ISO 14123-2:1998)

GB/T 18831—2010 机械安全 带防护装置的联锁装置 设计和选择原则(ISO 14119:1998和Amd.1:2007,MOD)

GB/T 19436.1—2004 机械电气安全 电敏防护装置 第1部分:一般要求和试验(IEC 61496-1:1997,IDT)

GB/T 19436.2—2004 机械电气安全 电敏防护装置 第2部分:使用有源光电防护器件(AOP-Ds)设备的特殊要求(IEC 61496-2:1997,IDT)

GB 19436.3—2008 机械电气安全 电感防护装置 第3部分:使用有源光电漫反射防护器件(AOPDDR)设备的特殊要求(IEC 61496-3:2001,IDT)

GB/T 19670—2005 机械安全 防止意外启动(ISO 14118:2000,MOD)

GB/T 19671—2005 机械安全 双手操纵装置 功能状况及设计原则 (ISO 13851:2002,MOD)

GB/T 19886 声学 隔声罩和隔声间噪声控制指南(GB/T 19886—2005,ISO 15667:2000,IDT)

GB/T 19887 声学 可移动屏障声衰减的现场测量(GB/T 19887—2005,ISO 11821:1997,IDT)

GB/T 20431 声学 消声器噪声控制指南(GB/T 20431—2006,ISO 14163:1998,IDT)

GB 23821—2009 机械安全 防止上下肢触及危险区的安全距离(ISO 13857:2008,IDT)

GB/T 25078.1 声学 低噪声机器和设备设计实施建议 第1部分:规划

EN 563:1994 机械安全 可接触表面温度 确定热表面温度极限值的工效学数据;AC:1994;

A1:1999(Safety of machinery—Temperatures of touchable surfaces—Ergonomics data to establish temperature limit values for hot surfaces;AC:1994;A1:1999)

EN 614-1 机械安全 人类工效学设计原则 第1部分:术语学和一般原则(Safety of machinery—Ergonomic design principle—Part 1:Terminology and general principles)

EN 982:1996 机械安全 对流体动力系统和元件的安全要求 液压装置(Safety of machinery—Satety requirements for fluid power systems and their components—Hydraulics)

EN 983:1996 机械安全 对流体动力系统和元件的安全要求 气动(Safety of machinery—Satety requirements for fluid power systems and their components—Pneumatics)

EN 999:1998 机械安全 人体各部分对安全装置的趋近速度(Safety of machinery—The positioning of protective equipment in respect of approach speeds of parts of the human body)

EN 1005-1 机械安全 人体物理性能 第1部分:术语和定义(Safety of machinery—Human pgysical performance—Part 1:Terms and definitions)

EN 1005-2 机械安全 人体物理性能 第2部分:机械和组成部件的人工处理(Safety of machinery—Human pgysical performance—Part 2:Manual handing of machinery and component parts of machinery)

EN 1005-3 机械安全 人体物理性能 第3部分:机械操作的推荐力量极限(Safety of machinery—Human pgysical performance—Part 3:Recommended force limits for machinery operation)

EN 1005-4 机械安全 人体物理性能 第4部分:有关机械工作姿势和动作的评价(Safety of machinery—Human pgysical performance—Part 4:Evaluation of working postures and movements in relation to machinery)

EN 1127-1:1997 爆燃性环境 爆炸防止和防护 第1部分:基本概念和方法(Explosive atmospheres—Explosion prevention and protection—Part 1:Basic concepts and methodology)

EN 12198-1 机械安全 评定和降低由机械辐射产生的风险 第1部分:总则(Safety of machinery—Assessment and reduction of risks arising from radiation emitted by machinery—Part 1:General principles)

EN 12198-3 机械安全 评定和降低由机械辐射产生的风险 第3部分:用衰减或屏蔽减少辐射(Safety of machinery—Assessment and reduction of risks arising from radiation emitted by machinery—Part 3:Reduction of radiation by attenuation or screening)

EN 60825-1:1994/A2:2001 激光产品的安全 第1部分:设备分类、要求和用户指南,修正A2(Safety of products—Part 1:Equipment classification,requirements and user's guide; Amendment A2)

3 术语和定义

GB/T 15706.1和GB/T 8196界定的以及下列术语和定义适用于本文件。

注:本章被定义的术语所应用的极值均在附录A中标出。

3.1

制动时间 stopping time

在发出停机信号之后,机器或机器部件到达静止状态所需的时间。

3.2

进入时间 access time

从最初暴露到触及危险部件所需的时间。

3.3

爬行速度 crawl speed

机器零部件大大低于正常线速度或切向速度的速度,并具有一个速度极限和对应的最大停止行程。

3.4

缓行速度　reduced running speed

机器零部件大大低于正常线速度或切向速度的速度，并具有一个最大停止行程。

3.5

防护栏　fence guard

固定的防护装置，在一定距离外设置的障碍以防进入危险区。

注：它可以是直接固定在机器上，也可以是单独安装并固定在地面上或建筑物的构件上，进入防护栏和机器之间的区域由联锁装置进行控制(见附录A)。

3.6

包绕物　lap

加工材料在机器的转动部件上发生的非正常缠绕。

3.7

正常操作　normal operation

生产加工的全过程，包括启动、随机清洁、故障消除。

例如：加工材料的喂入和移去、引头、过程监视、质量检验、飞花的清除、接断头。

3.8

特殊操作　special operation

正常操作以外的生产程序与操作。

例如：设定、调整、大清洁、故障消除、维护保养，如清除堵塞物或包绕物(除纺纱、并捻与变形工艺机器以外)、缝合断裂织物、消除绳圈。

3.9

联合机　complex installation

由纺织机械及辅助设备等生产单元组合成一个整体，并受中心系统或分布式通信系统的全面控制。

3.10

自动机械(设备)　automatic machinery [equipment]

机械装置(设备)一旦启动，即由系统控制其运转，而无需操作者更多地调控。

注：这种设备可以是独立的，也可以包括在一个联合机中。自动控制可用于一台机器的操作程序，亦可用于固定位置的组成设备和可移动的设备，包括手动操纵装置(如接头装置、打结器)。

4　主要危险一览

纺织机械的主要危险列在第5章。特殊机械零部件的主要危险列在第6章。专用纺织机械的主要危险列在GB/T 17780.2～17780.7。

在使用本部分前，进行专用机械主要危险鉴别的确认是非常重要的。

注：纺织机械的主要危险一般是与安全要求一起考虑的。

5　常见危险的安全要求和/或措施

5.1　通则

本章包括纺织机械常见危险的安全要求和/或措施。

机械装置应符合本章、第6章和GB/T 17780.2～17780.7中的安全要求和/或防护措施。此外，机器设备应按照GB/T 15706的原则进行设计，GB/T 15706是有关非重大危险的标准，本部分不涉及这些内容。

通过对安装结束或已开始工作机器的安全系统进行调整以减少风险的方法，制造商应在操作手册中提供详细说明。

B类标准中涉及的安全要求和/或措施的选择有着不同的安全级别，这种安全级别的选择在本部分以及GB/T 17780.2～17780.7中没有详细说明，制造商应进行风险评价以确定适当的级别。

5.2 纺织机械生命周期各个阶段的安全要求

本章和第6章，以及GB/T 17780.2～17780.7中所给出的安全要求，适用于机器的使用和维护阶段。机械生命周期内的其他阶段主要见第8章。

5.3 通过设计和设置安全防护装置减少风险

5.3.1 一般要求

机器及其机构的设计应尽可能采用不产生危险的原则。

例如：利用气动管道输送代替开式帘子，利用气动开幅装置代替机械开幅辊。

5.3.2 通过设计减少风险

按照表1，通过引用GB/T 15706.2—2007中选出的安全要求减少机器引起的危险。

表1 通过设计减少风险

项目	引用GB/T 15706.2—2007
为使机器安全，可借助于： ——避免锐边、锐角和凸起零件等 ——机械零件的形状和相对位置（见GB 12265.3） ——操作力的限制（见A.4） ——质量和速度的限制（见A.1）	4.2

5.3.3 通过设置安全防护装置减少风险

用于减少纺织机械风险的防护装置和安全装置，应符合表2、表3的规定。

表2 防护装置的安全要求和/或措施

项目	引用标准
防护装置的选择（除本部分第6章和GB/T 17780.2～17780.7规定的以外）	GB/T 15706.2—2007，5.2 GB/T 8196—2003，第6章
防护装置的设计和构造	GB/T 15706.2—2007，5.3 GB/T 8196—2003，第6、7章
防护装置的固定联接	GB/T 8196
防护装置的配置（除本部分第6章和GB/T 17780.2～17780.7规定的以外）[a]	GB 23821—2009，表1、表4、表7和表B.1
防护装置的联锁（除第6章和GB/T 17780.2～17780.7规定的以外）	GB/T 18831—2010，第5、6、7章
栅栏防护装置	本部分A.3

[a] 用于防护装置的安全距离应适用于所有正常操作、校正调节、维修工作和排除故障的操作位置。

表 3　安全装置的安全要求和/或措施

项　　目	引用标准
安全装置选择(除本部分第 6 章和 GB/T 17780.2～17780.7规定的以外)	GB/T 15706.2—2007,5.2
安全装置的技术特征	GB/T 15706.2—2007,5.3.3 GB/T 19436.1—2004,第 4 章
安全装置的位置(除本部分第 6 章和 GB/T 17780.2～17780.7 规定的以外)[a]	EN 999:1998,第 5、6、7 章
联锁(配备或不配备防护锁): ——选择 ——设计	 GB/T 18831—2010,第 7 章 GB/T 18831—2010,第 5、6 章 GB/T 19436.1—2004,A.5、A.6、A.8
电子感应保护装置[b]: ——要求[c] ——检测 ——鉴定和安全使用标记 ——所附文件 ——配置	 GB/T 19436.1—2004,第 4 章 GB/T 19436.1—2004,第 5 章 GB/T 19436.1—2004,第 6 章 GB/T 19436.1—2004,第 7 章 EN 999:1998,第 6 章
光电保护装置(AOPD)[b]: ——要求[c] ——检测 ——鉴定和安全使用标记 ——所附文件 ——配置 ——安全距离(上肢和下肢)	 GB/T 19436.2—2004,第 4 章 GB/T 19436.2—2004,第 5 章 GB/T 19436.2—2004,第 6 章 GB/T 19436.2—2004,第 7 章 EN 999:1998,第 6 章 GB 23821
光电漫反射防护器件(AOPDDR)装置[b]: ——要求[c] ——检测 ——鉴定和安全使用标记 ——所附文件 ——配置 ——安全距离(上肢和下肢)	 GB 19436.3—2008,第 4 章 GB 19436.3—2008,第 5 章 GB 19436.3—2008,第 6 章 GB 19436.3—2008,第 7 章 EN 999:1998,第 6 章 GB 23821
压敏垫和压敏地板[b]: ——选择 ——安装 ——设计	 GB/T 17454.1—2008,第 4 章 GB/T 17454.1—2008,附录 D GB/T 17454.1—2008,附录 C
压敏边和压敏棒[b]: ——选择 ——安装 ——设计	 GB/T 17454.2—2008,第 4 章 GB/T 17454.1—2008, 附录 F GB/T 17454.1—2008, 附录 D

表 3（续）

项　目	引用标准
双手操纵： ——选择[d]	GB/T 19671—2005,第 4 章和附录 B GB/T 16855.1—2008,第 6 章和附录 B GB 5226.1—2008,9.2.6.2
止-动控制装置	GB/T 15706.1—2007,3.26.3 GB 5226.1—2008,9.2.6.1
有限运动控制装置	GB/T 15706.1—2007,3.26.9

[a] 用于安全装置的安全距离应适用于所有正常操作、校正调节、维修工作和排除故障的操作位置。

[b] 自停装置。

[c] 类型的选择应与控制系统有关的安全元件的等级相符，见 GB/T 16855.1—2005 的 6.2。GB/T 16855.1—2008 中的 2 类应用 GB/T 19436.1—2004 的类型 2。

[d] 类型的选择应与控制系统有关的安全元件的等级相符，见 GB/T 16855.1—2008 的 6.2。GB/T 16855.1—2008 中的 2 类应用 GB/T 19671—2005 的Ⅱ类。

5.4 各类危险的安全要求

5.4.1 通则

应按照 5.3 的规定，通过设计和安全防护装置排除、减少风险。

5.4.2 电气危险

5.4.2.1 一般要求

危险：

——电气方面，由操作人员与带电部件或因故障而带电的部件(如安装错误或绝缘失效)的接触，或者操作人员接近带电部件，特别是在高压范围内的接近所产生的危险；

——机械方面，由于电气设备的失效，例如控制系统的失效，意外地重新启动而引起的危险。

5.4.2.2 电气设备的一般安全要求

由电气设备引起的危险，应按照表 4，从 GB 5226.1—2008 选择安全要求，以减少危险的发生。

表 4　机器电气设备的安全要求

电气危险	引用 GB 5226.1—2008
电击	第 6、8 章
过电流、超速和过载	第 7、8 章
环境影响	第 4 章
电压降低或电源中断后的重启	7.5
控制设备的操作、配置和标志	第 10、11、16 章
手动操作的人类工效学	第 10、11 章

表 4（续）

电气危险	引用 GB 5226.1—2008
电缆和导线	第 12、13 章
附件和照明	第 15 章
文件和操作手册	第 17 章
试验	第 18 章

5.4.2.3 控制系统和装置的安全要求

由控制系统和装置引起的危险，应按照表 5 从 GB 5226.1—2008 或其他相关标准中选择安全要求，以减少危险的发生。

表 5 控制系统的安全要求

项 目	引用标准
控制系统的设计	GB/T 15706.2—2007,4.11
控制电路和控制功能	GB 5226.1—2008,第 9 章
控制接口	GB 5226.1—2008,第 10 章
可编程电子设备	GB/T 16855.1 或 IEC 62061
控制的位置和安装	GB 5226.1—2008,第 11 章
抗故障等级	GB/T 16855.1—2008,第 6 章
故障排除/确认部件	GB/T 16855.2—2007,第 7 章
控制器件	GB 5226.1—2008,第 10 章
安全信号、符号和标志	GB 18209.1—2000 第 4 章～第 7 章
控制装置的配置	GB/T 15706.2—2007,4.8.8 和 4.11.8
驱动原理	GB/T 4205

如果在第 6 章或 GB/T 17780.2～17780.7 中，按照 GB/T 16855.1 没有可选的类别，至少应选用 2 类。

当有必要排除故障以使所使用的零部件达到要求的类别，则应按 GB/T 16855.2 的规定。

如果用 1 类代替 2 类，那么代替的原因应通过风险评价加以说明。

应在 1 类中使用经验证的零部件，这在 GB/T 16855.2 中有规定，例如根据 GB 14048.5 强制动作的机械位置开关常闭接触。

对于 2 类，无论在何种初始状态下，应在开始生产前检查安全功能。如果生产周期超过 24 h，控制系统检查间隔应小于 24 h。如果检查时间间隔超过 24 h，控制系统应自动关闭机器，并只有在打开了与机械位置开关连锁的保护装置后才能开始检查。如果这种检查方式不适合机器操作，则应用 3 类。

对于 3 类，单一故障不会导致安全功能失效。应尽可能地用功能控制器识别故障。例如使用可编程逻辑控制装置将实际的信号不断与期望值比较进行检查（见图 1）。

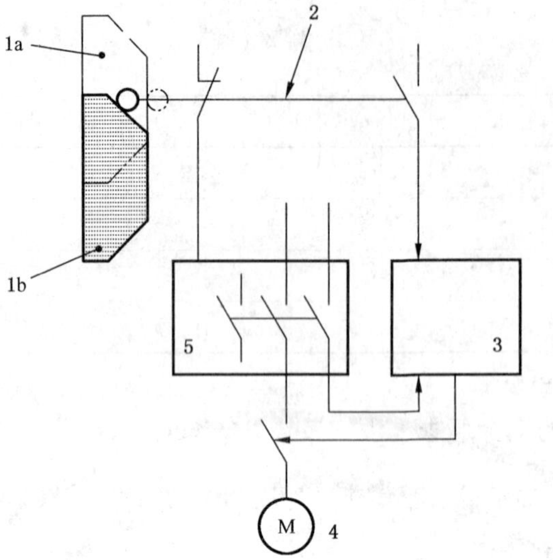

说明：

1a——防护装置在非操作位置；

1b——防护装置在操作位置；

2 ——有限运动控制开关(符合 GB 14048.5 的规定)；

3 ——可编程逻辑控制装置；

4 ——驱动器(M)；

5 ——安全元件(例如:急停继电器)。

图 1 3 类可编程逻辑控制装置识别故障简图

对于 4 类,单一的控制电路故障不应导致安全功能失效。如果在下一次运转中或运转前没有识别出故障,即使累计到 3 个故障,安全功能也不会失效。

如果考虑控制系统采用其他技术,则应检查类别的选择以达到与其相同的安全级别。

控制装置按照 GB/T 15706.2—2007 的 4.8.8 和 4.11.8 进行配置。

为了能从主控制位置清楚地观察到危险区域,可以使用视镜、电视监视器和其他类似的可视辅助手段,或者升高主控制位置。

为了使无防护人员有充足的时间转移到安全地带,在发出警告信号与实际启动之间应有 3 s～6 s 的间隔,并且在危险点设置急停控制装置, GB/T 17780.2～17780.7 已规定的情况除外。

5.4.2.4 启动和停机的安全要求

由启动和停机引起的危险应按照表 6,从 GB 5226.1—2008 或其他引用标准中选择条款,以减少危险的发生。

表 6 启动和停机的安全要求

项　　目	引用标准
启动	GB/T 15706.2—2007,4.11.2 和 4.11.3
意外启动	GB/T 19670—2005,第 5、6 章
与电源的隔离	GB 5226.1—2008,5.3 和 5.4 GB/T 15706.2—2007,5.5.4
无意触摸引起的启动	本部分 5.4.2.4 a) GB 5226.1—2008,10.6

表 6（续）

项　　目	引用标准
从主控位置观察危险区域	本部分 5.4.2.4 b)
由未经许可人员进行的启动	本部分 5.4.2.4 b)
生产过程中断后的自动重启	本部分 5.4.2.4 c)
电源中断后的启动	GB 5226.1—2008,7.5
急停	本部分 5.4.2.4 d) GB/T 15706.2—2007,5.5.2 GB 16754 GB 5226.1—2008,10.7 和 10.8

a) 以下措施可以避免无意触摸引起的启动：
   1) 控制开关按钮相对于周围表面稍微凹陷；
   2) 控制开关有保护罩；
   3) 开关控制多于一个动作(例如压下并转动)；
   4) 控制开关位于带铰链的盖板下面；
   5) 控制开关在关闭状态能够锁定；
   6) 双按钮启动控制。

b) 从主控制位置无法观察到纺织机械车间或整个生产线(例如自动清花机械、毛毯染整生产线、非织造布生产线),或者在近距离内沟通不便时,除在 GB/T 15706.2—2007 的 4.8.8 中的规定外,应使用专用的钥匙操纵开关或类似装置(如可锁式隔离开关)以避免设备被未经许可人员启动。

   注："被未经许可人员启动"意即机器被既不是受经委托的也不是被指导过的人员启动。

c) 对于安装了自动消除生产故障装置的机器,应仅在防护装置和安全装置已就位且起作用时,才能进行生产中断后的自动重新启动。若有残余风险,应在重新启动前依据 GB 18209.1 用适当的装置警告操作者。并应在靠近危险区域设置报警装置。

d) 每个纺织机器都应至少设置一个急停控制装置。急停控制装置用作对残余风险防护时,应设置在靠近相应的危险区域。

5.4.3 机械危险

与纺织机械相关的危险源的图例和说明见表 7,例如来自机器部件或传输部件。

表 7　机械危险

危　　险	图　　例[a]	说　　明
挤压	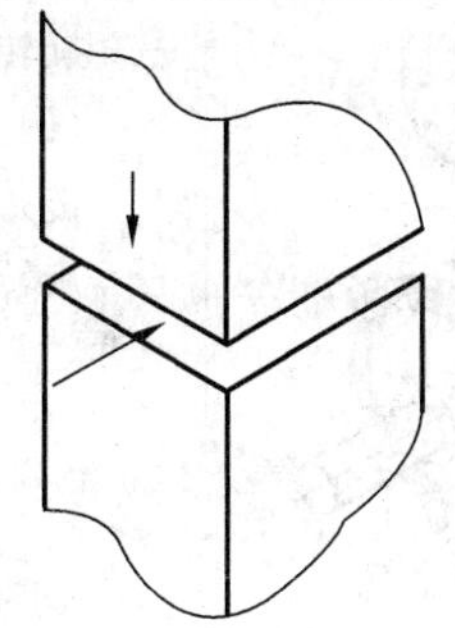	由以下情况引起： ——两个可移动部件相对移动 ——一个可移动部件相对一个固定部件移动 (最小的间隙见 GB 12265.3—1997)

表 7（续）

危　险	图　例[a]	说　明
剪切	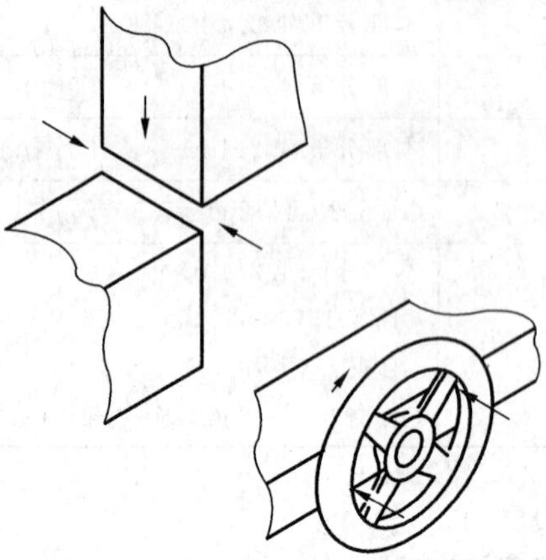	由以下情况引起： ——两个可移动部件移动过于接近 ——一个可移动部件接近一个固定部件
切割或割断	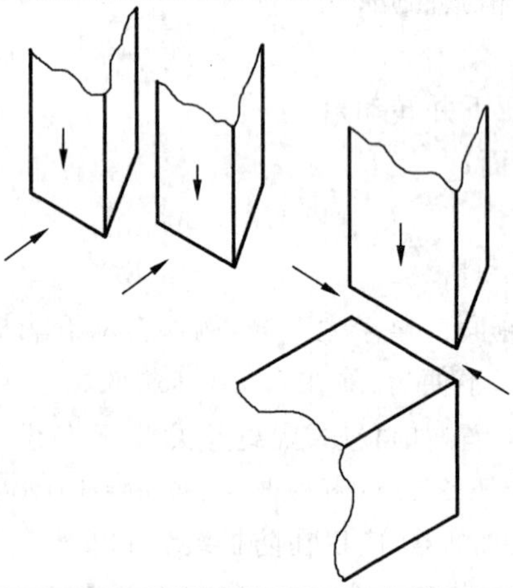	当固定的或可移动的部件有锋利的边缘(如刃具、刀)时发生
缠绕	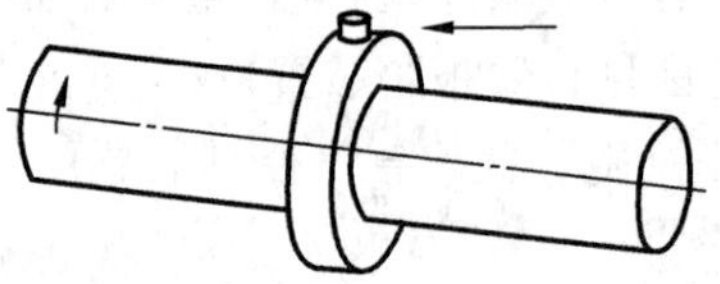	发生在轴或轴端，旋转或移动的零件，带有突出的边缘、齿、销、螺钉、螺栓、油杯等；能够缠绕衣服、头发或身体部位
吸入或卷入	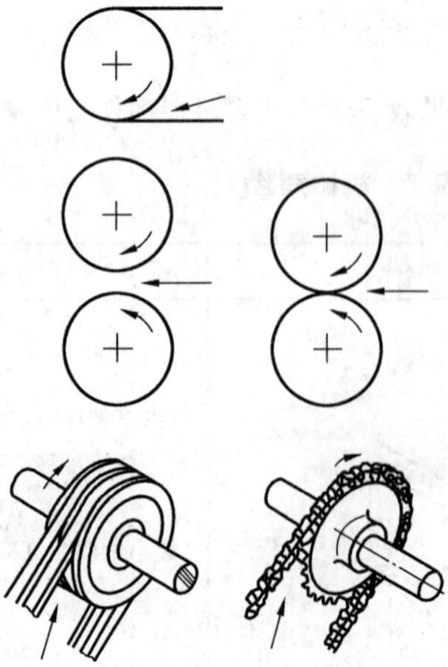	由以下情况引起： ——两个相反旋转的零件在任一方向或互相接近 ——旋转零件与切向零件或加工材料相接触(例如：罗拉和加工材料，传送带和带轮，链条和链轮) ——旋转零件接近固定表面

表 7（续）

危　　险	图　　例[a]	说　　明
撞击	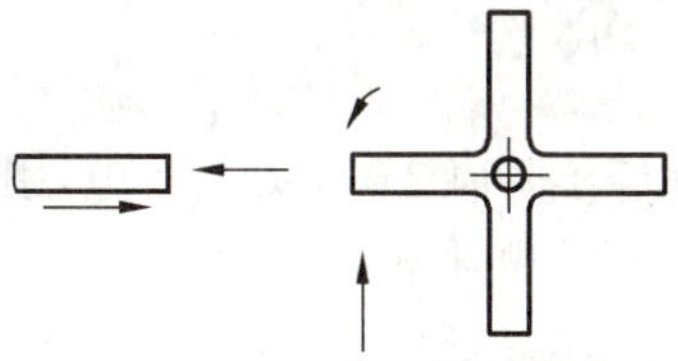	由一个移动部件撞击未防护人员引起（例如往复零件、打手、锭翼、绞盘）
穿刺或刺破	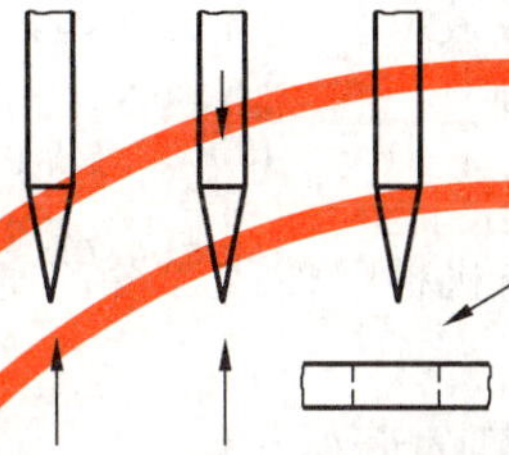	由固定的或移动的有尖锐的边缘或尖端零件引起
摩擦或磨损		由与快速移动的零件表面或移动的有磨削作用的零件表面（例如针布）接触引起
零件弹射出（包括加工材料坠落）		由移动的机器零件或加工材料离开其规定轨道或被弹射出（例如筒管、纱管、梭或者织轴）引起
翻转，失稳		由于固有稳定性差或某一进程快速启动（例如加工材料偏离 A 型机架）从而引起机械的一个零件或本身翻转或与底座之间变得松动
滑倒、绊倒和坠落	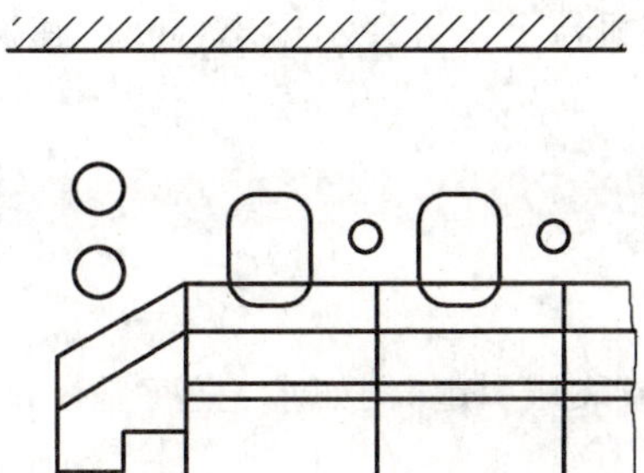	由以下情况引起： ——走道、工作台、楼梯、梯子等表面光滑 ——地面不平或零件凸出地面 ——加工材料的输送工具（例如筒管、纱管、织轴等）坠落或位于地面以上 ——无轨道

[a] 图中，小箭头指示的是可移动方向，大箭头指示的是危险区域。

安全要求：

应按照5.3中的安全要求，以减少由机器引起的机械危险。

5.4.4 静电

危险：

静电是在生产过程中偶然产生的(例如梳理纤维)并能导致火花放电，引起燃烧或爆炸，或者是机械零件因加工材料产生静电而带电，使与其接触的人员遭到电击。

安全要求：

应采用适当的安全要求和/或措施以防止静电或放电。

为防止静电的产生，机器应使用合适的原材料制造。

应采用以下一项或几项措施防止静电：

a) 将一根载流量合适，低阻的接地保护导线与机械部件或者设备连接；

b) 在机器适当位置安装静电消除器；

c) 在操作手册中说明所使用的空调系统应达到的最小湿度。

5.4.5 流体动力系统和元件

危险：

具有压力的流体(例如压缩空气和液压油)从管、配件、喷嘴、容器、软管等喷出或渗漏而产生的。

安全要求：

安全要求和/或措施见GB/T 15706.2—2007中4.10，EN 982:1996第5章(液压)，EN 983:1996第5章(气动)的相关规定。

5.4.6 高温

5.4.6.1 热表面和火焰

危险：

工作人员接触机器热表面或容器，或接触火焰(例如烧毛机)，或接近辐射加热器(例如红外线加热器)引发的危险。这些热表面是由于生产工艺需要加热的部件(即热辊、软管、燃烧器或热板)或是在生产过程产生的，甚至由于容器盛有热的液态物料或热蒸汽，而使整个容器都受热。

安全要求：

纺织机械设计时，应减少因接触或靠近高温的机械零件或加工材料，或燃烧的火焰引起烫伤的风险。

机器零件、隔热层、防护罩或防护装置的表面温度，不应超过附录B规定的数值。

由于技术原因无法达到此限定范围，应在机器上设置警示标志，同时，在操作手册中说明，并对操作人员进行培训，以及使用人身防护用品。

5.4.6.2 热加工材料——液态物料或蒸汽

危险：

由于热流体从容器、设备、样品罐中溢出或飞溅引起，例如水、蒸汽等。

安全要求：

设计内部盛有热的液态物料或蒸汽的机器或容器时，应防止任何由于液态物料飞溅或溢出引起烫伤的风险，包括化学物(如向液态物料中添加的亚硫酸氢盐)引起的热反应。

应选择下列一项或者多项措施以达到安全的目的：

a) 在添加化学药品期间限制温度；
b) 在添加化学药品期间限制液位；
c) 采用间接蒸汽加热代替直接蒸汽加热；
d) 使用带有连锁门或盖的常压容器，以防止在高温或高液位下添加化学药品；
e) 使用偏射装置或接受盘、溢流管等类似装置，以防止由于液态物料飞溅或溢出引起操作人员的烫伤；
f) 将蒸汽控制装置或阀门安装在安全的位置上，或当需要在蒸汽管安装控制装置或阀门时，应在操作手册中给予警示。

5.4.7 噪声

危险：

由快速旋转的机器零部件(例如：锭子、锭翼、转子、变形装置、齿轮等)、快速移动的机器零部件(例如：导丝装置、针床、筘座、开口装置等)、流体(例如：吸风装置、直接蒸汽加热装置等)以及其他噪声源引起的听力损伤和生理紊乱(职业病)，对语言交流和听觉信号的干扰(意外的起因)。

安全要求：

应依次采取以下措施减少噪声：

a) 通过设计减少噪声源

在机器设计的初始阶段，应全面考虑由于使用各种零部件可能产生的噪声，以及避免、消除或降低这些噪声的方法，在开发机器的过程中，应采用控制噪声的最新技术，选择合适的控制噪声的措施(GB/T 25078.1)。

注 1：纺织机械低噪声设计的专业标准将要起草。

注 2：GB/T 25078.2 中给出了机械产生噪声的实用的信息。

b) 通过采取保护措施降低噪声

GB/T 16405、GB/T 19887、GB/T 20431 和 GB/T 19886 中还有设计降噪封闭式罩壳、机器隔音板、消音器等其他措施。

注：GB/T 18699.1，GB/T 18699.2 和 GB/T 19512 中给出了测量这些保护措施有效性的方法。

c) 通过告知减少噪声伤害

制造商应提供采取技术措施降低噪声后残余风险的资料(见第 8 章)。

注：对于低噪声车间的设计，可应用 GB/T 17249.1 和 GB/T 17249.2。

5.4.8 激光

危险：

接触激光引起的燃烧(例如：监控装置)。

安全要求：

按照 EN 60825-1:1994/A2:2001 的规定。

5.4.9 辐射

危险：

非电离子或电离子引起的辐射伤害[例如：无线电频率(高频烘干机)、红外辐射(红外烘干机)或 β 射线(监控装置)等]

安全要求：

按照 EN 12198-1 和 EN 12198-3 的规定。

5.4.10 物料

危险：

纺织工业中，加工、使用或排出的各种不同物料都能够通过接触、吸入或吸收而导致可预见的风险。如灰尘、液体、气体、烟尘、有害蒸汽等都有一定的毒性、生物腐蚀性或刺激作用(例如：石棉、棉花纤尘、溶剂、某些燃料和化学药品)。它们一般产生于纺纱准备工序、浆纱、上蜡、漂白、染色和各种后处理工序。

安全要求：

为了减少可预见到的风险，应将纺织机械设计成：危险的物料包括纤尘，可以被密封、抽走或减少以达到无危险水平(例如：封闭整个机器，密封所有的门或罩壳和使用有负压的抽风排气系统)。对在正常操作时机器不能封罩的情况，密封或排风装置应设在尽可能接近散发源的地方。

更进一步的安全要求和/或措施见 GB/T 18569.1—2001 第 6 章。

操作手册中，机器制造商应声明哪些物料有或没有专门的预防措施。

5.4.11 火

危险：

许多纺织生产工序(例如：纺纱准备、纺纱、织造、剪毛)都能够引起火的危险，其源于纤维、飞花或纤尘的燃烧，特别是由棉花或韧皮纤维接触发热的轴承、金属夹杂物引起的火花、电火花以及在各种后处理工序中在制的纱线和织物，过度暴露于热表面、散热器或燃烧器而引起的。火引起烧伤或吸入毒烟的风险。

安全要求：

纺织机械的设计和制造应能够降低火的风险，并且一旦产生火可以阻止并熄灭。

应选择下列措施：

a) 防止火的措施有：
   1) 自动探测和去除金属杂质；
   2) 采用防火花材料；
   3) 建立维修保养制度，减少轴承过热；
   4) 当机器停止时，将加工材料从热表面、燃烧器、散热器，以及它们的护罩上清除；
   5) 使用装置以探测纤维材料的缠绕；
   6) 防止灰尘积累。
b) 一旦产生火，阻止及熄灭火的方法有：
   1) 提供火焰和烟雾探测器，并和自动灭火器一起作为机器的主要随机件；
   2) 在操作手册中应说明需要安装固定式自动灭火器(如灭火系统)，或在建筑物内放置手动灭火器。

5.4.12 爆炸

危险：

机械危险或热危险，是由加工、使用或排气过程中点燃爆炸性物质引起的(例如：易燃溶剂、纤尘)，或由挥发性化学反应(例如过氧化氢的分解)产生的。

安全要求：

纺织机械的设计和制造应能够防止可预见的爆炸风险。

减少纤尘积聚的方法有：

——使用封闭式罩壳和排风换气系统，见 5.4.10；

——操作手册中应提出清除纤尘的时间设置，以防止其积聚到危险量，同时也应提出车间空调系统失灵时的预防措施。

防止和阻止由易燃液体和纤尘产生爆炸性环境风险的方法，见 EN 1127-1:1997 第 5 章和第 6 章。

5.4.13 人类工效学

危险：

忽视人类工效学的原则会导致不健康的工作姿势，额外或重复性劳动，甚至导致人体生理结构的不良反应。

安全要求：

纺织机械应遵循人类工效学的原则，具体要求见 GB/T 15706.2—2007 的 4.8，EN 614-1 和 EN 1005-1～1005-4 的规定。

5.5 特殊操作装置

危险：

特殊操作(见 3.8)常导致不同于正常操作发生事故的危险，因为这些操作可能应在机器运行中完成，而且防护装置没有设置在适当的位置或者安全装置没有起作用。

安全要求：

安全要求见表 8。

表 8 用于特殊操作的安全要求

项　　目	引用标准
手动控制原则	GB/T 15706.2—2007,4.11.8
控制和操作模式的选择	GB/T 15706.2—2007,4.11.10
特殊操作的控制模式	GB/T 15706.2—2007,4.11.9
在特殊操作过程中靠近危险区	GB/T 15706.2—2007,5.2.4
其他 停机操作	 本部分 5.4.2.4

调节、润滑和维护点应置于危险区之外，或者应安装警示标志并且详细说明使用信息。

机器的设计应能方便并安全地调节、调整和消除轻微的加工故障。在任意位置对机器进行维护、修理、调试、清洗、维修操作和排除工序故障时，应停机并且切断所有危险的动力源。

如果这些工作不能在停机时进行，应使防护和安全装置保持在工作状态，如果因为技术原因做不到，应采取下列措施之一：

a) 设置与机器完全分开的用于操作机器或部件的装置(如手轮、手柄)。

b) 除 GB/T 17780.2～17780.7 已说明外，应设置带有爬行速度(见附录 A 表 A.1)的止-动控制或三步控制。控制装置触发器的释放或者三步控制的执行应能产生 0 类或 1 类停止(GB 5226.1)。

注：三步控制操作和止-动操作形式相似。按下控制触发按钮机器就可以启动，当释放按钮或再用力按一下按钮，机器就停止。

c) 当有限运动控制装置被触发后，机器或机器部件运动将受到限制。除 GB/T 17780.2～17780.7 已说明外，每个动作的最小动程都应在 100 mm 以内。

d) 急停装置结合的缓行速度，应符合表 A.2 的停止距离。

e) 在调节、维护、安装和修理期间，应设置临时防护装置（如罩、壳、栅栏防护装置）把危险区域防护起来。

在以上b)、c)及d)中，特殊操作装置通过模式选择器（见GB/T 15706.2—2007的4.11.10）才能激活，其设计应满足操作人员在危险区域使用，其安全装置应使所有危险点都能被观察到。

在操作手册中应说明特殊操作的正确操作程序和预防措施，以及残余风险和消除这些风险需要对操作者的专业培训。应特别指出，应由经批准的受过专业培训的人员进行那些特殊操作。

5.6 高位操作和维修

危险：

机械危险，来自机器部件或者由于未能提供操作者进入较高操作位置的方法，而造成摔落，或者因为操作者没有按规范的进入操作部位的方法而造成的摔落。

安全要求：

安全要求和/或措施见GB/T 15706.2—2007的5.5.6和GB 17888.1～17888.4。

如果操作者每周不到一次需要进入比较高的操作位置，在操作手册中应说明需要用户提供可移动平台或梯子。对于每周需多于一次频繁进入的部位，应设置固定平台或通道（见6.13）。

应对机器上的工作梯采取措施以确保安全，如果应进行操作，且因操作增加了风险，不推荐使用工作梯。

5.7 遭遇危险时的逃脱和援救措施

危险：

由于救助延迟可能产生更多更严重的伤害，或者在救援过程中对被困人员造成其他额外的伤害，或者当安全被消除时会对救援人员造成伤害。

安全要求：

安全要求见GB/T 15706.2—2007的5.5.3。

应在操作手册中说明正确的营救办法（例如：使用专用设备，如能够容易拆卸轴承的专用工具、有反转措施、有移离元件的方法，压力释放装置或液压、气动系统的手动操纵阀）。

5.8 零件的装配

危险：

机械危险，由于零件没有按要求进行装配或者因为不规范的操作，从而引起零件弹出造成的伤害。

安全要求：

应采取措施防止零部件装配的错误（例如：应通过零部件形状或结构特征防止错误的安装）。如果零件从工艺上不能做到，应该做出清楚的标记。

6 纺织机械特殊零部件的主要危险及其相应的安全要求和/或措施

6.1 通则

由特殊零部件所组成的机器，应符合本章的规定和GB/T 17780.2～17780.7规定的要求，并作为第5章的补充说明。

6.2 驱动和传动装置罩

驱动和传动装置罩一般是用作机器传动装置的防护外壳。驱动和传动装置用于由许多相同部件组成的联合机（如细纱机）或用于一系列相关的加工部件（如起绒机）。罩壳一般位于机器的端部或侧面。

危险：

机械危险来自运转的传动件，包括皮带、链和链轮、带轮和齿轮，尤其是缠绕、吸入和卷入的危险。

风险：

在特殊操作中的偶然靠近，会导致高概率的严重伤害。

安全要求：

应设置带有固定或可移动的封闭式防护装置（见 5.3.3 表 2）：

a） 固定的封闭式防护装置应按 5.3.3 中表 2 的规定。

b） 在需要特殊操作的场合（例如：对工艺过程进行检查和调节），机器的设计应按照在不打开驱动和传动罩壳的情况下，能够进行特殊操作的原则，否则应按照 c）、d）、e）的有关要求和规定进行设计。

c） 当不能按照 b）以及封闭式防护装置在每个班次中应打开一次以上时，防护装置应根据 5.3.3 表 2 可以移动并实行联锁。当每班次封闭式防护装置只须打开一次或更少时，可用固定式防护装置。

d） 当用某种装置（如模式选择器）不启用联锁装置，以便在封闭式防护装置打开时能进行特殊操作的情况下，应采取以下附加措施之一（见 5.5）：

  1） 设置操作手柄，以便能够使机器通过手动进行特殊操作；

  2） 在按 5.5 和 5.3.3 中表 3 要求设置止-动控制的情况下，这个装置应安装在一个能观察到所有的危险部位的位置，并且在停机时操作者远离危险部位；

  3） 在设置缓行速度（见 A.1）的情况下，其激活装置应安装在能观察到所有危险部位的位置，并且根据 5.4.2 表 6 应在驱动罩壳内靠近危险部件的部位设置急停控制器。

e） 在操作手册中应提供不启用联锁装置的特殊操作方式的参考示例，也可参阅 5.5 的最后一段。

6.3 有特殊危险的机械零部件

装有切削刀具、金属针布、弹性梳理针布、针、销、钉、栓钉（包括打手、罗拉、锡林、输送帘子或类似的危险零部件）的机件是常见的，如在开包机、棉箱给棉机和其他纤维开松机、除杂机和喂给机、梳理机、起绒机、废布打碎机、开回丝机、碎布搅拌机、打棉机、起毛机、剪毛机和其他类似机器上。

另外还包括位于上述特殊危险机件输入部位的喂给罗拉，不管是光罗拉、沟槽罗拉还是带齿的罗拉。

危险：

机械危险，来自于打手、罗拉、锡林、输送帘子等，尤其是缠绕、吸入或卷入、严重擦伤，特别是当这些零件制动时间较长时。

风险：

在正常和特殊操作中，偶然的靠近，尤其是在清除包绕物和阻塞物时，会导致高概率的严重或致命的伤害。

安全要求：

a） 为了防止和危险零件接触，应采用封闭式防护装置（如罩、壳等）（见 5.3.3 表 2）。

固定的封闭式防护装置应仅用于在大修时应接近危险零件的场合。

根据 5.3.3 中表 2，可移动的封闭式防护装置应联锁。当最长的制动时间（通常在取出加工材料时）超过进入时间的情况下，应采取措施保证所有运转的特殊危险机件已经处于静止，且不能打开或搬移可移动的封闭式防护装置。例如，一个带防护锁的联锁装置与一个动作传感器相结合便能达到此目的。防护锁装置即使在控制系统或电源失效时仍应起作用。制动器能有效减少制动时间，但不能用来代替防护锁的联锁装置。

b） 喂给棉箱以及输入口、输出口、观察窗、清洗和其他通道应采取以下防护措施之一：

1) 其位置的设置应能防止靠近有特殊危险的运转机件(即从开口处到运转部件的距离,应按 GB 23821—2009 表 2 的规定);
2) 在开口处装棒状零件或条状栅栏,则允许操作工具接近。棒状零件之间的距离应能防止手或手指靠近危险区,见 GB 23821—2009 表 4;
3) 应安装一个具有防护锁的联锁防护装置盖住开口处,只有在进入时间超过制动时间的情况下,才可以使用不带锁住功能的联锁防护装置。

c) 喂入罗拉位于特殊危险机件的输入部位或两者很近时(如开片机),应使用封闭式防护装置进行安全防护(如固定管式防护装置)。通道的开口应符合 GB 23821—2009 中 4.2.4.1 的规定。根据 5.3.3 表 2,封闭防护装置(例如:通道)的可移动防护板或门应与防护锁联锁,只有在防护板和门是联锁的和进入时间超过喂给罗拉的制动时间的情况下,才可以不联锁。
d) 对在特殊操作(如维修、调整、设定、排除工艺故障)中,启动特殊危险的机件时的要求见 5.5。
e) 在按 5.5 装有模式选择器的情况下,应使机器在停机前不可能改变原来的模式。
f) 有关控制系统与安全相关的部分(见 5.4.2.3),对特殊危险机件进行防护的联锁装置的要求,应按照 GB/T 16855.1—2008 第 6 章选择 3 类或 4 类。

6.4 一般不需要安全防护的机械零部件

6.4.1 低风险的机械零部件

在纺织机械上有许多零部件,在正常设计情况下发生轻微伤害的概率很低(见 A.4)。

例如:细纱机和捻线机锭子,自由端纺纱机、捻线机和变形丝机上的喂入罗拉,卷绕机、并纱机、捻线机和变形丝机上的导丝装置,变形丝机上的假捻装置;梳理后道工序的精梳机和纺纱准备机械上的喂给装置;环锭细纱机和粗纱机的牵伸系统,包括输出罗拉;经编机、针织横机和针织圆机上的输纱器、喂纱器;针织机上的针和沉降片;圆型针织机上的输线装置、导纱器、提花装置、计数装置;其他类似的机器零部件。

危险:

机械危险,来自上述机器零部件,尤其是缠绕、卷入或吸入、碰撞、摩擦、磨损的危险。

风险:

在正常操作中频繁的靠近中,只要操作者的体能能抵御运转零件所产生的力或质量和速度,那么导致的是低概率的轻微伤害(例如:操作者能用手使零部件停止运转,或者只需用很小的力就能避免伤害,或者压伤力很小)。

安全要求:

上述零部件在风险评价中呈低风险和低概率轻微伤害的情况下,如按操作手册中提供的方法正确操作时,即可获得充分的安全保证,但还要特别注意头发的保护和穿着紧身工作服。

6.4.2 触及不到的机械零部件

在纺织机械上,危险的机械以及受热的零部件一般都安装在从地面或固定工作平台通道上触及不到的位置。

危险:

危险通常来自一般操作触及不到,而在实施特殊操作时用移动工作台或梯子上能够触及的危险机械零部件。

风险:

在特殊操作中很少触及,而在一般操作机器运转时,会导致低概率的轻伤或致命伤害。

安全要求:

在一般操作中触及不到,但在特殊操作中,例如利用移动梯子能够触及的危险零部件,如果风险评价显示对于特殊操作的风险能够减少至可接受的水平，那么这些机件可不进行防护，例如：

——在停机或安全运行条件下执行特殊操作(见 5.5)；

——将机件运转至安全位置。

操作手册应提供在以上条件下实施特殊操作所使用的方法。

6.5 罗拉

成对的或成组的转动罗拉、靠近固定的机件的旋转罗拉、表面包覆衬毯或加工材料的罗拉和糙面罗拉，应用在许多纺织机械上，特别是用于纺纱准备、织造设备、漂白、印染和后整理设备上。

注1：“罗拉”术语包括导辊、退卷罗拉、扩幅辊、印染辊筒、辊子、烘筒、轧光辊，它们是直接传动的或者通过罗拉表面与运动的衬毯、衬布或加工材料之间的摩擦力带动的。这就意味着罗拉对操作者有危险，除非罗拉的转动能非常容易被手握住制动。

注2：为了简明起见，“包覆材料”这一术语在本章的后面部分中用来表示衬毯、衬布和加工材料。

危险：

机械危险来自罗拉，特别是缠绕、吸入或卷入、摩擦、擦损的危险。

风险：

正常操作中，尤其是当机器启动时，对加工材料进行平整和剥边操作，以及特殊操作中靠近罗拉，特别是在除杂、清除纱头包绕物、棉卷或布匹上的毛状废料以及穿布时，会导致高概率的中等、严重或致命的伤害。

安全要求：

a) 通过在罗拉之间采用适当的间距防止手指、手、手臂和腿的卷入。

任何一对反向转动的罗拉之间的间距及任意一对同向转动但有不同线速度和包覆罗拉之间的间距，应在 120 mm～150 mm 之间或大于 500 mm[糙面罗拉除外，见 6.5 h)]。

b) 防止头和身体的卷入

在罗拉直径很大的情况下(如某些生产线中的烘筒)，当间距小于 500 mm 时，存在操作者头和身体被卷入的风险。如果风险评价确定具有这种风险，那么不能利用间距作防护措施。

c) 罗拉间卷入点的保护措施(见 5.3.3 表 2)

在不能符合 a)或 b)的情况下，应设置以下防护和安全装置：

1) 固定的封闭式防护装置。防护范围中作为加工材料通道的开口，其尺寸应按照 GB 23821 的规定。危险区的位置见图 2。

单位为毫米

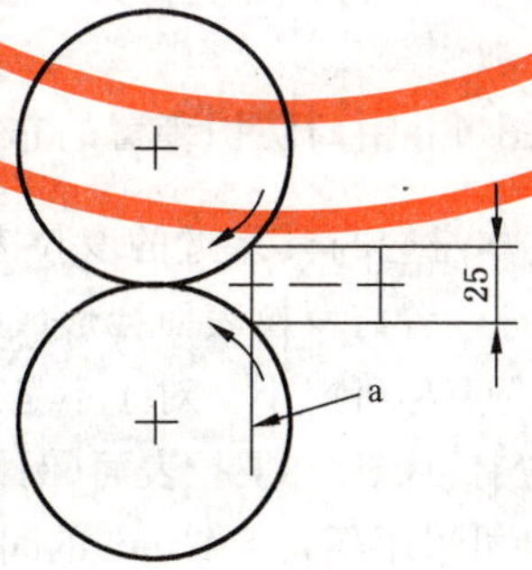

ᵃ 卷入区的开始位置。

图 2 危险区的位置

2) 靠近卷入点的固定钳口防护装置(如钳口防护装置应具有图 3 中的一种剖面)。

剖面的形状应为：其外部边缘应平行于罗拉表面的切线，以防止楔入作用(见图 4)。

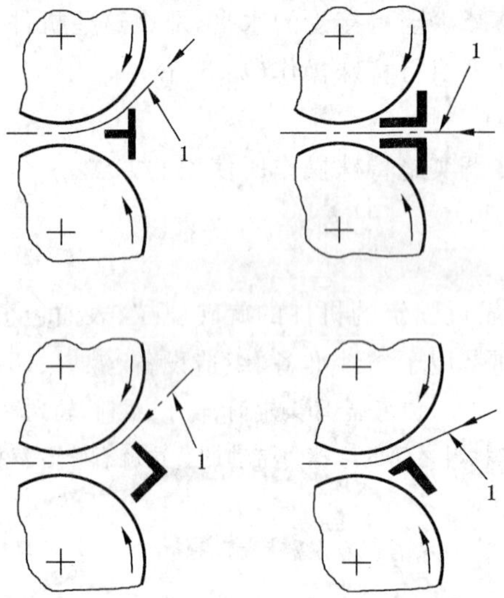

说明：
1——加工材料。

图 3　钳口防护装置剖面图

单位为毫米

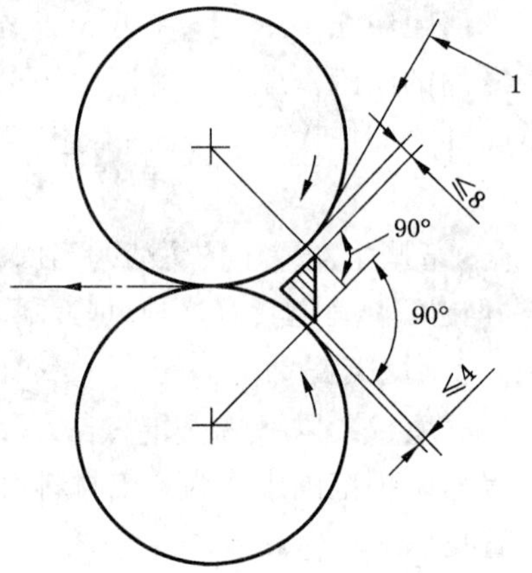

说明：
1——加工材料。

图 4　钳口防护装置的布置

不应用圆形防护装置，因为它本身会与其靠近的罗拉表面形成卷入点。

当防护装置与罗拉很近时，防护装置与罗拉表面会形成新的卷入点。为了防止产生新的危险点，应在工艺条件允许的情况下，间隙尽可能小。对于不是用作加工材料通过的间隙，其间隙应不超过4 mm(见图 4)。当防护装置有可能损坏罗拉表面(例如：在宽幅机上不可避免的挠度)或材料有厚薄的情况(如材料有接缝)，则可采用不大于 8 mm 的间隙，但这与 GB 23821 的要求有所偏离。

3）　如果制动时间超过进入时间，采用带联锁的可移动封闭式防护装置，应按照 5.3.3 表 2 的规定带有防护锁。

4）　如果不能设置防护装置，则应设置安全保护机构，如符合 5.3.3 表 3 的自停棒，自停板(见图 5)或能延伸到整个卷入区宽度的光电防护装置(AOPD)。当这些机构动作时，它应能使罗拉停止转动，并当罗拉的制动时间超过进入时间时，应立即使罗拉分开一段足够的间距，以防止伤害[间距见 6.5a)]。

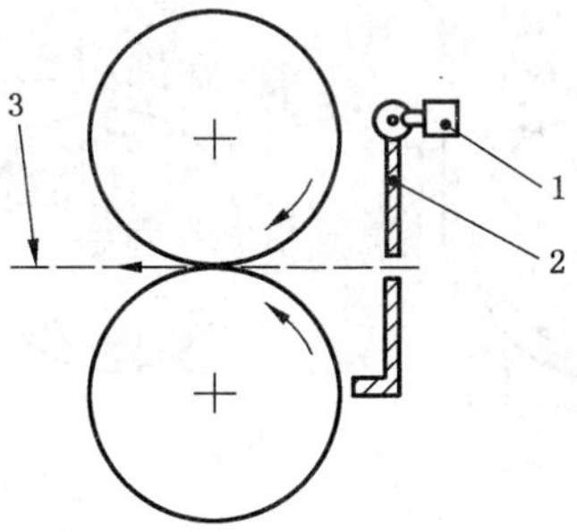

说明：

1——有限运动控制开关。

2——自停板。

3——加工材料。

图 5　自停板式防护

按照 5.3.3 表 3 的规定，有效的 AOPD 的配置，应在操作者接近卷入点、到达卷入点之前就被激活，而且罗拉处于停止运转或者已经分开一段足够的间距[间距见 6.5 a)]，例如图 6 a)中所示。为了达到此要求，AOPD 与卷入点之间应有一个适宜的距离，以增加进入时间[如图 6b)中所示通过屏障的方法]。

单位为毫米

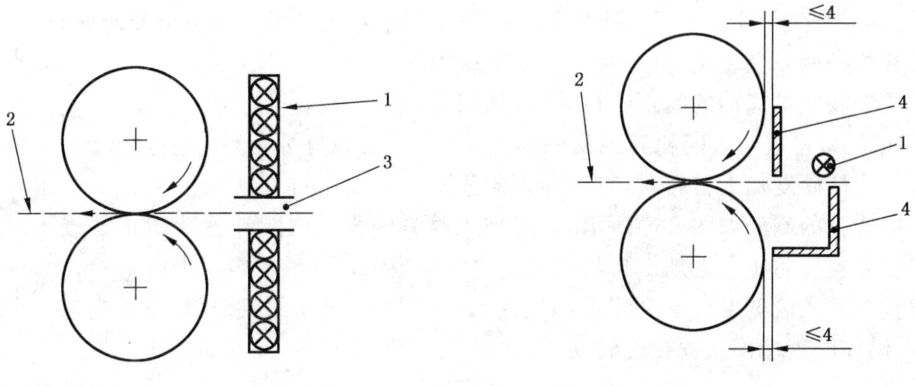

a)　无屏障　　　　b)　有屏障

说明：

1——AOPD。

2——加工材料。

3——加工材料空白区。

4——屏障。

图 6　通过光电保护装置(AOPD)防护

d)　防止反转时出口侧的卷入

在正常操作中罗拉能反转的情况下，在正常的出口侧也应加以防范。特殊操作的要求见 5.5。

e)　罗拉与固定机件之间卷入点的安全防护

在罗拉与固定机件或贴近机器与罗拉很近的机架之间的危险区域，应设置 6.5a)所要求的间距或 6.5c)所要求的防护装置或安全保护机构。只有在不存在楔入作用(如图 7 中 x 所示)的情况，罗拉表面与固定机件之间的距离，才可以小于 4 mm(或 8 mm，见图 4)，如图 7 中 y 所示。

单位为毫米

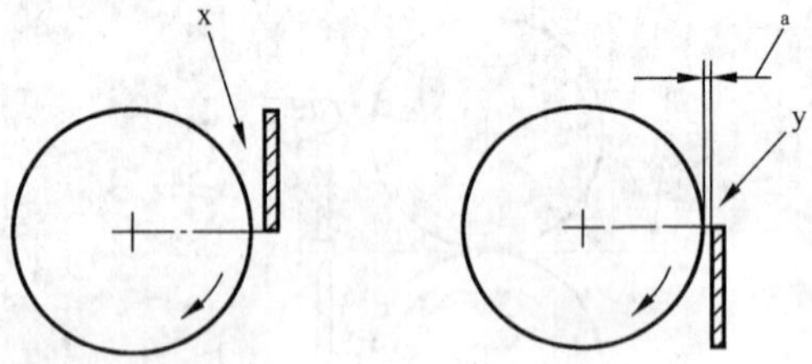

说明：

x——楔入作用。

y——非楔入作用。

[a] 罗拉与固定机件之间的间距≤4 mm或≤8 mm。

图7　楔入作用的避免

f) 可调罗拉间卷入点的防护

对于一般情况下直接接触或以一定间距运行的成对或成组的转动罗拉，所选择的防护装置或安全保护机构，无论罗拉是以正常生产速度或以慢速运转，当罗拉靠近时都应能防止操作者接近危险点。当罗拉在分开的位置下运转时，不应在机器任何部件与罗拉转动表面之间增加新的危险点。在新的危险点不能避免的情况下，按照5.3.3表3的规定，应设置附加的安全装置（例如：一个感应保护装置）。

g) 罗拉与运行中的加工材料之间卷入点的安全防护

在符合附录D所规定的条件或者按照GB/T 16856.1的规定，风险评价显示对手指和手只有较小伤害风险的情况下，罗拉与运行中的加工材料之间的卷入点可不必采取安全防护。

卷入点应带有防护或安全装置，以符合5.3.3中所列的要求，如：

1) 固定式或带联锁可移动的间距防护装置，如图8a)所示。
2) 如图8b)所示，覆盖卷入区和其顶面的防护装置，后者最好要与传动装置联锁，否则在加工低张力或低硬度加工材料时，将有卷入的危险。
3) 钳口防护装置的剖面如图8 c)所示，这时加工材料的张力或刚性就能防止其侵入。这些钳口防护装置应防止靠近加工材料与罗拉之间的卷入区。
4) 能覆盖整个卷入区宽度的安全装置，如按照5.3.3表3采用的自停棒，或光电安全保护机构，应在动作时就能停止罗拉的转动。

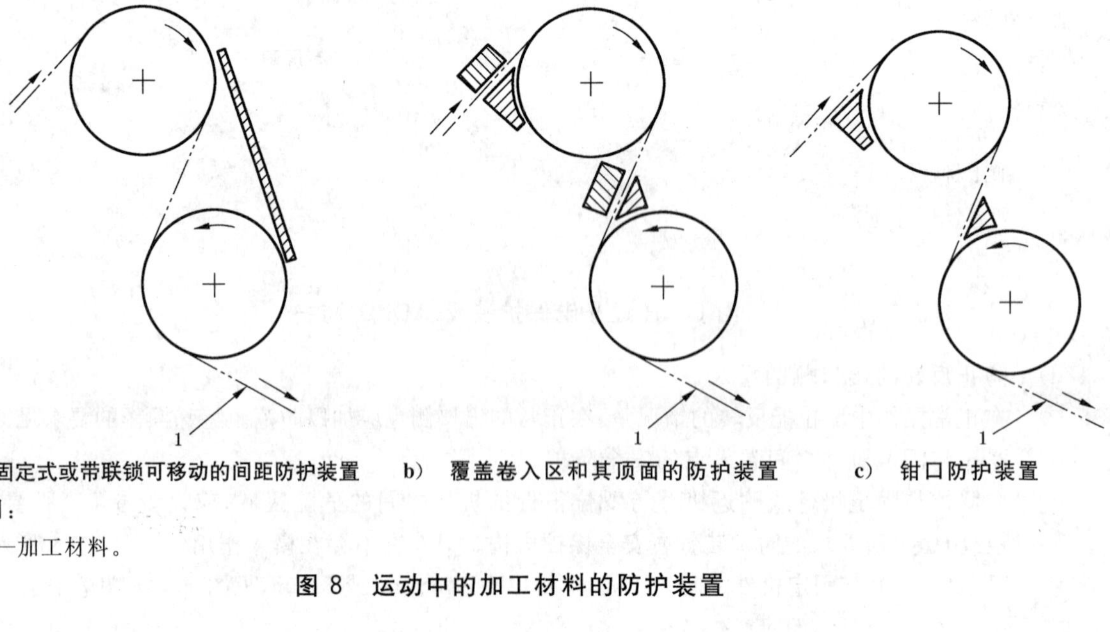

a)　固定式或带联锁可移动的间距防护装置　b)　覆盖卷入区和其顶面的防护装置　c)　钳口防护装置

说明：

1——加工材料。

图8　运动中的加工材料的防护装置

按照5.3.3表3的规定，AOPD应这样设置：在操作人员接近卷入点，到达卷入点之前时被中断，而且使罗拉处于停顿状态。为了达到此要求，AOPD与卷入点之间应有适宜的间距，这样即可增加进入时间(例如：图9中通过屏障的方法)。

单位为毫米

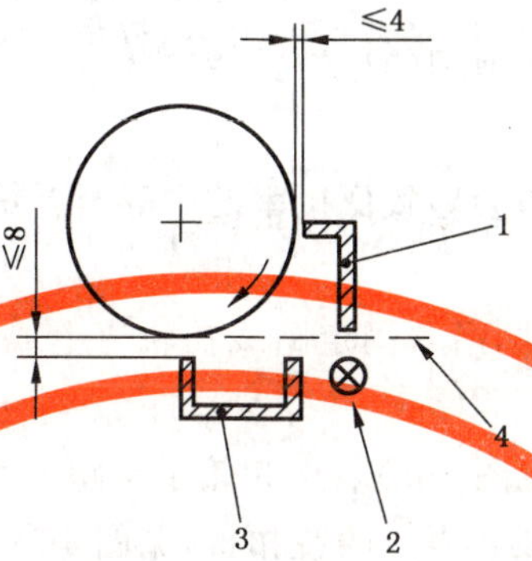

说明：

1——障碍；

2——AOPD；

3——障碍；

4——加工材料。

图9　通过光电保护装置(AOPD)防护

h)　糙面罗拉的安全防护

表面包覆糙面橡胶、砂布或类似材料的罗拉，其线速度大于2 m/min，而且在操作者可达到的范围内，应配备固定防护装置、带联锁的可移动的封闭式防护装置或按照5.3.3表2的规定，覆盖在暴露表面上的隔离防护装置。

i)　由防护装置防护一组罗拉(见5.3.3表2)

一组罗拉能够由一个防护装置提供防护(如栅栏防护装置、间隔防护装置)。

j)　有关特殊操作的措施

在特殊操作(如维修、调整、设定、故障排除)中使罗拉运转的有关要求见5.5。

k)　关于控制系统中与安全有关的部件(见5.4.2.3)

在罗拉间或者罗拉与固定机件之间卷入点的联锁防护装置和其他安全防护装置，按照GB/T 16855.1—2008第6章规定，应选用3类和4类的防护装置。

6.6　回转轴

回转轴用于输送传动力矩，在环锭纺纱机、络筒机、并纱机、捻线机、纤维卷曲机、后整理机和其他类似机器上均采用此种传动方式。

危险：

机械危险来自于轴，尤其是头发和衣服的缠绕。

风险：

在正常的和特殊操作中频繁的靠近，会导致高概率的严重伤害。

安全要求：

a)　回转轴应尽可能按GB 23821要求设置，使轴不直接暴露。

b)　暴露轴应设置防护装置(见5.3.3表2)(例如：固定距离防护装置或管式防护装置)。套筒常设置在轴的两端，以防止异物进入(如轴与套筒间的纱线)。

c)　在特殊操作中需要靠近时，对位于机架后面的轴应采取措施加以防范。

d)　轴端伸出的距离不应超过直径的四分之一，而且不超过5 mm，此时可不必进行安全防护。

6.7 轮

6.7.1 转动轮

机器或某些机器的部件是安装在轮子上，以使其可以移动，包括自动混合开包机、折布机、搬箱车。

危险：

机械危险来自轮子，尤其是挤压和剪切的危险。

风险：

在正常和特殊操作时的偶然靠近，会导致低概率的中等至严重的伤害。

安全要求：

配有滑动轮、导向轮的机器或机件，沿着固定路线在轨道上或其他跑道上运动时，应采用下列措施之一：

a） 应安装推开装置(排障器)[见图 10a)]，作为轮子与跑道表面之间卷入点的防护；

b） 应设置脱扣装置[如按照 5.3.3 表 3 的脱扣板，见图 10b)]，当该装置动作时应能使机器停顿。

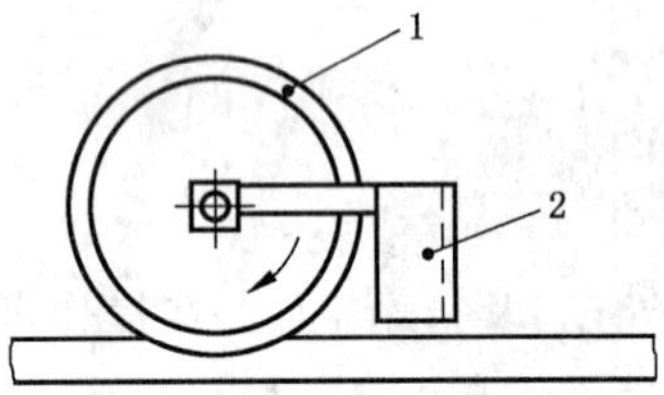

a） 带有推开装置的轮子

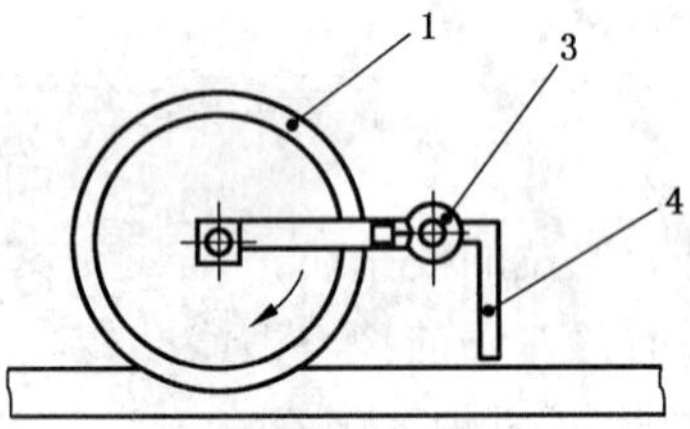

b） 带有脱扣装置的轮子

说明：

1——轮子；

2——推开装置；

3——有限运动控制开关；

4——脱扣装置。

图 10 轮子的安全防护

在选择装置的型式时，应考虑机器的速度和运转。

6.7.2 手轮

手轮广泛用于纺织机械(如织机、针织机)上。

危险：

机械危险，尤其是衣服缠在手轮的转动表面或凸出部分和缺口处。

风险：

在正常操作中，当操作者的注意力正集中于机器上时，会导致低概率的中等伤害。

安全要求：

一个能转动的手轮(如固定联结在机器的传动装置上)，应满足下列条件：

a） 轮子不能安装在紧靠操作或维修区；

b） 轮子不能突出在人能靠近的机器之外；

c） 轮子是圆盘状的，而且没有突出的部分和缺口；

d） 不能与机器的其他部件构成卷入点。

6.8 门和盖

6.8.1 一般要求

门和盖广泛应用于纺织机械(如在高压容器、煮布锅、漂练和印染容器上)。

6.8.2 开启和关闭

危险:

机械危险来自于门和盖的边缘,尤其是碰撞、挤压和剪切的危险。

风险:

当门和盖在开启和关闭时靠近,会导致低概率的中等至严重的伤害。

安全要求:

a) 应提供防止门和盖从悬挂的位置意外落下的措施:
   1) 在门和盖有从被开启的位置上落下的风险时,应在离开铰链较远端使用锁键或销,或其他装置,以可靠地保持门和盖在开启的位置;
   2) 独立的液压或气动阻尼装置防止门和盖开关动作过快,以致跌落而引起的伤害;
   3) 链条或绳索应成对使用,当其中一根失效时,可以避免门和盖跌落的危险。
b) 用手动操作的门和盖,其运动应考虑人类工效学的效应和惯性的影响,见5.4.13和A.4。
c) 用动力控制的门和盖可按5.4.5的要求。应防止关闭门和盖的碰撞和剪切。下列措施之一能有效防止上述危险:
   1) 驱动力和运动速度应按A.4的要求;
   2) 门和盖的边缘应按5.3.3表3的规定安装安全装置(如自停棒),它能在运行中制止门和盖的运动;
   3) 只能用止-动控制来关闭门和盖,止-动控制装置应安装在门和盖的边缘不能达到处,但操作者应能观察到门和盖的边缘。

6.8.3 压力下门和盖的闭锁和开锁

危险:

机械危险,尤其是门或盖引起的撞击。

热的危险,尤其是由液态物料和蒸汽引起的烫伤。

风险:

由于在门或盖被完全锁住前施加的压力,或在开锁时容器或桶内剩余压力的作用而引起的门或盖被炸开;热的液态物料或蒸汽的溢出会导致高概率的严重或致命的伤害。

安全要求:

应设置使排出的液态物料和蒸汽偏离操作者的装置(如门或盖边缘的导向板或环)。

对于多螺栓连接门和盖的特殊安全要求:

为了使剩余压力能安全释放,门和盖上至少应有一个螺栓起联锁作用。当门与密封圈之间达到3 mm间隙时,能防止门进一步开大。这样的螺栓应设置在门或盖的铰链对面的边缘上。

对快开门或盖的特殊安全要求:

a) 按照5.3.3表3的规定,应设置快开门的锁住机构、排气阀和加压系统(例如:蒸汽、水、压缩空气、泵、加热等)之间的联锁机构,以便在打开门或盖(见GB/T 18831—2010附录H中机械联锁原理)前,加压系统能切断和隔离并使排气阀打开。在门或盖被关闭和锁住后,这些措施应仍然有效。

b) 开锁包括两个单独的阶段。第一阶段:门是局部开启的,但仍受约束(这点是很重要的,即有足够的约束力来抵御残余压力);在约束限度之内,门或盖可充分开启(直到门或盖与密封圈之间的间隙不小于 8 mm 为止),然后开始最后的开锁阶段,门或盖被完全打开。

c) 容器盛有液态物料时的情况:

 1) 对立式容器底部的排水阀,也可能是主排水阀,应按 5.3.3 的规定与门或盖的锁住机构联锁,以保证在门或盖开始开锁前,容器的液面低于门或盖的底面;

 2) 对装有大尺寸门的卧式容器,联锁的排水阀应保证在门开锁之前,没有液态物料留存在容器内;

 3) 应注意排水阀的尺寸和安装位置,要保证它们不受容器内物料的堵塞,并使排水阀在排放时应远离操作者。

6.8.4 进入机器、容器或设备

危险:

机械危险,当操作者进入容器或设备时,可能会受到伤害或被关闭。

风险:

在正常操作和特殊操作中,会导致低概率的严重或致命的伤害。

安全要求:

a) 门应与机器联锁,如 GB/T 17780.2～17780.7 有规定时,门应带防护锁(见 5.3.3 表 3)。

b) 门关闭时不能启动机器,只有通过按控制面板上的启动控制器,才能启动机器。每次进入机器都应配备手动复位控制,除非能从控制台上观察到所有危险点。从危险区域不能启动复位控制。当门打开时复位控制不能起作用。只有当所有门都被关闭并且所有复位控制都启动时,启动控制才有效。

c) 门应设计成在里面也能开启。

6.9 视窗

在许多纺织机械的防护装置和罩盖上均设有视窗。

危险:

机械危险,当视窗敞开或受损破裂时,特别是靠近视窗后各种危险的部件产生的危险,或是由破损的视窗产生剪切的危险。

风险:

破损的视窗会产生低概率的轻微伤害,但假如能靠近危险区,就会产生高概率的中等至严重的伤害。

安全要求:

特别危险的机械零部件(见 6.3)或风机叶片前的视窗,应为不可拆卸的型式(例如:插入橡胶密封条、焊接或从里面固定或者使用安全螺钉)或者联锁,而且如果制动时间超过进入时间,则使用防护锁。

视窗的材料应能承受机械的或热的破坏,必要时也应能经受化学侵蚀(如聚碳酸酯板或韧性玻璃)。

6.10 输送带

纺织机械中配备有各种型式和尺寸的输送带。

危险:

机械危险，来自输送带本身，输送带和带轮之间，输送带部件和邻近的机器部件之间，两根输送带之间和输送带与罗拉之间，清理加工材料的时候。

风险：

正常和特殊操作中的接触，尤其是在偶然清理、去除杂物的过程中，会导致低概率的中等至严重的伤害。

安全要求：

a) 输送帘子，帘子条板之间的间距，应使手指不能伸进去(通常最大 6 mm)。

b) 对输送带与下列带轮之间的卷入点：

   1) 传动带轮；

   2) 张紧输送带所用从动带轮；

   3) 握持输送带防止其游动所用的从动带轮。

   根据 5.3.3 表 2 的规定，应设置固定防护装置或可移动联锁式防护装置(如栅栏间距式防护装置或固定钳口式防护装置)。只要可能，防护装置应设计成经过调节后仍能保留在原位，例如调节皮带张力。

c) 对于输送带的运动部件和机器固定机件之间的剪切区，应设置封闭式或间距式防护装置(见 5.3.3表 2)。

d) 对于输送带之间和输送带与罗拉之间卷入点的防护见 6.5c)。

e) 当输送带在输送过程中，输送的物料(如纤维)很可能积聚在输送带或带轮的表面，那么输送装置的设计和结构，应能在不移动防护装置的情况下进行清洁。有条件时，尽可能采用固定的清洁装置。如果为了定期清洁必须移动防护装置，应设有联锁装置(见 5.3.3 表 2)。

6.11 风机

许多纺织机械上装有风机，包括清梳联设备、纤维气流输送系统、纺纱准备和纺纱机械、拉幅机及其他烘燥机械。

危险：

机械危险来自叶片，尤其是头发和衣服缠绕的危险、撞击和割伤的危险。

来自于风机和机壳的噪声，当用于运输纤维的情况下，来自于纤维和机壳内表面的撞击。

风险：

特殊操作中的偶然接近，包括清除加工材料的堵塞物和进行清洁时，均会导致高概率的中等至严重的伤害。密封不好时还可能有噪声的危险。

安全要求：

a) 风机应按 GB 23821 的规定设置，使它处于操作者不能触及的区域，或应配备防护装置(见 5.3.3表 2)。

b) 在清除加工材料的堵塞物而偶然接近的场合(如纤维自动输送系统)，开口位置应离叶片有一定的距离，以防止手指的接近。操作者也可借助工具清除堵塞物，或者开口也可以靠近风机，但开口均应由带保护锁的可移动式联锁防护装置覆盖(见 5.3.3 表 2)。用户或其他人员在为纤维输送系统安装输送管时，在风机作用的范围内不应安置任何开口，有关这个要求，在操作手册中应予以提示和警告。

c) 通过设计减少风机产生噪声带来的危害。例如设置减振装置、消声装置和将风机安装在远离工作区。

6.12 切割装置

圆形的、直的、螺旋形的切割刀具广泛地应用于纺织机械的加工过程中(如双组切割、非织造布生产线、毯子的剪毛、后处理、拉幅、自动卷布机械和其他机械)。

危险:

机械危险来自切割装置,尤其是割伤和切断的危险,或来自刀架,尤其是挤压、剪切的伤害。

热的危险来自过热的刀头,或由切割装置在工作过程中产生的高温。

风险:

在正常和特殊操作中的偶然接近会导致高概率的轻微割伤和低概率的手指、手、手臂的切断,在装卸刀具时会导致高概率的中等至严重的伤害。

安全要求:

a) 固定位置的圆形刀具

应设置封闭式防护装置,在加工技术允许的条件下将刀具安装在封闭的装置内(见 5.3.3 表 2),其防护装置可以是可调式的或自调式的。

b) 往复运动的圆形刀具

应防止靠近刀具和有关的附件,包括所有的夹具,它们在往复运动中与固定的零部件会形成挤压点和剪切区。防护范围扩展到往复运动全程的固定式或自停式防护装置(如光电防护装置)能有效地起到保护作用,在操作者到达危险区时,应能阻止机器启动或者使运行立即中断(见 5.3.3 表 2、表 3)。

c) 闸刀式工具

应提供防止在刀具运动中去接近危险区的措施,例如:在刀具的进出口安装通道式防护装置可能是有效的,其尺寸应符合 GB 23821 的规定。可移动式防护装置(如带铰链的盖)在通道内应与刀具运动联锁(见 5.3.3 表 2)。

如果切割装置安装在有栅栏防护装置的设备上(见 5.3.3 表 2),应设置门与运动刀具间的联锁,以便接近刀具前面与后面的工作区域(见 A.3)。如果不用栅栏防护装置,工作区也可借助安全机构(如光电防护装置、压敏地板)保护,以使相关人员一到危险区域,就能使刀具停止运动(见 5.3.3 表 3)。制动时间应短于进入时间。

对于控制系统中涉及安全的部分(见 5.4.2.3),应按照 GB/T 16855.1—2005 第 6 章,选择 3 类或 4 类,用于闸刀式工具上防护装置的联锁机构和安全机构。操作者在更换刀具时,应提供用来防止刀座脱落的机械约束。

d) 螺旋刀具见 6.3。

6.13 机械工作平台和走道,邻近沟槽和地坑的工作区

很多纺织机械具有工作平台和走道,包括长丝生产线、前纺设备、织机(提花机)、印花、连续染色和整理设备。地坑也是常见的,尤其是在梳理机上,沟槽在漂白、染色和后整理生产线上也能见到。

危险:

从平台和走道上跌落、滑倒或绊倒,跌进邻近的沟槽和地坑,由平台或走道上坠落下的物体所引起的伤害。

风险:

在正常操作和特殊操作中,处于高位的工作平台和走道,或进入邻近沟槽和地坑的工作区,会导致

低概率的中等至严重的伤害。

安全要求：

a) 工作平台、走道以及接近它们时的安全要求见 GB 17888.1～17888.4 的规定。
当设置的工作台和走道有可能进入危险区时，应设置防护装置和安全装置，以防止意外进入（见 5.3.3 表 2、表 3）。

b) 为了防止跌入工作区的沟槽和地坑，设计要求其上缘至少高出工作地面 1 100 mm。否则沟槽或地坑的边缘应配备 1 100 mm 高的栅栏防护装置或屏障，所用板条或垂直棒的间距应不大于 180 mm，除非在沟槽或地坑的边缘，机器的其他部件或工厂安装不会引起附加危险（如热、旋转）的屏障。

6.14 对纱线和织物进行直接加热的散热器或燃烧器

开式散热器或燃烧器应用于纱线和织物处理设备（如烧毛和烘燥设备）。

危险：

热的危险，尤其是接触火焰，散热器或燃烧的加工材料造成的烫伤。

风险：

在特殊操作中的接近会导致高概率的中等至严重的伤害。

安全要求：

a) 应防止意外接近散热器和燃烧器。

b) 在采用气体燃料作加热介质的车间，供气管上应配置快速关闭阀。

c) 当输送加工材料的速度在降低或停机时，除对燃气设备外，还应采取以下措施之一：

1) 自动隔离热源和加工材料；

2) 在热源和加工材料之间自动插入挡板以形成隔热屏障。

d) 操作手册应建议适时进行必要的清洁。

6.15 用蒸汽加热液态物料的装置

配置蒸汽喷射管的机器，例如：洗毛、复洗、漂白、染色和后整理设备。

一般安全要求：

关于热的液态物料或蒸汽的安全要求见 5.4.6.2。

特殊危险：

由蒸汽直接通入液态物料时引起的噪声。由喷出的蒸汽或高温的液态物料引起的烫伤，尤其是当液位比较低时。

特殊风险：

取决于暴露的程度，有噪声引起危险的可能，在加热液态物料时，会导致低概率的严重危害。

特殊安全要求：

在有直接蒸汽喷射的情况下，应设置低噪声蒸汽喷射装置（示例见图 11），以减少噪声造成的危险。

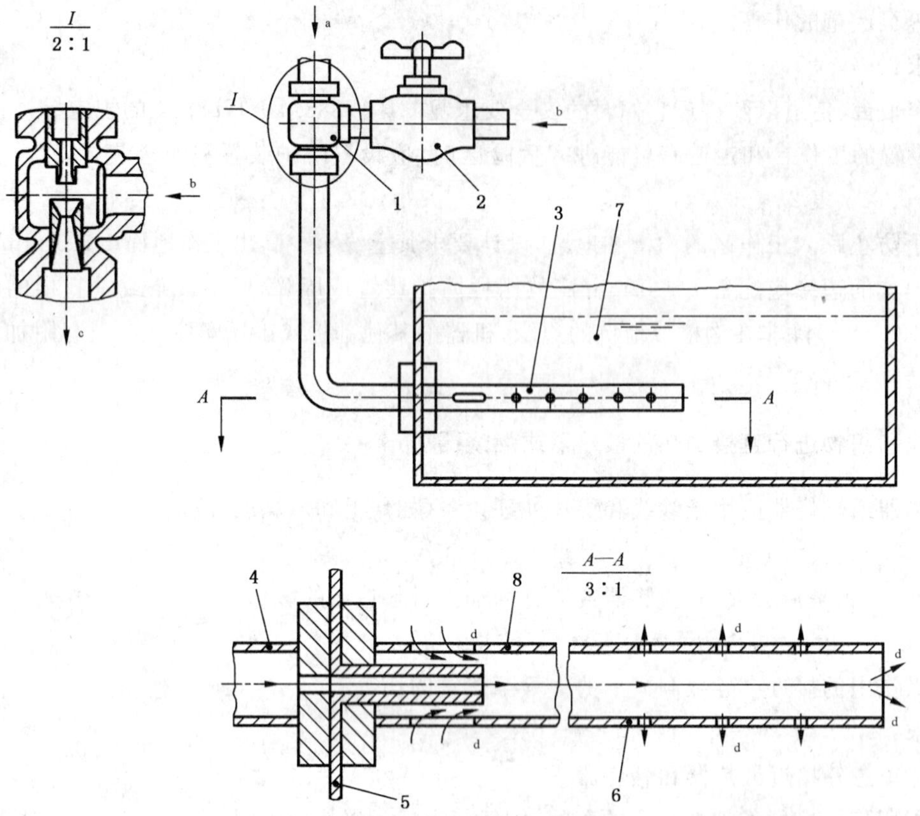

说明：

1——蒸汽进口；

2——截止阀；

3——带孔管；

4——蒸汽入口装置；

5——容器壁；

6—— 混合管；

7——液态物料；

8——液态物料进入的孔隙。

a——蒸汽流。

b——空气流。

c——蒸汽和空气的出口。

d—— 能量流转化为液态物料。

图 11 低噪声蒸汽喷射装置示例

使用直接蒸汽加热，喷管设计应能避免蒸汽或热的液态物料从容器中喷出(示例见图 12)。

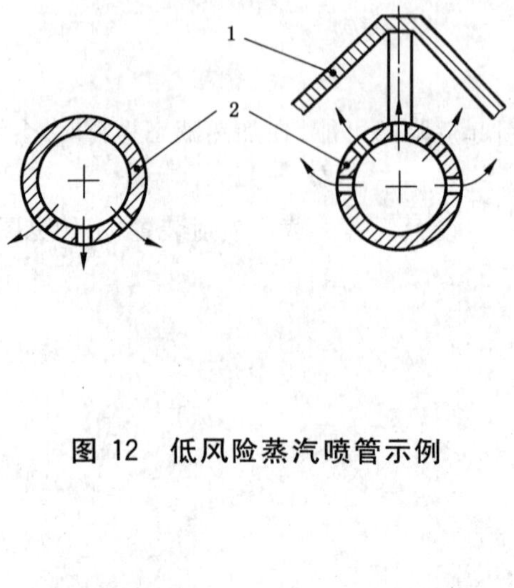

说明：

1——罩壳；

2——蒸汽管。

图 12 低风险蒸汽喷管示例

6.16 带搅拌器的液态物料准备机械

液态物料准备机械在纺织工业上有各种用途(如在浆纱、染色、印花中)。

一般安全要求:

关于热的液态物料或蒸汽的安全要求见 5.4.6.2。

特殊危险:

机械危险来自联轴器,尤其存在被缠绕的危险;或来自叶片,尤其存在被撞击和挤压的危险。

热的危险,来自喷溅出和因沸腾溢出的液态物料。

特殊风险:

当接近容器时,特别当打开容器顶盖,对容器进行检查、清洁时,会导致低概率的严重伤害。

特殊安全要求:

a) 在有可能接近搅拌器联轴节的情况下,联轴节的凸缘的部分应为凹进的或者有防护装置(如用不锈钢防护网);

b) 在搅拌器和容器能分开的情况下,应使只有在搅拌器装到容器的搅拌器支座时才能进行操作,并防止搅拌器从吊装的位置上跌落;

c) 当存在热的或有危害的液态物料因高速搅拌而可能喷溅情况时,应设置只有在进行低速搅拌或停机时才能打开的联锁的顶盖;

d) 当存在液态物料在沸腾溢出的风险时,开启容器顶盖时应停止加热。

6.17 升降罗拉

升降罗拉在加工过程中或工序之间用于贮存数量变化的经纱、织物、布卷,或用于控制速度(如贮布器、补偿器、悬挂式贮布器)。

危险:

机械危险,来自罗拉之间互相超越的运动,或罗拉超越支架固定部件的运动,或罗拉下降造成的危险,尤其是挤压、剪切和碰撞危险。

风险:

在正常操作中会有低概率的严重至致命的伤害。

安全要求:

a) 应按照 5.3.3 表 2 的规定,设置对罗拉整个行程进行封闭的固定防护装置(如封闭式防护装置、距离防护装置和栅栏防护装置);

b) 设置的进入门应是联锁的(见 5.3.3 表 2);

c) 应设置限位装置以防止运动部件跌落。

注:带机械制动的单独摆动罗拉,它不会产生挤压或剪切的危险,不需要上述的专门的安全要求。

6.18 卷布机

卷布机用于把织物或毯子卷成卷,特别是用在非织造布、织造(卷布机属于织机一个部件者除外)、漂白、染色、印花和后处理工序中。

一般安全要求:

液压设备的安全要求见 5.4.5,遇到危险的人员的逃脱和援救的安全要求见 5.7。

特殊危险:

机械危险,来自机械零部件,尤其是卷布辊;来自卷绕过程中的加工材料的危险,特别是卷入或吸入的危险;以及来自摆动臂的下降,尤其是碰撞的危险。

特殊风险:

在正常操作时接近卷布机,尤其是新卷刚开始卷布,以及当开卷和退卷时,会导致低概率但却是严重和致命的伤害(如中心驱动的卷布机);在其他场合也会导致高概率的中等至严重的伤害(如表面驱动的卷布机)。

特殊安全要求:

a) 按照5.3.3表2和表3的规定,卷布线速度大于2 m/min的表面传动卷布机(卷布机带有可摆动的主动加压辊),应在传动辊和布卷之间产生的卷入点,设置一个联锁防护装置(例如:可移动联锁间隔式防护装置)或安全装置。

联锁防护装置或安全机构应设计为:布卷直径逐渐加大时能进行补偿;激活防护装置或启动安全装置应引起传动的停止,并且立刻抬高传动辊至距离布卷表面大于120 mm处。

当从卷布机侧面接近卷入点时,应在侧面设置防护装置。

组成多环补偿机构的联锁防护装置和自停机构(传感器)的示例,见图13a)和b);也可使用导向辊和传感器控制的补偿器。探边器可以由光电保护装置代替。

设有补偿装置的自停机构示例见图13c)和d)。探边器和布卷之间的距离,应为按照GB 23821—2009表4的规定,并成为探边器和传动辊卷入点之间的安全距离。

主动卷布辊臂只有在止-动控制装置的作用下才能下降,否则应设置防护装置或安全机构来防止卷布辊臂和卷布机之间的挤压危险(见5.3.3和表2、表3)。

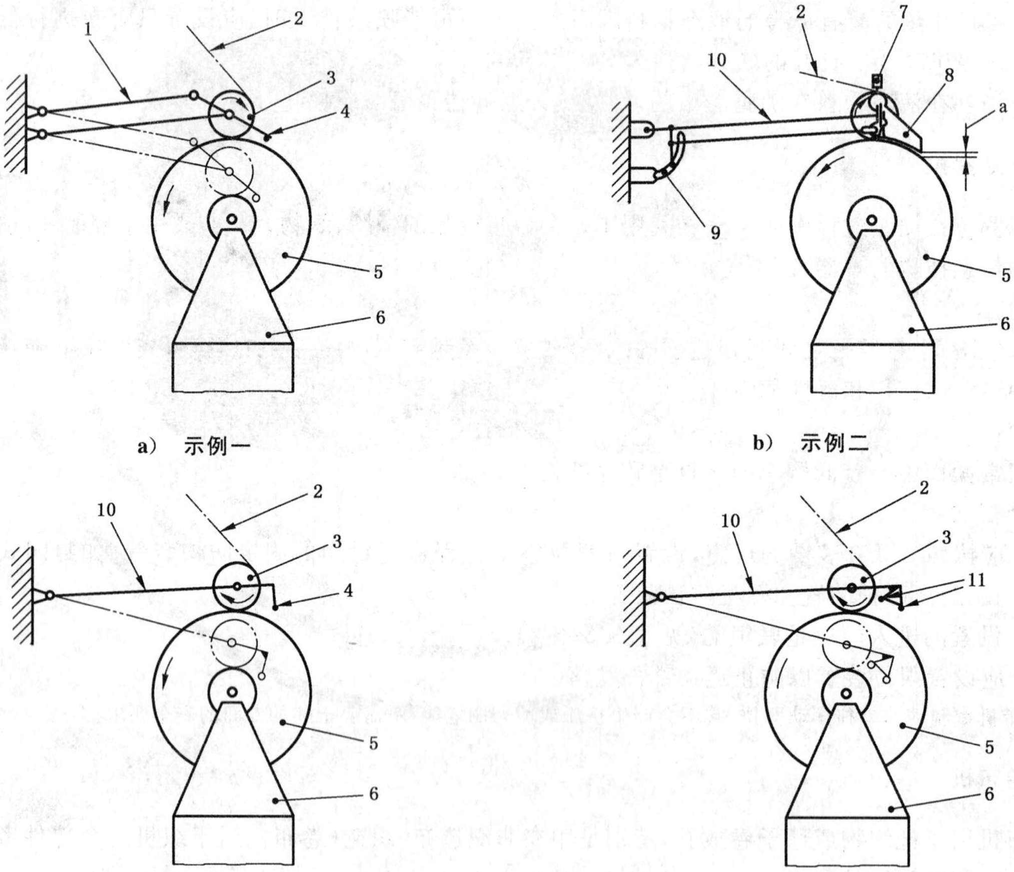

a) 示例一　　b) 示例二

c) 示例三　　d) 示例四

说明:

1——四连杆补偿机构;	5——布卷;	9——补偿机构;
2——织物;	6——A型架;	10——连杆;
3——主动辊;	7——有限运动控制开关;	11——双接触传感器。
4——传感器;	8——铰链的防护装置;	[a]——间隙。

图13 表面驱动卷布机的安全防护

b) 卷布线速度大于 2 m/min 的中心驱动卷布机，在卷入点不能安装防护装置或安全机构时应配备自停机构(见 5.3.3 表 3)；自停机构应安装在操作侧，而且它的位置应方便操作者用腿和脚的任意部位进行操作。自停机构应使卷布机能在尽可能短的时间内停止运转。

自停装置的一个符合 5.3.3 和表 3 的设计实例，自停棒如图 14 中所示。自停棒可贴近机架，也可用一根跳闸线安装在同样位置上。

当传动装置是卷布机配置时，其控制装置应同自停装置进行适当连接。

应在操作手册中提出有关安装的建议。

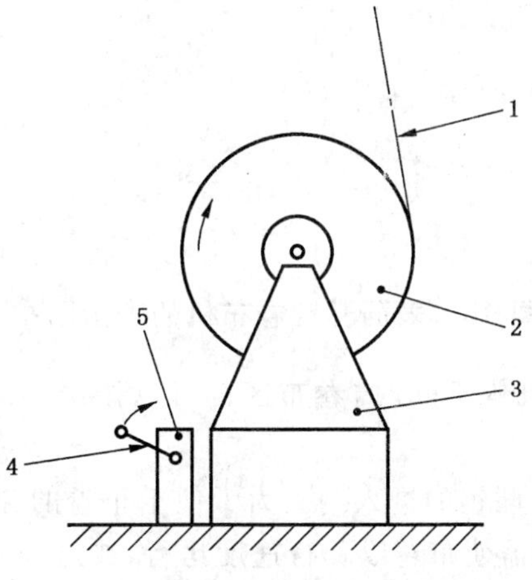

说明：

1——织物；

2——布卷；

3——A 型架；

4——自停棒；

5——辅助支架。

注： 所用的中心传动的方式不必专门为卷布单元而设计或制造，而可由安装单位或用户自行选用。由于所选用的传动装置适用性很强，因此安装单位就应承担所采用的防护或安全装置是否适用的责任。

图 14　中心传动卷布机的安全防护

c) 如果卷布机设计有表面传动和中心传动两种传动方式，应按照 a)和 b)的要求对两种传动方式设置适当的防护。

d) 配备一个从动的加压辊的中心传动卷布机，除了应符合 b)的要求外还应根据 a)设置安全防护。

e) 如果存在着操作者的手指或手被卷入(例如：在地毯打卷中)的危险，或者在表面驱动卷布机由两个平行的、在水平方向以相同方向旋转的主动卷布辊组成时，以及在有可能接近卷入点的情况下，卷布机应设置一个在全宽度上由脚操作的紧急停车棒(见 5.4.2.4)。

一个适用的设计见图 15a)。这种设计也能用于由单根卷布辊驱动的表面驱动卷布机，见图 15b)。

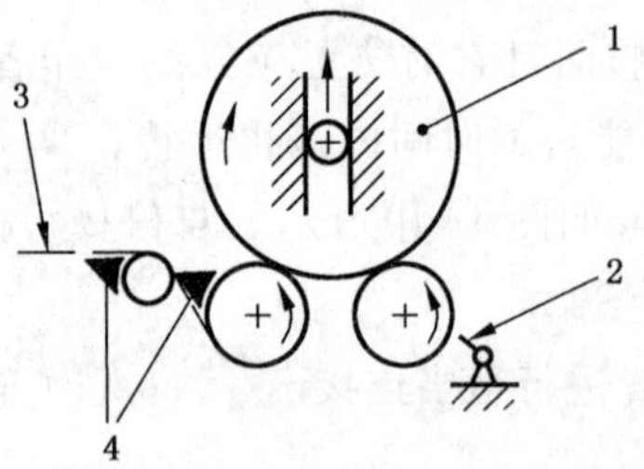

a) 两个主动卷布辊的卷布机防护示例

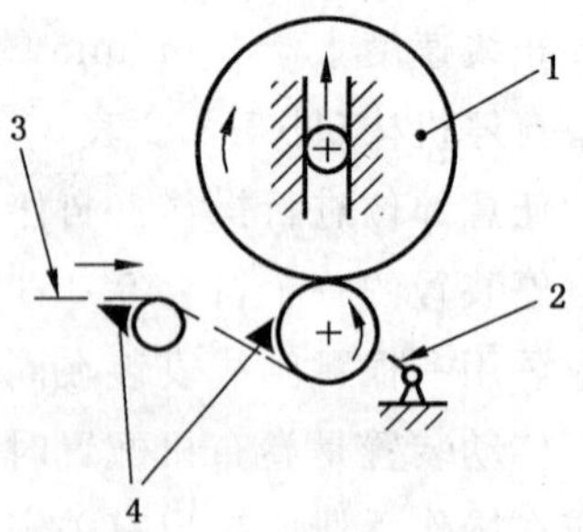

b) 单个主动卷布辊的卷布机防护示例

说明：

1——布卷；

2——急停杆；

3——织物；

4——防护装置。

图 15 表面驱动卷布机的安全防护

f) 如安全防护方式与上述机构不同时，卷布区也可以按照 A.3 的规定，用栅栏防护装置加以封闭。

这种栅栏防护装置应配备联锁的进入门。为了便于布卷的穿布，这种联锁装置可以设置跨越控制装置，通过止-动控制器使布卷以爬行速度运行，或者设置一个有限制运动控制装置。这些控制装置可以用腿或脚来操作。

g) 对于 a)、b)、c)、d)、e)中的卷布机，若设有自动换卷装置时，应采取防护措施来防止在换卷过程中接近换卷装置，包括切断和穿布装置，以及驱动辊的摆臂所经过的区域。

安全措施中应采用声、光报警信号，提示“换卷即将开始”。卷布机周围应设置一个栅栏防护装置(见图 16 和 A.3)。栅栏防护装置所配置的门应与换卷的控制装置联锁，从而使门一旦打开时，换卷操作不能启动，或当门一打开操作立即中断。当安装在门内的复位控制器动作前，不能进行换卷操作。

此外，栅栏防护装置也能够安全地防护卷布机的卷入和缠绕的危险区，但应使卷布机的启动与门进行联锁。否则，卷布机上每一个危险点，都应按 a)、b)、c)、d)的要求进行有效的防护。

由两个 A 型架组成的卷布机组，用栅栏防护装置防护卷布机卷入和缠绕的情况下，在换卷时，通常非运转机台门的联锁作用能够消失。换卷时，应采取以下措施之一来防止接近运转的卷布机：

1) 采用栅栏防护装置和安装在两 A 型架之间的光电保护装置，当有一扇门打开时，该防护装置应立即起作用。

2) 组合单元的防护，应按照 A.2 的规定，部分依靠栅栏防护装置，部分依靠光电保护装置。

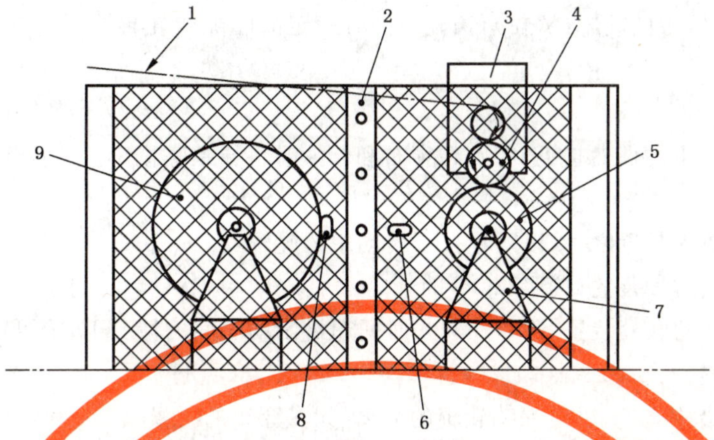

说明：

1——布；

2——光电保护装置的支撑架；

3——换布单元；

4——可移动的驱动罗拉；

5——正在运行的布卷；

6——已实行联锁的门；

7——A 型架；

8——未锁定的门；

9——布卷(已卷装完毕)。

图 16 自动卷布机的安全防护

3) 在工作区应设置自停装置，如压敏垫或压敏地板，或按照 5.3.3 表 3 设置漫反射响应的光电保护装置(AOPDDR)，它们设置的防护与栅栏防护是等效的。在单独的卷布机的卷入或缠绕点有效得到防护的场合，在换卷开始前使压敏垫或压敏地板或 AOPDDR 产生作用即可。

4) 使用防护装置和安全机构保护每一个危险区域(见 5.3.3 表 2、表 3)。

h) 半自动换卷卷布机(即卷布机带有操作者启动的换卷操作，并同时有一个信号显示卷布操作结束)。

半自动卷布机，不同于自动卷布机，其换卷操作不需要进行安全防护，即在操作者能清楚地看到换卷单元机，并且又不影响换卷操作的位置，通过使用止-动控制装置，操作者能够启动换卷操作。

由卷布操作引起的危险点，应用与非自动卷布机一样的方式来进行安全防护。

i) 所有卷布机控制系统(见 5.4.2.3)与安全有关的零部件，应按照 GB/T 16855.1—2005 第 6 章的规定，选择 3 类或 4 类，用于防护和安全装置的联锁机构。

6.19 轧车

轧车广泛应用在印染设备上，对加工织物进行轧水或浸轧。

一般安全要求：

应采用5.7中有关受伤人员的逃脱和援救的安全要求。

特殊危险：

机械危险，来自运转中的轧辊（罗拉），当轧辊间有一定的间隙或轧辊在靠拢时，尤其会产生吸入或卷入、挤压的危险。

特殊风险：

在正常和特殊操作中的偶然接近，特别在穿布和轧液时将导致高概率的严重伤害。

特殊安全要求：

a) 应设置以下防护装置之一，以防止接近转动中的轧辊：
   1) 固定轧点防护装置，按照6.5c)的规定；
   2) 带防护锁的联锁装置，除非在进入时间超过制动时间的情况下，才可以使用不带防护锁的联锁装置（见5.3.3表2）。
b) 应设置以下措施之一，以便保持轧辊的分离（如在穿布的时候）：
   1) 气-电式限动装置；
   2) 液压限动装置；
   3) 机械限动装置。
c) 当轧辊移近时应采用下列预防措施之一：
   1) 通过防护装置接近轧辊；
   2) 止-动控制装置控制轧辊运动，在操作位置上能观察到轧辊运动；
   3) 为每台轧车设置在轧辊移近之前发出的声光报警信号，以及配备用手或脚，且在两侧均可操作的急停装置（如跳闸线装置）。
d) 控制系统中与安全相关的部件，即安装在轧辊卷入区防护装置的联锁机构，应按照GB/T 16855.1—2005第6章选择3类或4类。

6.20 堆布机和折布机

堆布机和折布机广泛应用在染整机械上，其功能是把织物存放进贮存容器或容布槽中。

危险：

机械危险来自摆动机构，尤其是挤压、剪切和碰撞的危险。

风险：

在正常和特殊操作中的偶然接近上述设备，会导致低概率的严重伤害。

安全要求：

堆布和折布机械设备应设计成能够消除挤压和剪切区。当这个要求不能实现时，应设置防护装置和安全机构（见5.3.3表2、表3）。堆布机和折布机的边缘在小于2.0 m的高度来回移动时应加以垫衬。

6.21 自动机械和设备

6.21.1 一般要求

自动的纺织机械和设备，其控制系统可以操纵机器的运转，机器一旦启动，操作者就不再需要进行操纵了。这种类型的机器能单独运行，也可以是复杂的设备的一部分。自动控制装置能用于机器的程序控制，它可固定安装，也可安装在移动的装置上，包括单独进行操作的装置（如接头装置、自动落纱）。

一般安全要求：

应采用表9规定的安全要求和/或措施。

表 9 有关自动机械和设备的通用安全要求

项 目	本部分
整机：	
一般电气设备	5.4.2.1 和 5.4.2.2
电气控制系统	5.4.2.3
启动和制动	5.4.2.4
通过设计降低风险	5.3.2
通过安全防护装置降低风险	5.3.3
——用防护装置	表 2
——用安全装置	表 3
流体动力系统及元件	5.4.5
用于特殊操作的防护装置	5.5
陷入危险人员的逃脱和援救	5.7
零件的配备	5.8
特殊机器零部件	
驱动和传动装置罩	6.2
罗拉	6.5
旋转轴	6.6
转动轮	6.7.1
输送带	6.10

6.21.2 自动防护装置

配置在自动化机械和设备上的能自动开和关的防护装置。

一般安全要求：

自动化机械和设备(除 6.5 和 6.10 外的)应采用表 9 规定的安全要求。

特殊危险：

机械危险来自移动的防护装置，尤其是挤压、剪切、卷入和吸入的危险。

特殊风险：

无防护的人员进入操作区，尤其存在在特殊操作中会导致低概率的轻微至严重的伤害。

特殊安全要求：

除表 9 给出的安全要求外，应采用下列措施之一：

a) 防护装置开和关的力应是操作者能够承受的，而且不会造成伤害。该要求可通过限制防护装置的驱动力来实现(操作力和驱动力见 A.4)。

b) 所有防护装置可能引起危险的的传感器，应配置感应保护装置加以防护(如压敏传感器)，按照 5.3.3 表 3，当运转时，自停机构能刹住防护装置的运动。

c) 围绕防护装置的危险区，应按照 5.3.3 表 3 的规定，由安全机构加以防护(如压敏垫和压敏地板、光电防护装置等)。当无防护的人员出现时，安全装置应能使防护装置的运动停止。

6.21.3 移动的机器、操作装置和操作部件

在许多现代化的纺织厂中，通常有某些机器、机器的一部分或装置能自动沿着固定轨道从一个位置移动或转到另一个位置。其中操作部件也能通过自动控制后移动。

一般安全要求：

应采用表 9 所提出的自动化机械和设备的安全要求。

特殊危险：

机械危险，尤其是挤压、剪切和碰撞，产生于活动的机器与邻近机器的固定部件、设备或建筑物之间；运动的操作装置或操作部件与邻近的固定或移动的部件、机器、设备、建筑物之间。

特殊风险：

自动操作中无防护人员有意或无意的接近，以及在特殊操作中的进入操作区，导致高概率的轻度至严重的伤害。

特殊安全要求：

a) 机器、操作装置或操作部件的设计，应遵照 GB 12265.3 的规定；或由机器、操作装置或操作部件运动产生的力或压力，不应超过无防护操作人员能阻止其运动的力(见 A.4)。

b) 如果 a)不能实现，移动的机器上应配置栅栏防护装置和安全机构。固定的或移动的封闭防护装置和安全机构，应配置于操作装置和部件上，以防止接近危险区；或者机器、装置和部件正对运动方向的一侧，应设置齐全的感应保护装置(如自停板、自停棒、压敏传感器、光电防护装置等)，根据 5.3.3 表 3 的规定，设计时应考虑产生伤害之前就能防止因机器和操作部件的运动而引起的接触和撞击危险。

   当安全装置动作后，操作者只有通过慎重的操作才能对机器、装置或部件进行重新启动。当操作者在控制位置不能完全观察到所有的危险点时，应在进行复位控制操作后，才能够重新启动。

   另一方面，安全装置的操作可改变运动的方向，但它本身不应导致新的危险。

c) 操作装置重新编程时，应按照 GB 11291—1997 第 6 章和第 7 章的规定。

d) 操作手册中应提出有关移动的机器、装置及部件的间距要求，以防止在工厂或其他机器上移动的装置和固定部件之间产生挤压和剪切。

6.21.4 可能脱离固定轨道的移动的机器和操作装置

一般安全要求：

应采用 6.21.3 规定的对移动的机器、操作装置和部件的安全要求。

特殊危险：

机械危险，尤其来自移动的机器、装置和部件脱离固定轨道产生的挤压和撞击。例如：由于控制系统的故障、超速或不适当的制动所引起的。

特殊风险：

无防护人员意外的撞击，会导致高概率的严重伤害。

特殊安全要求：

应采取以下措施之一：

a) 在轨道的末端应配置停止器(缓冲器)。停止器应具有吸收机器、装置的能量、速度的特性；

b) 固定轨道应延伸到工作动程以外，使移动中的机器或操作装置制动或拉闸后停下来。

6.21.5 地面轨道和架空轨道(导轨)

地面轨道和架空轨道是纺织机械的一种零部件，它能够使机器与落纱、运输和清洁装置相互配合而运动。

危险：

机械危险，尤其是因摔倒在轨道上，以及来自在架空轨道区域发生的撞击。

风险：

在靠近轨道地面上方和在其下方区域时，均存在导致高概率的中等程度伤害的风险。

安全要求：

a) 轨道在工作区和通道范围内应低于地面；

b) 在所有可能产生碰撞/摔倒的危险区域，轨道应有永久的显著警示标志。

6.21.6 加工材料的架空运输

在一些纺织机械的工作区域，设有加工材料的架空运输。

危险：

机械危险，尤其是加工材料坠落产生的危险和由架空输送装置和物件引起的挤压、剪切及碰撞的危险。

风险：

当通过架空输送装置的下方时，尤其对头部可能导致高概率的中等伤害。

安全要求：

a) 输送装置应能安全承载输送的加工材料，该装置可以是各种型式和形状的条筒、筒管、纱管、卷轴等；

b) 当输送物料的重量超过 5 kg 和在输送时其下缘离地面大于 2 m，或当输送物体重量超过 3 kg 和下缘离地面大于 2.5 m 时，应避免靠近输送装置的下方或应设置阻拦装置。这些装置可安装在架空输送装置上，或者直接装在输送装置下方；

c) 架空轨道的安装，应使地面与架空装置或输送物料底部之间的距离大于 1 850 mm，除非在实际操作（如环锭细纱机的纱架）需要一个较低的高度。在以下场合应遵守的规定：

   1) 在低于上述规定的区段，输送速度应不超过 15 m/min；

   2) 输送装置和材料通过时，不应产生挤压和剪切危险；

   3) 通过操作点后，架空轨道应尽快地提升到大于 1 850 mm 的高度。

6.22 联合机

危险：

机械危险，来自整条生产线或意外启动的部分单元机的运动部件，或由于相邻单元机之间的连接处缺少防护。

风险：

在单元机连接处正常操作时，和联合机任何一个部分特殊操作时，会导致高概率的严重伤害。

安全要求：

整个联合机的安装/制造商应设置一个电源隔离装置（主隔离开关），必要时每台机器或每一段都应配置有独立操作的电源隔离装置（主隔离开关）。隔离装置（主隔离开关）在切断位置上应能锁住（见 5.4.2.4）。

根据 5.3.3 的规定，必要时安装/制造者对复杂的联合机、独立的单元机以及给定机器与其相邻的机器之间的连接部分，应设置附加的防护装置和安全机构。

在整个联合机安装到调试结束前，所有防护和安全装置应该安装就位并投入使用。但是，如果单元机还没有运行或处于停机状态时，该单元机的防护装置和安全机构可以没有安装或不能使用，但应避免接近其相邻运行单元的危险区。

7 安全要求和/或措施的检验

本部分所给出的安全要求和适用的检验方法见附录 C。

第 5 章、第 6 章中所规定的安全要求的检验，可以在机器运行的条件下使用，但有些检验项目需要拆卸部分机器。

如果条款是引用其他标准的，则那些标准所规定的检验方法也应引用。

发射噪声值应根据 GB/T 7111.1～7111.7 进行检测。

8 机器的使用说明

8.1 信号与报警装置

按照 GB/T 15706.2—2007 的 6.3 和 6.4 的规定，应配置报警装置及警示标志，以警示残余的风险（见第 5 章和第 6 章），安全标志应符合 GB 18209.1 的规定。

8.2 操作手册

操作手册应符合 GB/T 15706.2—2007 的 6.5 的规定，电气操作手册应符合本部分的 5.4.2.1 和 5.4.2.2 的规定。

发射噪声值应根据 GB/T 7111.1～7111.7 进行检测。

制造商应建议佩戴听力保护器。

在使用说明中，应包括已规定的安全要求和/或措施。还应提出应进行必要的培训，这对正确实现安全工作是有必要的。

制造商应提供如下说明：

a） 本机器应由经过充分培训的熟练的人员操作；

b） 使用本机器时，应按照 GB/T 13379 的规定配备适当的工作间照明设备；

c） 本机器各零部件要维修良好；

d） 如果有必要，操作人员应佩戴听力保护器。

8.3 标记

标记至少应包括：

a） 制造商名称和地址；

b） 强制性标记；

c） 制造年份；

d） 系列或型号（如果有的话）；

e） 批号或检验号（如果有的话）；

f） 额定值说明（对于电工技术产品是强制的：电压、频率、功率等）。

控制设备的标记见表 5。

图形符号见 GB/T 15192 和 GB 18209.1。

附 录 A
（规范性附录）
规 定

A.1 爬行速度和缓行速度

爬行速度(见3.3)和缓行速度(见3.4)与5.5规定的措施一起作为减少风险的措施，它们分别受表A.1和表A.2中规定数值的限制。

表 A.1 爬行速度

项目	最大速度 m/min	最大停止距离 mm
一般	2	100
例外		
针梳机	10	250
末道大牵伸粗纱机	10	250
分段整经的倒轴	20	220
整经	20	200
倒轴	20	220
浆纱	5	100
带回转三角座的针织圆机	6	100
平型针织机	6	100
圆型针织机	6	100
染整机械		
公称速度≤50 m/min	5	100
公称速度>50 m/min	15	100

表 A.2 缓行速度

项目	最大速度 m/min	最大停止距离 mm
一般	不约束	100
例外 染整机械 公称速度>50 m/min	不约束	200

A.2 光电保护装置(AOPD)

在使用光电保护装置(AOPD)防止接近危险区的地方,应在高度为400 mm和900 mm的地方分别设置电子光束监控。

A.3 栅栏防护装置

为了阻止进入危险区域,栅栏的尺寸应符合GB 23821的规定。此外,高度至少应为1 800 mm,并且栅栏防护装置的下边缘和地面之间的空隙不应超过180 mm,以减少非法进入的可能性。

配备专用门允许进入栅栏围墙的地方应设置联锁。在制动时间超过进入时间的地方应设置防护锁。

只有开启控制面板上的启动控制装置,机器才能启动。为防止未经允许的人员重新启动,在接近门的部位应配备一个复位控制开关,在此部位能观察到所有的危险区。只有当操作复位控制开关启动后,机器才能重启。自停装置控制系统的有关安全的元件应与用于栅栏防护装置的有关安全系统的元件等级一致。

门应设计为能够从里面打开。

人在栅栏防护装置内时也可以使用自停装置,如压敏垫、压敏地板或光电保护装置(AOPD),防止机器的启动。

如果进入栅栏有两个或两个以上的门,每个门应安装一个单独的复位控制开关,机器只有在所有复位开关都复位时才能重新启动。

如果风险分析(根据GB/T 16856.1)表明有可能发生严重的伤害,应给防护范围内的每个操作者设置可单独锁定的复位控制开关,只有当每个操作者激活复位开关,机器才能重启。

A.4 操作者许用的压力和应力

当应力不超过0.5 N/mm^2,压力不超过150 N,且没有任何锐边(见GB/T 8196)时,可不设置防护和安全装置。在有锐边的场合,应设置防护或安全装置。

附　录　B
（规范性附录）
表面温度

B.1　为了防止意外的接触（接触时间不超过 0.5 s）引起的灼伤，表面温度不应超过表 B.1 所示的数值。

表 B.1　接触时间 0.5 s 时表面温度的极限

材料	规定		温度[a]（最大） ℃
	包覆材料	厚度 μm	
裸露金属	—		73
包覆金属	油漆	50	86
		100	95
		150	104
	聚酯胺	400	107
	瓷釉	160	79
	喷粉	60	79
		90	84
陶瓷、石材、玻璃物质	—		90
塑材	—		99
木材	—		155

[a] 以上数据摘自 EN 563:1994+AC:1994+A1:1999。

B.2　为了防止正常接触引起的灼伤，表面温度不应超过表 B.2 所示的数值。

表 B.2　较长时间接触时表面温度的极限

接触时间	材料	温度[a]（最大） ℃
4 s	裸露金属	58
	包覆金属	60
	陶瓷、玻璃、石材	70
	塑料	74
	木材	93
10 s	裸露金属	55
	包覆金属	55
	陶瓷、玻璃、石材	66
	塑料	71
	木材	89

表 B.2（续）

接触时间	材料	温度[a]（最大） ℃
1 min	裸露金属	51
	包覆金属	51
	陶瓷、玻璃、石材	56
	塑料	60
	木材	60
10 min	裸露金属	48
	包覆金属	48
	陶瓷、玻璃、石材	48
	塑料	48
	木材	48
[a] 以上数据摘自 EN 563:1994＋AC:1994＋A1:1999。		

附　录　C
（规范性附录）
检　　验

检验方法列于两个表中：

——表 C.1 分列了检验的各种方法并显示表 C.2 所表明的规则。

——表 C.2 用于本部分以及 GB/T 17780.2～17780.7 中具体条款的检验。

以上提供了大量的检验系统的概述。

表 C.1　用于表 C.2 各种检验方法的规则与说明

规则编号	项目	引用标准		检验方法
		GB/T 17780 本部分	其他标准	
A				检查：观察、比较、评定
B				测量
C				验证：启动然后评定
D				试验：利用辅助设备/仪器进行物理检验并出具试验报告
F				计算
G				与操作手册比较
H				与技术文件比较
E1	固定防护装置	—	GB/T 8196	检查和测试
		—	GB 23821	测量
		A.3	—	测量
E2	可移动联锁防护装置	E1	—	（见 E1 的检验方法）
		—	GB/T 18831	——核对第 5 章选择的正确性 ——核对防护装置打开或移动时，运动零件的驱动或电源开关是否关闭，以及当防护装置打开或移动时，防止重新启动
		5.4.2.3	GB/T 16855.1—2005 第 6 章	核对类型的选择
		—	GB/T 16855.1—2005 第 9 章	比照技术文件
		A.3（附：如果栅栏内有门）	—	——核对接近时间是否超过制动时间 ——检验机器是否只在操作控制盘上的启动控制装置启动时才能被启动 ——核对机器是只能在重新设定控制操作后才能被启动(第一选择) ——核对复位控制的位置 ——核对在使用自停时，如有人进入栅栏是否在任何位置都不能启动(第二选择) ——核对门是否可以从里面打开 ——检验当门关闭时，是否只有适当的复位控制被激活，以及如果存在严重伤害，复位控制是否能锁住

表 C.1（续）

规则编号	项目	引用标准		检验方法
		GB/T 17780 本部分	其他标准	
E3	带有防护锁的可移动联锁防护装置	E1 和 E2	—	(见 E1 和 E2 的检验方法)
		—	GB/T 18831	检验防护装置是否只有在移动部件停顿后才能被打开和移动，以及只要防护装置打开或移动就不能启动，并且当电源断开时，保护功能是否仍然有效
E4	安全装置	—	EN 999	核对测量位置的正确性
E4.1	自停位置	5.3.3	GB/T 19436.1—2004 第 4 章和第 11 章	核对型号的选择
		5.4.2.3	GB/T 16855.1—2008 第 7 章和第 9 章	核对类型的选择(见技术文件)
E4.2	压敏边和压敏棒	5.4.2.3	GB/T 16855.1—2008 第 7 章和第 9 章	核对类型的选择(见技术文件)
E4.3	双手操纵	5.3.3	GB/T 19671—2005 第 4 章和附录 A	核对型号的选择
		5.4.2.3	GB/T 16855.1—2005 第 7 章和第 9 章	核对类型的选择(见技术文件)
E4.4	压敏垫和压敏地板	E4.3	GB/T 16855.1—2005 第 7 章和第 9 章	核对类型的选择(见技术文件)
E4.5	止-动控制	5.3.3	GB/T 15706.1—2007,3.26.3	检验当止-动控制释放时运动部件的驱动是否关闭
E4.6	有限运动控制	5.3.3	GB/T 15706.1—2007,3.26.9	——检验当控制装置打开时，运动部件只继续运行一步，并且这一步是否未超过本部分中 5.5e)规定的间距 ——检验是否只有在运动部件停止以后，进行下一步操作

表 C.2　GB/T 17780 本部分及其他部分具体子条款的检验

条款	段落/项目编号	检验方法
GB/T 17780.1—2012		
5.3.2	表 1	A,B,C 和 GB 12265.3
5.3.3	表 2 表 3	E1,E2,E3 E4

表 C.2(续)

条款	段落/项目编号	检验方法
5.4.2.2	表 4	GB 5226.1—2008,第 18 章
5.4.2.3	第 1 段和表 5 第 2 段 第 3 段 第 4 段 第 5 段 第 6 段	有关标准的章节 H H,G C A B,及 5.4.2.4 急停控制
5.4.2.4	第 1 段和表 6 a) b) c) d)	见有关标准的章节 A A,D A,C A
5.4.4	第 3 段 第 4 段: a) b) c)	核对供应商信息 A B G
5.4.6.1		A,B,C,D,G
5.4.6.2		A,B,C,G 及 E2 联锁机构
5.4.7		B,及 GB/T 7111.1~7111.7 C,核查是否有适当的降噪措施
5.4.8		有关标准的相关章节
5.4.9		有关标准的相关章节
5.4.10		A,G 及 GB/T 18569.1 和 GB/T 18569.2 中的检验方法
5.4.11	a),b)	A,C,G,H
5.4.12		对于灰尘:C、G 对于易燃液体:见 EN 1127-1 的检验方法
5.4.13		有关标准的相关章节
5.5	1 至 4 段和表 8 第 5 段: a) b) c) d) e) 第 6 段 第 7 段	A,C,G C, H,A,C B,C B,C A C G
5.6		A,G
5.7		G,C

表 C.2（续）

条款	段落/项目编号	检验方法
5.8		A,C
6.2	a)	E1
	b)	A
	c)	E1,E2
	d)	
	1)	C,E4,E4.5
	2)	A,C,E4
	3)	A,C
	e)	G
6.3	a)	E1,E2,E3 查询采用固定防护装置的目的
	b)	
	1)	B
	2)	B,C
	3)	E3
	c)	E1,E2,E3
	d)	5.5
	e)	C
	f)	H
6.4.1		G,H 核查风险评价
6.4.2		G,H
6.5	a)	B ,A
	b)	C,用"头样"试件检查以及 H,核查风险评价
	c)	防护装置：A,B,E1,E2,E3 安全装置:E4,E4.1～E4.5 罗拉间隙:B,C 对于安装牵引点前的光电保护装置:C 用"手样"试件核查
	d)	C,及按照 a)～c)检查
	e)	B,C,及见 a)或 c)
	f)	C
	g)	A,B,与附录 D 比较 防护和安全机构:E1,E2,E4 对于光电保护装置用"手样"试件检查
	h)	E1,E2
	i)	E1,E2
	j)	5.5
	k)	H
6.6	a)	B
	b)	E1
	c)	A
	d)	B

表 C.2（续）

条款	段落/项目编号	检验方法
6.7.1	a)	A,C
	b)	E4.1
6.7.2		A
6.8.2	a)	
	1)	A
	2)	A
	3)	A,F
	b)	A,C
	c)	
	1)	B
	2)	A,E4,E4.2
	3)	A,E4,E4.5
6.8.3	第1段	A,C
	第2段	A,B,C
	第3段	
	a)	C,GB/T 18831
	b)	B,C
	c)	
	1)	A,C,E3,GB/T 18831
	2)	C,E3,GB/T 18831
	3)	A,F
6.8.4	a)	E2,E3
	b)	A,E4,E4.5
	c)	A
6.9		H,E1,E2,E3
6.10	a)	B
	b)	A,E1,E2
	c)	A,E1
	d)	6.5c)
	e)	A
6.11	a)	A,B,E1
	b)	B,C,E3,G
	c)	A
6.12	a)	A,E1
	b)	A,C,E1,E4,E4.1
	c)	A,B,C,D1,E2,E4,E4.1,E4.4,H
	d)	6.3

表 C.2(续)

条款	段落/项目编号	检验方法
6.13	a)	GB 17888.1～17888.4,E1,E2,E3,E4
	b)	A,B
6.14	a)	A
	b)	A,C
	c)	A,C
	d)	G
6.15	安全要求的第1段	A,B
	第2段	A,C
6.16	a)	A
	b)	A,C
	c)	A,及 GB/T 18831—2010 第7章
	d)	C
6.17	a)	A,E1
	b)	A,E2
	c)	A,C
6.18	a)	B,C,E2,E4,E4.1,E4.5
	b)	A,E4,E4.1
	c)	见 a)和 b)
	d)	A
	e)	A,C,及 GB 16754
	f)	A,E2,E4,E4.5,E4.6
	g)	A,C,E2,E4.1,E4.4
	h)	E4.5
	i)	H
6.19	a)	
	1)	A,E1
	2)	A,E3
	b)	A,C
	c)	
	1)	A,E1～E3
	2)	A,E4.5
	3)	A,GB 16754,GB/T 15706.2—2007 的 6.3
	d)	H
6.20		A
6.21.2	a)	A,B,C
	b)	A,C,E4,E4.1,E4.2
	c)	A,C,E4,E4.1,E4.4
6.21.3	a)	B
	b)	A,C,E1,E2,E4,E4.1
	c)	GB 11291—1997,第6章和第7章
	d)	G

表 C.2（续）

条款	段落/项目编号	检验方法
6.21.4	a) b)	A,C A,C
6.21.5	a),b)	A
6.21.6	a) b) c)	A A,B A,B
6.22		A,C,E1,E2,E3,E4
GB/T 17780.2—2012		
5.2.1		E3
5.2.2	a) b) c) d) e) f)	E1,E2,E3,E4,H A A B,G C 6.7.1(本部分)
5.2.3	a) b)	A,B E3
5.2.4	a) b)	C,E2,E3,及 GB/T 18831 和 GB 23821 A,C,E4,E4.1
5.2.5	a) b) 1) 2) 3) c) 1) 2) 3) d) e) f) g)	C,E1,及 GB/T 18831 A,E1 A,E4.1,及本部分 6.7.1 A,E4.5,及本部分 6.7.1 A,E4.5 A,E4.1 B A,C,E2,E4.4,E4.5,及本部分 6.7.1 A,E2 A,F G,B
5.3	a) b)	E1 E1,B

表 C.2（续）

条款	段落/项目编号	检验方法
5.4	a）	
	1）	E1
	2）	E2
	3）	B
	b）	A,E2
	c）	C
	d）	A,C,E2
	1）	C
	2）	C
	e）	A,B
	f）	A
	g）	
	1）	E2
	2）	E2,及 GB/T 19436.1—2004 第 11 章
	3）	E4,E4.2,E4.5
	4）	C
	h）	E4.5
	i）	A
	j）	A,G
	k）	H
5.5.1	a）	E3
	b）	C,E2,E3
	c）	G
5.5.2		C,E3
5.5.3	a）	B,E3,C
	b）	E3,G
	c）	A,B
	d）	A,E1
	e）	A
5.5.4	a）	A,B,C,E2,E4.1
	b）	C,E3,E4.1
5.6	a）	A,B,E2,E4,E4.5,E4.6
	b）	C,E4.2
	c）	C
	d）	H
5.7.1		C
5.7.2		C,E2,E4.5,E4.6,H

表 C.2（续）

条款	段落/项目编号	检验方法
5.7.3	a)	
	1)	B,E4.5,E2,C
	2)	B,E4.6,E2,C
	b)	C
	c)	E1,E2
5.7.4	a)	E1,E2
	b)	C
	c)	A,C
	d)	本部分 6.19
5.7.5		E3
5.7.6		E2,E4.5,E4.6
5.7.7	a) 第1段	A,E2,G
	1)	B,E4.5
	2)	C,E4.6
	3)	C,E4
	b)	A
	c)	A,E1
5.7.8	a)	B,E2,E4.5,E4.6,C,H
	b)	E1
5.7.9	第1段	E2
	第2段	
	a)	B,C,E4.5
	b)	B,C,E4.6
	第3段	G
	第4段	C
5.7.10	a)	A,B,及 GB 12265.3
	b)	E1,E4.1,E4.5
	c)	C,E2,E3,E4
	d)	A
	e)	G
5.8.2	a)	G
	b)	E4.1
	c)	A,E1,E2,E4
	d)	A
5.8.3	a)	G
	b)	E4.1
GB/T 17780.3—2012		
5.3	a)	A,E1,E3
	b)	E1,B
	c)	A,及本部分 6.10
	d)	A,及本部分 6.7
	e)	A,E1,及本部分 6.5

表 C.2（续）

条款	段落/项目编号	检验方法
5.4	a)	A,C,E4,E4.1,E4.2
	b)	A,C,E2
GB/T 17780.4—2012		
5.2	a)	E1,及 GB/T 17780.2—2012 中 5.7.8 和本部分 5.5.2.1
	b)	A
	c)	G
5.3	a)	G
	b)	C,E4.1,E4.2
	c)	C,E1,E2
	d)	C,E1,E2
5.4	a)	A,E1,E2,E4,E4.1
	b)	A,E1,E2,E4,E4.1
	c)	A,E1,E2,E4,E4.1,及本部分 6.2.1
	d)	A,E1,E2,E4
5.5.2.1	a)	C
	b)	A,E1
5.5.2.2		A,E1,E2,E3,C
5.5.2.3		E1,E2
5.5.3	a)	B,E1
	b)	E1,E2
	c)	B,E1
5.5.4	a)	E1,E4.1
	b)	B,E1
5.5.5		G
5.5.6		E1,E2
5.6	a)	A,B,C,E1
	b)	A,B,E1
	c)	A,E1,E2,E3
	d)	A,E2,E3
GB/T 17780.5—2012		
5.2	a)	E2
	b)	
	1)	B,E2
	2)	E4.1,C,A
	3)	E2,A,C
	c)	
	1)	A,C,E4.5
	2)	A,C
	d)	A,E1
	e)	C,H
	f)	G,H

表 C.2（续）

条款	段落/项目编号	检验方法
5.3.2	a)	A,E1,E2,E4.5,及本部分表 3
	b)	A,C,及本部分表 3
	c)	G
5.3.3	a)	A,E4.4,E4.5,及本部分表 3
	b)	B,E1,E2
	1)	E2,E4.5,C,B
	2)	A,E4.4,E4.5,B
	c)	G
5.4	a)	A,B,E3
	b)	A,B,C,E3
5.5	a)	A,F,H
	b)	A
	c)	E1
GB/T 17780.6—2012		
5.2.1	a)	A
	b)	A,E2,E4,E4.1,E4.3
	c)	A,E1,E2,E4.1,H
	d)	A,C,G
	e)	A,B
	f),g)	G
	h)	H
	i)	A,C
5.2.2	a)	C,E1
	b)	A,E1
	c)	B,E1
5.2.3	a)	E2,E4,E4.1
	b)	E1
5.2.4		C,G
5.2.5		E4.1
5.2.6	a)	C
	b)	G
5.2.7		E1,E2
5.2.8	a)	E1
	b)	B
	c)	A,E1
	d)	C
	e),f)	C,E4.5
	g)	G

表 C.2（续）

条款	段落/项目编号	检验方法
5.2.9	a) b) c) d) e) f)	A,C,G A,C,G E1 G A G
5.3.2	a) b) c)	E1,E2 C,E1,E2,E4.1,E4.2 A,B
5.3.3	a) b) c)	C,E2,E4.5 A,G E1
5.3.4	a) b) c) d)	E1,E2 E1,E4,E4.1 E1 A,B,G
5.4	a) b) c) d)	A B,E2 E1 A
5.5		A,E1,E2,F,H
GB/T 17780.7—2012		
5.2.2		E1,E3
5.2.3	a) b) c)	C,E3 A B,C
5.2.4	a) b) c)	C,H A E1
5.2.12	a) b) c)	A,C,H,及 GB/T 18831 C,及 GB/T 18831 B A,C
5.3.2	a) b)	A,G A,E1
5.3.3	a) b) c) d) e)	C,及 GB/T 18831 A A,C G H

表 C.2(续)

条款	段落/项目编号	检验方法
5.3.5	a) b)	H B,C,E2,E4,E4.1,E4.5 C,G
5.3.8	a) b)	B,C,E2,E4,E4.5,E4.6 A,E4.5
5.4.2	a) b)	A B,E1
5.4.3	a) b)	A,E4.1 G
5.4.5	a) b)	A A,E1,E2
5.5.4		E1
5.5.6		E1,E2
5.5.7	a) b)	A,E1 G
5.6.2	a) b) c)	C(逆运行) E4.5 H
5.6.3	a) 1) 2) 3) b)	E2 C C B,E4.5 E2
5.6.4		A
5.6.5	a) 1) 2) 3) 4) 5) b)	E3 C,E4.6 C B A A B,C
5.6.7	a),b)	A,E1
5.6.8	a) b)	C,E2,H,及 GB/T 18831 B,C
5.6.10		B,C,E3
5.6.11		E3

附 录 D
（规范性附录）
罗拉钳口

罗拉与正运行的未包覆的机织或针织物之间的吸入点，在符合以下所有条件时不需要安全防护：

a） 对于干、湿织物，机织物包覆角度不超过 90°，针织物不超过 180°；

b） 织物单位面积质量＜200 g/m^2；

c） 织物单位宽度的张力，机织物最大为 300 N/m，针织物最大为 20 N/m；

d） 罗拉直径≥80 mm；

e） 罗拉表面光滑不粗糙(例如表面未被磨损)；

f） 织物速度最大为 100 m/min；

g） 罗拉与运行织物间的卷入点不在罗拉间邻近的卷入点前方；

h） 罗拉为被动辊。

附 录 E
（资料性附录）
用于纺织工业但不属于 GB/T 17780 本部分范围的机械和设备一览表

用于纺织工业但不属于本部分范围的机械和设备见表 E.1。

表 E.1 用于纺织工业但不属于 GB/T 17780 本部分范围的机械和设备一览表

机械/设备	引用标准
离心机	EN 12547
带轨道的存储设备	EN 528
挤压机	EN 1114-1
装卸装置和起重装置	EN 1459,EN 1726-1
机器人	GB 11291—1997
自动交通工具	EN 1525,EN 1526
液压和气动压力机	EN 693,EN 13736

附 录 F
（资料性附录）
本部分对 ISO 11111-1:2005 中规范性引用文件的具体调整一览表

关于规范性引用文件，本部分做了具有技术性差异的调整，以适应我国的应用，调整的情况集中反映在第2章"规范性引用文件"中，具体调整见表 F.1。

表 F.1 本部分对 ISO 11111-1:2005 中规范性引用文件的具体调整一览表

本部分的引用文件	ISO 11111-1:2005 的引用文件	本部分引用文件与 ISO 11111-1:2005 引用国际文件的关系	本部分的章条编号
GB/T 4205	IEC 60447:1993	GB/T 4205—2010,IEC 60447:2004,IDT	5.4.2.3 表 5
GB 5226.1—2008	IEC 60204-1:2000	GB 5226.1—2008,IEC 60204-1:2005,IDT	表 3～表 6、5.5b)、表 C.2
GB/T 7111.1～7111.7	ISO 9902-1～9902-7	GB/T 7111.1～7111.7—2002,eqv ISO 9902-1～9902-7:2001	第 7 章、8.2、表 C.2
GB/T 8196—2003	EN 953:1997	GB/T 8196—2003,ISO 14120:2002,MOD	第 3 章、表 2、A.4、表 C.1
GB 11291—1997	ISO 10218:1992	GB 11291—1997,eqv ISO 10218:1992	6.21.3c)、表 C.2、表 E.1
GB 12265.3—1997	ISO 13854:1996	GB 12265-3—1997,eqv EN 349:1993(ISO/DIS 13854)	表 1、表 7、6.21.3e)、表 C.2
GB/T 13379	EN 12464-1	GB/T 13379—2008,ISO 8995:2002,NEQ	8.2b)
GB 14848.5	IEC 60947-5-1:2000	GB 14048.5—2008,IEC 60947-5-1:2003,MOD	5.4.2.3
GB/T 15192	ISO 5232	GB/T 15192—2008,ISO 5232:1998,MOD	8.3
GB/T 15706.1—2007	ISO 12100-1:2003	IDT	第 3 章、5.1
GB/T 15706.2—2007	ISO 12100-2:2003	IDT	5.1、5.3.2、表 3、表 5、5.4.2.3、5.4.5、5.4.13、表 8、5.5～5.7、8.1、8.2、表 C.1、表 C.2
GB/T 16405—1996	ISO 11691	GB/T 16405—1996,ISO 11691:1995,EQV	5.4.7b)
GB 16754	ISO 13850:1996	GB 15754—2008,ISO 13850:2006,IDT	表 6、表 C.2
GB/T 16885.1—2008	ISO 13849-1:1999	GB/T 16855.1—2008,ISO 13849-1:2006,IDT	表 3、5.4.2.3、6.3f)、6.5k)、6.12c)、6.18i)、6.19d)、表 C.1
	IEC 60204-1:2000 第 11 章	GB/T 16885-1—2008,ISO 13849-1:1999,MOD	表 5
GB/T 16855.2—2007	ISO 13849-2:2003	IDT	5.4.2.3
GB/T 16856.1	ISO 14121:1999	GB/T 16856.1—2008,ISO 14121-1:2007,IDT	6.5g)、A.3
GB/T 17454.1—2008	EN 1760-1:1997	GB/T 17454.1—2008,ISO 13856-1:2001,IDT	表 3

表 F.1（续）

本部分的引用文件	ISO 11111-1:2005 的引用文件	本部分引用文件与 ISO 11111-1:2005 引用国际文件的关系	本部分的章条编号
GB/T 17454.2—2008	EN 1760-2:2001	GB/T 17454.2—2008，ISO 13856-2:2005，IDT	表 3
GB/T 17780.2	ISO 11111-2:2005	GB/T 17780.2—2012，ISO 1111-2:2005，MOD	第 4 章～第 6 章、表 C.2
GB/T 17780.3	ISO 11111-3:2005	GB/T 17780.3—2012，ISO 11111-3:2005，MOD	第 4 章～第 6 章、表 C.2
GB/T 17780.4	ISO 11111-4:2005	GB/T 17780.4—2012，ISO 11111-4:2005，MOD	第 4 章～第 6 章、表 C.2
GB/T 17780.5	ISO 11111-5:2005	GB/T 17780.5—2012，ISO 11111-5:2005，MOD	第 4 章～第 6 章、表 C.2
GB/T 17780.6	ISO 11111-6:2005	GB/T 17780.6—2012，ISO 11111-5:2005，MOD	第 4 章～第 6 章、表 C.2
GB/T 17780.7	ISO 11111-7:2005	GB/T 17780.7—2012，ISO 11111-7:2005，MOD	第 4 章～第 6 章、表 C.2
GB 17888.1	ISO 14122-1	GB 17888.1—2008,ISO 14122-1:2001,IDT	5.6、6.13、表 C.2
GB 17888.2	ISO 14122-2	GB 17888.2—2008,ISO 14122-2:2001,IDT	5.6、6.13、表 C.2
GB 17888.3	ISO 14122-3	GB 17888.3—2008,ISO 14122-3:2001,IDT	5.6、6.13、表 C.2
GB 17888.4	ISO 14122-4	GB 17888.3—2008,ISO 14122-3:2001,IDT	5.6、6.13、表 C.2
GB 18209.1—2000	IEC 61310-1:1995	IDT	表 5、5.4.2.4c)
GB/T 18569.1—2001	ISO 14123-1:1998	eqv ISO 14123-1:1998	5.4.10、表 C.2
GB/T 18569.2—2001	ISO 14123-2:1998	eqv ISO 14123-1:1998	表 C.2
GB/T 18831—2010	ISO 14119:1998	IDT	表 2、表 3、6.8.3a)、表 C.1、表 C.2
GB/T 19436.1—2004	IEC 61496-1:1997	IDT	表 3、表 C.1、表 C.2
GB/T 19436.2—2004	IEC 61496-2:1997	IDT	表 3
GB/T 19436.3—2008	IEC 61496-3:2001	IDT	表 3
GB/T 19670—2005	ISO 14118:2000	MOD	表 6
GB/T 19671—2005	ISO 13851:2002	MOD	表 3、表 C.1
GB/T 19886	ISO 15667	GB/T 19886—2005,ISO 15667:2000,IDT	5.4.7b)
GB/T 19887	ISO 11821:1997	GB/T 19887—2005,ISO 11821:1997,IDT	5.4.7b)
GB/T 20431	ISO 14163	GB/T 20431—2006,ISO 14163:1998,IDT	5.4.7b)
GB 23821—2009	ISO 13852:1996	GB 23821—2009,ISO 13857:2008,IDT	表 2、表 3、6.3、6.5c)、6.6a)、6.11a)、6.12c)、6.18a)、A.3、表 C.1、表 C.2
GB 23821—2009	ISO 13853:1998	GB 23821—2009,ISO 13857:2008,IDT	表 2、表 3、A.3、表 C.1
GB/T 25078.1—2010	ISO/TR 11688-1:1995	IDT	5.4.7a)

参 考 文 献

[1] GB 11291—1997 工业机器人 安全规范(eqv ISO 10218:1992)

[2] GB/T 17249.1 声学 低噪声工作场所设计指南 噪声控制规划(GB/T 17249.1—1998,eqv ISO 11690-1:1996)

[3] GB/T 17249.2—2005 声学 低噪声工作场所设计指南 第2部分:噪声控制措施(GB/T 17249.2—2005,ISO 11690-2:1996,IDT)

[4] GB/T 18699.1 声学 隔声罩的隔声性能测定 第1部分:实验室条件下测量(标示用)(GB/T 18699.1—2002,eqv ISO 11546-1:1995)

[5] GB/T 18699.2 声学 隔声罩的隔声性能测定 第2部分:现场测量(验收和验证用)(GB/T 18699.1—2002,eqv ISO 11546-2:1995)

[6] GB/T 19512 声学 消声器现场测量(GB/T 19512—2004,ISO 11820:1996,IDT)

[7] GB/T 25078.2 声学 低噪声机器和设备设计实施建议 第2部分:低噪声设计的物理基础

[8] EN 528:1996 Rail dependent storage and retrieval equipment—Safety

[9] EN 693:2001 Machine tools—Safety—Hydraulic presses

[10] EN 1114-1:1996 Rubber and plastics machines—Extruders and extrusion lines—Part 1: Safety requirements for extruders

[11] EN 1459:1998 Safety of industrial trucks—Self-propelled variable reach trucks

[12] EN 1525:1997 Safety of industrial trucks—Driverless trucks and their systems

[13] EN 1526:1997 Safety of industrial trucks—Additional requirements for automated functions on trucks

[14] EN 1726-1:1998 Safety of industrial trucks—Part 1:Self-propelled trucks up to and including 10 000 kg capacity and industrial tractors with a drawbar pull up to and including 20 000 N

[15] EN 12547:1999 Centrifuges—Common safety requirements

[16] EN 13736 Safety of machine tools—Pneumatic presses

ICS 59.120.10
W 90

中华人民共和国国家标准

GB/T 17780.2—2012
部分代替 GB/T 17780—1999

纺织机械　安全要求
第2部分:纺纱准备和纺纱机械

Textile machinery—Safety requirements—
Part 2:Spinning preparatory and spinning machines

(ISO 11111-2:2005,MOD)

2012-11-05 发布　　2013-06-01 实施

中华人民共和国国家质量监督检验检疫总局
中国国家标准化管理委员会　发布

前　言

GB/T 17780《纺织机械　安全要求》分为七个部分：

——第 1 部分：通用要求；

——第 2 部分：纺纱准备和纺纱机械；

——第 3 部分：非织造布机械；

——第 4 部分：纱线和绳索加工机械；

——第 5 部分：机织和针织准备机械；

——第 6 部分：织造机械；

——第 7 部分：染整机械。

本部分为 GB/T 17780 的第 2 部分。

本部分按照 GB/T 1.1—2009、GB/T 20000.2—2009 给出的规则起草。

GB/T 17780 的本部分代替 GB/T 17780—1999《纺织机械安全要求》中的部分内容(第 7 章)，未被代替的内容为“通用要求”部分和下述 5 个涉及各类设备的安全要求：非织造布机械、纱线和绳索加工机械、机织和针织准备机械、织造机械、染整机械。这些内容将分别纳入 GB/T 17780 的第 1 和第 3～7 部分。

本部分与 GB/T 17780—1999《纺织机械安全要求》中的第 7 章相比主要变化是：

a)　作为 GB/T 17780 的第 2 部分，增加了第 1～4、6、7 章。

b)　增加了“开包机和棉箱给棉机”(5.2.4)的安全要求。

本部分修改采用 ISO 11111-2:2005《纺织机械　安全要求　第 2 部分：纺纱准备和纺纱机械》。

本部分根据 ISO 11111-2:2005 重新起草。本部分与 ISO 11111-2:2005 的技术性差异是将引用的有关国际、国外标准改为对应的国家标准。

关于规范性引用文件，本部分做了具有技术性差异的调整，以适应我国的应用，具体调整如下：

——用等效采用国际标准的 GB/T 7111.1 代替 ISO 9902-1(见第 6、7 章)；

——用等效采用国际标准的 GB/T 7111.2 代替 ISO 9902-2(见第 6、7 章)；

——用等效采用国际标准 EN 349:1993 的 GB 12265.3—1997 代替 ISO 13854:1996[见 5.2.2e)]；

——用修改采用国际标准的 GB/T 17780.1—2012 代替 ISO 11111-1:2005(见第 1～7 章)；

——用等同采用国际标准的 GB/T 15706.1—2007 代替 ISO 12100-1:2003[见 5.7.8a)]；

——用等同采用国际标准的 GB/T 15706.2—2007 代替 ISO 12100-2:2003[见 5.4j)]；

——用等同采用国际标准的 GB/T 16855.1—2008 代替 ISO 13849-1:1999[见 5.2.2b)、5.41)、5.6d)]；

——用修改采用国际标准的 GB/T 18831—2010 代替 ISO 14119:1998[见 5.2.3b)]；

——用等同采用国际标准 ISO 13856-1:2001 的 GB/T 17454.1—2008 代替 EN 1760-1:1997(见 5.2.2、5.2.5)；

——用等同采用国际标准 ISO 13856-2:2001 的 GB/T 17454.2—2008 代替 EN 1760-2(见 5.2.2、5.2.5、5.6)；

——用等同采用国际标准 ISO 13856-3:2006 的 GB/T 17454.3—2008 代替 prEN 1760-3:2002[见 5.4h)]；

——用等同采用国际标准 ISO 13857:2008 的 GB 23821—2009 代替 ISO 13852:1996、ISO 13852:1998[见 5.2.3a)、5.3、5.4、5.5.3]。

为便于使用，本部分做了下列编辑性修改：

——“ISO 11111 的本部分”改为“GB/T 17780 的本部分”；

——删除 ISO 11111 的前言；

——修改 ISO 11111 的引言成为本部分引言。

本部分由中国纺织工业联合会提出。

本部分由全国纺织机械与附件标准化技术委员会(SAC/TC 215)归口。

本部分起草单位：中国纺织机械器材工业协会、天津宏大纺织机械有限公司、青岛宏大纺织机械有限责任公司、经纬纺织机械有限公司榆次分公司、上海一纺机械有限公司、晋中开发区贝斯特机械制造有限公司、恒天重工股份有限公司、江苏宏源纺机股份有限公司、山西鸿基科技股份有限公司、无锡纺织机械研究所、苏州工业园区职业技术学院、邵阳纺织机械有限责任公司、上海一纺机械纺机有限公司七纺机分公司、深圳市华测检测技术股份有限公司。

本部分主要起草人：冯广轩、王莉、王静怡、亓国红、陈慧、师雅并、徐景禄、徐向红、赵基平、高小改、马丽娜、冯翠、林健、孙品、郭勇。

GB/T 17780 于 1999 年首次发布，本次为第一次修订，本次修订将 GB/T 17780 分为 7 个部分。

引　言

国际标准 ISO 11111-1～11111-7 是由 ISO/TC 72 和 CEN/TC 214 共同制定的，并根据《维也纳协定》通过，以便于在纺织机械的设计和生产中应用相同的安全标准。

GB/T 17780.1～17780.7 修改采用 ISO 11111-1～11111-7:2005。

GB/T 17780 是为所有关心纺织机械安全的人们，如纺织机械的设计者、制造商以及系统成套供应商等而制定的，同时它也是纺织机械的使用者和安全专家所关心的。

本部分是按照 GB/T 15706.1—2007/ISO 12100-1:2003 规定的 C 类专用标准制定的。GB/T 17780 的各个部分涉及纺织行业使用的纺织机械所存在的潜在的、重要的危险因素。标准内容涵盖了所涉及的各种机器危险因素存在的范围。

当 C 类标准的规定与 A 类或 B 类标准的内容不同时，应以 C 类标准的规定为准。

对于那些在 GB/T 17780 相关章节中没有提及的机器或零部件存在的危险因素，设计者应根据 GB/T 16856/ISO 14121 的内容对其做出风险评价，并提出降低风险的方法。

本部分的内容应与 GB/T 17780.1 结合使用。本部分的要求尽可能按照 GB/T 17780.1 中的第 5 章和第 6 章进行处理。GB/T 17780.1 的第 5 章中包含了针对纺织机械频繁发生的危险及相应的安全要求和/或措施，第 6 章描述了纺织机械专件(如罗拉)和部件的主要危险及相应的安全要求和/或措施，这些安全要求和/或措施都已被本部分引用。

纺织机械　安全要求
第2部分：纺纱准备和纺纱机械

1　范围

GB/T 17780 的本部分规定了纺纱准备和纺纱机械的主要危险和相应的安全要求和/或措施。

本部分适用于开松、除杂、混合、洗毛、打包、梳棉、丝束的切断和牵切纺、梳理后道的纺纱准备工序以及纺纱中使用的所有机器、设备和相关装置。

本部分应与 GB/T 17780.1 结合使用。

2　规范性引用文件

下列文件对于本文件的应用是必不可少的。凡是注日期的引用文件，仅注日期的版本适用于本文件。凡是不注日期的引用文件，其最新版本(包括所有的修改单)适用于本文件。

GB/T 7111.1　纺织机械噪声测试规范　第1部分：通用要求(GB/T 7111.1—2002，eqv ISO 9902-1:2001)

GB/T 7111.2　纺织机械噪声测试规范　第2部分：纺前准备和纺部机械(GB/T 7111.2—2002，eqv ISO 9902-2:2001)

GB 12265.3—1997　机械安全　避免人体各部位挤压的最小间距[eqv EN 349:1993(ISO/DIS 13854)]

GB/T 15706.1—2007　机械安全　基本概念与设计通则　第1部分：基本术语和方法(ISO 12100-1:2003，IDT)

GB/T 15706.2—2007　机械安全　基本概念与设计通则　第2部分：技术原则(ISO 12100-2:2003，IDT)

GB/T 16855.1—2008　机械安全　控制系统有关安全部件　第1部分：设计通则(ISO 13849-1:2006，IDT)

GB/T 17454.1　机械安全　压敏保护装置　第1部分：压敏垫和压敏地板的设计和试验通则(GB/T 17454.1—2008，ISO 13856-1:2001，IDT)

GB/T 17454.2　机械安全　压敏保护装置　第2部分：压敏边和压敏棒的设计和试验通则(GB/T 17454.2—2008，ISO 13856-2:2005，IDT)

GB/T 17454.3　机械安全　压敏保护装置　第3部分：压敏缓冲器、压敏板、压敏线以及类似装置的设计及试验通则(GB/T 17454.3—2008，ISO 13856-3:2006，IDT)

GB/T 17780.1—2012　纺织机械　安全要求　第1部分：通用要求(ISO 11111-1:2005，MOD)

GB/T 18831—2010　机械安全　带防护装置的联锁装置　设计和选择原则(ISO 14119:1998 和 Amd.1:2007，MOD)

GB 23821—2009　机械安全　防止上下肢触及危险区的安全距离(ISO 13857:2008，IDT)

EN 795　防止高物坠落　固定装置　要求和测试(Protection against falls from a height—Anchor devices—Requirements and testing)

3 术语和定义

GB/T 17780.1界定的术语和定义适用于本文件。

4 主要危险一览

纺纱准备和纺纱机械的主要危险，因这些危险通常在其他纺织机械及零部件中也频繁发生，故列在GB/T 17780.1—2012的第5章和第6章中，具体见本部分第5章中的“一般安全要求”。纺纱准备和纺纱机械特有的危险见本部分第5章中的“特殊危险”。

在使用本部分之前，对具体机器已识别的主要危险进行鉴别和确认是非常重要的。

注：纺纱准备和纺纱机械的主要危险一般是与安全要求一起考虑的。

5 常见主要危险的安全要求和/或措施

5.1 通则

纺纱准备和纺纱机械应符合GB/T 17780.1—2012第5章和第6章的安全要求，具体见本章其他条款中的“一般安全要求”；同时也应符合本章中的“特殊安全要求”。

5.2 开松、除杂、混合机械

5.2.1 一般要求

用于加工纤维或再生纤维的开松、除杂、混合机械（例如混棉开包机、开包机、混棉箱、自动混棉器、豪猪式开棉机、棉箱给棉机、卧式开包机、开清棉机、立式开包机、清棉机、给毛机、加油机、开松机、开松除杂机、打粗纱头机、开纱头机、开碎料机、碎料打浆机，及配备有打手、大锡林、罗拉、小锡林、输送帘子、剥棉辊、长钉、金属针布、弹性针布及其他类似机器）都是用于将纤维或废料加工成棉束。另外，还包括向上述机器提供纤维的凝棉器。

一般安全要求：

安全要求和/或措施见表1。

表1 有关开松、除杂、混合机械的一般安全要求

项　　目	引用GB/T 17780.1—2012条款
整机：	
一般电气设备	5.4.2.1和5.4.2.2
电气控制系统	5.4.2.3和6.3f)
启动和停车	5.4.2.4
通过设计减少风险	5.3.2
通过安全防护装置减少危险	5.3.3
——用防护装置	表2
——用安全装置	表3
噪声	5.4.7，第7章，8.2
静电	5.4.4
流体动力系统和元件	5.4.5
物料	5.4.10
火	5.4.11
人体工效学	5.4.13
特殊操作装置	5.5
高位操作和维修	5.6
零件的装配	5.8

表 1（续）

项　　目	引用 GB/T 17780.1—2012 条款
特殊机器零部件：	
驱动和传动装置罩	6.2
特殊危险的机器零部件	6.3
罗拉(包括清棉机的棉卷罗拉)	6.5
进入机器	6.8.4
视窗	6.9
输送带	6.10
风机(包括纤维气输送装置)	6.11
联合机	6.22

特殊危险：

机械的危险来自机器的驱动和传动部件，尤其是当其停止时间超过人身接近的时间时(例如挤压、剪切、缠绕、吸入和卷入)。

特殊风险：

在特殊操作时偶然靠近机器，特别在更换传动件、清除缠花、清洁、拆除、磨砺时，会导致高概率的严重伤害。在机械零件旋转和传动件的滑行过程中也具有特殊风险。

特殊安全要求：

传动件应设置符合 GB/T 17780.1—2012，5.3.3 规定的带防护锁的可移式联锁防护装置，这样在传动停止前，移动式的防护装置就不能被打开或移动。例如：可采用与运动传感器或定时器相结合的防护锁紧装置。即使在控制系统失灵或断电时，防护锁紧装置也能正常工作。上述防护装置可以同特殊危险零件的防护措施结合使用[见 GB/T 17780.1—2012，6.3a)]。

5.2.2 自动混棉开包机

该机带有一个转塔，该转塔可以在一个固定轨道上往复运行，一行或两行棉包与轨道平行放置，抓棉器抓臂以直角方向从转塔上水平伸出，下面装有抓棉辊。该机的工作区域比较大，在工作位置上放置补充棉包时，需要接近此时的非操作侧或非操作区。

一般安全要求：

安全要求见 5.2.1。

特殊危险：

机械危险来自抓棉辊，尤其是缠绕、卷入、吸入和碰撞，此外还来自被轮子挤压。

特殊风险：

在正常操作时偶然靠近机器，尤其是从地板上收集残余散棉时，特别是在清洁或清除堵塞时，会导致低概率的严重伤害。

特殊安全要求：

a) 自动混棉开包机上应配置防护罩或保护装置，用以防止触及正在运转的抓棉辊。
b) 当与 GB/T 17780.1—2012 中 6.3 的规定不一致时，应采取下列措施之一来实现安全防护：
   1) 可安装一个自停装置，当操作人员进入抓棉辊运转区域时，该装置可使抓棉辊立刻停止运转。例如，根据 GB/T 17780.1—2012 A.2 的要求，可在工作区域的侧面，设置如图 1 所示的有源光电保护装置(AOPD)作为自停装置。

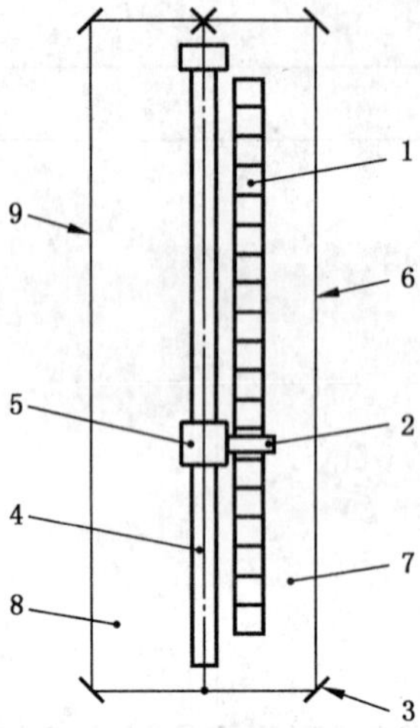

说明：

1——棉包；

2——与抓棉辊相连的抓臂；

3——镜子；

4——纤维通道；

5——转塔；

6——光束(激活的)；

7——操作区；

8——非操作区；

9——光束(减弱的)。

图 1　自动混棉开包机的安全防护装置

当两个操作区之间纤维通道的高度≥300 mm 时，可省去较低处的光束。

有源光电保护装置(AOPD)的压敏按钮开关垫和压敏按钮开关板可按照 GB/T 17454.1 的规定选用；而压敏边缘和压敏条，可按 GB/T 17454.2 的规定选用。

应设置重新启动装置，使操作人员无法在工作区内重新启动。

2) 提供一种装置，通过将抓棉辊封闭或设置一断路器，以便在人身接近之前停止抓棉辊的运转，保护正常生产状态下抓棉辊不会被棉包咬合；当抓棉器移出棉包外时，应采取措施将封闭的防护装置立即移动到抓棉辊的下方，或者使抓棉辊停止运转。或者当它提升到棉包上方时，用封闭防护装置将棉包封闭。

发生上述两种情况中的任一种情况时，控制系统与安全相关的零部件，应按 GB/T 16855.1—2008 第 6 章的规定选用 3 级或 4 级。

c) 应安装自动启动的警告信号器(见 GB/T 17780.1—2012，5.4.2.3)。

d) 应安装一个吊拉装置来支持抓棉器抓臂，防止抓臂意外落下，吊拉装置可以采用两根钢索，钢索应具有足够的强度。

e) 在操作手册中应注明：安装机器时，工作区内的移动件(例如抓臂和转塔)与固定结构件的距离应大于 500 mm(见 GB 12265.3—1997)。

f) 应在转塔运行轨道的末端设置限制转塔前行的限位装置(见 GB/T 17780.1—2012，6.21.3)。

g) 应按 GB/T 17780.1—2012 中 6.7.1 的规定保护轮子。

5.2.3 开松(开松除杂机)

一般安全要求:

安全要求见5.2.1。

特殊危险:

机械的危险来自特别危险部件,尤其是在缠绕、卷入或陷入、严重的擦伤。

特殊风险:

在清洁排杂箱和磨砺时的偶然靠近机器,会导致低概率的严重伤害。

特殊安全要求:

a) 在开松机配置排杂箱时,应严格规定箱子的开口大小、形状和位置,使它不能与开松辊相接触,有关尺寸见GB 23821。

b) 开松机应配置带联锁功能的分段防护板装置,该装置应按GB/T 18831—2010的规定带有防护锁装置,当移去防护罩,可以接近磨砺装置时,只有在磨砺装置安装就位且防护锁紧系统起作用的情况下,开松机才能启动。

5.2.4 开包机和棉箱给棉机

一般安全要求:

安全要求见5.2.1。

特殊危险:

机械的危险,来自卷绕在下罗拉上的直立式针帘,尤其是卷入和引入,以及当操作人员进入正在运行的直立式针帘和棉包之间时,会受到来自针帘上针的刺伤、挤压和擦伤。

特殊风险:

在机器处于间歇式运转的静止期间,操作人员清理位于运转中直立式针帘在喂给区前的散棉及棉卷时,偶然的进入会导致手和手臂的严重伤害,如被卷入棉包和针帘之间,会导致低概率的严重伤害。

特殊安全要求:

a) 开口(此开口针帘的喂给区使正在运行的物可被卷至下罗拉)应联锁并被可移动的防护板保护。如果停止时间超过人身接近的时间时,可移动防护板应被锁住。

b) 在棉包进入开包机的喂给区时,可以使用安装在两侧的跳闸线或跳闸杆或急停装置(蘑菇状按钮),以便人员被夹在棉包和针帘间时使用。

5.2.5 移动式棉箱倒空装置

该装置在轨道上运动,通过混棉箱除杂。为达到清洁的目的,倒空装置的上部装有一个平台。另外,为了能清理多个排列成行的棉箱,该装置可以侧向移动。

一般安全要求:

安全要求见5.2.1。

特殊危险:

机械的危险来自装有角钉的喂入帘,特别是在缠绕、卷入或吸入过程中;来自整个装置的侧向移动,特别是倒空装置和接收箱之间以及在平台和轮子旁产生的挤压和剪切;来自从平台上坠落的危险。

特殊风险:

在进行特殊操作时,偶然与危险部件靠近,也会导致低概率的严重或致命的伤害。

特殊安全要求：

a) 装有角钉喂入帘的驱动应与棉箱倒空装置的侧向移动联锁，即当棉箱倒空装置从棉箱中取出来前，喂入帘应该停止运转，或者配置棉箱侧面防护板，防止操作人员接近喂入帘，在棉箱倒空装置装入棉箱后才能启动喂入帘。

b) 除非采用了止-动控制，否则当棉箱倒空装置未装入棉箱前，喂入帘不能运转。

c) 除非在倒空装置的外边安装有自停棒或自停板，否则只能通过止-动控制，才能使棉箱倒空装置移出棉箱。

   当倒空装置装入棉箱时，棉箱的两侧和倒空装置之间将出现剪切点。因此，应采取下列保护措施之一：

   1) 根据 GB/T 17780.1—2012 中 5.3.3 的规定，应在棉箱侧面设置防护板装置；
   2) 根据 GB/T 17454.2 的规定，应在棉箱倒空装置的末端安装自停装置(例如：自停棒)；
   3) 从操作位置能观察到两边时应配备止-动控制。

   轮子的防护遵循 GB/T 17780.1—2012 中 6.7.1 的规定。

d) 只有当喂入帘子停止运转或出现下述情况时，棉箱倒空装置才能从侧面进行移动：

   1) 在倒空装置的左侧安装止-动控制，控制该装置向左侧移动，右侧亦然；
   2) 根据 GB/T 17454.2 的规定，在倒空装置和棉箱边缘之间的所有剪切点都安装高度自停棒；
   3) 倒空装置和棉箱之间的距离，应大于 500 mm。

e) 安装在棉箱倒空装置的平台应符合 GB/T 17780.1—2012 中 6.13 的要求。在使用扶梯时，应确保其稳固不动(见 GB/T 17780.1—2012，5.6)。

   在棉箱倒空装置装有平台的情况下，当操作人员位于平台上时应采取措施确保从主控制位置不能移动棉箱倒空装置(例如根据 GB/T 17454.1 采用压敏垫或压敏地板，或者配置与控制装置相连可同时复位的联锁门)，然而通过平台上的止-动控制，可以装入、移走倒空装置以及清理棉箱。

f) 根据 GB/T 17780.1—2012 中 6.8.4 的要求在棉箱的末端应安装紧急出口，如果操作人员可以通过该出口触及棉箱，则该出口应与喂入帘的传动装置联锁。

g) 为了维修时能安全地在棉箱的顶部操作，应满足以下两个条件之一：

   1) 根据 GB/T 17780.1—2012 中 6.13 的要求安装一个平台；
   2) 提供一个符合 EN 795 要求的固定装置，以便将安全带固定到该装置上。

h) 在操作手册中应注明在安装机器时，移动式棉箱倒空装置(包括平台)，在工作区域内与固定结构件的距离不得小于 500 mm。

5.2.6 料斗倒空器

料斗(箱)的底板为一条水平传送带，通过它的运动将料箱中的原料运送到倒空区，在运行过程中倒空器固定不动，但它可以沿着侧向移动到邻近的料斗上。

装有可侧向移动料斗倒空器的棉箱的相关安全要求见 5.2.5c)、e)、f)、g)，对于静止料斗倒空器棉箱的相关安全要求见 5.2.5e)、f)。

5.3 洗毛机

洗毛机采用轧水辊和洗涤轧辊(耙式)来清洗散毛。

一般安全要求：

安全要求和/或措施见表 2。

表 2 有关洗毛机的一般安全要求

项　　目	引用 GB/T 17780.1—2012 条款
整机：	
一般电气设备	5.4.2.1 和 5.4.2.2
电气控制系统	5.4.2.3
启动和停车	5.4.2.4
通过设计减少风险	5.3.2
通过安全防护装置减少风险	5.3.3
——用防护装置	表 2
——用安全装置	表 3
热表面	5.4.6.1
热液体或蒸汽	5.4.6.2
火	5.4.11
人体工效学	5.4.13
特殊操作装置	5.5
零件的装配	5.8
特殊机器零部件：	
驱动和传动装置罩	6.2
罗拉	6.5
输送带	6.10

特殊危险：

机械的危险主要来自于挤压辊和清洁辊，特别是喂入和卷入，以及齿耙和固定件之间的剪切运动。

特殊风险：

在正常操作时与危险部件偶然靠近，特别是处理挤压辊上喂入不均匀的纤维和偶尔的清洁，或进行特殊操作时(例如进行保养或进行调整时)，会导致低概率的中等程度或严重的伤害。

特殊安全要求：

a) 挤压辊和清洁辊的保护装置应符合 GB/T 17780.1—2012 中 6.5 的要求。这些装置可以采用装于轧辊两侧的固定式隔离防护板，并应符合 GB 23821—2009 表 1 的要求。

b) 浸入辊叶片的端部与邻近的机器间的间距不得小于 100 mm，或根据 GB 23821—2009 表 1 的要求，在截留区内设置固定侧翼防护板。

5.4 打包机

打包机用于将纤维或废料压紧成包。根据压盘的运动方向的不同，分为立式和卧式两种形式。打包机可配置预压紧装置。

一般安全要求：

安全要求和/或措施见表 3。

表3 有关打包机的一般安全要求

项目	引用GB/T 17780.1—2012条款
整机：	
一般电气设备	5.4.2.1和5.4.2.2
电气控制系统	5.4.2.3
启动和停车	5.4.2.4
通过设计减少风险	5.3.2
通过安全防护装置减少风险	5.3.3
——用防护装置	表2
——用安全装置	表3
流体动力系统和元件	5.4.5
人体工效学	5.4.13
特殊操作装置	5.5
高位操作和维修	5.6
被困人员逃生和援救措施	5.7
零件的装配	5.8
特殊机器零部件：	
驱动和传动装置罩	6.2
进入机器、容器或设备	6.8.4
输送带	6.10
机器工作平台和走道	6.13

特殊危险：

机械方面的危险来自压盖，特别是压盖与其他部件之间挤压和剪切，或棉包对操作人员的挤压伤害；来自压盖型的预压紧装置，特别是压盖与其他部件之间的挤压和剪切；来自传送带式的预压紧装置，特别是在喂入过程中；来自打包机的门对人的碰撞；来自加压箱运动时，加压箱与其他部件之间的挤压；也有来自下降过程中的操作平台。

特殊风险：

在正常操作时偶然触及危险零部件，特别是在清理纤维原料或打开打包机的门时，或在特殊操作时，主要是在机器的清洁和保养工作中，会导致低概率的中度或严重的伤害。

特殊安全要求：

a) 应避免靠近压盖与打包机其他部件(包括预压缩装置上的零部件)之间的危险部位。可以采用以下措施：
   1) 将压盖的行程区封闭，如采用封闭式的防护装置；或者当压盖处于敞开位置时，用封闭式的防护装置遮盖打包箱的边缘和其他挤压和剪切伤害的部位；
   2) 将压盖的运动和所有的罩、盖、门进行联锁，从而避免触及压盖和其他部件之间的挤压和剪切部位；

3) 所有的开口(包括接头槽)应符合 GB 23821 中规定的安全距离。

b) 如果使用传送带和压轮进行预压缩,根据 GB/T 17780.1—2012 中 6.10 的要求,应对吸入点进行防护,可采用封闭的护罩与带联锁功能的出入门。

c) 对于液压传动的打包机,应避免由于能量的积聚而导致的压盖反冲,可通过调节流量控制阀控制。

d) 出料门和紧固件在加压时不应被打开,由于棉包压缩时出料门横向受压,可通过控制液压系统、螺纹轴、凸轮控制棉包压缩时产生的横向压力,直至加压结束。

此外,卧式打包机的门应与压盖的运动进行联锁:

1) 只有在门完全打开或关闭的状态,压盖才可以加压;

2) 只有在压盖不加压时,门才能打开。

e) 当液压系统失灵时,应有防止压盖下落的措施。

f) 应采取措施防止操作人员落入敞开的加料孔。例如,加料孔的护栏应高于操作平台 1 100 mm 以上或加料孔周围设置 1 100 mm 高的防护栏。防护栏应用薄板、金属网或间距不超过 135 mm 垂直铁杆构成(见 GB 23821)。

g) 为日常清洁设置的挡板和门应安全可靠。由于打包机现场位置的影响,使清洁工作无法安全地从机器的底部开始时,应配置如 k)所述的安全操作平台。

h) 在打包箱可自动移动的打包机上(例如旋转式打包机),应通过以下方式来避免靠近危险区域(旋转区域):

1) 在旋转区四周安装带有联锁门的防护栏(见 GB/T 17780.1—2012,A.3)。

2) 在旋转区局部安装防护栏,其余区域安装光电防护装置(见 GB/T 17780.1—2012,A.2)。当门打开或光电防护装置被切断时,应不能开始新的操作,如果该操作已启动,也应立即自动停止。

3) 在可形成挤压或剪切点的机架或易损的零部件装置上,安装依据 GB/T 17454.3 要求的压敏减震器,它应使用手持的控制器来启动,这样可使危险区域始终处于可监视状态。

4) 箱体的惯性应控制它在开始旋转后,用手便能制动。

i) 当打包机处于手控或被切换至手控模式时,压盖应只能通过手控来制动。

j) 控制器应安装在操作人员能观察到整台机器而又不会接近危险区域的部位(见 GB/T 17780.1—2012 的 5.4.2.3 和 GB/T 15706.2—2007 的 4.11.8)。

k) 如果需要操作平台和过道才能靠近打包机某些部件时(见 GB/T 17780.1—2012,6.13),则应随打包机供应或在操作手册中注明对这种装置的要求。

l) 控制系统与安全相关的零部件,应按 GB/T 16855.1—2008 第 6 章的规定选用 3 级或 4 级。

5.5 梳棉机

5.5.1 一般要求

梳棉机(包括盖板梳棉机、罗拉梳棉机、绒辊梳棉机、样品梳棉机和其他类似机器),配备有罗拉、大锡林(锡林)和金属针布或刺辊。

一般安全要求:

安全要求和/或措施见表 4。

表 4 有关梳棉机的一般安全要求

项　目	引用 GB/T 17780.1—2012 条款	本部分条款
整机：		—
一般电气设备	5.4.2.1 和 5.4.2.2	
电气控制系统	5.4.2.3 和 6.3 f)	
启动和停车	5.4.2.4	
通过设计减少风险	5.3.2	
通过安全防护装置减少危险	5.3.3	
——用防护装置	表 2	
——用安全装置	表 3	
噪声	5.4.7，第 7 章，8.2	
静电	5.4.4	
流体动力系统和元件	5.4.5	
物料	5.4.10	
火	5.4.11	
人体工效学	5.4.13	
特殊操作装置	5.5	
零件的装配	5.8	
特殊机器零部件：		
驱动和传动装置罩	6.2	
特殊危险的机器零部件（包括罗拉、锡林、针布和喂入辊）	6.3	
罗拉（包括剥棉罗拉、给棉罗拉、输送罗拉、转移罗拉、棉卷罗拉）	6.5	
输送带	6.10	
风机	6.11	
条筒自动传输系统	6.21	
其他：		
自动条筒更换装置	—	5.7.10

特殊危险：

机械的危险来自喂给罗拉、其他滚筒、锡林和装有金属针布的刺辊，尤其是缠绕、吸入或卷入。

特殊风险：

靠近带针布的辊筒进行操作，特别是在进行磨砺、安装和清理时会导致高概率的严重伤害。当断电后，转动的机器部件运转过程中有特殊危险。

特殊安全要求：

a) 机器的底部应采用带防护锁的联锁防护装置进行保护，或者在门或接近点部位，采用栅栏式防护装置或类似带防护锁的防护装置，以防止与机器底部接近。
b) 如果制动时间超过进入时间，应采用可联锁的移动式防护装置进行保护。
c) 在操作手册中，应说明在维修、磨砺、清理过程中，应怎样进行安全防护（见 GB/T 17780.1—2012，5.5）。

5.5.2 盖板梳棉机

由于技术原因有必要进行针布的磨砺和抄针。

一般安全要求：

安全要求见 5.5.1。

特殊危险：

机械的危险来自包有齿条或金属针布的辊筒，特别是缠绕、卷入、吸入和擦伤。

特殊风险：

在安装、磨砺和抄针时，靠近包有针布的辊筒会导致高概率的严重伤害。

特殊安全要求：

当需要磨砺和抄针时，开口应设有带防护锁的防护装置，并与滚筒的驱动进行联锁，使防护装置移去后只能进行反向转动。如果梳棉机是由一封闭的防护罩进行保护时，它应以同样的方式与滚筒的驱动联锁。

5.5.3 罗拉、绒辊梳棉机

对于罗拉、绒辊梳棉机，在地沟或地平面都有可能从机器下部靠近特别危险的零部件。

一般安全要求：

安全要求和/或措施见 5.5.1 和表 5。

表 5 有关罗拉和绒辊梳棉机的一般安全要求

项　　目	引用 GB/T 17780.1—2012 条款
特殊机器零部件：	
中间喂入输送带	6.10

特殊危险：

机械的危险来自进入梳棉区下面或中部喂入通道的区域时，或来自于从中间喂入的棉卷罗拉，尤其是轧压、喂入或卷入。

特殊风险：

在特殊操作时靠近危险部件，会产生高概率的严重伤害。

特殊安全要求：

a) 应依照 GB/T 17780.1—2012 中 6.3 的要求来保护特别危险的部件，或者沿罗拉或绒辊两边装上高防护栏（见 GB/T 17780.1—2012，A.3）以防止靠近特别危险的零件，防护栏的高度应符合 GB 23821—2009 表 2 的规定。每个防护栏和门都应与防护锁联锁。若靠近危险部件的时间超过停机时间，因有联锁功能就可保证安全。

b) 应防止从机器下部靠近这些危险部件，需在机器下部采取 GB/T 17780.1—2012 中 6.3 规定的措施，或者在地沟入口装联锁门或带有防护锁的罩壳；对机器可以提升的部位可以在机器四周安装防护栏以及带防护锁的联锁门；对于配置成条机的梳棉机，应采取措施保证只能在成条机的下方可以随意靠近（例如：地沟内具有联锁门和防护锁的等高交叉防护栏），制造者应在操作手册中说明对梳棉机下部进行安全防护的方法，特别是地沟和防护栏是由用户自己配置时。

c) 罗拉和绒辊梳棉机应配置走道、平台或其他装置，以确保安全地进行磨砺和抄针，走道应符合 GB/T 17780.1—2012 中 6.13 的要求，但其宽度不能小于 300 mm；并可安装栏杆代替扶手。

d) 如果从中间喂入通道靠近喂给罗拉，应另外安装防护装置（如管道式防护装置）；若从通道底板上或从过道爬上机器，可能靠近梳棉机特别危险的部件时，应另行安装防护装置（如固定式防护装置，见 GB 23821）。

e) 中间喂入的棉卷罗拉的设计，应使它不致造成伤害(如可使用滑动离合器或可压紧的罩盖)。

5.5.4 搓条机

一般安全要求：

安全要求见5.5.1。

特殊危险：

机械的危险来自于正在运转的辊筒、搓条皮板和传动带等，特别是喂入、卷入、缠绕。

特殊风险：

正常操作时从辊筒上清除油脂、飞花和条卷时的偶然靠近，会导致低概率的严重伤害。

特殊安全要求：

a) 梳棉部分的栅栏式防护装置，应沿着搓条机的两边加长或者安装防护侧板，在搓条机和末道梳棉机圈条器之间的过道上，应安装联锁门作为走道的入口。走道应遵照GB 17780.1—2012中6.13的规定，其宽度不得小于300 mm，可安装栏杆代替扶手，走道门应与搓条机的传动联锁，当此门打开时，只允许低速运行，速度不得高于正常运行速度的25%，且机器应尽快停车。

   另外应在走道和搓条机间装紧急制动装置(例如安装自动断路器)。

b) 防止靠近搓条机底部地沟的罩盖、门或其他防护装置，应与防护锁联锁，这样当靠近搓条机底部打开的地沟时，搓条机只能低速运行(见GB 17780.1—2012，A.1)，若要安装另外的保护装置，可在搓条机下安装一个紧急制动装置(例如安装自动断路器)。

5.6 丝束的切断和牵切纺

直接成条机和牵切成条机，用于精纺工序中将长丝加工成短纤维条。

一般安全要求：

安全要求和/或措施见表6。

表6 有关丝束的切断和牵切纺的一般安全要求

项目	引用GB/T 17780.1—2012条款	本部分条款
整机：		
一般电气设备	5.4.2.1和5.4.2.2	—
电气控制系统	5.4.2.3	—
启动和停车	5.4.2.4	—
通过设计减少风险	5.3.2	—
通过安全防护装置减少危险	5.3.3	—
——用防护装置	表2	—
——用安全装置	表3	—
流体动力系统和元件	5.4.5	—
噪声	5.4.7，第7章，8.2	—
物料	5.4.10	—
人体工效学	5.4.13	—
特殊操作装置	5.5	—
高位操作和维修	5.6	—
被困人员逃生和援救措施	5.7	—
零件的装配	5.8	—

表 6（续）

项　　目	引用 GB/T 17780.1—2012 条款	本部分条款
特殊机器零部件：		
驱动和传动装置罩	6.2	
罗拉	6.5	
视窗	6.9	
切割装置	6.12	
联合机	6.22	
其他：		
自动条筒更换装置	—	5.7.10

特殊危险：

机械的危险来自罗拉（如喂给罗拉、卷曲罗拉、牵伸罗拉），特别是缠绕、喂入、卷入；或来自在棉包上清理多余纤维过程中，主要是缠绕；或来自刀辊，主要是切断。

特殊风险：

当启动机器，特别是在移去条卷及清洁等特殊操作过程中的偶然靠近，会导致低概率的严重伤害。

特殊安全要求：

a) 罗拉组之间以及罗拉和运行的丝束之间的入口处，应根据 GB/T 17780.1—2012 的 6.5 配置防护装置，例如将罩板加长，把第一组到最后一组罗拉上的丝束都罩住，罩板应带有联锁门，当门打开时，只能通过一个有限运动控制装置，才可重新启动机器，或者通过一个止-动控制以爬行速度启动机器（见 GB/T 17780.1—2012，A.1）。
b) 应配置适宜的自动制动装置，当操作人员被棉包上残留的纤维缠绕时，可以立即停机，例如可在机器上部第一组纱架上装一个断路器（根据 GB/T 17454.2）。
c) 只有当机器处于停机状态时，才能够触及刀辊。
d) 控制系统与安全相关的零部件，应按 GB/T 16855.1—2008 第 6 章的要求，选择 3 级或 4 级。

5.7 梳理后道的纺纱准备工序

5.7.1 一般要求

并条、精梳机是生产纤维条和粗纱的纺纱准备机械。例如：并条机、针梳机、齿盖式针梳机、链条式针梳机、混条针梳机、自调匀整针梳机、开式针梳机、豪猪式牵伸箱、条卷机、并卷机、条并卷机、精梳机、粗纱机、皮圈式无捻粗纱机、复洗机及其他类似机器。

一般安全要求：

安全要求和/或措施见表 7。

表 7 有关梳理后道的纺纱准备工序的一般安全要求

项 目	引用 GB/T 17780.1—2012 条款	本部分条款
整机：		—
一般电气设备	5.4.2.1 和 5.4.2.2	
电气控制系统	5.4.2.3	
启动和停车	5.4.2.4	
通过设计减少风险	5.3.2	
通过安全防护装置减少风险	5.3.3	
——用防护装置	表 2	
——用安全装置	表 3	
静电	5.4.4	
液压或气动系统及元件	5.4.5	
噪声[a]	5.4.7,第 7 章,8.2	
物料	5.4.10	
火	5.4.11	
人体工效学	5.4.13	
特殊操作装置	5.5	
零件的装配	5.8	
特殊机器零部件：		
驱动和传动装置罩	6.2	
一般不需要安全防护的机械零部件,尤其是输送罗拉和牵伸罗拉	6.4	
罗拉	6.5	
回转轴	6.6	
风机	6.11	
高架轨道	6.21.5b),6.21.6c)	
加工材料的高架输送,尤其是条筒、棉卷运输工具、筒管和纱管	6.21.6	
其他： 自动条筒更换装置	—	5.7.10

[a] 并条机、复洗机和条筒更换装置的噪声不高。

特殊危险：

机械的危险来自未被控制的提升罩盖的移动,尤其是挤压、剪切和冲击。

特殊风险：

在正常操作时的靠近机器,尤其在生头、清除缠花或接头时；在特殊操作时,尤其是清除棉卷或堵塞物时,会导致低概率的中等程度至严重的伤害。

特殊安全要求：

在提升位置安装机械式阻尼装置来限制可移动罩壳的晃动。

罩壳设计应考虑降低噪声,可以采取吸音材料覆盖内表面或采用适当的密封。

5.7.2 短纤并条机

一般安全要求：

安全要求和/或措施见5.7.1。

特殊危险：

机械的危险来自并条罗拉，特别是吸入或卷入。

特殊风险：

在正常操作时的靠近机器，特别是当进行生头和清除缠花；在进行特殊操作时，清除棉卷和清洁工作时，会导致低概率的中等程度至严重的伤害。

特殊安全要求：

为了防止卷入并条罗拉，应配置联锁功能的防护罩壳。当罩壳打开时，只有通过止-动控制或有限运动控制装置，机器才能够重新启动。

5.7.3 针梳机，包括“交叉式”和“链条式”

一般安全要求：

安全要求和/或措施见5.7.1。

特殊危险：

机械的危险来自针板、链条、前后罗拉、圈条头、罩壳和自调匀整装置，尤其是挤压、剪切、吸入、卷入和刺穿。

特殊风险：

在正常操作时靠近机器，特别是生头和清除缠花；在特殊操作时，尤其是清除毛条、清洁和更换针板，会导致中等程度至严重的伤害。

特殊安全要求：

a) 针板与前后罗拉应同时被联锁(例如：联锁罩壳)，当防护装置打开时，机器只有采用下列一种方法才能重新启动：
   1) 通过止-动控制装实现出条罗拉爬行速度≤10 m/min和出条罗拉在出条长度≤250 mm时停机(从松开控制开始)；
   2) 在出条长度≤250 mm的部位，用一个有限运动控制装置。
b) 齿盘式针梳机的锯齿辊，或者链条式针梳机的梳箱应安装定位装置把它固定在提升的位置上。
c) 自调匀整装置的测量点和喂入钳口应进行保护，最好采用固定通道形式或者设置带联锁功能的可移动罩壳。

5.7.4 复洗机

复洗机是用于洗涤和预处理精梳毛条。

一般安全要求：

安全要求和/或措施见5.7.1。

特殊危险：

机械的危险来自喂入罗拉、轧车、浸渍和换向罗拉，尤其是卷入。

特殊风险：

在特殊操作时偶然靠近机器(即生头、清除毛条卷和接头)，会造成低概率的严重伤害。

特殊安全要求：

a) 为防止在罗拉部位被钳持，可根据GB/T 17780.1—2012中6.5c)的规定，进行安全防护，或者在喂入罗拉部位安装固定式或联锁式可移动的导条装置。
b) 浸渍和换向罗拉不需要防护装置，该种罗拉仅需用手就可以抬起。
c) 如果安装了钳口保护装置，那么还应该配置一个探测棉卷的装置。

d) 轧车,可根据 GB/T 17780.1—2012 中 6.19 的规定。

5.7.5 条卷机和并卷机、条并卷机

一般安全要求:

安全要求和/或措施见 5.7.1。

特殊危险:

机械的危险来自成卷装置,尤其是卷入。

特殊风险:

在正常操作时靠近机器,会导致低概率中等至严重程度的伤害。

特殊安全要求:

条卷机、并卷机和条并卷机的成卷装置应采取保护措施(即采用带防护锁的联锁活动式封闭防护装置)。

5.7.6 棉精梳机

一般安全要求:

安全要求和/或措施见 5.7.1。

特殊危险:

机械的危险来自锡林、钳板、顶梳和分离罗拉,尤其是挤压、剪切和卷入。

特殊风险:

在正常操作时偶然靠近机器,特别是生头、清除缠花以及清理棉卷和清洁的特殊操作中,会导致低概率的中等程度的伤害。

特殊安全要求:

各个精梳机构(如锡林、钳板、顶梳和分离罗拉)都应该安装带联锁功能(如一个罩壳)的防护罩,将这些零件罩住。当防护罩打开时,只有通过止-动控制或有限运动控制装置才能将机器重新启动。

5.7.7 直行精梳机(用于精纺毛纱、亚麻纱及其类似纱线)

一般安全要求:

安全要求和/或措施见 5.7.1。

特殊危险:

机械的危险来自圆梳、钳口、夹紧装置、往复滑座、防护罩,以及从落棉箱可触及的传动装置,特别是挤压、剪切、吸入或卷入以及刺伤。

特殊风险:

在正常操作时靠近机器,特别是当进行生头、清除缠花,在特殊操作时,

特别是清理棉卷和清洁,会导致低概率的中等程度至严重的伤害。

特殊安全要求:

a) 安装带联锁功能的防护罩(如带铰链的罩盖)以免靠近圆梳、钳口和往复滑座。在罩壳被打开的情况下,操作人员只能在安全的位置上进行操作。在此位置可靠近精梳机的机械部分(锡林、钳板及摆臂架)。

b) 只有下列情况之一时,精梳机才可以打开罩壳进行操作:
   1) 采用控制梳理速度≤20 钳次/min 和停止运行时间≤1 钳次/min;
   2) 在停止运行小于 1 个工作循环的位置,设置一个有限运动控制装置。在重复触发有限运动控制装置的情况下,精梳机就不能加速到正常运行速度;
   3) 在停止运行小于 1 个工作循环的位置,与紧急制动一起以低速进行。

产品操作手册应说明潜在危险，并应清晰说明对罩壳打开时的操作方法。

c) 采用可移动的联锁防护装置，来阻止操作人员靠近喂入针板。

d) 为防止靠近危险部件，如三角皮带和皮带传动装置，应在此位置安装落棉箱，或安装附加的固定间距的防护装置。

5.7.8 粗纱机

一般安全要求：

安全要求和/或措施见 5.7.1。

特殊危险：

机械的危险来自锭翼、龙筋升降齿条或链条，尤其是挤压、缠绕及碰撞。

特殊风险：

在正常操作时靠近机器，特别是在生头、更换筒管、清除缠花以及特殊操作（如清洁、去除下落杂物）时靠近机器，会导致轻度到中等程度的伤害。

特殊安全要求：

a) 粗纱机锭翼前应安装防护装置。

可采用联锁可移动防护装置（见 GB/T 15706.1—2007，3.25.4），例如在操作人员的一侧按锭翼的高度分段安装转动的或滑动的防护板，见图 2。在防护板打开时，机器可通过一个限制运动控制装置实现停车（缓动），在制动过程中，该装置保证机器停车距离（制动距离）；或通过止-动控制使粗纱机以每秒不超过 1.5 rs-1 的速度运行。

在上述特殊运转模式下（见 GB/T 17780.1—2012，5.4.2.3，复位和启动之间的时间间隔）启动机器前，应给出警示信号，除非风险评估显示没有主要危险。

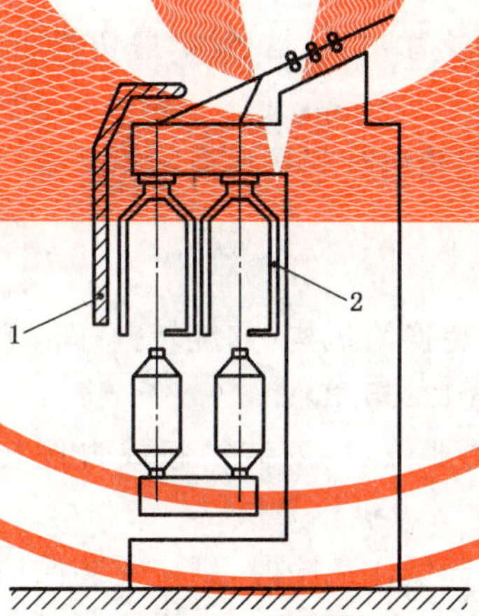

说明：

1——可移动的联锁保护装置；

2——锭翼。

图 2 粗纱机锭翼前的安全防护装置

b) 升降装置的齿轮、齿条或链条应进行防护（如在机器的背面安装固定式防护装置）。

5.7.9 皮圈式无捻粗纱机

一般安全要求：

安全要求和/或措施见 5.7.1。

特殊危险：

机械的危险来自牵伸皮圈和搓条胶板，尤其是卷入。

特殊风险：

在正常操作时靠近机器，特别是生头和在特殊操作状态下的清洁、清除棉条时，会导致低概率中等程度伤害。

特殊安全要求：

a) 在牵伸皮圈和搓条胶板间的喂入部位处应安装防护装置，如安装带联锁功能的防护罩(例如：门)。
b) 在防护门被打开的特殊状态下，只有在下列情况之一，机器才可以运行：
   1) 采用止-动控制使给棉罗拉爬行速度≤10 m/min 和分离罗拉在出条长度≤250 mm 时停机；
   2) 在出条长度≤250 mm 时，采用有限运动控制装置。
c) 操作手册应说明潜在的危险，并应清晰说明防护门打开时的操作方法。
d) 如果打开多个防护门时，启动机器前，在每个操作位置上应有醒目的警示信号(复位和启动之间的时间间隔，见 GB/T 17780.1—2012，5.4.2.3)。
e) 防护门设计应考虑降低噪声。

5.7.10 自动换筒装置

自动换筒装置用于粗梳、精梳和并条生产过程中更换条筒。

一般安全要求：

安全要求和/或措施见 GB/T 17780.1—2012 中的 6.7.1 和 5.4.2.4c)，包括生产中断后自动重新启动。

特殊危险：

机械的危险来自换筒装置切断棉条臂，尤其是挤压、剪切和撞击。

特殊风险：

在正常操作时偶然靠近机器，特别是进行观察或清除堵塞条筒的特殊操作时，会导致低概率中等程度的伤害。

特殊安全要求：

a) 自动换筒装置设计应考虑避免换筒机构(如旋转臂)间，条筒与主机固定部件间，或换筒装置自身产生的挤压和剪切(见 GB 12265.3)。
b) 在挤压和剪切点不能避免的部位，应安装护板或自停装置，手动操作只能通过止-动控制来进行。
c) 如果工作位置没有条筒会引起操作危险时，则应安装保护装置，确保操作人员不会与接近此部位或者使该装置停止运转，直到将空筒送入工作位置后才能重新启动。
d) 在棉条臂能够引起危险的部位，应该防止操作人员靠近，如采用自停装置。
e) 操作手册中应明确指出条筒卡在换筒装置中所产生的危险，并提醒操作人员如使用损坏的条筒将会引起频繁的堵塞。

5.8 细纱机

5.8.1 一般要求

细纱机(包括环锭细纱机、自由端纺纱机、针排式细纱机和其他机器)用于将棉条或粗纱牵伸加捻成纱线。

安全要求和/或措施见表 8。

表 8　有关细纱机的一般安全要求

项　　目	引用 GB/T 17780.1—2012 条款
整机：	
一般电气设备	5.4.2.1 和 5.4.2.2
电气控制系统	5.4.2.3
启动和停车	5.4.2.4
通过设计减少风险	5.3.2
通过安全防护装置减少风险	5.3.3
——用防护装置	表 2
——用安全装置	表 3
静电	5.4.4
流体动力系统和元件	5.4.5
噪声	5.4.7,第 7 章,8.2
物料	5.4.10
火	5.4.11
人体工效学	5.4.13
特殊操作装置	5.5
零件的装配	5.8
特殊机器零部件：	
驱动和传动装置罩	6.2
一般不需要进行安全防护的零部件,尤其是输送罗拉和牵伸罗拉	6.4
罗拉	6.5
回转轴	6.6
输送装置,包括纱管、废料输送	6.10
风机	6.11
移动的机器、操作装置和操作部件(如果有)	6.21.3
可能脱离固定轨道的可移动的机器和操作装置(如果有)	6.21.4
地面轨道和高架轨道(导轨)	6.21.5
加工材料的高架输送	6.21.6
联合机	6.22

5.8.2　环锭细纱机

一般安全要求：

安全要求和/或措施见 5.8.1。

特殊危险：

机械的危险来自牵伸装置、前罗拉、清除粗纱条用的刀片、接头装置和落纱装置,尤其是挤压、剪切、缠绕、吸入或卷入、擦伤、刺伤。

特殊风险：

在正常操作时频繁靠近以及在特殊操作时的偶然靠近机器,都会导致高概率的轻微至中等程度的伤害。

特殊安全要求：

a) 应根据 GB/T 17780.1—2012 中 8.2 的规定，在操作手册中说明引导粗纱条通过牵伸装置和前罗拉、制动纱管、清除粗纱条及进行维修工作的安全方法。

b) 对于自动化设备(例如可移动接头装置或落纱装置)，应符合 GB/T 17780.1—2012 中 6.21.3 的要求。如果根据 GB/T 17780.1—2012 中的 6.21.3d)选择了自停杆或自停板，那么在往复运动的两端都要安装超过该装置高度的自停杆或自停板。

c) 应通过设计或安装防护装置，或安全装置(例如往返电缆、往返杆和 AOPD)来减少固定式落纱装置引起的危险。

d) 如果采用按钮作为紧急停车开关，那么在机器的两端均应配置紧急停车开关。

5.8.3 自由端纺纱机

包括转杯纺纱机、摩擦纺纱机、包覆纺纱机和喷气纺纱机。

一般安全要求：

安全要求和/或措施见 5.8.1。

特殊危险：

机械的危险来自纱头、粗纱条和清除粗纱条用的刀具，以及来自接头装置和落纱装置。

特殊风险：

在正常操作时频繁靠近和特殊操作时偶然靠近机器，会导致高概率的轻度至中等程度的伤害。

特殊安全要求：

a) 根据 GB/T 17780.1—2012 中 8.2 的规定，在产品操作手册中，应该有清纱器，清除缠花、维修保养等方面的信息。

b) 对于自动化设备(例如可移动接头装置或者落纱装置)，应符合 GB/T 17780.1—2012 中 6.21.3的要求。如根据 GB/T 17780.1—2012 中的 6.21.3d)选择了自停杆或自停板，那么在往复运动的两端都要安装超过该装置高度的自停杆或自停板。

5.8.4 针排式细纱机

安全要求和/或措施见 5.7.3 和 5.8.1。

6 安全要求和/或措施的检验

机器在交付使用时，应按 GB/T 17780.1—2012 的第 7 章和附录 C 进行最终检验。

无论噪声是否对操作人员构成主要危害，本部分所涉及机器的噪声值都应按 GB/T 7111.1 和 GB/T 7111.2的规定进行检验。

7 机器的使用说明

机器的使用说明应符合 GB/T 17780.1—2012 第 8 章的规定。同时还应包括第 5 章的所有内容。

无论噪声是否对操作人员构成主要危害，本部分所包含的机器都应按 GB/T 7111.1 和 GB/T 7111.2的规定进行说明。

参 考 文 献

［1］ ISO 12100-1 Safety of machinery—Basic concepts，general principle for design—Part 1：Basic terminology，methodology

［2］ ISO 14121 Safety machinery—Principles of risk assessment

ICS 59.120.99
W 90

中华人民共和国国家标准

GB/T 17780.3—2012
部分代替 GB/T 17780—1999

纺织机械　安全要求
第3部分：非织造布机械

**Textile machinery—Safety requirements—
Part 3: Nonwoven machinery**

(ISO 11111-3:2005, MOD)

2012-11-05 发布　　2013-06-01 实施

中华人民共和国国家质量监督检验检疫总局
中国国家标准化管理委员会　发布

前　言

GB/T 17780《纺织机械　安全要求》分为七个部分：

——第1部分：通用要求；

——第2部分：纺纱准备和纺纱机械；

——第3部分：非织造布机械；

——第4部分：纱线和绳索加工机械；

——第5部分：机织和针织准备机械；

——第6部分：织造机械；

——第7部分：染整机械。

本部分为GB/T 17780的第3部分。

本部分按照GB/T 1.1—2009、GB/T 20000.2—2009给出的规则起草。

GB/T 17780的本部分代替GB/T 17780—1999《纺织机械安全要求》中的部分内容(第8章)，未被代替的内容为“通用要求”部分和下述5个涉及各类设备的安全要求：纺纱准备和纺纱机械、纱线和绳索加工机械、机织和针织准备机械、织造机械、染整机械。这些内容将分别纳入GB/T 17780的第1、第2和第4～7部分。

本部分与GB/T 17780—1999《纺织机械安全要求》中的第8章相比主要变化如下：

——作为GB/T 17780的第3部分，增加了第1～4、6、7章；

——增加了缝编机(5.5)和烘筒烘燥机(5.6)的安全要求。

本部分修改采用ISO 11111-3:2005《纺织机械　安全要求　第3部分：非织造布机械》。

本部分根据ISO 11111-3:2005重新起草，与ISO 11111-3:2005的技术性差异是将引用的有关国际、国外标准改为对应的国家标准。

关于规范性引用文件，本部分做了具有技术性差异的调整，以适应我国的应用，具体调整如下：

——用等效采用国际标准的GB/T 7111.1代替ISO 9902-1(见第6、7章)；

——用等效采用国际标准的GB/T 7111.2代替ISO 9902-2(见第6、7章)；

——用等效采用国际标准的GB/T 7111.3代替ISO 9902-3(见第6、7章)；

——用等效采用国际标准的GB/T 7111.6代替ISO 9902-6(见第6、7章)；

——用等效采用国际标准的GB/T 7111.7代替ISO 9902-7(见第6、7章)；

——用修改采用国际标准的GB/T 17780.1—2012代替ISO 11111-1:2005(见第1～7章)；

——用修改采用国际标准的GB/T 17780.2—2012代替ISO 11111-2:2005(见5.2、5.3)；

——用修改采用国际标准的GB/T 17780.6—2012代替ISO 11111-6:2005(见5.5)；

——用修改采用国际标准的GB/T 17780.7—2012代替ISO 11111-7:2005(见5.6)；

——用等同采用国际标准ISO 13857:2008的GB 23821—2009代替ISO 13852:1996[见5.3 c)]。

为便于使用，本部分做了下列编辑性修改：

——“ISO 11111的本部分”改为“GB/T 17780的本部分”；

——删除ISO 11111-3的前言；

——修改了ISO 11111-3的引言成为本部分引言。

本部分由中国纺织工业联合会提出。

本部分由全国纺织机械与附件标准化技术委员会(SAC/TC 215)归口。

本部分起草单位：恒天重工股份有限公司、中国纺织机械器材工业协会、无锡纺织机械研究所、邵阳纺织机械有限责任公司、江苏宏源纺机股份有限公司、上海一纺机械有限公司、天津宏大纺织机械有限公司、晋中开发区贝斯特机械制造有限公司、青岛宏大纺织机械有限责任公司、深圳市华测检测技术股份有限公司、苏州工业园区职业技术学院、经纬纺织机械有限公司榆次分公司、山西鸿基科技股份有限公司、上海一纺机械有限公司七纺机分公司。

本部分主要起草人：亓国红、王静怡、赵基平、林健、徐向红、陈慧、冯广轩、徐景禄、王莉、朱平、冯翠、师雅并、孙品、马丽娜、高小改。

GB/T 17780 于 1999 年首次发布，本次为第一次修订，本次修订将GB/T 17780分为 7 个部分。

引　言

国际标准 ISO 11111-1～11111-7 是由 ISO/TC 72 和 CEN/TC 214 同时制定的，并根据《维也纳协定》通过，以便于在纺织机械的设计和生产中应用相同的安全标准。

GB/T 17780 是为所有关心纺织机械安全的人们，如纺织机械的设计者、制造商以及系统成套供应商等而制定的，同时它也是纺织机械的使用者和安全专家所关心的。

本部分是按照 GB/T 15706.1—2007/ISO 12100-1：2003 规定的 C 类专用标准制定的。GB/T 17780的各个部分涉及纺织行业使用的纺织机械所存在的潜在的、重要的危险因素。标准内容涵盖了所涉及的各种机器和危险因素存在的范围。

当 C 类标准的规定与 A 类或 B 类标准的内容不同时，应以 C 类标准的规定为准。

对于那些在 GB/T 17780 相关章节中没有提及的机器或零部件存在的危险因素，设计者应根据 GB/T 16856/ISO 14121 的内容对其做出风险评估，并提出降低风险的方法。

本部分需要和 GB/T 17780.1 一起使用。本部分的要求尽可能按照 GB/T 17780.1 的第 5 章和第 6 章进行处理。GB/T 17780.1 的第 5 章包含了针对纺织机械频繁发生的危险应采取的安全要求和/或措施，GB/T 17780.1 的第 6 章描述了纺织机械专件(如罗拉)和部件的主要危险及相应的安全要求和/或措施，这些安全要求和/或措施都已被本部分引用。

纺织机械　安全要求
第3部分:非织造布机械

1　范围

GB/T 17780的本部分规定了非织造布机械的主要危险及其相应的安全要求和/或措施。

本部分适用于开松、除杂、混合、梳理、针刺、圆网烘燥和卷布工序的机器、设备和相关装置。

本部分需要与GB/T 17780.1、GB/T 17780.2、GB/T 17780.6、GB/T 17780.7结合使用。

2　规范性引用文件

下列文件对于本文件的应用是必不可少的。凡是注日期的引用文件,仅注日期的版本适用于本文件。凡是不注日期的引用文件,其最新版本(包括所有的修改单)适用于本文件。

GB/T 7111.1　纺织机械噪声测试规范　第1部分:通用要求(GB/T 7111.1—2002,eqv ISO 9902-1:2001)

GB/T 7111.2　纺织机械噪声测试规范　第2部分:纺前准备和纺部机械(GB/T 7111.2—2002,eqv ISO 9902-1:2001)

GB/T 7111.3　纺织机械噪声测试规范　第3部分:非织造布机械(GB/T 7111.3—2002,eqv ISO 9902-1:2001)

GB/T 7111.6　纺织机械噪声测试规范　第6部分:织造机械(GB/T 7111.6—2002,eqv ISO 9902-1:2001)

GB/T 7111.7　纺织机械噪声测试规范　第7部分:染整机械(GB/T 7111.7—2002,eqv ISO 9902-1:2001)

GB/T 17780.1—2012　纺织机械　安全要求　第1部分:通用要求(ISO 11111-1:2005,MOD)

GB/T 17780.2—2012　纺织机械　安全要求　第2部分:纺纱准备和纺纱机械(ISO 11111-2:2005,MOD)

GB/T 17780.6—2012　纺织机械　安全要求　第6部分:织造机械(ISO 11111-6:2005,MOD)

GB/T 17780.7—2012　纺织机械　安全要求　第7部分:染整机械(ISO 11111-7:2005,MOD)

GB 23821　机械安全　防止上下肢触及危险区的安全距离(GB 23821—2009,ISO 13857:2008,IDT)

3　术语和定义

GB/T 17780.1界定的术语和定义适用于本文件。

4　主要危险一览

非织造布机械常见的主要危险在其他纺织机械及其零部件中也频繁发生,这些危险列在GB/T 17780.1—2012的第5章和第6章中,具体见本部分第5章中的"一般安全要求"。非织造布机械特有的危险见本部分第5章中的"特殊危险"。

在使用本部分之前，对具体机器已识别的主要危险进行鉴别和确认是非常重要的。

注：非织造布机械的主要危险一般是与安全要求一起考虑。

5 主要危险及其相应的安全要求和/或措施

5.1 通则

机器应符合 GB/T 17780.1—2012 的第 5 章和第 6 章的安全要求，具体见本章其他条款中的“一般安全要求”；同时应符合本章中的“特殊安全要求”。

5.2 开松、除杂、混合机器

安全要求和/或措施应符合 GB/T 17780.2—2012 中 5.2 的规定。

5.3 梳理机

一般安全要求：

安全要求和/或措施应符合 GB/T 17780.2—2012 中 5.5 的规定。

特殊危险：

机械的危险，来自交叉集网单元，尤其是挤压、剪切的危险；来自输送部件，尤其是吸入或卷入的危险；来自轮子，尤其是挤压、剪切的危险；来自压网罗拉，尤其是吸入和卷入的危险。

特殊风险：

在特殊操作过程中偶然发生的故障，尤其是辅助成网(生头)时，会导致中等概率的严重伤害。

特殊安全要求：

a) 交叉集网单元的入口应提供防护。可用全高度的栅栏防护装置(见 GB/T 17780.1—2012 的 A.3)防护梳理区特别危险的机器零部件，并进而沿交叉集网单元和输送带的两侧延伸到机器尾部，除非采用了其他的防护措施。
b) 如果在交叉集网和清洁辊梳理区之间的栅栏防护装置上安装有门，这些门应用防护锁与防护装置实现联锁。
c) 如果开车时允许通过栅栏防护装置的开口用长杆进入输送带进行生头，则不允许手指或手进入危险区(见 GB 23821)。或者，在栅栏防护装置内提供一个附加防护装置，以避免通过开口处接近传动件或其他危险区域(例如，管道式防护装置可能较合适)。
d) 如果栅栏防护装置没有延伸到成网区域的全长方向，则应按 GB/T 17780.1—2012 中 6.10 的规定，对输送帘子和交叉铺网输送带之间的卷入区进行防护。
e) 为避免接近交叉集网单元的轮子，应按 GB/T 17780.1—2012 中 6.7 的规定提供防护装置。
f) 为避免接近压网罗拉，应按 GB/T 17780.1—2012 中 6.5 的规定提供防护装置(如用带联锁的防护门或管道式防护)。

5.4 针刺机

针刺机是借助于针将纤维缠结和纤网加固，进而加工成纤维网或布的机器。

一般安全要求：

安全要求和/或措施见表 1。

表 1 有关针刺机的一般安全要求

项 目	引用 GB/T 17780.1—2012 的条款
整机：	
一般电气设备	5.4.2.1 和 5.4.2.2
电气控制系统	5.4.2.3
启动和停车	5.4.2.4
通过设计减少风险	5.3.2
通过设置安全防护装置减少风险	5.3.3
——用防护装置	表 2
——用安全装置	表 3
噪声	5.4.7,第 7 章,8.2
人体工效学	5.4.13
特殊操作装置	5.5
高位操作和维修	5.6
零件的装配	5.8
特殊机器零部件：	
驱动和传动装置罩	6.2
罗拉	6.5
输送带	6.10
风机	6.11
切断装置	6.12
工作平台和走道	6.13

特殊危险：

机械的危险来自针、针板、上托网板、下托网板、输送带和传动罗拉，尤其是挤压、剪切、卷入或陷入、刺伤或刺破的危险。

特殊风险：

在正常操作过程中的偶然接近，尤其是去除纤维时；在特殊过程中，尤其是清洁和更换针板时，会导致低概率的严重伤害。

特殊安全要求：

a) 为了防止进入上托网板和下托网板之间的危险区域，针刺机的进口和出口侧应加以防护(如使用自停杆、拉线开关、压敏装置，或非机械操作的跳闸装置，并将其与针板提升运动的传动机构实现联锁，见 GB/T 17780.1—2012 的表 3)；

b) 机器侧面和针板处于同一平面的开孔口常用来清洁针，此处应用门或一块和针板提升运动联锁的板进行防护。为了减少防护门敞开时针板的运动，机器应设计成能使针板自动停在“打开”的位置；或当防护门关上时，针板由单独机构控制，使其能运动至“打开”位置。当防护门打开时，应能用手轮或类似的手动装置使针板运动到“打开”位置。

5.5 缝编机

安全要求应符合 GB/T 17780.6—2012 中 5.3.4 的规定。

5.6 烘筒烘燥机

安全要求应符合 GB/T 17780.7—2012 中 5.5.6 的规定。

5.7 卷布机

安全要求应符合 GB/T 17780.1—2012 中 6.18 的规定。

6 安全要求和/或措施的检验

机器在交付使用时应按照 GB/T 17780.1—2012 第 7 章和附录 C 进行最终检验。

噪声发射值的大小取决于本部分包括的所有的机器。无论噪声是否是主要危险，本部分涉及的机器的噪声值都应符合同时应符合 GB/T 7111.1 和 GB/T 7111.2 或 GB/T 7111.3、GB/T 7111.6、GB/T 7111.7的规定。

7 使用说明

应按照 GB/T 17780.1—2012 第 8 章的规定提供机器的使用说明。使用说明还应包括第 5 章的所有内容。

噪声发射值的大小取决于本部分包括的所有的机器。无论噪声是否是主要危险，本部分涉及的机器的噪声值都应符合同时应符合 GB/T 7111.1 和 GB/T 7111.2 或 GB/T 7111.3、GB/T 7111.6、GB/T 7111.7的规定。

参 考 文 献

[1] ISO 12100-1 Safety of machinery—Basic concepts, general principle for design—Part 1: Basic terminology, methodology

[2] ISO 14121 Safety machinery—Principle of risk assessment

ICS 59.120.10;59.120.20
W 90

中华人民共和国国家标准

GB/T 17780.4—2012
部分代替 GB/T 17780—1999

纺织机械　安全要求
第4部分:纱线和绳索加工机械

Textile machinery—Safety requirements—
Part 4:Yarn processing,cordage and rope manufacturing machinery

(ISO 11111-4:2005,MOD)

2012-11-05 发布　　2013-06-01 实施

中华人民共和国国家质量监督检验检疫总局
中国国家标准化管理委员会　发布

前　言

GB/T 17780《纺织机械 安全要求》分为七个部分：

——第1部分：通用要求；

——第2部分：纺纱准备和纺纱机械；

——第3部分：非织造布机械；

——第4部分：纱线和绳索加工机械；

——第5部分：机织和针织准备机械；

——第6部分：织造机械；

——第7部分：染整机械。

本部分为GB/T 17780的第4部分。

本部分按照GB/T 1.1—2009、GB/T 20000.2—2009给出的规则起草。

GB/T 17780的本部分代替GB/T 17780—1999《纺织机械安全要求》中的部分内容(第9章)，未被代替的内容为“通用要求”部分和下述5个涉及各类设备的安全要求：纺纱准备和纺纱机械、非织造布机械、机织和针织准备机械、织造机械、染整机械。这些内容将分别纳入GB/T 17780的第1～3和第5～7部分。

本部分修改采用ISO 11111-4:2005《纺织机械　安全要求　第4部分：纱线和绳索加工机械》。

本部分根据ISO 11111-4:2005重新起草。本部分与ISO 11111-4:2005的技术性差异是将引用的有关国际、国外标准改为对应的国家标准。

关于规范性引用文件，本部分做了具有技术性差异的调整，以适应我国的应用，具体调整如下：

——用等效采用国际标准的GB/T 7111.1代替ISO 9902-1(见第6、7章)；

——用等效采用国际标准的GB/T 7111.4代替ISO 9902-4(见第6、7章)；

——用修改采用国际标准的GB/T 17780.1—2012代替ISO 11111-1:2005(见第1～7章)；

——用修改采用国际标准的GB/T 17780.2—2012代替ISO 11111-2:2005[见5.2a)]；

——用修改采用国际标准的GB/T 16855.1—2008代替ISO 13849-1:1999(见5.5.1)；

——用等效采用国际标准EN 349:1993的GB 12265.3—1997代替ISO 13854:1996[见5.4b)]；

——用修改采用国际标准的GB/T 18831—2002代替ISO 14119:1998(见5.5.2.2)；

——用等同采用国际标准ISO 13856-2:2001的GB/T 17454.2—2008代替EN 1760-2:2001[见5.3b)]；

——用等同采用国际标准ISO 13856-3:2006的GB/T 17454.3—2008代替EN 1760-3:2004[见5.3b)]；

——用等同采用国际标准ISO 13857:2008的GB 23821—2009代替ISO 13852:1996(见5.5.3、5.5.4、5.6)。

为便于使用，本部分做了下列编辑性修改：

——“ISO 11111的本部分”改为“GB/T 17780的本部分”；

—— 删除ISO 11111-4的前言；

—— 修改了ISO 11111-4的引言成为本部分引言。

本部分由中国纺织工业联合会提出。

本部分由全国纺织机械与附件标准化技术委员会(SAC/TC 215)归口。

本部分起草单位：中国纺织机械器材工业协会、苏州工业园区职业技术学院、青岛宏大纺织机械有限责任公司、恒天重工股份有限公司、江苏宏源纺机股份有限公司、经纬纺织机械有限公司榆次分公司、无锡纺织机械研究所、天津宏大纺织机械有限公司、邵阳纺织机械有限责任公司、晋中开发区贝斯特机械制造有限公司、山西鸿基科技股份有限公司、上海一纺机械有限公司、上海一纺机有限公司七纺机分公司、深圳市华测检测技术股份有限公司。

本部分主要起草人:冯翠、王静怡、王莉、亓国红、徐向红、赵基平、师雅并、冯广轩、林健、徐景禄、陈慧、马丽娜、孙品、孙华山。

GB/T 17780 于 1999 年首次发布,本次为第一次修订,本次修订将 GB/T 17780 分为 7 个部分。

引　言

国际标准 ISO 11111-1～11111-7 是由 ISO/TC 72 和 CEN/TC 214 共同制定的，并根据《维也纳协定》通过，以便于在纺织机械的设计和生产中应用相同的安全标准。

GB/T 17780.1～17780.7 修改采用 ISO 11111-1～11111-7:2005。

GB/T 17780 是为所有关心纺织机械安全的人们，如纺织机械的设计者、制造商以及系统成套供应商等而制定的，同时它也是纺织机械的使用者和安全专家所关心的。

本部分是按照 GB/T 15706.1—2007/ISO 12100-1:2003 规定的 C 类专用标准制定的。GB/T 17780 的各个部分涉及纺织行业使用的纺织机械所存在的潜在的、重要的危险因素。标准内容涵盖了所涉及的各种机器危险因素存在的范围。

当 C 类标准的规定与 A 类或 B 类标准的内容不同时，应以 C 类标准的规定为准。

对于那些在 GB/T 17780 相关章节中没有提及的机器或零部件存在的危险因素，设计者应根据 GB/T 16856/ISO 14121 的内容对其做出风险评估并提出降低风险的方法。

本部分需要与 GB/T 17780.1 结合使用。本部分的要求尽可能按照 GB/T 17780.1 的第 5 章和第 6 章进行处理。GB/T 17780.1 的第 5 章包含了针对纺织机械频繁发生的危险应采取的安全要求和/或措施，GB/T 17780.1 的第 6 章描述了纺织机械专件(如罗拉)和部件的主要危险及相应的安全要求和/或措施，这些安全要求和/或措施都已被本部分引用。

纺织机械　安全要求
第4部分:纱线和绳索加工机械

1　范围

GB/T 17780的本部分规定了纱线加工、绳索加工机械的主要危险及其相应的安全要求和/或措施。

本部分适用于并纱、捻线、变形、摇纱、络筒、成球、绳索加工和织带工序中的所有机器、设备和相关装置。

本部分需要与GB/T 17780.1结合使用。

2　规范性引用文件

下列文件对于本文件的应用是必不可少的。凡是注日期的引用文件,仅注日期的版本适用于本文件。凡是不注日期的引用文件,其最新版本(包括所有的修改单)适用于本文件。

GB/T 7111.1　纺织机械噪声测试规范　第1部分:通用要求(GB/T 7111.1—2002,eqv ISO 9902-1:2001)

GB/T 7111.4　纺织机械噪声测试规范　第4部分:纱线加工、绳索加工机械(GB/T 7111.4—2002,eqv ISO 9902-4:2001)

GB 12265.3　机械安全　避免人体各部位挤压的最小间距[GB 12265.3—1997,eqv EN 349:1993(ISO/DIS 13854)]

GB/T 16855.1—2008　机械安全　控制系统有关安全部件　第1部分:设计通则(ISO 13849-1:2006,IDT)

GB/T 17454.2　机械安全　压敏保护装置　第2部分:压敏边和压敏棒的设计和试验通则(GB/T 17454.2—2008,ISO 13856-2:2001,IDT)

GB/T 17454.3　机械安全　压敏防护装置　第3部分:压敏缓冲器、压敏板、压敏线及类似装置的设计和试验通则(GB/T 17454.3—2008,ISO 13856-3:2006,IDT)

GB/T 17780.1—2012　纺织机械　安全要求　第1部分:通用要求(ISO 11111-1:2005, MOD)

GB/T 17780.2—2012　纺织机械　安全要求　第2部分:纺纱准备和纺纱机械(ISO 11111-2:2005,MOD)

GB/T 18831—2010　机械安全　带防护装置的联锁装置　设计和选则原则(ISO 14119:1998和Amd.1:2007,MOD)

GB 23821　机械安全　防止上下肢触及危险区的安全距离(GB 23821—2009,ISO 13857:2008,IDT)

3　术语和定义

GB/T 17780.1界定的术语和定义适用于本文件。

4　主要危险一览

纱线加工、绳索加工机械中常见的主要危险在其他纺织机械及其零部件中也频繁发生,这些危险列在 GB/T 17780.1—2012 的第 5 章和第 6 章中，具体内容见本部分第 5 章中的“一般安全要求”。纱线加工、绳索加工机械特有的危险见本部分第 5 章中的“特殊危险”。

在使用本部分之前，对具体机器已识别的危险进行鉴别和确认是非常重要的。

注：纱线加工、绳索加工机械的主要危险一般是与安全要求一起考虑。

5 主要危险及其相应的安全要求和/或措施

5.1 通则

机器应符合 GB/T 17780.1—2012 第 5 章和第 6 章的安全要求，具体内容见本章其他条款中的“一般安全要求”，同时应符合本章中的“特殊安全要求”。

5.2 并纱机、捻线机和变形丝机

并纱机、捻线机(如翼锭并捻机、环锭并捻机、倍捻机、上行捻线机、花式捻线机、拉伸加捻机、拉伸卷绕机及类似机器)用于纱线的合股与加捻。

变形丝机(如假捻变形机、空气变形机和其他变形机)用于合成纤维长丝卷曲变形。

一般安全要求：

安全要求和/或措施见表 1。

表 1 有关并纱机、捻线机和变形丝机的一般安全要求

项　　目	引用 GB/T 17780.1—2012 条款
整机：	
电气设备的一般要求	5.4.2.1 和 5.4.2.2
电气控制系统	5.4.2.3
启动和停车	5.4.2.4
通过设计减少风险	5.3.2
通过设置安全防护装置减少风险	5.3.3
——用防护装置	表 2
——用安全装置	表 3
噪声	5.4.7，第 7 章，8.2
火	5.4.11
人体工效学	5.4.13
特殊操作装置	5.5
零件的装配	5.8
特殊机器零部件：	
驱动和传动装置罩	6.2
一般不需要安全防护的机器零部件，如喂入罗拉、锭子、假捻器、导纱器	6.4
罗拉	6.5
回转轴	6.6
自动机械和设备	6.21

特殊危险：

机械的危险来自锭子、锭翼、缠绕、气圈、去缠绕的刀片，尤其是切割、缠绕和碰撞。

特殊风险：

正常和特殊操作中的频繁接近，尤其是机器起动或断头后接头时，包括清除线头时会导致高概率的轻度或中度伤害。

特殊安全要求：

a) 因为翼锭用于重型加捻中，尤其是韧皮纤维的加工，应采用 GB/T 17780.2—2012 的 5.7.8 的要求。另外，机器应在车头、车尾和翼锭罩下面提供固定防护装置以防止从移动防护装置的侧面和下面进入。

b) 如果使用急停装置按钮，至少应在每节的头部设置一个。

c) 应按照 GB/T 17780.1—2012 的 8.2 要求在操作手册中提供有关引头和去除缠绕的安全方法。

5.3 摇纱机和络筒机

摇纱机和络筒机用于将纱或线卷绕形成绞纱、管纱或筒子等卷装，便于进一步深加工或销售。

一般安全要求：

安全要求和/或措施见表 2。

表 2 有关摇纱机和络筒机的一般安全要求

项　　目	引用 GB/T 17780.1—2012 条款
整机：	
电气设备的一般要求	5.4.2.1 和 5.4.2.2
电气控制系统	5.4.2.3
启动和停车	5.4.2.4
通过设计减少机械风险	5.3.2
通过设置安全防护装置减少风险	5.3.3
——用防护装置	表 2
——用安全装置	表 3
噪声	5.4.7，第 7 章，8.2
火	5.4.11
人体工效学	5.4.13
特殊操作装置	5.5
零件的装配	5.8
特殊机器零部件：	
驱动和传动装置罩	6.2
一般不需要安全防护的机器部件，特别是导纱器	6.4
罗拉	6.5
旋转轴	6.6
输送带，包括管纱准备系统和落纱系统的输送带	6.10
自动机械和设备	6.21

特殊危险：

机械危险来自气圈、缠绕和为去除缠绕的刀片、自动打结或捻接器附件和落纱装置、自动打结或捻接机械及纱框。

特殊风险：

在正常操作时的接近，特别是生头，特殊操作中尤其是去除缠绕时会导致高概率的轻微至中等程度伤害。

特殊安全要求：

a) 在操作手册中应提供有关强力纱线的生头、去除缠绕和排除工艺故障的安全要求。

b) 在自动打结或捻接装置、落纱装置和固定零件之间的挤压和剪切点应该有防护装置。当装置移动时可由自停装置来实现防护（例如：在机器两侧并一直延伸到整个走车高度的符合GB/T 17454.2的断开棒和符合GB/T 17454.3的断开板）。

c) 自动打结器或捻接器应该有防护装置（例如：用固定或联锁式可移动的防护装置）。

d) 在摇纱机上摇纱装置正面应有防护装置（例如：用固定或联锁式可移动的防护装置）。

5.4 成球机

多头机器，包括合股线球和纱线球的自动成球机。

一般安全要求：

安全要求和/或措施见表3。

表3 有关成球机的一般安全要求

项 目	引用GB/T 17780.1—2012条款
整机：	
电气设备的一般要求	5.4.2.1和5.4.2.2
电气控制系统	5.4.2.3
启动和停车	5.4.2.4
通过设计减少机械风险	5.3.2
通过设置安全防护装置减少风险	5.3.3
——用防护装置	表2
——用安全装置	表3
流体动力系统和元件	5.4.5
噪声	5.4.7，第7章，8.2
火	5.4.11
人体工效学	5.4.13
特殊操作装置	5.5
遭遇危险时的逃脱和援救措施	5.7
零件的装配	5.8
特殊机器零部件：	
驱动和传动装置罩	6.2
罗拉	6.5
回转轴	6.6
自动机械和设备	6.21

特殊危险：

机械危险来自于旋转的锭翼、运动的心轴、压杆，用以固定插接装置的用具或带子以及自动落纱装置、球的运输和成型装置，特别是由于挤压、剪切、缠绕和碰撞。

特殊风险：

正常和特殊操作中的偶然接近，特别是排除工艺故障时会导致低概率的严重伤害。

特殊安全要求：

a） 应设置防护或安全装置来防止接近锭翼。例如，带有联锁的滑动门栅栏式保护装置，或是积极的光电保护装置，如光幕。

b） 成球机设计中应按照 GB 12265.3 的要求避免在运转的心轴或压杆与固定机器零件包括侧面的导向装置之间形成挤压点和剪切点。

c） 在自动成球机上，诸如用以固定插接装置的用具或带子以及自动落纱装置、运输系统和成球装置等的自动装置应符合 GB/T 17780.1—2012 的 6.21 的要求。自动装置的安全防护装置可与 a）和 b）的方法相结合。

d） 在机器的操作一侧和背面都应有防护或安全装置。

5.5 绳索加工机械

5.5.1 一般安全要求

绳索加工机械是利用纺织纤维制造绳索的机器，包括黄麻栉梳机、麻纺并条机、翼锭捻线机、缆绳机、股线搓捻机、绳索并股机、联合制绳并股机。

一般安全要求：

安全要求和/或措施见表 4。

表 4 有关绳索加工机器的一般安全要求

项目	引用 GB/T 17780.1—2012 条款
整机：	
电气设备的一般要求	5.4.2.1 和 5.4.2.2
电气控制系统	5.4.2.3
启动和停车	5.4.2.4
通过设计减少机械风险	5.3.2
通过设置安全防护装置减少风险	5.3.3
——用防护装置	表 2
——用安全装置	表 3
噪声	5.4.7，第 7 章，8.2
人体工效学	5.4.13
特殊操作装置	5.5
遭遇危险时的逃脱和援救措施	5.7
零件的装配	5.8
特殊机械零部件：	
驱动和传动装置罩	6.2
回转轴	6.6
手轮	6.7.2
工作平台和走道	6.13

与防护装置联锁的控制系统安全部件应该按照 GB/T 16855.1—2008 第 6 章选择 3 类或 4 类。

5.5.2 绳索加工机械特殊零部件的安全要求和/或措施

5.5.2.1 筒锭

筒管经常被连接在使用抽取式锭子的固定驱动轴上并使之转动。

一般安全要求：

安全要求适用5.5.1。

特殊危险：

来自筒管意外飞出产生的撞击。

特殊风险：

在正常操作中会导致低概率的中等程度至严重的伤害。

特殊安全要求：

a) 筒管底座应该设计成机器运转时能卡住筒管。

b) 应设置坚固的封闭保护装置以便能够承受得住旋转中飞出的筒管(飞出的原因可能是接触锭翼或者是旋转筒管架的离心力作用)。

5.5.2.2 锭翼

锭翼是绕筒管旋转的零件。

一般安全要求：

安全要求适用5.5.1。

特殊危险：

机械危险来自旋转的锭翼，尤其是挤压、剪切、缠绕和撞击。

特殊风险：

在正常操作(如换筒管或引头)和特殊操作期间的偶然接近，会导致低概率的严重伤害。

特殊安全要求：

应提供封闭式防护装置以防止接近锭翼及其相关零件，如使用固定的防护装置和联锁的可移动防护装置相结合。如果最长停机时间超过进入时间，应提供措施以确保在锭翼及其相关零件停止转动之前，移动式防护装置不能被打开，例如带有运动传感器的联锁机构的防护装置。防护装置的联锁机构在控制系统失灵或停电状态下应保持锁闭(见GB/T 18831—2010,5.4)

制动装置对于缩短停机时间是有用的辅助装置，但不应用来替代防护装置联锁系统。

5.5.2.3 绞盘

绞盘是一组排列的滑轮，用于牵引绳索并将其输送到卷绕装置上。

一般安全要求：

安全要求适用5.5.1。

特殊危险：

机械危险来自移动着的缆绳或绳索，尤其是吸入或卷入。

特殊风险：

在正常操作和特殊操作期间会导致低概率的严重伤害。

特殊安全要求：

应提供防护装置以保护握持点(例如联锁防护装置或固定的钳口防护装置或加工成仿绞盘外形的隔离式保护装置)。

5.5.3 黄麻栉梳机和黄麻制条机

黄麻栉梳机包括输送压扁的纤维(通常是剑麻或黄麻)通过进料罗拉送入粗针慢速底板和梳麻机构的输送带,也包括快速底板从慢速底板中拉拽纤维并梳理。

一般安全要求:

安全要求和/或措施应符合 5.5.1 和表 5。

表 5 有关黄麻栉梳机、制条机和碎茎机的附加安全要求

项　　目	引用 GB/T 17780.1—2012 条款
整机:	
粉尘排放	5.4.10
特殊机器零部件:	
罗拉	6.5
工作平台和走道	6.13

特殊危险:

机械危险来自喂入罗拉、牵伸罗拉、慢速底板、快速底板、输送罗拉,尤其是卷入。

特殊风险:

在正常操作和特殊操作期间会导致低概率的中等程度至严重的伤害。

特殊安全要求:

a) 喂入罗拉隧道式防护装置应符合 GB 23821 的要求。

b) 牵伸罗拉和底板应用固定的封闭防护装置或移动式联锁防护装置保护。

c) 输送罗拉应该用固定的封闭防护装置保护,送料开口和通道应符合 GB 23821 的要求。

防护装置可以是粉尘收集系统的一部分。

5.5.4 麻纺并条机、末道并条机

麻纺并条机是由一系列针板组成的牵伸装置将韧皮纤维精细地梳理成条的机器。

一般安全要求:

安全要求应符合 5.5.1 和 GB/T 17780.1—2012 的 5.4.10。

特殊危险:

机械危险来自输入罗拉、进料罗拉、牵伸装置和输送罗拉,尤其是卷入和刺伤。

特殊风险:

在正常操作和特殊操作期间会导致低概率的中等程度至严重的伤害。

特殊安全要求:

a) 输入罗拉应该有防护装置,如钳口防护装置或自停装置。

b) 进料罗拉、牵伸装置、侧面输送罗拉和中间输送罗拉应该有防护装置,如固定的防护装置;任何开口都应符合 GB 23821 的要求。

5.5.5 股线搓捻机

股线搓捻机是将绳索用纱搓捻成股线的机器。绳索用纱经过记录板、加压管和附加剪切装置(如果配备的话)后,集合在有锭翼绕其旋转的转动筒管上形成股线。

一般安全要求:

安全要求和/或措施应满足 5.5.1 和表 6。

表 6　有关股线搓捻机的附加安全要求

项　　目	引用 GB/T 17780.1—2012 条款	本部分条款
特殊机械零部件： 有特殊危险的机器零部件	6.3	—
其他： 筒锭 锭翼	—	5.5.2.1 5.5.2.2

特殊危险：

机械的危险，来自记录板附近的纱架上纱圈，尤其是缠绕。

特殊风险：

在正常操作期间的接近，会导致高概率的中等程度至严重的伤害，特殊操作期间会导致高概率的严重伤害。

特殊安全要求：

在操作手册中应给出有纱圈缠绕的风险和修接断头应停车的相关信息。

5.5.6　绳索并股机

绳索并股机是将搓捻后的股线合并成绳索的机器。筒管装在筒子架上的锭子上，股线经过上导纱轮集合经旋转的锭翼臂到模板。最终的绳索通过两个光滑的改向拖运绞盘到卷绕滚筒上。

一般安全要求：

安全要求和/或措施应满足 5.5.1 和表 7。

表 7　有关绳索并股机的附加安全要求

项　　目	本部分条款
筒锭	5.5.2.1
锭翼	5.5.2.2
绞盘	5.5.2.3
股线搓捻机	5.5.5

特殊危险：

模板附近股线的缠绕。

特殊风险：

正常和特殊操作时的低概率的中等至严重程度的伤害。

特殊安全要求：

应该提供固定或连锁的封闭防护装置把成型模板封闭起来。

5.5.7　联合制绳并股机

联合制绳并股机是指搓制股线和合并股线成绳子的连续生产机器。

有纱的筒管或有边筒子固定在筒子架上的锭子上，纱从筒管喂入，经记录盘和成型模板形成搓制股线，数股分开的股线通过压缩管形成绳子。该绳子被二次旋转的锭翼臂加捻再通过两个光滑的改向拖运绞盘到卷绕滚筒上。

安全要求：

安全要求和/或措施适用 5.5.5 和 5.5.6。保护是指整机的，包括卷取纱框。

5.5.8 编绳机

编绳机是用股线编结成双根辫子状绳子的机器。

安全要求：

安全要求和/或措施适用 5.6，特别是 5.6c)。

5.6 编带机

包括履带机或织网机、圆型编织带机、实心或螺旋编织带机。

一般安全要求：

安全要求和/或措施见表 8。

表 8 有关编带机的一般安全要求

项目	引用 GB/T 17780.1—2012 条款
整机：	
一般电气设备	5.4.2.1 和 5.4.2.2
电气控制系统	5.4.2.3
启动和停车	5.4.2.4
通过设计减少风险	5.3.2
通过安全防护装置减少风险	5.3.3
——用防护装置	表 2
——用安全装置	表 3
噪声	5.4.7，第 7 章，8.2
粉尘排放	5.4.10
人体工效学	5.4.13
特殊操作装置	5.5
零件的装配	5.8
特殊机器零部件：	
驱动和传动装置罩	6.2
回转轴	6.6

特殊危险：

机械的危险来自移动走锭（花边筒子），尤其是挤压、缠绕和碰撞；来自走锭和织网机的移锤轮，尤其是挤压和剪切。

特殊风险：

正常操作中的接近，尤其是启动时和特殊操作时（如清洁、引头）会导致的低概率的轻度至中等程度的伤害。

特殊安全要求：

a) 移锤轮直径 $d \leqslant 120$ mm 的机器、不管尺寸大小和单头多头的饰带和再生毛起绒机应在外部轮廓周围设置防护杆，距外层走锭的距离 $s \geqslant 25$ mm，自台面起的高度 $h = 100$ mm ± 5 mm（见

图 1和图 2)，当过载时，连接驱动电机和传动齿轮的超载装置(如联轴器、安全销、电机超载保护)应能够使传动部分和电机脱开。

注：此处 d 等于移锤轮最大半径的两倍。

单位为毫米

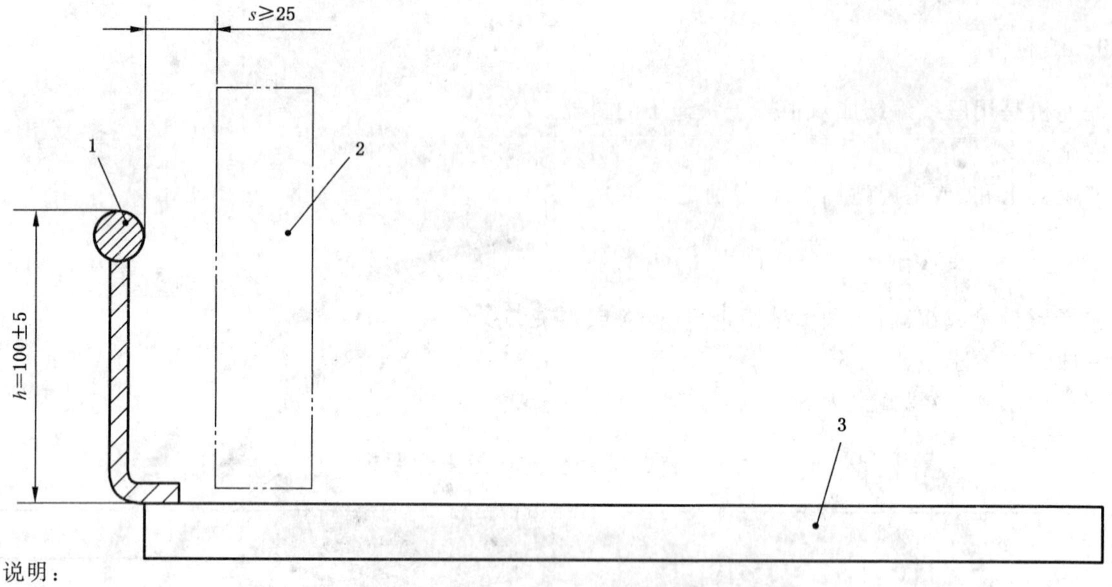

说明：

1——防护杆；

2——外层走锭；

3——机座。

图 1　小型单头编带机防护装置

单位为毫米

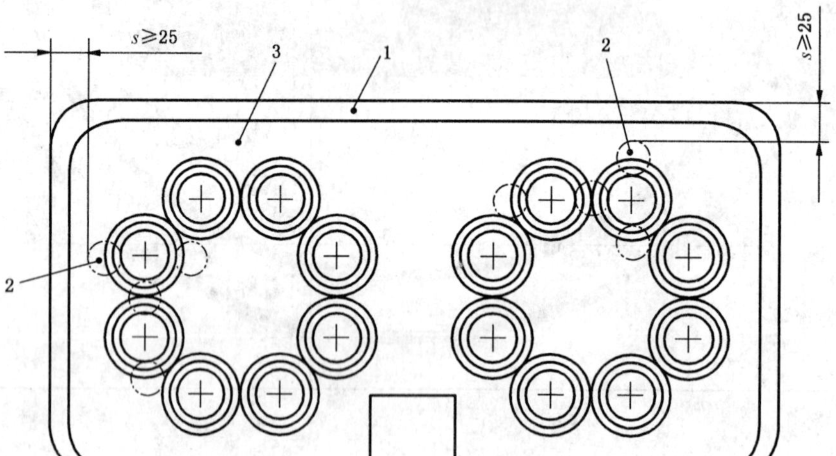

说明：

1——防护杆；

2——外层走锭；

3——机座。

图 2　小型多头编带机防护装置

b)　120 mm＜移锤轮直径 $d \leqslant 180$ mm 的机器应在单机或组机的外部轮廓周围设置防护装置，距外层走锭以及上方走锭的上边缘的距离 $s \geqslant 25$ mm。与 GB 23821 的要求不同，防护装置的上方不需要保护。

c) 移锤轮直径 $d>180$ mm 的大型机器,尤其是编绳机,应按照 GB 23821 在机器周围设置防护栏或防护装置,够不着的上方设置其他封闭防护装置。

任何进入门都应是联锁的。

没有制动的最长停机时间超过进入时间的情况下应提供措施确保在托架停止转动之前门不能打开。如用防护联锁装置与一个运动传感器相连。门在控制系统失灵或停电状态下保持关闭。

刹车装置对减少停机时间是有帮助的,但不能用来代替防护装置锁闭系统。

d) 圆型编织带机应该提供移动封闭防护装置。它们应该连锁,其要求与 c)相同。

6 安全要求和/或措施的检验

机器在交付使用时应按照 GB/T 17780.1—2012 第 7 章和附录 C 进行最终检验。

无论噪声是否为主要危险,本部分所有机器的噪声值应该按照 GB/T 7111.1 和 GB/T 7111.4 的方法检测。

7 机器的使用说明

应该按照 GB/T 17780.1—2012 第 8 章的规定提供机器的使用说明,并应该包括第 5 章的所有内容。

无论噪声是否为主要危险,应声明本部分所有机器的噪声值是按照 GB/T 7111.1 和 GB/T 7111.4 的方法检测的。

参 考 文 献

［1］ ISO 12100-1 Safety of machinery—Basic concepts，general principle for design—Part 1：Basic terminology，methodology

［2］ ISO 14121 Safety machinery—Principle of risk assessment

ICS 59.120
W 90

中华人民共和国国家标准

GB/T 17780.5—2012
部分代替 GB/T 17780—1999

纺织机械　安全要求
第5部分：机织和针织准备机械

Textile machinery—Safety requirements—
Part 5: Preparatory machinery to weaving and knitting

(ISO 11111-5:2005, MOD)

2012-11-05 发布　　2013-06-01 实施

中华人民共和国国家质量监督检验检疫总局
中国国家标准化管理委员会　发布

前　言

GB/T 17780《纺织机械　安全要求》分为七个部分：

——第1部分：通用要求；

——第2部分：纺纱准备和纺纱机械；

——第3部分：非织造布机械；

——第4部分：纱线和绳索加工机械；

——第5部分：机织和针织准备机械；

——第6部分：织造机械；

——第7部分：染整机械。

本部分为GB/T 17780的第5部分。

本部分按照GB/T 1.1—2009、GB/T 20000.2—2009给出的规则起草。

GB/T 17780的本部分代替GB/T 17780—1999《纺织机械安全要求》中的部分内容(第10章)，未被代替的内容为"通用要求"部分和下述5个涉及各类设备的安全要求：纺纱准备和纺纱机械、非织造布机械、纱线和绳索加工机械、织造机械、染整机械。这些内容将分别纳入GB/T 17780的第1～4部分和第6～7部分。

本部分与GB/T 17780—1999《纺织机械安全要求》中的第10章相比主要变化是：作为GB/T 17780的第5部分，增加了第1～4、6和7章。

本部分修改采用ISO 11111-5：2005《纺织机械　安全要求　第5部分：机织和针织准备机械》。

本部分根据ISO 11111-5：2005重新起草。本部分与ISO 11111-5：2005的技术性差异是将引用的有关国际、国外标准改为对应的国家标准。

关于规范性引用文件，本部分做了具有技术性差异的调整，以适应我国的应用，具体调整如下：

——用等同采用国际标准的GB 5226.1—2008代替IEC 60204-1：2000[见5.3.2a)]；

——用等效采用国际标准的GB/T 7111.1代替ISO 9902-1(见第6、7章)；

——用等效采用国际标准的GB/T 7111.5代替ISO 9902-5(见第6、7章)；

——用修改采用国际标准的GB/T 17780.1—2012代替ISO 11111-1：2005(见第1～7章)；

——用等同采用ISO 13857：2008的GB 23821—2009代替ISO 13852：1996[见5.2 b)1)]。

为便于使用，本部分做了下列编辑性修改：

——"ISO 11111的本部分"改为"GB/T 17780的本部分"；

——删除ISO 11111-5的前言；

——修改了ISO 11111-5的引言成为本部分引言。

本部分由中国纺织工业联合会提出。

本部分由全国纺织机械与附件标准化技术委员会(SAC/TC 215)归口。

本部分起草单位：中国纺织机械器材工业协会、恒天重工股份有限公司、上海一纺机械有限公司、邵阳纺织机械有限责任公司、天津宏大纺织机械有限公司、青岛宏大纺织机械有限责任公司、晋中开发区贝斯特机械制造有限公司、苏州工业园区职业技术学院、经纬纺织机械有限公司榆次分公司、深圳市华测检测技术股份有限公司、无锡纺织机械研究所、山西鸿基科技股份有限公司、江苏宏源纺机股份有限公司、上海一纺机械有限公司七纺机分公司。

本部分主要起草人：亓国红、陈慧、冯翠、王静怡、林健、冯广轩、王莉、徐景禄、师雅并、郭冰、赵基平、徐向红、孙品。

GB/T 17780于1999年首次发布，本次为第一次修订，本次修订将GB/T 17780分为7个部分。

引　言

国际标准 ISO 11111-1～11111-7 是由 ISO/TC 72 和 CEN/TC 214 共同制定的，并根据《维也纳协定》通过，以便于在纺织机械的设计和生产中应用相同的安全标准。

GB/T 17780 是为所有关心纺织机械安全的人们，如纺织机械的设计者、制造商以及系统成套供应商等而制定的，同时它也是纺织机械的使用者和安全专家所关心的。

本部分是按照 GB/T 15706.1—2007/ISO 12100-1:2003 规定的 C 类专用标准制定的。GB/T 17780 的各个部分涉及纺织行业使用的纺织机械所存在的潜在的重要的危险因素。标准内容涵盖了所涉及的各种机器和危险因素存在的范围。

当 C 类标准的规定与 A 类或 B 类标准的内容不同时，应以 C 类标准的规定为准。

对于那些在 GB/T 17780 相关章节中没有提及的机器或零部件存在的危险因素，设计者应根据 GB/T 16856/ISO 14121 的内容对其做出风险评估并提出降低风险的方法。

本部分需要和 GB/T 17780.1 结合使用。本部分的要求尽可能按照 GB/T 17780.1 的第 5 章和第 6 章进行处理。GB/T 17780.1 的第 5 章包含了针对纺织机械频繁发生的危险应采取的安全要求和/或措施，GB/T 17780.1 的第 6 章描述了纺织机械专件（如罗拉）和部件的主要危险及相应的安全要求和/或措施，这些安全要求和/或措施都已被本部分引用。

纺织机械 安全要求
第5部分:机织和针织准备机械

1 范围

GB/T 17780的本部分规定了机织和针织准备机械的主要危险及其相应的安全/或措施。

本部分适用于整经、倒轴、浆纱、经纱准备和贮纱的机器、设备和相关装置。

本部分与GB/T 17780.1结合使用。

2 规范性引用文件

下列文件对于本文件的应用是必不可少的。凡是注日期的引用文件,仅注日前的版本适用于本文件。凡是不注日期的引用文件,其最新版本(包括所有的修改单)适用于本文件。

GB 5226.1—2008 机械电气安全 机械电气设备 第1部分:通用技术条件(IEC 60204-1:2005,IDT)

GB/T 7111.1 纺织机械噪声测试规范 第1部分:通用要求(GB/T 7111.1—2002,eqv ISO 9902-1:2001)

GB/T 7111.5 纺织机械噪声测试规范 第5部分:机织和针织准备机械(GB/T 7111.5—2002,eqv ISO 9902-1:2001)

GB/T 17780.1—2012 纺织机械 安全要求 第1部分:通用要求(ISO 11111-1:2005,MOD)

GB 23821—2009 机械安全 防止上下肢触及危险区的安全距离(ISO 13857:2008,IDT)

3 术语和定义

GB/T 17780.1界定的术语和定义适用于本文件。

4 主要危险一览

机织和针织准备机械常见的主要危险在其他纺织机械及其零部件中也频繁发生,这些危险列在GB/T 17780.1—2012的第5章和第6章中,具体见本部分第5章中的"一般安全要求"。机织和针织准备机械特有的危险见本部分第5章中的"特殊危险"。

在使用本部分之前,对具体机器已识别的主要危险进行鉴别和确认是非常重要的。

注:机织和针织准备机械的主要危险一般是与安全要求一起考虑。

5 主要危险及其相应的安全要求和/或措施

5.1 通则

应符合GB/T 17780.1—2012中第5章和第6章的安全要求,具体见本章其他条款中的"一般安全要求";同时应符合本章中的"特殊安全要求"。

5.2 整经机、倒轴机、并轴机

包括分条整经机、分段整经机、分批整经机、倒轴机、并轴机、分条倒轴机、浆纱机车头箱和其他类似机器。

一般安全要求：

安全要求和/或措施见表1。

表1 有关整经机、倒轴机和并轴机的一般安全要求

项目	引用 GB/T 17780.1—2012 条款
整机：	
一般电气设备	5.4.2.1 和 5.4.2.2
电气控制系统	5.4.2.3
启动和停车	5.4.2.4
通过设计减少风险	5.3.2
通过设置安全防护装置减少风险	5.3.3
——用防护装置	表2
——用安全装置	表3
静电	5.4.4
流体动力系统和元件	5.4.5
噪声	5.4.7，第7章，8.2
灰尘的发散	5.4.10
火	5.4.11
人体工效学	5.4.13
特殊操作装置	5.5
零件的装配	5.8
特殊机器零部件：	
驱动和传动装置罩	6.2
罗拉	6.5
工作平台和走道	6.13
自动机械和设备	6.21
活动的机器	6.21.3
可能脱离固定轨道的移动机器	6.21.4
地面和架空轨道(导轨)	6.21.5
联合机	6.22

特殊危险：

机械的危险，来自车头罗拉、运动中的经纱、传动辊或压辊、经轴、边盘及传动销，尤其是缠绕、卷入或陷入。如果经轴从机器掉下来，会产生挤压和撞击。

特殊风险：

正常操作(尤其是启动)时的进入，以及特殊操作期间，尤其是当接触经轴表面或卸下经轴时，会导致低概率的中等、严重或致命伤害。

当使用液压或气压紧轴的装置时，压力下降或真空消失会造成经轴从机器上脱落下来，导致低概率的严重或致命伤害。

特殊安全要求：

a) 在车头罗拉之间的卷入区应提供防护装置(如:可移动式联锁防护装置)。

b) 在经轴和经纱之间、经轴和传动辊或传动辊和压辊之间,以及边盘和地面之间的卷入区,都应提供防护或安全装置。例如下列之一:

   1) 落地的可移动式联锁防护装置,如图1a)所示,其高度应符合GB 23821—2009表1的规定。

   2) 应为轴经整经机提供一个有源光电防护装置(AOPD),如图1b)所示,并应符合GB/T 17780.1—2012表3的要求。在经轴停止前,该防护装置(AOPD)应一直是开着的,使操作者不能进入卷入区。

   注:有源光电防护装置(AOPD)应配置一个安全保护器以阻止其被意外启动[如自停杆,见图1b)]。

   3) 联锁式升降平台和其他防护装置结合在一起,以阻止进入卷入区,如图1c)所示。

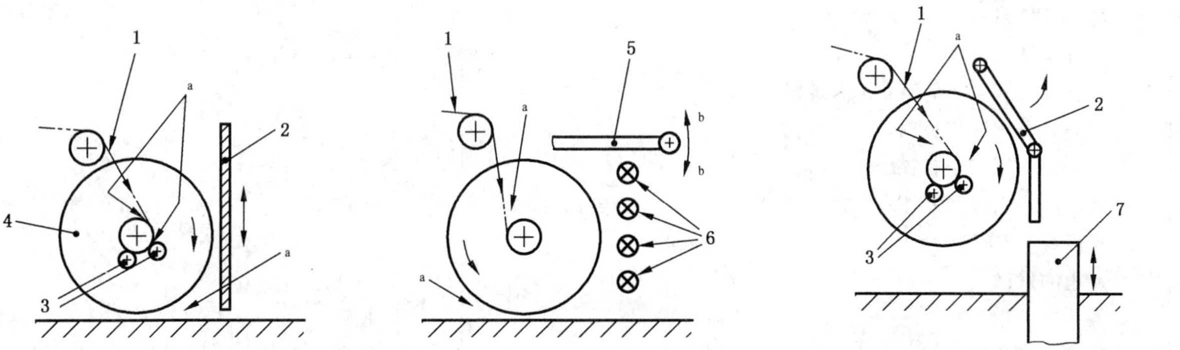

a) 采用落地的可移动式联锁防护装置

b) 采用有源光电防护装置

c) 采用联锁式升降平台和其他防护装置相结合

说明:

1——经纱;

2——可移动式联锁防护装置;

3——压辊;

4——经轴边盘;

5——自停杆;

6——有源光电防护装置(AOPD);

7——联锁式升降平台。

[a] 危险区。

[b] 停止。

图1 卷入区的安全防护

c) 对于整经机、并轴机和浆纱机车头箱,当上述a)和b)提及的防护装置和安全装置不起作用时,应通过设计,使仅当采用下列方法时之一时才能使机器运动:

   1) 利用止-动控制使机器按GB/T 17780.1—2012中表A.1规定的爬行速度进行运转;

   2) 用手转动经轴。

   这些措施也有利于特殊操作(如插入纸带)。

d) 在分条整经机上,应设计一个滚筒罩壳以避免缠绕和撞击的危险。利用一罩盖封住两侧的开口端即可。

e) 用液压或气压为动力的经轴夹紧装置,应设计成在机器工作过程中,即使有压力下降或真空损失,经轴仍能保持夹紧状态。

f) 在操作手册里应给出警告,所用的经轴应精确平衡,禁止经轴超速转动。

5.3 浆纱机

5.3.1 一般安全要求

安全要求和/或措施见表2。

表2 有关浆纱机的一般安全要求

项　　目	引用GB/T 17780.1—2012条款
整机:	
一般电气设备	5.4.2.1和5.4.2.2
电气控制系统	5.4.2.3
启动和停机	5.4.2.4
通过设计减少风险	5.3.2
通过设置安全防护装置减少风险	5.3.3
——用防护装置	表2
——用安全装置	表3
流体动力系统和元件	5.4.5
噪声	5.4.7,第7章,8.2
灰尘的发散	5.4.10
人体工效学	5.4.13
特殊操作装置	5.5
高位操作和维修	5.6
遭遇危险时的逃脱和援救措施	5.7
零件的装配	5.8
特殊机器零部件:	
驱动和传动装置罩	6.2
罗拉	6.5
门和盖的开启和关闭	6.8.2
门和盖的开锁和闭锁	6.8.3
进入机器、容器和设备	6.8.4
视窗	6.9
输送带	6.10
风机	6.11
工作平台和走道,临近槽和凹坑的工作区	6.13
用蒸汽加热液态物料的装置	6.15
自动机械和设备	6.21
联合机	6.22

5.3.2 浆纱机中的烘筒烘燥组件

一般安全要求:

安全要求和/或措施见5.3.1和表3。

表 3　有关浆纱机中烘筒烘燥组件的安全要求

项　　目	引用 GB/T 17780.1—2012 条款
整机： 　热表面	 5.4.6.1
其他： 　栅栏式防护装置	 A.3

特殊危险：

机械的危险，来自烘筒和运动中的经纱线，尤其是烘筒间或烘筒和经纱之间的卷入。

特殊风险：

当去除烘筒上的纱条废料时，会导致低概率的严重伤害。

特殊安全要求：

a) 烘筒用栅栏式防护装置或热室封闭时，任一侧的门都应与烘筒的传动实现联锁。然而，在门打开时，烘筒应能够以 GB/T 17780.1—2012 中表 A.1 规定的爬行速度运转，但控制按钮应是止-动式的。该控制按钮应安装在门上一个使操作者能看到危险区的位置；或者，如果是用于去除烘筒上的纱条废料，也可以安装在一个手提式控制板上（手握持单元）。在后者的情况下，仪表和排线应是失效保险型的（例如：如果断路或短路，机器不能运转），且符合 GB/T 17780.1—2012 表 6 的要求。无线型手提控制板应满足 GB 5226.1—2008 的 9.2.7 的要求。

b) 如果门打开时不可能使用止-动控制装置，烘筒可以和一个急停装置结合起来，以 GB/T 17780.1—2012 中表 A.2 规定的缓行速度下运转，从而使操作者在整个烘筒宽度范围内都易于接近它。

c) 在操作手册里应给出有关安全去除纱条废料和生头的方法。

5.3.3　浆槽

一般安全要求：

安全要求和/或措施见 5.3.1 和表 4。

表 4　有关浆槽的安全要求

项　　目	引用 GB/T 17780.1—2012 条款
整机： 　热的液体	 5.4.6.2
特殊机器零件： 　工作平台、走道和梯子	 6.13

特殊危险：

机械的危险，来自罗拉，尤其是卷入。

特殊风险：

当从压浆辊上去除纱条废料时，会导致低概率的严重伤害。

特殊安全要求：

浆槽应设计成避免接近罗拉之间的卷入区，且便于通过下列一种或几种方法安全地去除压浆辊上的毛条废料：

a） 提供一个联锁封闭式防护装置，以阻止在正常操作期间接近每对压浆辊之间的卷入区。在该防护装置打开时，允许机器以 GB/T 17780.1—2012 中表 A.1 规定的爬行速度运转，此时，爬行速度控制按钮应是止-动式的，且安装在一个能清晰观察到压浆辊的位置。否则，应使用一个可使操作者在整个压浆辊宽度范围内都易于接近的急停装置，在 GB/T 17780.1—2012 中表 A.2 规定的缓行速度下运转。

b） 浆槽两侧整个宽度范围内应配备可移式联锁防护装置（见图 2）。

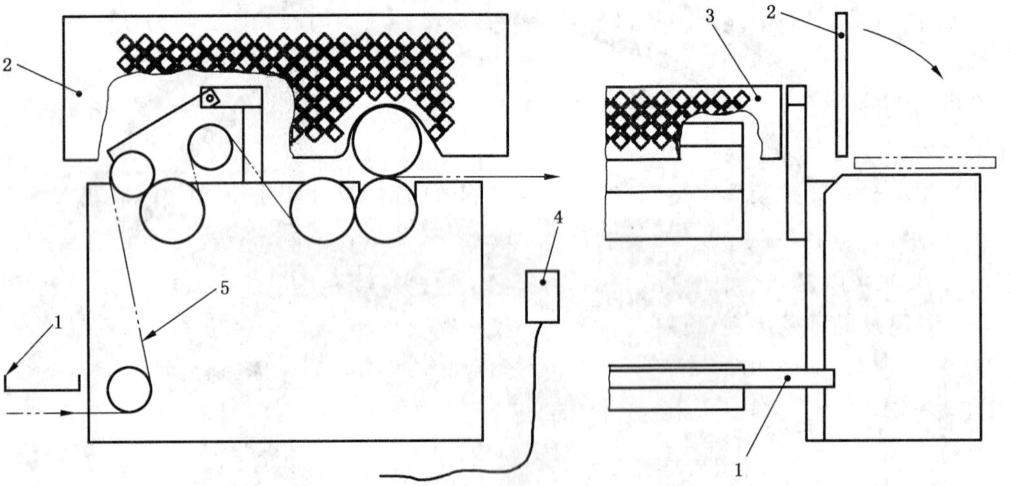

说明：

1——工作平台（进入通道）；

2——可移式距离防护装置（侧面方向）；

3——可移式距离防护装置（宽度方向）；

4——止-动控制装置（移动式或固定式）；

5——经纱。

图 2　带有可移动联锁式距离防护装置的浆槽

当经纱生头、补断头、去除废纱条或清洁浆槽时，应采取预先警告措施以减少风险。例如，可以采取下面的方法之一：

1） 当任何一个可移式防护装置打开时，机器应停止运转。然而，防护装置打开时，机器可以通过止-动控制以爬行速度运转。

2） 使用带有压敏地面（如压敏垫或压敏地板）的工作走道或工作平台，走道或平台应有手握器或扶栏，如图 3 所示。它们应设计成：当操作者在压敏地面上时，机器只能通过止-动控制按钮以爬行速度运转；否则，机器应以缓行速度运转，同时，在压敏面上的操作者在整个压浆辊宽度范围内应易于接近急停装置。

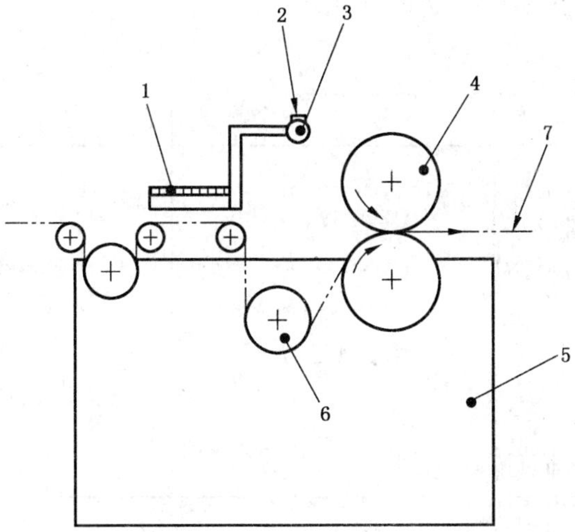

说明：
1——压敏工作平台；
2——止-动控制；
3——手柄；
4——压浆辊；
5——浆槽；
6——浸没辊；
7——经纱。

图3　浆槽上的联锁式工作平台

c）操作手册里应给出安全去除纱头和生头的方法。

5.4　调浆筒

一般安全要求：
安全要求和/或措施见表5。

表5　有关调浆桶的一般安全要求

项　　目	引用 GB/T 17780.1—2012 条款
整机：	
一般电气设备	5.4.2.1 和 5.4.2.2.
电气控制系统	5.4.2.3
启动和停机	5.4.2.4
通过设计减少风险	5.3.2
通过安全防护装置减少风险	5.3.3
——用防护装置	表2
——用安全装置	表3
热表面	5.4.6.1
热的液态物料或蒸汽	5.4.6.2
物料	5.4.10
火	5.4.11
人体工效学	5.4.13
特殊操作装置	5.5
零件的装配	5.8

表 5（续）

项　　目	引用 GB/T 17780.1—2012 条款
特殊机器零部件：	
驱动和传动装置罩	6.2
回转轴	6.6
门和盖的开启和关闭	6.8.2
门和盖的开锁和闭锁	6.8.3
工作平台和走道，临近槽和凹坑的工作区	6.13
用蒸汽加热液态物料的装置	6.15
带混合搅拌器的液态物料准备机械	6.16

特殊危险：

热的危险，来自热的浆液。

特殊风险：

热的浆液喷出或溢出会造成低概率的中等至严重伤害。

特殊安全要求：

a) 对于浆液不要求煮沸的调浆桶，除调温器外，还应使用一个恒温器限制温度在沸点以下，如96 ℃；或者，提供一个防溅盖。恒温器应安装在能正常指示系统最高温度的位置。

b) 对于浆液要求煮沸的调浆桶，应配备一个盖和排气孔。盖子应和防护锁（反馈式）实现联锁，除非满足下列所有条件，否则不能打开：

1) 能源（如蒸汽）已经断开；

2) 浆液已冷却到 80 ℃以下；

3) 搅拌器已停止；

4) 满足上述条件至少 30 s 后。

如果温度低于 50 ℃，只要搅拌器在盖子打开后以低速搅拌，就可以防止浆液的飞溅。

5.5 经轴架

浆纱机、机织和针织机所用的经纱轴和织轴的支撑架。

一般安全要求：

安全要求和/或措施见表 6。

表 6　有关经轴架的一般安全要求

项　　目	引用 GB/T 17780.1—2012 条款
整机：	
一般电气设备	5.4.2.1 和 5.4.2.2
电气控制系统	5.4.2.3
启动和停机	5.4.2.4
通过设计减少风险	5.3.2
通过安全防护装置减少风险	5.3.3
——用防护装置	表 2
——用安全装置	表 3
人体工效学	5.4.13
高位操作和维修	5.6
零件的装配	5.8

表 6（续）

项　　目	引用 GB/T 17780.1—2012 条款
特殊机器零部件：	
驱动和传动装置罩	6.2
手轮	6.7.2
输送带	6.10

特殊危险：

机械的危险，来自经轴脱落，尤其是挤压和撞击；来自经轴的运转，尤其是卷入。

特殊风险：

在正常操作期间和承载后，如果经轴从支撑架上脱落，会造成低概率的严重或致命伤害。

特殊安全要求：

a) 机架上的经轴支撑托架应有足够的尺寸和强度，能承受经轴的最大载荷，并保持经轴在适当的位置；
b) 经轴架应设计成能避免经轴或织轴脱落(如：沿着经轴架用竖直棒设立一个栅栏)；
c) 对传动链和链轮之间卷入区应进行防护(如：用一个固定的罩盖)。

6 安全要求和/或措施的检验

机器在交付使用时应按照 GB/T 17780.1—2012 的第 7 章和附录 C 进行最终检验。

噪声发射值的大小取决于本部分包括的所有的机器。无论噪声是否是主要危险，本部分涉及的机器的噪声值都应同时符合 GB/T 7111.1 和 GB/T 7111.5 的规定。

7 使用说明

应按照 GB/T 17780.1—2012 第 8 章的规定提供机器的使用说明。使用说明还应包括第 5 章的所有内容。

噪声发射值的大小取决于本部分包括的所有的机器。无论噪声是否是主要危险，本部分涉及的机器的噪声值都应同时符合 GB/T 7111.1 和 GB/T 7111.5 的规定。

参 考 文 献

［1］ ISO 12100-1 Safety of machinery—Basic concepts，general principle for design—Part 1：Basic terminology，methodology

［2］ ISO 14121 Safety machinery—Principle of risk assessment

ICS 59.120
W 90

中华人民共和国国家标准

GB/T 17780.6—2012
部分代替 GB/T 17780—1999

纺织机械　安全要求
第6部分：织造机械

Textile machinery—Safety requirements—
Part 6: Fabric manufacturing machinery

(ISO 11111-6:2005, MOD)

2012-11-05 发布　　2013-06-01 实施

中华人民共和国国家质量监督检验检疫总局
中国国家标准化管理委员会　发布

前　言

GB/T 17780《纺织机械　安全要求》分为七个部分：

——第1部分：通用要求；

——第2部分：纺纱准备和纺纱机械；

——第3部分：非织造布机械；

——第4部分：纱线和绳索加工机械；

——第5部分：机织和针织准备机械；

——第6部分：织造机械；

——第7部分：染整机械。

本部分为GB/T 17780的第6部分。

本部分按照GB/T 1.1—2009、GB/T 20000.2—2009给出的规则起草。

本部分代替GB/T 17780—1999《纺织机械安全要求》中的部分内容(第11章)，未被代替的内容为“通用要求”部分和下述5个涉及各类设备的安全要求：纺纱准备和纺纱机械、非织造布机械、纱线和绳索加工机械、机织和针织准备机械、染整机械。这些内容将分别纳入GB/T 17780的第1～5部分和第7部分。

本部分与GB/T 17780—1999《纺织机械安全要求》中的第11章相比主要变化是：

——作为GB/T 17780的第6部分，增加了第1～4、6、7章；

——“织机的通用要求”(5.2.1)增加了5.2.1i)；

——“经编机(包括缝编机)和拉舍尔经编机”(5.3.4)增加了5.3.4d)。

本部分修改采用ISO 11111-6:2005《纺织机械　安全要求　第6部分：织造机械》。

本部分根据ISO 11111-6:2005重新起草。本部分与ISO 11111-6:2005的技术性差异是将引用的有关国际、国外标准改为对应的国家标准。

关于规范性引用文件，本部分做了具有技术性差异的调整，以适应我国的应用，具体调整如下：

——用等效采用国际标准的GB/T 7111.1代替ISO 9902-1(见第6、7章)；

——用等效采用国际标准的GB/T 7111.6代替ISO 9902-6(见第6、7章)；

——用等同采用国际标准ISO 13850:2006的GB 16754—2008代替ISO 13850:1996[见5.2.9 a)]；

——用等同采用国际标准ISO 13856-2的GB/T 17454.2代替EN 1760-2[见5.3.2b)2)]；

——用修改采用国际标准的GB/T 17780.1—2012代替ISO 11111-1:2005(见第1～7章)；

——用等同采用国际标准的GB/T 16855.1—2008代替ISO 13849-1:1999[见5.2.1h)]；

——用等同采用国际标准的GB 17888.1代替ISO 14122-1[见5.3.4d)]；

——用等同采用国际标准的GB 17888.2代替ISO 14122-2[见5.3.4d)]；

——用等同采用国际标准的GB 17888.3代替ISO 14122-3[见5.3.4d)]；

——用等同采用国际标准的GB 17888.4代替ISO 14122-4[见5.3.4d)]；

——用等同采用国际标准的GB/T 19436.1—2004代替IEC 61496-1:1997[见5.2.1b)1)]；

——用等同采用国际标准的GB/T 19436.2—2004代替IEC 61496-2:1997[见5.2.1b)1)]；

——增加引用了等同采用ISO 13857:2008的GB 23821—2009代替ISO 13852:1996[见5.3.4 b)1)]。

为便于使用，本部分做了下列编辑性修改：

——“ISO 11111的本部分”改为“GB/T 17780的本部分”；

——删除 ISO 11111 的前言；

——修改 ISO 11111 的引言成为本部分引言。

本部分由中国纺织工业联合会提出。

本部分由全国纺织机械与附件标准化技术委员会(SAC/TC 215)归口。

本部分起草单位：中国纺织机械器材工业协会、经纬纺织机械有限公司榆次分公司、恒天重工股份有限公司、晋中开发区贝斯特机械制造有限公司、深圳市华测检测技术股份有限公司、上海一纺机械有限公司七纺机分公司、邵阳纺织机械有限责任公司、山西鸿基科技股份有限公司、江苏宏源纺机股份有限公司、苏州工业园区职业技术学院、青岛宏大纺织机械有限责任公司、上海一纺机械有限公司、天津宏大纺织机械有限公司、无锡纺织机械研究所。

本部分主要起草人：王静怡、师雅并、亓国红、徐景禄、朱平、林健、孙品、冯翠、徐向红、王莉、陈慧、冯广轩、赵基平。

GB/T 17780 于 1999 年首次发布，本次为第一次修订，本次修订将 GB/T 17780 分为 7 个部分。

引　言

国际标准 ISO 11111-1～11111-7 是由 ISO/TC 72 和 CEN/TC 214 共同制定的，并根据《维也纳协定》通过，以便于在纺织机械的设计和生产中应用相同的安全标准。

GB/T 17780.1～17780.7 修改采用 ISO 11111-1～11111-7:2005。

GB/T 17780 是为所有关心纺织机械安全的人们，如纺织机械的设计者、制造商以及系统成套供应商等而制定的，同时它也是纺织机械的使用者和安全专家所关心的。

本部分是按照 GB/T 15706.1—2007/ISO 12100-1:2003 规定的 C 类专用标准制定的。GB/T 17780 的各个部分涉及纺织行业使用的纺织机械所存在的潜在的、重要的危险因素。标准内容涵盖了所涉及的各种机器危险因素存在的范围。

当 C 类标准的规定与 A 类或 B 类标准的内容不同时，应以 C 类标准的规定为准。

对于那些在 GB/T 17780 相关章节中没有提及的机器或零部件存在的危险因素，设计者应根据 GB/T 16856/ISO 14121 的内容对其做出风险评价，并提出降低风险的方法。

本部分的内容应与 GB/T 17780.1 结合使用。本部分的要求尽可能按照 GB/T 17780.1 中的第 5 章和第 6 章进行处理。GB/T 17780.1 的第 5 章中包含了针对纺织机械频繁发生的危险及相应的安全要求和/或措施，第 6 章描述了纺织机械专件（如罗拉）和部件的主要危险及相应的安全要求和/或措施，这些安全要求和/或措施都已被本部分引用。

纺织机械　安全要求　第6部分：织造机械

1　范围

GB/T 17780 的本部分规定了织造机械的主要危险及相关安全要求和/或措施。

本部分适用于织造、针织和簇绒使用的所有机器、设备和相关装置。

本部分与 GB/T 17780.1 结合使用。

2　规范性引用文件

下列文件对于本文件的应用是必不可少的。凡是注日期的引用文件，仅注日前的版本适用于本文件。凡是不注日期的引用文件，其最新版本(包括所有的修改单)适用于本文件。

GB/T 7111.1　纺织机械噪声测试规范　第1部分：通用要求(GB/T 7111.1—2002，eqv ISO 9902-1：2001)

GB/T 7111.6　纺织机械噪声测试规范　第6部分：织造机械(GB/T 7111.6—2002，eqv ISO 9902-6：2001)

GB 16754—2008　机械安全　急停　设计原则(ISO 13850：2006，IDT)

GB/T 16855.1—2008　机械安全　控制系统有关安全部件　第1部分：设计通则(ISO 13849-1：2006，IDT)

GB/T 17454.2　机械安全　压敏保护装置　第2部分：压敏边和压敏棒的设计和试验通则(GB/T 17454.2—2008，ISO 13856-2：2005，IDT)

GB/T 17780.1—2012　纺织机械　安全要求　第1部分：通用要求(ISO 11111-1：2005，MOD)

GB 17888.1　机械安全　进入机械的固定设施　第1部分：进入两级平面之间的固定设施的选择(GB 17888.1—2008，ISO 14122-1：2001，IDT)

GB 17888.2　机械安全　进入机械的固定设施　第2部分：工作平台和通道(GB 17888.2—2008，ISO 14122-2：2001，IDT)

GB 17888.3　机械安全　进入机械的固定设施　第3部分：楼梯、阶梯和护栏(GB 17888.3—2008，ISO 14122-3：2001，IDT)

GB 17888.4　机械安全　进入机械的固定设施　第4部分：固定式直梯(GB 17888.4—2008，ISO 14122-4：2001，IDT)

GB/T 19436.1—2004　机械电气安全　电敏防护装置　第1部分：一般要求和试验(IEC 61496-1：1997，IDT)

GB/T 19436.2—2004　机械电气安全　电敏防护装置　第2部分：使用有源光电防护器件(AOP-Ds)设备的特殊要求(IEC 61496-2：1997，IDT)

GB 23821—2009　机械安全　防止上下肢触及危险区的安全距离(ISO 13857：2008，IDT)

3　术语和定义

GB/T 17780.1 界定的以及下列术语和定义适用于本文件。

3.1

双按钮控制装置 two-button-control device

为了启动一种机器的功能，要求至少使用两个手指同时触动的装置。

4 主要危险一览

织造机械中的常见的主要危险，在其他纺织机械及零部件中也频繁发生，这些危险列在GB/T 17780.1—2012的第5章和第6章中，具体见本部分第5章中的"一般安全要求"。织造机械特有的危险见本部分第5章中的"特殊危险"。

在使用本部分之前，对具体机器已识别的主要危险进行鉴别和确认是非常重要的。

注：织造机械中的主要危险一般是与安全要求一起考虑。

5 主要危险及其相应的安全要求和/或措施

5.1 概述

织造机械应符合GB/T 17780.1—2012第5章和第6章的安全要求，具体见本章其他条款中的"一般安全要求"；同时也应符合本章中的"特殊安全要求"。

5.2 织机

有梭织机、刚性和挠性剑杆织机，片梭织机，喷气、喷水织机和类似织机，及天鹅绒织机和织带机。

5.2.1 织机的通用要求

注：对于某些织机，如喷气织机、有梭织机或有梭织带机，只有本条款规定的要求。

一般安全要求：

安全要求和/或措施见表1。

表1 有关织机的一般安全要求

项 目	引用GB/T 17780.1—2012条款	本部分条款
整机：		
一般电气设备	5.4.2.1和5.4.2.2	—
电气控制系统	5.4.2.3	
启动和停车	5.4.2.4	
通过设计减少风险	5.3.2	
通过安全防护装置减少风险	5.3.3	
——用防护装置	表2	
——用安全装置	表3	
静电	5.4.4	
液压或气动系统和元件	5.4.5	
热表面(织边的热定型)	5.4.6.1	
噪声	5.4.7，第7章，8.2	
灰尘和飞花的散发	5.4.10	
火	5.4.11	
人体工程学	5.4.13	
特殊操作装置	5.5	
零件配合	5.8	

表 1（续）

项目	引用 GB/T 17780.1—2012 条款	本部分条款
特殊机器零部件：		
驱动和传动装置罩	6.2	—
辊轴	6.5	
转动轴	6.6	
手轮	6.7.2	
剪切装置	6.12	
卷布辊	6.18	
自动化机械和设备	6.21	
自动防护装置	6.21.2	
可移动机械、手动装置、可操作部分	6.21.3	
其他：		
提花机	—	5.2.9

特殊危险：

机械的危险，来自筘座及其相关的运动零件，包括钢筘；还来自送经装置的齿轮，提花机或开口机构，特别是挤压和剪切。

特殊风险：

尤其在机械突然启动（偶然或意外启动）和接头（纱线）时，会导致低概率的中等至严重伤害。

特殊安全要求：

a) 意外启动或偶然启动将通过设计来加以防范，以减少操作者的偶然启动（如：倚靠着它）或者错误的启动操作（如：将正常速度的启动误用作慢速启动）的风险，见 GB/T 17780.1—2012 表 6，这些控制可以是：
 1) 双按钮控制装置；或者
 2) 一种运动的控制器与另一个控制器不同（如：将拉出误用作按下）。

b) 在钢筘和固定零件（如边撑组件：包括边撑罩板、边撑导板和边撑支架），或者“下托架”或者卷布台面的挤压和剪切区应该提供防护和安全装置，以便当操作者的手指在危险区，防止机器启动时的移动（启动保护）（见图 1）。包括下列启动：
 ——单纱引纬；
 ——正常生产速度；
 ——减速运行；
 ——自动移去断纬后的重新启动。

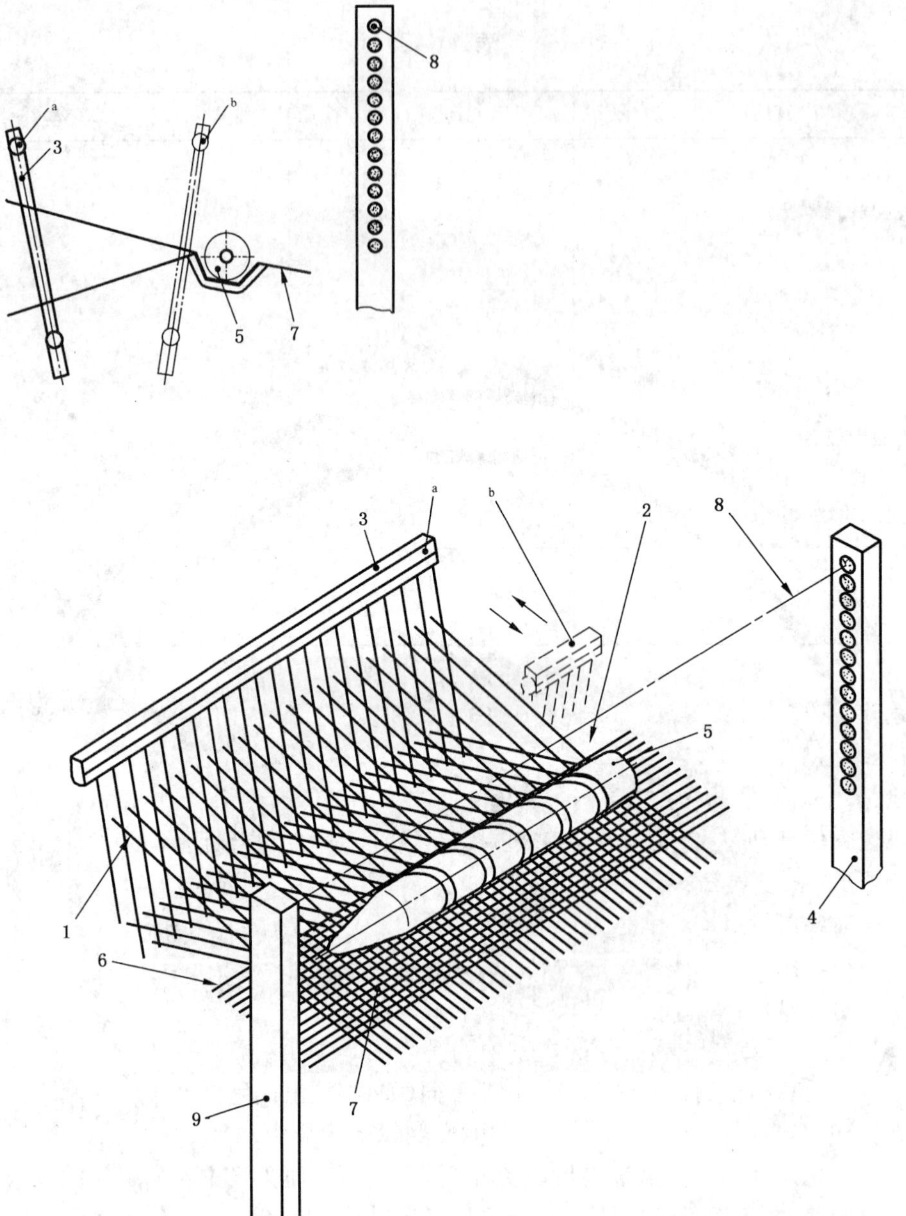

说明：

1——经纱；

2——挤压区域：钢筘/边撑；

3——钢筘；

4——AOPD 发送器；

5——边撑；

6——织口；

7——织物；

8——光束；

9——AOPD 接收器。

[a] 引纬过程中钢筘的位置。

[b] 打纬过程中钢筘的过程。

图 1 边撑和钢筘之间的安全防护

这种安全防护可以用下列形式：

1) 自停装置，如有源光电防护装置(AOPD)，需按照 GB/T 19436.1—2004 和 GB/T 19436.2—2004 的类型 2，如果采用 AOPD 形式，应该按照 GB/T 17780.1—2012 表 3，即：到达危险区域时，将必然触发 AOPD 装置(见图 1)，并且如果在移动的筘座和固定的机器零件之间的危险区域使用了附加的防护[见 5.2.1c)]，则在机器达到正常生产速度后 AOPD 装置不起作用；

2) 设计覆盖边撑和钢筘之间挤压区的可移动式联锁罩盖，以防止手指进入。

c) 在启动和正常运行期间，在运动的筘座末端和机器固定零件之间左右梭口处的挤压、剪切和冲击点，应提供防护和安全装置。这些防护和安全装置可用下列方式：

1) 可调试固定防护装置；

2) 可移动式联锁防护装置；

3) 自停装置，在机器停车之前定位在一些危险区域不能触及，并且在机器的设计中要考虑身体的各部分在危险区域内时，机器不能够被重新启动。这些类型的安全装置可以固定在如低速、宽幅重型织机，以及造纸用毛毯织机。

d) 机器在完成下列步骤后重新再启动：

——去除断纬；

——储纬器上穿纱；

——接头(纱)。

仅在下列情况下才允许：

1) 在正常运行时，所有的防护和安全装置均已就位并能起作用。

2) 在执行程序过程中，光电信号装置均能起作用。该信号要求位于织机上能看见的部位，并且在正常操作位置上能够引起注意。且在机器紧急自动重新启动时提供不会被误解的警告信号。

在操作手册中应给出关于培训操作者的信息。

e) 如果齿轮的长圆孔宽度不大于 50 mm(见图 2)，而且紧急停车控制装置与该齿轮直接接触，那么送经机构的齿轮不需要安全防护装置。

单位为毫米

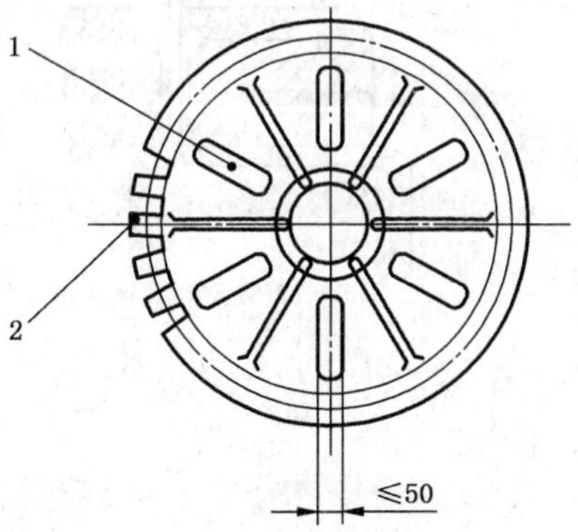

说明：

1——长圆孔；

2——齿轮。

图 2 送经机构的齿轮

f) 在操作手册中应给出有关织轴安全地装入和送经的方法的信息。

g) 当提花机或多臂装置上出现不平衡载荷时，操作手册中应包含警示和传动、传输和制动系统的实际操作代码。

h） 对于 8 m 或更宽的重型织机，应根据 GB/T 16855.1—2008 第 6 章中的 3 类或 4 类来选择控制系统的相关安全元器件。

i） 对导布辊之间、导布辊和运行的织物之间的卷入点，以及织机粗糙表面的导辊，在线速度小于 10 mm/s 时，如果紧急停车装置是在整个工作宽度内能很容易触及到的，就不需要有防护装置。

5.2.2 有梭织机

一般安全要求：

安全要求和/或措施见 5.2.1。

特殊危险：

来自飞梭的冲击。

特殊风险：

在正常的和特殊的操作过程中，梭子飞出机器导致低概率的严重伤害。

特殊安全要求：

a） 为了防止梭子脱离梭道，应设置防护装置。可以用联结在筘座上的可调节防护装置，覆盖整个宽度，能够抬升并可自动返回其工作位置（见图 3）。

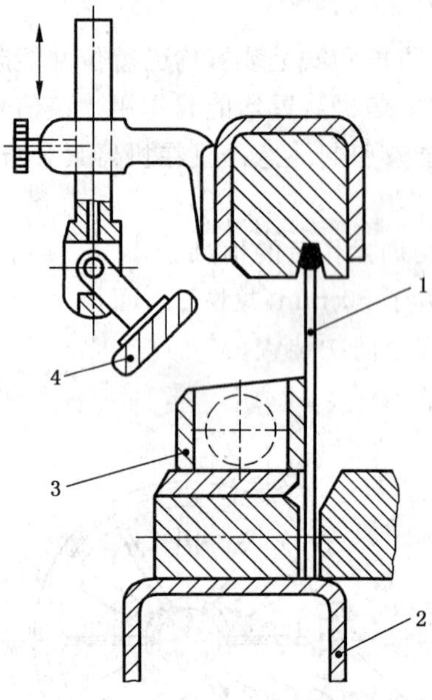

说明：

1——钢筘；

2——筘座；

3——梭子；

4——可调节的梭子防护装置。

图 3 梭子防护装置

b） 当织造条件妨碍梭子防护装置安装在筘座上时，应在机器的每一侧提供侧翼防护装置，以防止飞梭从机器的末端飞出。

c） 宽度大于 8 m 的织机应在梭子的轨道上安装附加的防护装置以阻止飞梭，其间隔距离应不大于 4 m。

5.2.3 剑杆织机

一般安全要求：

安全要求和/或措施见5.2.1。

特殊危险：

机械的危险，来自剑头，特别是刺伤或扎伤的危险，还有来自剑杆传动，特别是剪切和冲击。

特殊风险：

在正常操作期间，特别是启动时，在特殊操作期间，特别是当安装、调试或进行修理时，会导致低概率的中等至严重的伤害。

特殊安全要求：

a) 在机器上，剑头和梭口之间能触及到的位置应提供防护装置和安全装置以防止机器启动状态下，操作者的手指、手和手臂伸进危险区域。这种情况包括单纱引纬、正常生产速度和减速的启动，以及自动去除断纬后的重新启动。这些安全防护可用下列形式：

   1) 自停装置[如：符合GB/T 17780.1—2012表3中的AOPD(有源光电防护装置)]，覆盖整个剑杆轨道；

   2) 机器两侧的联锁防护装置，覆盖梭口从左到右的剑杆轨道。

   这些防护和安全装置也可以用来防护其他危险区(如：钢筘和边撑支架之间，选纬的区域等)。

b) 剑杆传动(包括齿轮、曲柄机构、连杆、传动臂以及剑杆等必要的地方)应设置防护装置，最好用贴近的固定封闭式防护装置。

5.2.4 起绒头铁丝织机(威尔顿织机、埃潘格里棱纹绸织机、丝绒机)

一般安全要求：

安全要求和/或措施见5.2.1。

特殊危险：

机械的危险，来自投射时的起绒头铁丝，特别是冲击、刺伤或扎伤。

特殊风险：

在正常操作期间，起绒头铁丝有可能从轨道飞出，会导致低概率的中等至严重的伤害。

特殊安全要求：

起绒头铁丝应被控制在轨道里。可以用一个能自动抬起的桥，以允许起绒头铁丝复位。操作手册中应给出起绒头铁丝有断裂风险的警示。

5.2.5 片梭织机

一般安全要求：

安全要求和/或措施见5.2.1和5.2.3。

特殊危险：

机械的危险，在片梭和综丝之间或片梭和经纱之间，特别是挤压和剪切。

特殊风险：

在正常操作期间，当去除飞花或接头，或引出纱头时，对手指或手会导致低概率的中等至严重的伤害。

特殊安全要求：

应安装自停装置来保护在综框和地毯式经床处的危险区。当片梭离开危险区时，每个装置都能够消音。

5.2.6 双层起绒织机(天鹅绒织机、重型织物织机或地毯织机)

一般安全要求:

安全要求和/或措施见5.2.1和表2。

表2 有关双层绒头织机的附加安全要求

项目	引用GB/T 17780.1—2012条款
特殊机器零部件: 工作平台和通道	 6.13

特殊危险:

机械的危险,来自机器停车后的筘座,特别是挤压;还有来自装在高位的经轴,特别是脱落下来时。

特殊风险:

在正常操作期间,特别是断头的修理和检查时,会导致一个低概率的中等至严重的伤害。

特殊安全要求:

a) 在每次停车时,包括发生供电故障时,机器停车过程中应避免由残余能量引起的非受控运动,例如是由开口处的经纱张力引起的。

b) 在操作手册中应给出关于安全装入满卷经轴和卸下空经轴的方法。

5.2.7 喷水织机

一般安全要求:

安全要求和/或措施见5.2.1。

特殊危险:

在湿的地面上滑倒。

特殊风险:

概率非常低的中等伤害。

特殊安全要求:

在整个引纬区域(包括喷雾和溅水)应安装罩盖或罩壳。这里,如果这些 防溅的装置也用于保护危险区时,它们应互相联锁。

5.2.8 针式织带机

适用于织造织物宽度不大于600 mm的机器,具有一个或多个弧形纬针。

一般安全要求:

安全要求和/或措施见5.2.1。

特殊危险:

机械的危险,来自纬针座杆和机架的固定零件之间,特别是挤压和剪切;来自综框导轨端的侧边,特别是剪切;来自钢筘,特别是挤压。

特殊风险:

在正常操作期间,特别是在启动或接头时,还有在特殊操作期间,特别是调整时,会导致一个低概率的中等伤害。

特殊安全要求:

a) 装在枢轴上的纬针座杆所经过的区域应被保护。可在机架的固定零件或织物导辊和针座杆摆动角度之间用一个固定盖板的形式,如图4所示。

单位为毫米

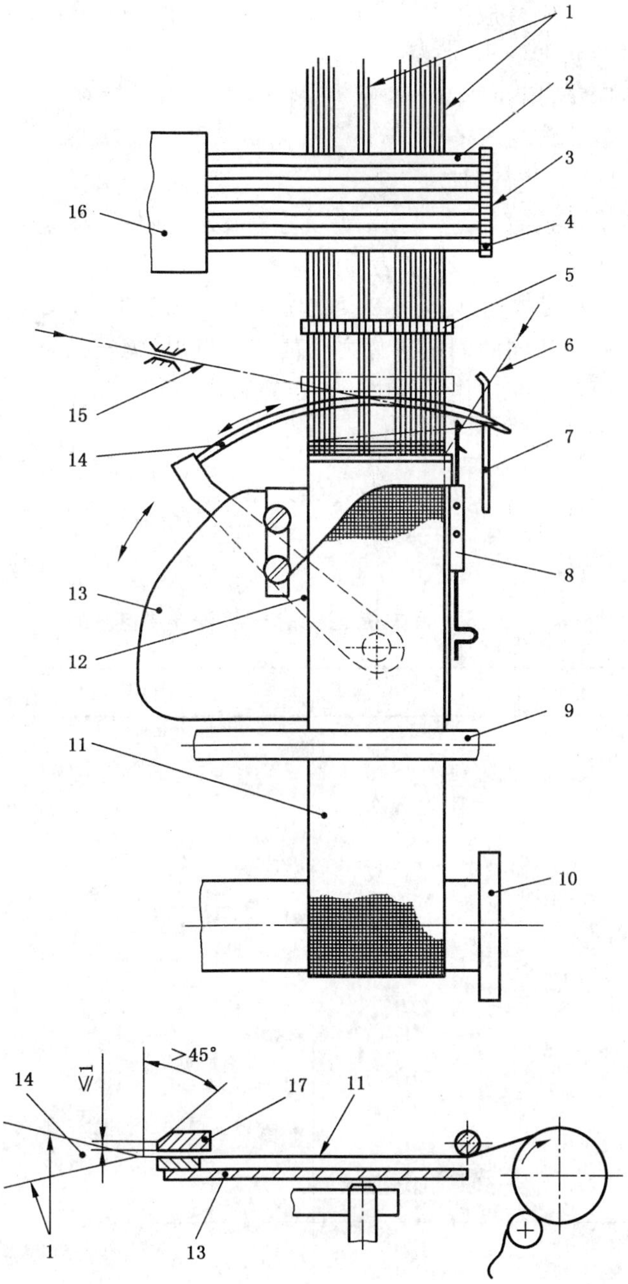

说明：

1——经纱；

2——综丝；

3——综框；

4——综框导轨；

5——钢筘；

6——选入纬纱；

7——选入纬纱导轨；

8——选入纬纱针杆；

9——导杆；

10——卷布辊；

11——织物或织带；

12——纬针杆；

13——纬针杆盖板；

14——纬针；

15——纬纱；

16——综框导板；

17——织物上导板。

图 4　针式织带机的安全保护

当纬针针座杆的行程超出机架会与机架形成一个剪切点时，应提供一个附加的固定防护装置。

b) 织物上导板的前边应倒棱成45°或更大，以减少机器在打纬过程中对手指挤压的风险。未倒棱的导板高度应尽可能的小，如图4所示。

c) 综框的侧边应予防护，用一个固定的侧边防护装置，或综框防护装置以防止在机器操作过程中从侧面进入。

d) 可能的话，应提供手轮进行调节。

e) 如果设置限制运动的控制时，应采用双开关控制，或选择一个独立于机器正常开关的附加开关（例如，符合GB/T 17780.1—2012表8的模式选择器）。

f) 如果机器能以缓行速度操作，则与GB/T 17780.1—2012的5.5不同，应采用止-动控制。

g) 为了避免钢筘部件和机器的固定部件之间的挤压风险，钢筘的宽度应不超过织物幅宽，每边至少要小10 mm以上，在操作手册中应给出警示。

5.2.9 提花机

一般安全要求：

安全要求和/或措施见表3。

表3 有关提花机的一般安全要求

项　目	引用GB/T 17780.1—2012条款
整机：	
一般电气设备	5.4.2.1和5.4.2.2
电气控制系统	5.4.2.3
启动和停车	5.4.2.4
通过设计来减少风险	5.3.2
通过安全防护装置来减少风险	5.3.3
——用防护装置	表2
——用安全装置	表3
噪声	5.4.7，第7章，8.2
人体工效学	5.4.13
特殊操作装置	5.5
高位操作和维修	5.6
零部件的装配	5.8
特殊的机器零部件	
驱动和传动装置罩	6.2
旋转轴	6.6
操作平台和通道	6.13
联合机	6.22

特殊危险：

机械的危险，来自意外启动，特别是挤压、剪切和缠绕。

特殊风险：

在特殊操作期间，在提花机上进行操作时（如更换花板），意外启动会导致低概率的中等至严重的伤害。

特殊安全要求：

a) 应提供一个能使每个提花机停车，并能防止其被地面上的织机控制器启动的防止启动开关。与GB 16754—2008不完全一致，也可以用一个紧急停车装置来执行防止启动功能。

对于配备提花机的织带机，因为没有工作平台，所以不要求有防止启动开关。

b) 为了防止由于惯性而引起的机器意外运转，可以通过一个适当的装置(如：机械式制动)来保持机器处于静止状态。

操作手册应包括推荐的操作程序，当由于纬纱引起不平衡载荷时，以避免提花机传动系统工作。

c) 提花机和织机之间的传动应有防护装置。

d) 当织机和提花装置启动时，由于控制方式的原因而涉及几个操作者时，操作手册中应给出操作者之间所需的通信方法和在机器启动之前发出警告信号。见 GB/T 17780.1—2012 的 5.4.2.3。

e) 提花机的工作平台应符合 GB/T 17780.1—2012 的 6.13。如果需要，工作平台应设置多个通道，以防止操作人员从平台上掉落。

f) 提花机的操作手册应该包含安全安装和拆卸通丝及其他零部件的参考内容。

5.3 针织机(圆形针织机、横机和经编机)

5.3.1 针织机械的通用要求

一般安全要求：

安全要求和/或措施见表 4。

表 4 有关针织机械的一般安全要求

项目	引用 GB/T 17780.1—2012 条款
整机：	
一般电气设备	5.4.2.1 和 5.4.2.2
电气控制系统	5.4.2.3
启动和停车	5.4.2.4
通过设计来减少风险	5.3.2
通过安全防护装置来减少风险	5.3.3
——用防护装置	表 2
——用安全装置	表 3
噪声	5.4.7，第 7 章，8.2
静电	5.4.4
物料(上蜡)	5.4.10
人体工效学	5.4.13
特殊操作装置	5.5
高位操作和维修	5.6
零部件的装配	5.8
特殊的机器零部件：	
驱动和传动装置罩	6.2
通常不要求安全防护的机器零部件	6.4
罗拉	6.5
旋转轴	6.6
工作平台	6.13a)[a]
自动机械和设备	6.22

[a] GB/T 17780.1—2012 中 5.6 和 6.13a)的要求不适用于圆形针织机。

5.3.2 圆形针织机

一般安全要求：

安全要求和/或措施见5.3.1。

特殊危险：

机械的危险，来自卷布装置和机器固定机件之间，特别是剪切；来自回转三角座和固定机件之间，特别是剪切；还有来自筒子架，特别是碰撞和剪切。

特殊风险：

在正常操作期间，特别是安装卷布辊，接头以及卸下织物时；还有在特殊操作期间（如清洁或维修），在机器上的转动机件和固定机件之间，会导致低概率的严重伤害。

特殊安全要求：

a) 在卷布辊和机器固定机件之间的剪切点，应用固定的和可移动的联锁防护装置结合进行防护。

b) 配备有回转三角座的机器上，回转三角座和机器固定机件之间的剪切点，应该配备或提供：

   1) 一个带联锁的罩盖，当打开罩盖时，机器只能用止-动控制，以GB/T 17780.1—2012表A.1的爬行速度运行，或用手转动机器；

   2) 一种安全装置（如符合GB/T 17454.2的自停边或杆）；

   3) 在不必调节和调整的地方应安装固定式防护装置。

c) 筒子架应没有尖锐的边。旋转式筒子架应不产生冲击或剪切点。

5.3.3 横机

一般安全要求：

安全要求和/或措施见5.3.1。

特殊危险：

机械的危险，来自滑动机头和其他机件之间，特别是冲击和剪切；来自驱动轮、皮带和传动链，特别是剪切或卷入；还有来自断针的飞出。

特殊风险：

在正常和特殊操作期间，会导致低概率的中等伤害。

特殊安全要求：

a) 在往复滑动机头和机器固定机件之间的冲击和剪切点应设置移动式联锁封闭防护装置，当打开保护装置时，只有通过止-动控制装置才允许机器以正常速度运转。

b) 在操作手册中应给出来自断针飞出的风险的警示，当防护装置被打开后，穿戴安全玻璃防护罩是可取的。在机器上应该粘贴警示标志。

c) 在链传动机头支架的链轮入口处应用固定的防护装置进行保护。

5.3.4 经编机（包括缝编机）和拉舍尔经编机

一般安全要求：

安全要求和/或措施见5.3.1。

特殊危险：

机械的危险，来自提花传动机构，特别是卷入和剪切；来自往复引纬机构，特别是挤压和冲击；来自链条和经轴送经机构链轮的入口，特别是卷入，还有在松开和提升经轴，以及处理纱线断头和经线紊乱时从高处的坠落。

特殊风险：

在正常和特殊操作期间，会产生低概率的严重伤害和中等的坠落风险。

特殊安全要求：

a) 提花链的传动链轮应用固定式或可移动式联锁封闭防护装置进行保护。

b) 配有往复引纬装置的机器上，在操作区域以及移动台和传动链之间的挤压点应进行防护，例如：

   1) 一种栅栏防护装置，符合 GB/T 17780.1—2012 A.3 和 GB 23821—2009 表 2；或者

   2) 一种安全装置[如有源光电防护装置(AOPD)，符合 GB/T 17780.1—2012 的表 3]，使得在进入危险区之前，机器停车。

c) 在地面上可以接近经轴的送经运动的地方，应在链和链轮之间的卷入点设置固定式防护装置。

d) 需要在高位操作(如固定经轴或者修补断头或乱经)的地方，应提供符合 GB 17888.1～17888.4 要求的进入设施。由于技术原因或现有的针织车间有限空间的限制，设施的宽度可以减少到这些标准给出的最小值。

   当经轴要提升到一个较高的位置，操作手册中应给出安全操作说明。

   如果在现有的针织车间里，可用空间不允许为单独的新机器安装固定的工作平台和通道，操作手册应标注使用移动式工作平台必要的注意事项。制造商应以文件形式加以说明。

5.4 簇绒机

包括制造地毯和毛巾等类似织物的簇绒机、卷入(定制的簇绒)机器。

一般安全要求：

安全要求和/或措施见表 5。

表 5 有关簇绒机的一般安全要求

项　目	引用 GB/T 17780.1—2012 条款
整机：	
一般电气设备	5.4.2.1 和 5.4.2.2
电气控制系统	5.4.2.3
启动和停车	5.4.2.4
通过设计来减少风险	5.3.2
通过安全防护装置来减少风险	5.3.3
——用防护装置	表 2
——用安全装置	表 3
流体动力系统和元件	5.4.5
噪声	5.4.7，第 7 章，8.2
物料	5.4.10
火	5.4.11
人体工效学	5.4.13
特殊操作装置	5.5
高位操作和维修	5.6
遭遇危险时的逃脱和援救	5.7
零部件的固定	5.8

表 5（续）

项　　目	引用 GB/T 17780.1—2012 条款
特殊机器零部件：	
驱动和传动装置罩	6.2
罗拉	6.5
旋转轴	6.6
手轮	6.7.2
工作平台和通道	6.13
自动机械和设备	6.21
地面轨道和架空轨道(导轨)	6.21.5
加工材料的架空输送	6.21.6
联合机	6.22

特殊危险：

机械的危险，来自正面纱的喂给罗拉和其他罗拉(角钉罗拉、张力罗拉)偶然的或者意外启动，特别是卷入或缠绕。

特殊风险：

在正常操作期间，当操作者不得不靠近机器的各种零件时，还有在特殊操作期间(如：调整、生头或去除毛条头)，会导致低概率的严重伤害。

特殊安全要求：

a) 应设计控制装置，以减少偶然的或意外启动的风险，见 GB/T 17780.1—2012 表 6。这可用一个轻便控制台(手持式控制器)的形式，仅能控制机器的启动、停车、止-动控制和限制运动控制。

   在卷入机器(定制簇绒)上，应提供一个罩盖式脚踏止-动控制装置。

b) 正面和反面纱喂给罗拉见 GB/T 17780.1—2012 的 6.5。所不同的是，正面纱喂给罗拉之间可相距 100 mm 的间隔。糙面罗拉应按 GB/T 17780.1—2012 的 6.5 h)安装安全防护装置；如按 GB/T 17780.1—2012 的表 3，安装有源光电防护装置(AOPD)能使罗拉立即停转。

c) 对于衬布喂给机构，后退绕张力辊和角钉罗拉，见 GB/T 17780.1—2012 中 6.5 的保护措施；最好在角钉罗拉的表面，或在衬布和角钉罗拉之间的入口处，提供固定式防护装置。

d) a)～c)不适用于卷入机器。其针床和牵伸罗拉、导条罗拉应定位在针床上边，当操作者靠近危险区时，应给以警告。

5.5 织轴架

用于盛放织机、针织机和簇绒机所用的经轴布辊。

一般安全要求：

安全要求和/或措施见表 6。

表 6 有关织轴架的一般安全要求

项　　目	引用 GB/T 17780.1—2012 条款
整机：	
一般电气设备	5.4.2.1 和 5.4.2.2
电气控制系统	5.4.2.3
启动和停车	5.4.2.4
通过设计来减少风险	5.3.2
通过安全防护装置来减少风险	5.3.3
——用防护装置	表 2
——用安全装置	表 3
人体工效学	5.4.13
高位操作和维修	5.6
零部件的装配	5.8
特殊的机器零部件：	
驱动和传动装置罩	6.2
手轮	6.7.2
链条	6.10

特殊危险：

机械的危险，来自卷绕轴坠落，特别是挤压和撞击；还有来自传动，特别是卷入。

特殊风险：

在正常操作期间和装载之后，如果卷绕轴从架子上坠落，会导致低概率的严重或致命的伤害。

特殊安全要求：

a) 在架子上的卷绕轴支架应有足够的尺寸和强度承载最大的织轴，并且在设计时为织轴留有足够的位置。

b) 卷绕轴架子应该设计有防止卷绕轴坠落的机构（如沿着织轴架子设计有一系列的竖直的栏杆）。

c) 在传动链和链轮之间的所有卷入点都应予以防护（如固定的盖板）。

6 安全要求和/或措施的检验

机器在交付使用时，应按 GB/T 17780.1—2012 的第 7 章和附录 C 进行最终检验。

无论噪声是否对操作人员构成主要危害，本部分所涉及机器的噪声，其值都应按 GB/T 7111.1 和 GB/T 7111.6 的规定检验。

7 相关机器使用的信息

机器的使用说明应符合 GB/T 17780.1—2012 第 8 章的规定。同时还应包括第 5 章的所有内容。

无论噪声是否对操作人员构成主要危害，本部分所包含的机器都应按 GB/T 7111.1 和 GB/T 7111.6 的规定进行说明。

参 考 文 献

[1] ISO 12100-1 Safety of machinery—Basic concepts, general principle for design—Part 1: Basic terminology, methodology

[2] ISO 14121 Safety machinery—Principle of risk assessment

ICS 59.120.50
W 90

中华人民共和国国家标准

GB/T 17780.7—2012
部分代替 GB/T 17780—1999

纺织机械 安全要求
第7部分：染整机械

Textile machinery—Safety requirements—
Part 7:Dyeing and finishing machinery

(ISO 11111-7:2005,MOD)

2012-11-05 发布

2013-06-01 实施

中华人民共和国国家质量监督检验检疫总局
中国国家标准化管理委员会 发布

前　言

GB/T 17780《纺织机械　安全要求》分为七个部分：

——第1部分：通用要求；

——第2部分：纺纱准备和纺纱机械；

——第3部分：非织造布机械；

——第4部分：纱线和绳索加工机械；

——第5部分：机织和针织准备机械；

——第6部分：织造机械；

——第7部分：染整机械。

本部分为GB/T 17780的第7部分。

本部分按照GB/T 1.1—2009、GB/T 20000.2—2009给出的规则起草。

本部分代替GB/T 17780—1999《纺织机械安全要求》中的部分内容(第12章)，未被代替的内容为"通用要求"部分和下述5个涉及各类设备的安全要求：纺纱准备和纺纱机械、非织造布机械、纱线和绳索加工机械、机织和针织准备机械、织造机械。这些内容将分别纳入GB/T 17780的第1～6部分。

本部分与GB/T 17780—1999《纺织机械安全要求》中的第12章相比主要变化如下：

——作为GB/T 17780的第7部分，增加了第1～4、6、7章；

——增加了整纬机(5.5.8)和用于后整理工艺的浆液准备机械(5.6.12)的安全要求。

本部分修改采用ISO 11111-7：2005《纺织机械　安全要求　第7部分：染整机械》。

本部分根据ISO 11111-7：2005重新起草。本部分与ISO 11111-7：2005的技术性差异是将引用的有关国际、国外标准改为对应的国家标准。

关于规范性引用文件，本部分做了具有技术性差异的调整，以适应我国的应用，具体调整如下：

——用等同采用国际标准的GB 5959.1代替IEC 60519-1：2003(见5.5.7)；

——用等同采用国际标准IEC 60519-9：2005的GB 5959.9—2008代替IEC 60519-9：1987(见5.5.7)；

——用等效采用国际标准的GB/T 7111.1代替ISO 9902-1(见第6、7章)；

——用等效采用国际标准的GB/T 7111.7代替ISO 9902-7(见第6、7章)；

——用修改采用国际标准的GB/T 17780.1—2012代替ISO 11111-1：2005(见第1～7章)；

——用等同采用国际标准的GB/T 15706.1—2007代替ISO 12100-1：2003(见表21)；

——用等同采用国际标准的GB/T 16855.1—2008代替ISO 13849-1：1999[见5.3.5、5.6.2c)、5.6.8b)]；

——用修改采用国际标准的GB/T 18831代替ISO 14119[见5.6.8b)]；

——用等同采用国际标准ISO 13857：2008的GB 23821—2009代替ISO 13852：1996[见5.2.12c)]。

为便于使用，本部分做了下列编辑性修改：

——"ISO 11111的本部分"改为"GB/T 17780的本部分"；

——删除ISO 11111的前言；

——修改了ISO 11111的引言成为本部分引言。

本部分由中国纺织工业联合会提出。

本部分由全国纺织机械与附件标准化技术委员会(SAC/TC 215)归口。

本部分起草单位：邵阳纺织机械有限责任公司、中国纺织机械器材工业协会、恒天重工股份有限公司、无锡纺织机械研究所、深圳市华测检测技术股份有限公司、经纬纺织机械股份有限公司榆次分公司、晋中开发区贝斯特机械制造有限公司、山西鸿基科技股份有限公司、江苏宏源纺机股份有限公司、苏州工业园区职业技术学院、青岛宏大纺织机械有限责任公司、上海一纺机械有限公司、上海一纺机有限公司七纺机分公司、天津宏大纺织机械有限公司。

本部分主要起草人：林健、王静怡、亓国红、王爱芹、赵基平、郭勇、徐景禄、师雅并、冯翠、徐向红、王莉、陈慧、冯广轩、孙品。

GB/T 17780 于 1999 年首次发布，本次为第一次修订，本次修订将 GB/T 17780 分为 7 个部分。

引 言

国际标准 ISO 11111-1～11111-7 是由 ISO/TC 72 和 CEN/TC 214 共同制定的，并根据《维也纳协定》通过，以便于在纺织机械的设计和生产中应用相同的安全标准。

GB/T 17780 是为所有关心纺织机械安全的人们，如纺织机械的设计者、制造商以及系统成套供应商等而制定的，同时它也是纺织机械的使用者和安全专家所关心的。

本部分是按照 GB/T 15706.1—2007/ISO 12100-1：2003 规定的 C 类专用标准制定的。GB/T 17780 的各个部分涉及纺织行业使用的纺织机械所存在的频发的、重要的危险因素。标准内容涵盖了涉及的各种机器和危险因素存在的范围。

当 C 类标准的规定与 A 类或 B 类标准的内容不同时，应以 C 类标准的规定为准。

对于那些在 GB/T 17780 相关章节中没有提及的机器或零部件存在的危险因素，设计者应根据 GB/T 16856/ISO 14121 的内容对其做出风险评估并提出降低风险的方法。

GB/T 17780 的本部分需要和 GB/T 17780.1 一起使用。本部分的要求尽可能按照 GB/T 17780.1 的第 5 章和第 6 章进行处理。GB/T 17780.1 的第 5 章包含了针对纺织机械频繁发生的危险应采取的安全/或措施，GB/T 17780.1 的第 6 章描述了纺织机械专件（如罗拉）和部件的主要危险及相应的安全要求和/或措施，这些安全要求和/或措施都已被本部分引用。

纺织机械 安全要求 第7部分：染整机械

1 范围

GB/T 17780的本部分规定了染整机械非偶然的危险和相应的安全要求和/或措施。

本部分适用于在前处理、染色、印花、固色、给湿、烘燥、后处理、包装/标识中使用的所有机械、设备和相关装置。

本部分与GB/T 17880.1结合使用。

2 规范性引用文件

下列文件对于本文件的应用是必不可少的。凡是注日期的引用文件，仅注日期的版本适用于本文件。凡是不注日期的引用文件，其最新版本(包括所有的修改单)适用于本文件。

GB 5959.1 电热装置的安全 第1部分：通用要求(GB 5959.1—2005，IEC 60519-1：2003，IDT)

GB 5959.9—2008 电热装置的安全 第9部分：对高频介质加热装置的特殊要求(IEC 60519-9：2005，IDT)

GB/T 7111.1 纺织机械噪声测试规范 第1部分：通用要求(GB/T 7111.1—2002，eqv ISO 9902-1：2001)

GB/T 7111.7 纺织机械噪声测试规范 第7部分：染整机械(GB/T 7111.7—2002，eqv ISO 9902-7：2001)

GB/T 15706.1—2007 机械安全 基本概念与设计通则 第1部分：基本术语和方法(ISO 12100-1：2003，IDT)

GB/T 16855.1—2008 机械安全 控制系统有关安全部件 第1部分：设计通则(ISO 13849-1：2006，IDT)

GB/T 17780.1—2012 纺织机械 安全要求 第1部分：通用要求(ISO 11111-1：2005，MOD)

GB/T 18831 机械安全 带防护装置的联锁装置 设计和选择原则(GB/T 18831—2010，ISO 14119：1998和Amd.1：2007，MOD)

GB 23821—2009 机械安全 防止上下肢触及危险区的安全距离(ISO 13857：2008，IDT)

EN 1539：2000 释放可燃物质的烘干机和烘箱 安全要求(Dryers and ovens, in which flammable substances are released—Safety requirements)

EN 12198-1：2000 机械安全 评定和降低由机械辐射产生的风险 第1部分：总则(Safety of machinery—Assessment and reduction of risks arising from radiation emitted by machinery—Part 1: General principles)

3 术语和定义

GB/T 17780.1界定的术语和定义适用于本文件。

4 主要危险一览

染整机械的主要危险在其他纺织机械及其零部件中也频繁发生，这些危险列在GB/T 17780.1—2012的第5章和第6章中，具体见本部分第5章中的“一般安全要求”。染整机械特有的危险见本部分第5章中的“特殊危险”。

在使用本部分之前，对具体机器已识别的主要危险进行鉴别和确认是非常重要的。

注：染整机械的主要危险总是与安全要求一起考虑。

5 主要危险及其相应的安全要求和/或措施

5.1 通则

机器应符合GB/T 17780.1—2012第5章和第6章的安全要求，具体见本章其他条款中的“一般安全要求”；同时应符合本章中的“特殊安全要求”。

GB/T 17780.1—2012的5.4.6.1安全要求适用于蒸汽管道和管道配件。对于盛装热液体设备的外表面，应有警示标识。

5.2 前处理设备

5.2.1 前处理设备的通用要求

前处理设备的安全要求和/或措施见表1。

表1 有关前处理设备的通用要求

项　　目	引用GB/T 17780.1—2012条款
整机：	
一般电气设备	5.4.2.1，5.4.2.2
电气控制系统	5.4.2.3
启动与停车	5.4.2.4
通过设计降低风险	5.3.2
通过安全防护装置减少风险	5.3.3
——用防护装置	表2
——用安全装置	表3
人类工效学	5.4.13
特殊操作装置	5.5
零件的装配	5.8

5.2.2 刷毛机

一般安全要求：通过设置安全防护装置减少风险。

安全要求和/或措施见5.2.1和表2。

表 2 有关刷毛机的附加安全要求

项　　目	引用 GB/T 17780.1—2012 条款
整机：	
噪声	5.4.7，第 7 章，8.2
粉尘	5.4.10
火	5.4.11
被困人员的逃脱和营救	5.7
特殊机器零部件：	
驱动和传动装置罩	6.2
电气控制系统	6.3 f)
辊筒	6.5
视窗	6.9
卷布机	6.18
堆布机和落布架	6.20
联合机	6.22

特殊危险：

机械的危险来自转动的刷毛辊，特别是织物的吸入、卷入或缠绕。

特殊风险：

在正常操作时接近会导致低概率的严重伤害。

特殊安全要求：

刷毛辊应配备封闭式防护装置。防护装置可以是固定式的或移动式的(例如：全幅宽可移动式防护装置)，以便操作人员接近机器进行清理。移动式防护装置应具有联锁功能 。

5.2.3 剪毛机

一般安全要求：

安全要求和/或措施见 5.2.1 和表 3。

表 3 有关剪毛机的附加安全要求

项　　目	引用 GB/T 17780.1—2012 条款
整机：	
噪声	5.4.7，第 7 章，8.2
粉尘	5.4.10
火	5.4.11
被困人员的逃脱和营救	5.7
特殊机器零部件：	
驱动和传动装置罩	6.2
电气控制系统	6.3 f)
辊筒	6.5
视窗	6.9
风机	6.11
卷布机	6.18
堆布机和落布架	6.20
联合机	6.22

特殊危险：

机械的危险来自螺旋状切割或剪断刀片，特别是割断或切断。

特殊风险：

在正常或特殊操作时的接近，尤其是在进行清理时，将会导致低概率的严重伤害。

特殊安全要求：

a) 应配备封闭式的防护装置，以防止接近螺旋状切割或剪断刀片。防护装置应为可移动的联锁防护装置。当切刀在移动时，无论是处于切割还是抬起状态，联锁装置均应能起作用。

b) 手指或手都不应能从机器的后部接近工作中的刀片。

c) 应提供能磨砺安装在机器上的刀片的条件。可通过设计解决，在打开防护装置时，螺旋刀片能以较低的速度反转。

5.2.4 剖幅机

这类机器是通过钢刀片（移动或固定的刀片）和热刀片来实现其功能的。本条规定不适用于GB/T 17780.1—2012 的 1.4 中的剖幅机。

一般安全要求：

安全要求和/或措施见 5.2.1 和表 4。

表 4 有关剖幅机的附加安全要求

项　目	引用 GB/T 17780.1—2012 条款
整机：	
激光	5.4.8
烟雾	5.4.10
特殊机器零部件：	
驱动和传动装置罩	6.2
辊筒	6.5
输送带	6.10
切割装置	6.12
卷布机	6.18
堆布机和落布架	6.20

特殊危险：

机械的危险来自旋转的切割装置。

特殊风险：

与旋转的切割装置接触将导致低概率的严重伤害，尤其是在刀片运转降速时。

特殊安全要求：

a) 传动电机应配备刹车装置；

b) 应提供刀片转动的明显标识；

c) 刀片在抬起状态下应完全被防护。

5.2.5 烧毛机

安全要求和/或措施见 5.2.1 和表 5。

表 5 有关烧毛机的附加安全要求

项 目	引用 GB/T 17780.1—2012 条款
整机：	
噪声	5.4.7,第 7 章,8.2
烟雾	5.4.10
火	5.4.11
高位维修	5.6
特殊机器零部件：	
驱动和传动装置罩	6.2
辊筒	6.5
风机	6.11
工作平台和走道	6.13
燃烧器	6.14
卷布机	6.18
堆布机和落布架	6.20

5.2.6 退浆(煮练)机

安全要求和/或措施见 5.2.1 和表 6。

表 6 有关退浆(煮练)机的附加安全要求

项 目	引用 GB/T 17780.1—2012 条款	本部分条款
整机：		—
加热介质:液体或蒸汽	5.4.6.2	
物料	5.4.10	
高位维护	5.6	
被困人员的逃脱和营救	5.7	
特殊机器零部件：		
驱动和传动装置罩	6.2	
辊筒	6.5	
工作平台和走道	6.13	
直接蒸汽加热装置	6.15	
液体物料准备设备	6.16	
松紧架调节辊	6.17	
卷布机	6.18	
轧车	6.19	
堆布机和落布架	6.20	
联合机	6.22	
其他：	—	
热表面		5.1
接触蒸汽		5.2.12 b)
常压染色机和设备		5.3.2

5.2.7 非连续漂白设备(开口式煮布锅)

安全要求和/或措施见5.2.1和表7。

表7 有关非连续漂白设备(开口式煮布锅)的附加安全要求

项　　目	引用 GB/T 17780.1—2012 条款	本部分条款
整机：		—
流体动力系统和元件	5.4.5	
物料	5.4.10	
高位维护	5.6	
特殊机器零部件：		
门和盖,开启与关闭	6.8.2	
门和盖,闭锁与开锁	6.8.3	
工作平台和走道	6.13	
直接蒸汽加热装置	6.15	
其他：		
热表面	—	5.1
常压染色设备		5.3.2

5.2.8 漂白槽

安全要求和/或措施见5.2.1和表8。

表8 有关漂白槽的附加安全要求

项　　目	引用 GB/T 17780.1—2012 条款	本部分条款
整机：		—
物料	5.4.10	
特殊机器零部件：		
邻近漂白槽的工作区	6.13	
堆布机和落布架	6.20	
其他：		
热表面	—	5.1
常压染色设备		5.3.2

5.2.9 连续漂白设备

安全要求和/或措施见5.2.1和表9。

表 9 有关连续漂白设备的附加安全要求

项　　目	引用 GB/T 17780.1—2012 条款	本部分条款
整机：		
流体动力系统和元件	5.4.5	
加热介质：液体或蒸汽	5.4.6.2	
物料	5.4.10	
高位维护	5.6	
被困人员的逃脱和营救	5.7	
特殊机器零部件：		
驱动和传动装置罩	6.2	
辊筒	6.5	
旋转轴	6.6	
门和盖，开启与关闭	6.8.2	—
门和盖，闭锁与开锁	6.8.3	
进入容器	6.8.4	
工作平台和走道	6.13	
用蒸汽加热液体的装置	6.15	
松紧架调节辊	6.17	
卷布机	6.18	
轧车	6.19	
堆布机和落布架	6.20	
联合机	6.22	
其他：		
热表面		5.1
接触蒸汽	—	5.2.12 b)
常压染色机/设备		5.3.2

5.2.10 水洗机

安全要求和/或措施见 5.2.1 和表 10。

表 10 有关水洗机的附加安全要求

项　　目	引用 GB/T 17780.1—2012 条款	本部分条款
整机：		
流体动力系统和元件	5.4.5	
加热介质：液体或蒸汽	5.4.6.2	
噪声	5.4.7，第 7 章，8.2	—
物料	5.4.10	
高位维护	5.6	
被困人员的逃脱和营救	5.7	

表 10（续）

项　　目	引用 GB/T 17780.1—2012 条款	本部分条款
特殊机器零部件：		
驱动和传动装置罩	6.2	
辊筒	6.5	
回转轴	6.6	
门和盖，开启与关闭	6.8.2	
门和盖，闭锁与开锁	6.8.3	
进入容器	6.8.4	
工作平台和走道	6.13	—
直接蒸汽加热装置	6.15	
液体物料准备设备	6.16	
松紧架调节辊	6.17	
卷布机	6.18	
轧车	6.19	
堆布机和落布架	6.20	
联合机	6.22	
其他：		
热表面		5.1
接触蒸汽	—	5.2.12 b)
常压染色机/设备		5.3.2

5.2.11 高压釜

安全要求和/或措施见 5.2.1 和表 11。

表 11 有关高压釜的附加安全要求

项　　目	引用 GB/T 17780.1—2012 条款
特殊机器零部件：	
旋转轴	6.6
轮子	6.7
门和盖，开启与关闭	6.8.2
门和盖，闭锁与开锁	6.8.3
自动加载和卸载	6.21.2，6.21.3
注：此处不涉及压力容器的具体要求（见 GB/T 17780.1—2012 的 1.2）。	

5.2.12 织物连续蒸化机

一般安全要求：

安全要求和/或措施见5.2.1和表12。

表12 有关织物连续蒸化机的附加安全要求

项　　目	引用GB/T 17780.1—2012条款	本部分条款
整机：		—
加热介质：液体或蒸汽	5.4.6.2	
高位维护	5.6	
特殊机器零部件：		
驱动和传动装置罩	6.2	
辊筒	6.5	
旋转轴	6.6	
高压蒸化机的门	6.8	
视窗	6.9	
工作平台和走道	6.13	
卷布机	6.18	
轧车	6.19	
堆布机和落布架	6.20	
联合机	6.22	
其他：	—	
热表面		5.1
注：此处不涉及压力容器的具体要求（见GB/T 17780.1—2012的1.2）。		

特殊危险：

热的危险，蒸汽烫伤。

特殊风险：

对于常压蒸化机：

——在正常操作时，由于排汽系统失灵使蒸汽意外地从进口和出口溢出，会导致低概率的严重伤害；

——在特殊操作时（例如：开门处理缠绕或破损），溢出的蒸汽会导致低概率的中等程度或严重伤害；

——在无底式蒸化机上进行正常或特殊操作时，与蒸汽接触会导致低概率的中等程度伤害。

对于高压蒸化机：

正常操作时，因密封失效使蒸汽意外泄漏，会导致极低概率的严重伤害。

特殊安全要求：

对于常压蒸化机：

a) 在织物进出口处应防止蒸汽大量喷射。例如，某些蒸化机可使用密封垫、水封口和狭缝式汽封口。

b) 常压蒸化机的设计需考虑：在易使操作者受到外逸蒸汽伤害的位置，蒸汽排放系统应与蒸汽供给系统联锁，使供汽可自动停止。

如果常温常压蒸化机有大量的蒸汽泄漏，其门应设计成分两步打开，第一步应让蒸汽向上排放而避开操作者，或者将门与供汽联锁，防止蒸汽供给被切断之前门就被打开。

c) 对常压无底式蒸化机，应防止操作者进入蒸化区，蒸化区的高度应不低于 2 500 mm（见 GB 23821—2009 的 4.2.1.2）。

对于连续式高压蒸化机，流体的进、出口密封，应位于蒸化机的顶部，或者偏离操作者正常操作的部位。应设置蒸汽排放系统，设计时应考虑到当进、出口水封压力不足时，排汽系统也能起作用。

5.2.13 J形箱

安全要求和/或措施见 5.2.1 和表 13。

表 13 有关J形箱的附加安全要求

项　　目	引用 GB/T 17780.1—2012 条款
整机：	
物料	5.4.10
高位维护	5.6
特殊机器零部件：	
驱动和传动装置罩	6.2
传送辊	6.5
门和盖，开启与关闭	6.8.2
工作平台和走道	6.13
用蒸汽加热液体的装置	6.15

5.2.14 丝光设备

安全要求和/或措施见 5.2.1 和表 14。

表 14 有关丝光设备的附加安全要求

项　　目	引用 GB/T 17780.1—2012 条款	本部分条款
整机：		—
加热介质：液体或蒸汽	5.4.6.2	
物料	5.4.10	
高位维护	5.6	
被困人员的逃脱和营救	5.7	
特殊机器零部件：		
驱动和传动装置罩	6.2	
辊筒	6.5	
旋转轴	6.6	
门和盖	6.8	
视窗	6.9	
工作平台和走道	6.13	
直接蒸汽加热装置	6.15	

表 14（续）

项　　目	引用 GB/T 17780.1—2012 条款	本部分条款
特殊机器零部件：		
张力调节辊	6.17	—
卷布机	6.18	
轧车	6.19	
联合机	6.22	
其他：		
热表面	—	5.1
接触蒸汽		5.2.12 b)
常压染色机/设备		5.3.2

5.2.15 煮呢机

安全要求和/或措施见 5.2.1 和表 15。

表 15 有关煮呢机的附加安全要求

项　　目	引用 GB/T 17780.1—2012 条款	本部分条款
整机：		
加热介质：液体或蒸汽	5.4.6.2	—
特殊机器零部件：		
驱动和传动装置罩	6.2	
辊筒	6.5	
门和盖，开启与关闭	6.8.2	
直接蒸汽加热装置	6.15	
卷布机	6.18	
轧车	6.19	
堆布机和落布架	6.20	
其他：		
热表面	—	5.1
接触蒸汽		5.2.12 b)
常压染色机/设备		5.3.2

5.2.16 缩呢机

安全要求和/或措施见 5.2.1 和表 16。

表 16 有关缩呢机的附加安全要求

项　　目	引用 GB/T 17780.1—2012 条款
驱动和传动设备罩	6.2
辊筒	6.5

5.3 染色机(设备)

5.3.1 染色机(设备)的通用要求

安全要求和/或措施见表17。

表17 有关染色机(设备)的通用要求

项目	引用GB/T 17780.1—2012条款	本部分条款
整机:		—
一般电气设备	5.4.2.1,5.4.2.2	
电气控制系统	5.4.2.3	
启动和停车	5.4.2.4	
通过设计减少风险	5.3.2	
通过安全防护装置减少风险	5.3.3	
——用防护装置	表2	
——用安全装置	表3	
加热介质:液体、蒸汽	5.4.6.2	
物料	5.4.10	
人类工效学	5.4.13	
特殊机器零部件:		
用于特殊操作的设备	5.5	
高位维护	5.6	
零件装配	5.8	
其他:		
热表面	—	5.1

5.3.2 常压染色机(设备)

包括使被染物通过染浴和强制染液穿透被染物的设备。

一般安全要求:

安全要求和/或措施见5.3.1和表18。

表18 有关常压染色机(设备)的附加安全要求

项目	引用GB/T 17780.1—2012条款
整机:	
噪声	5.4.7,第7章,8.2
特殊机器零部件:	
驱动和传动装置罩	6.2
门和盖,开启和关闭	6.8.2
工作平台和走道,邻近机器的工作区	6.13
用蒸汽加热液体的装置	6.15

特殊危险：

当添加物料或开启蒸汽阀时烫伤。

特殊风险：

在正常操作时，物料溢出或因为沸腾而溢出的染液导致高概率的严重或致命伤害。

特殊安全要求：

a) 为了安全添加物料，应采取措施将温度和液位控制在设定值(例如，温度和液位的控制装置应与电动阀相联)。

   此外，还应采取以下措施：

   1) 当添加物料后，只有操作者才可以重新开始操作设备。操作手册中应给出相应提示。
   2) 每个容器应配备一个集水盘、溢流口分流器或类似的装置，使溢出液体安全地避开操作者。

   每个容器应配备一根适当直径的排放管，一旦发生溢流时，即可排出容器里的残液。操作手册中应给出从机器溢出的液体体积和速度的参数。

b) 在蒸汽直接加热染液处，操作蒸汽控制装置时应防止操作者被烫伤(如：在离容器适当距离的蒸汽管上安装截止阀)。此外，常压容器蒸汽控制装置可采用防护盖或罩来保护操作者。

5.3.3 高温染色机(设备)

包括使被染物通过染浴和强制染液穿透被染物的设备。

一般安全要求：

安全要求和/或措施见5.3.1和表19。

表19 有关高温染色机(设备)的附加安全要求

项目	引用GB/T 17780.1—2012条款	本部分条款
整机：		
噪声	5.4.7，第7章，8.2	—
特殊机器零部件：		
驱动和传动装置罩	6.2	
门和盖，开启和关闭	6.8.2	
门和盖，闭锁和开锁	6.8.3	
在染液准备设备中用于蒸汽加热的装置	6.15	
其他：		
用于染色工艺的染液准备设备	—	5.3.4

注：此处不涉及压力容器的具体要求(见GB/T 17780.1—2012的1.2)。

特殊危险：

机械的与热的危险，来自门、盖或机器(设备)爆炸后碎片的飞溅。尤其是使用过氧化氢漂白，过快分解会引起爆炸。

热的危险，来自于喷出的热液体或蒸汽而造成的烫伤：

——由于门或盖被打开后，容器中的过热液体喷射出的汽化热；

——由于打开门或盖时的残余压力；

——在打开试样罐时，没有关闭连接管和通气孔；或

——由于残留在绳状织物中的高温液体。

特殊风险：

打开门时，突然释放出来的残余压力会引起低概率的严重伤害。

在一个周期开始或结束，或在一个周期内排除故障而打开机器/设备时，蒸汽或热染液泄漏都会导致高概率的严重伤害。

由于过氧化氢的过快分解会导致低概率的严重或致命伤害。

特殊安全要求：

a) 如果用立式容器来进行筒子纱或绞纱的染色，且门或盖在容器排空前能打开，应设置带防护锁的热联锁装置，避免在液体温度降至 80 ℃前门或盖被打开。试样罐的盖不考虑用这种防护方法。

b) 具有桥架或多螺栓锁紧装置(即不带快开锁装置)的容器，包括试样罐，应选择配备以下一种装置，使蒸汽或热染液避开操作者：转向套管、防护罩、导向板、偏转环，或类似装置。

c) 在设计试样罐时应使盖子和门不能被打开，除非进、出口连接管已被关闭而卸压管已被打开。这种装置可采用单轴形式的，与盖或门相连来同时操纵进、出口连接管上的截止阀和卸压管的阀门。另一设计方案：试样罐由桥架锁紧装置(见图 1)来防护，该装置中桥架一端由铰链固定，另一端由蝶形螺母和铰链螺栓固定。螺母直到拧松到至少 3 mm 时，凸耳或卡环仍能保持其锁在桥架上，以使压力得到释放。偏转环的大小应与盖匹配，以防止逸出的蒸汽伤到操作者。操作手册应该包含这样的警告：若蒸汽逸出，应检查试样罐和主容器之间的连接管路，以确保它们闭合且卸压管打开。

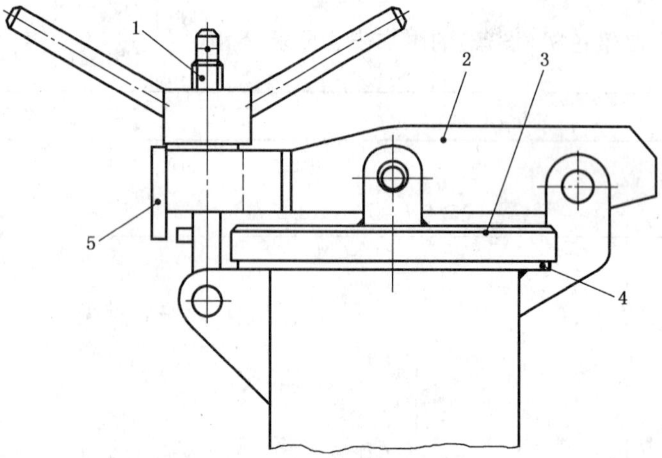

说明：

1——锁紧元件(例如带蝶形螺母的铰链螺栓)；

2——桥架；

3——盖子；

4——导向环；

5——凸耳。

图 1 桥架锁紧装置

d) 当高温染色机用于绳状织物染色时，如果绳状织物产生缠绕或打结，则容器内发生的过热染液被阻隔是危险的。这些“热点”是不能被发觉的，因此在操作手册中应提示，操作者要穿上防护衣才能打开染色机去解开扭结。

e) 使用过氧化氢漂白的容器和它的控制系统，设计中应采取控制措施，使允许的操作压力不超过

10%。可以通过控制化学反应速度和增设压力释放的方法来实现。

注：控制措施和释放方法在 GB/T 17780.1～17780.7 中没有说明。

5.3.4 用于染色工艺的染液准备机械

安全要求和/或措施见 5.3.1 和表 20。

表 20 有关染液准备机械的附加安全要求

项 目	引用 GB/T 17780.1—2012 条款	本部分条款
特殊机器零部件：		—
邻近设备的工作区	6.13	
用于染液蒸汽加热的设备	6.15	
搅拌器	6.16	
其他：	—	
添加物料和操作蒸汽阀		5.3.2

5.3.5 卷染机

一般安全要求：

安全要求和/或措施见 5.3.1 和表 21。

表 21 有关卷染机的附加安全要求

项 目	引用 GB/T 17780.1—2012 条款
整机：	
噪声	5.4.7，第 7 章，8.2
特殊机器零部件：	
驱动和传动装置罩	6.2
门和盖，开启和关闭	6.8.2
观察孔	6.9
与机器相邻的工作场地	6.13
蒸汽加热染液的设备	6.15
重绕织物卷布机	6.18
其他：	
三角支架的稳定性	GB/T 15706.1—2007 的 5.2.6

控制系统中与安全相关元件的选用应符合 GB/T 16855.1—2008 第 6 章中 3 类或 4 类的要求。

特殊危险：

机械方面，尤其是来自卷布辊和运转的织物的卷入，以及由于三角支架倾翻而压伤。

特殊风险：

当卷布或退卷时，特别是三角支架翻倒而导致低概率的严重或致命伤害。

特殊安全要求：

a) 在卷染机两边安装活动的联锁封闭式防护装置(例如:铰链门或盖子)。当防护装置被打开时,机器只能在下列情况之一下运行:
   1) 根据 GB/T 17780.1—2012,表 A.1,用止-动控制使机器以爬行速度运行(它可能是脚踏的);
   2) 用手转动。

   进、出口门打开时,允许以全速卷绕和退卷,但应防止进入三角支架和卷染机之间的区域。例如,可采用光电防护装置或带联锁的栅栏防护装置。
b) 卷染机应该设计成能非常缓慢地加速。制造方要提供适当的装置使三角支架能紧固于地面。在操作手册中应提示,如果三角支架因没能紧固于地面而翻倒将造成危险。

5.3.6 绞盘染槽

安全要求和/或措施见 5.3.1 和表 22。

表 22 有关绞盘染槽的附加安全要求

项　目	引用 GB/T 17780.1—2012 条款	本部分条款
特殊机器零部件:		
驱动和传动装置罩	6.2	—
门和盖,开启和关闭	6.8.2	
蒸汽直接加热的设备	6.15	
其他:		
常压染色机和设备	—	5.3.2
高温染色机和设备		5.3.3

5.3.7 喷射染色机

安全要求和/或措施见 5.3.3 和 GB/T 17780.1—2012 的 6.8.4(接近喷嘴)。

5.3.8 染色轧车

一般安全要求:
安全要求和/或措施见 5.3.1 和表 23。

表 23 有关染色轧车的附加安全要求

项　目	引用 GB/T 17780.1—2012 条款	本部分条款
特殊机器零部件:		
驱动和传动装置罩	6.2	
轧辊	6.5	
松紧架调节辊	6.17	—
轧车	6.19	
联合机	6.22	
其他:		
常压染色机和设备	—	5.3.2

特殊危险：

机械方面，来自轧车、浸渍槽和空转的轧辊，尤其是卷入或吸入；来自槽体的升降，尤其是在槽体和固定的机器部件之间产生挤压和剪切。

特殊风险：

在正常和特殊操作时偶然接近，尤其是穿布和清洁时会导致高概率的严重伤害。

特殊安全要求：

a) 移动联锁防护装置(如转动挡板)与槽体联接，以防止接近轧车、浸渍槽和空转的轧辊。移动防护装置打开时，轧辊只能以 GB/T 17780.1—2012 中 A.1 有限运动控制运转或通过止-动控制以爬行速度运转，使所有喂入部位都明显可见，但又在不能触及的范围内。如果槽体能降低，它应与防护装置一样与驱动装置联锁。

   对于某些操作(例如：自动清洁)，如当槽体处于较低位置时，如果轧辊需要以正常的速度运行，则应采取措施防止接近轧辊(例如：固定式防护装置)。

   轧辊的防护装置设计时，应考虑允许使用清洁工具(例如：刷子)接近轧辊，但手无法接近。

b) 应采取措施防止在移动的槽体和固定机器部件之间发生挤压和剪切。当槽体在较低位置时，也可用以阻止接近轧辊。

   只有整个槽子在操纵位置清晰可见时，才能作为替代方法，用止-动控制来升降槽体。

5.3.9 连续染色机

安全要求和/或措施见 5.3.1 和表 24。

表 24 有关连续染色机的附加安全要求

项 目	引用 GB/T 17780.1—2012 条款	本部分条款
整机：		
被困人员的逃脱和营救	5.7	—
特殊机器零部件：		
驱动和传动装置罩	6.2	—
辊筒	6.5	—
门和盖，开启和关闭	6.8.2	—
用蒸汽直接加热的设备	6.15	—
松紧架调节辊	6.17	—
卷布机	6.18	—
轧车	6.19	—
堆布机和落布架	6.20	—
联合机	6.22	—
其他：		
常压染色机	—	5.3.2

5.3.10 筒子染色机

安全要求和/或措施见 5.3.1、5.3.2(常压筒子染色机)和 5.3.3(高温筒子染色机)。

5.3.11 经轴染色机

安全要求和/或措施见 5.3.1 和表 25。

表 25 有关经轴染色机的附加安全要求

项　　目	引用 GB/T 17780.1—2012 条款	本部分条款
特殊机器零部件：		
轮	6.7	—
其他：		
常压染色机	—	5.3.2
高温染色机		5.3.3

5.3.12 绞纱染色机

安全要求和/或措施见 5.3.1、5.3.2(常压绞纱染色机)和 5.3.3(高温绞纱染色机)。

5.4 印花机

5.4.1 印花机的通用要求

安全要求和/或措施见表 26。

表 26 有关印花机的通用要求

项　　目	引用 GB/T 17780.1—2012 条款
整机：	
一般电气设备	5.4.2.1,5.4.2.2
电气控制系统	5.4.2.3
启动和停车	5.4.2.4
通过设计减少风险	5.3.2
通过安全防护装置减少风险	5.3.3
——用防护装置	表 2
——用安全装置	表 3
流体动力系统和元件	5.4.5
易燃溶剂的使用(火灾和爆炸)	5.4.11,5.4.12
人机工程	5.4.13
用于特殊操作的设备	5.5
高位维修	5.6
被困人员的逃脱和营救	5.7
零件装配	5.8
特殊机器零部件：	
驱动和传动装置罩	6.2
辊筒	6.5
输送机	6.10
工作平台和走道	6.13
卷布机	6.18
堆布机和落布架	6.20

5.4.2 平网印花机

一般安全要求：

安全要求和/或措施见 5.4.1 和 GB/T 17780.1—2012 中的 5.4.4(静电)。

特殊危险：

机械方面，来自自动升降系统或刮刀，尤其是挤压；来自连杆和驱动装置，尤其是卷入、吸入和剪切。

特殊风险：

在正常操作时，当网框移动时，尤其是在升降系统和印花台面之间，会导致低概率的中等程度至严重伤害。

在特殊操作时，连杆和驱动装置会导致低概率的严重伤害。

特殊安全要求：

a) 在网框和印花台面之间不应存在挤压点。

b) 印花台面下面的撞杆联接和驱动装置应不易接近或被保护(例如：固定式防护装置)。

5.4.3 圆网印花机

一般安全要求：

安全要求和/或措施见 5.4.1。

特殊危险：

机械方面，来自圆网和网架，尤其是卷入和吸入；来自刮浆刀，尤其是切割。

特殊风险：

在正常操作时，每个网架都会导致低概率的中等程度伤害。将带有锋利刀刃的刮浆刀安装到机器上时，会导致高概率的手指和手的割伤。

特殊安全要求：

a) 设计时应考虑使网架驱动装置不易接近。并应在机器的两侧设置能从危险区就能操纵的紧急停车控制装置(例如：切断开关)。

b) 若有可能，可给刮浆刀配置塑料护边。操作手册中应给出刮浆刀操作的内容。

5.4.4 转移印花机

一般安全要求：

安全要求和/或措施见 5.4.1。

5.4.5 辊筒印花机

一般安全要求：

安全要求和/或措施见 5.4.1 和表 27。

表 27 有关辊筒印花机的附加安全要求

项　　目	引用 GB/T 17780.1—2012 条款	本部分条款
特殊机器零部件： 驱动和传动装置罩	6.2	—
其他： 圆网印花机	—	5.4.3

特殊危险：

机械方面，来自差动器伞齿轮和对花齿轮，尤其是卷入。

特殊风险：

在特殊操作时，调试机器和调整差动器伞齿轮和对花齿轮时，会导致高概率的严重伤害。

特殊安全要求：

a) 辊筒可以通过对花装置进行远程调整。

b) 差动器伞齿轮和对花齿轮应按 GB/T 17780.1—2012 中的 5.3.3，依照所需接近的频率选择，提供固定或联锁封闭式防护装置。

5.4.6 用于印花机械的浆料准备机械

安全要求和/或措施见 5.4.1 和表 28。

表 28 有关浆料准备机械的附加安全要求

项　目	引用 GB/T 17780.1—2012 条款
整机：	
物料	5.4.10
易爆易燃溶剂	5.4.12
特殊机器零部件：	
邻近机器的工作区	6.13
搅拌器	6.16

5.5 固色、给湿、烘燥机械

5.5.1 固色、给湿、烘燥机械的通用要求

安全要求和/或措施见表 29。

表 29 有关固色、给湿、烘燥机械的通用要求

项　目	引用 GB/T 17780.1—2012 条款
整机：	
一般电气设备	5.4.2.1，5.4.2.2
电气控制系统	5.4.2.3
启动和停车	5.4.2.4
通过设计降低风险	5.3.2
通过安全防护装置减少风险	5.3.3
——用防护装置	表 2
——用安全装置	表 3
特殊操作设备	5.5
高位维护	5.6
被困人员的逃脱和营救	5.7
部件装配	5.8

表 29（续）

项　　目	引用 GB/T 17780.1—2012 条款
特殊机器零部件：	
驱动和传动装置罩	6.2
辊筒	6.5
工作平台和走道	6.13
卷布机	6.18
堆布机和落布架	6.20
联合机	6.22

5.5.2　蒸化机

蒸化机的安全要求和/或措施见 5.5.1 和 5.2.12。

5.5.3　绳状轧水机

安全要求和/或措施见 5.5.1 和 GB/T 17780.1—2012 的 6.19(轧车)。

5.5.4　拉幅机

一般安全要求：

安全要求和/或措施见 5.5.1 和表 30。

表 30　有关拉幅机的附加安全要求

项　　目	引用 GB/T 17780.1—2012 条款	本部分条款
整机：		—
噪声	5.4.7,第 7 章,8.2	
挥发性物料	5.4.10	
挥发性易燃液体(着火和爆炸)	5.4.11,5.4.12	
特殊机器零部件：		
输送带	6.10	
风机	6.11	
切割设备	6.12	
燃烧器	6.14	
松紧架调节辊	6.17	
其他：	—	
热表面		5.1
注：避免或限制烘燥机内易燃液体出现气化爆炸的风险的措施见 EN 1539:2000 的 5.7.2。		

特殊危险：

机械方面,来自装有针铗或布铗的链条,尤其是在链条和链轮之间的卷入和吸入。

特殊风险：

在特殊操作中，会导致低概率中等程度至严重伤害。

特殊安全要求：

装有针铗或布铗的链条与链轮之间的入口，应设置固定防护装置。

烘房外应设置固定或移动联锁隔离防护装置，以保护回转链条部分的针铗或布铗。

5.5.5 烘燥机、烘干机

安全要求和/或措施 5.5.1 和表 31。

表 31 有关烘燥机、烘干机的附加安全要求

项　目	引用 GB/T 17780.1—2012 条款	本部分条款
整机：		—
挥发性物料	5.4.10	
挥发易燃液体(着火和爆炸)	5.4.11,5.4.12	
特殊机器零部件：		
输送装置	6.10	
风机	6.11	
散热器、用作热源的燃烧器	6.14	
松紧架调节辊	6.17	
其他：	—	
热表面		5.1
注：避免或限制烘燥机内易燃液体出现气化爆炸的风险的措施见 EN 1539:2000 的 5.7.2。		

5.5.6 烘筒烘燥机

一般安全要求：

安全要求和/或措施见 5.5.1 和 5.5.5。

特殊危险：

机械方面，来自烘燥机烘筒或运转的织物，尤其是烘筒之间发生卷入或吸入。

烫伤方面，来自热烘筒。

特殊风险：

在正常或特殊操作中，尤其是修补破损的织物时会导致低概率的严重伤害。

特殊安全要求：

操作者从堆布箱前面或后面能接触到的地方，如果有卷入点，滚筒应按 GB/T 17780.1—2012 的 6.5设置防护装置。烘筒的两侧还应设置固定的防护装置，必要时可设置移动联锁防护装置，以防接近危险点或触及高温表面。

5.5.7 高频烘燥机

一般安全要求：

安全要求和/或措施见 5.5.1。

由高频引起的危险，见 GB 5959.1，GB 5959.9—2008 的第 4 章和 EN 12198-1:2000 的第 6～8 章。

特殊危险：

电气方面，触电。

辐射方面，来自电极。

烫伤方面，来自加工材料的燃烧。

特殊风险：

在特殊操作中，接触电流会产生低概率严重或致命伤害。

在特殊操作中，对人体内部组织产生低概率伤害。

低概率烧伤。

特殊安全要求：

a) 出入口可以进行调节，以适应加工材料的高度(例如：使用固定的调节防护装置，通过长的推杆来调节以防接触电极)。加工材料有可能脱离传输带的危险，在加热器内应设置合适的横向导杆装置。

b) 在操作手册中应提出调整机器时应避免发生火灾的警告(应给出产品所需电源的电流、频率和各部分功率的参数)。

5.5.8 整纬机

一般安全要求：

安全要求和/或措施见 5.5.1。

特殊危险：

机械方面，来自导辊之间或者导辊与运行织物之间的卷入点。

特殊风险：

手指和手低概率的严重伤害。

特殊安全要求：

卷入点应按 GB/T 17780.1—2012 的 6.5 c)和 6.5 g)安装防护装置，如在进、出端安装网状或透明材料制作的联锁滑动门。

5.6 后整理机

5.6.1 后整理机的通用要求

安全要求和/或措施见表 32。

表 32 有关后整理机的通用要求

项　　目	引用 GB/T 17780.1—2012 条款
整机：	
一般电气设备	5.4.2.1，5.4.2.2
电气控制系统	5.4.2.3
启动和停车	5.4.2.4
通过设计降低风险	5.3.2
通过安全防护装置减少风险	5.3.3
——用防护装置	表 2
——用安全装置	表 3
人类工效学	5.4.13
特殊操作设备	5.5

表 32（续）

项　　目	引用 GB/T 17780.1—2012 条款
整机：	
部件装配	5.8
特殊机器零部件：	
驱动和传动装置罩	6.2
辊筒	6.5

5.6.2 轧光机

一般安全要求：

安全要求和/或措施见 5.6.1 和表 33。

表 33 有关轧光机的一般安全要求

项　　目	引用 GB/T 17780.1—2012 条款	本部分条款
整机：		—
流体动力系统和元件	5.4.5	
高位维修	5.6	
被困人员的逃脱和营救	5.7	
特殊机器零部件：		
回转轴	6.6	
工作平台和走道	6.13	
卷布机	6.18	
堆布机和落布架	6.20	
联合机	6.22	
其他：		
热表面	—	5.1

特殊危险：

机械方面，来自轧光辊，尤其是卷入和吸入；来自轧光辊接触回转，尤其是挤压。

特殊风险：

在正常和特殊操作中，尤其是穿布时，会导致高概率的严重伤害。

特殊安全要求：

a) 卷入点应按 GB/T 17780.1—2012 的 6.5 c)安装固定防护装置。在辊筒要反向运转的地方，卷入点应按 GB/T 17780.1—2012 的 6.5 d)加以保护。在轧光辊分开和接触时，均应按 GB/T 17780.1—2012 的 6.5 f)加以防护。

b) 在轧光辊能分开并可能触及的部位，只能利用止-动控制才能将辊筒靠拢，其控制装置的位置应在两侧都能看到且不能进入卷入点的地方。

c) 用于控制系统与安全相关的部件应符合 GB/T 16855.1—2008 第 6 章规定的 3 类或 4 类的要求。

5.6.3 圆筒针织物轧光机

一般安全要求：

安全要求和/或措施见5.6.1。

特殊危险：

机械危险，来自轧光辊，尤其是发生卷入和吸入。

热的危险，来自蒸箱。

特殊风险：

在正常操作中，尤其是穿布时，会导致低概率严重伤害。

接触蒸汽会导致高概率的烫伤。

特殊安全要求：

a) 轧光辊应采用移动式联锁防护装置进行保护。

机器应设计成在防护装置打开时，轧光辊只能在机器停止的状态下被分开，并满足下列条件之一：

1) 用手转动；

2) 按GB/T 17780.1—2012中A.1的要求，只有使用止-动控制时，轧光辊才能以爬行速度运行。

b) 轧光机配有蒸箱时，蒸箱上应设置与轧光辊联锁的移动式防护装置。

5.6.4 涂层设备

安全要求和/或措施见5.6.1和表34。

表34 有关涂层设备的附加安全要求

项目	引用GB/T 17780.1—2012条款
整机：	
流体动力系统和元件	5.4.5
噪声	5.4.7，第7章，8.2
烟雾的散发	5.4.10
挥发的易燃性液体（着火和爆炸）	5.4.11，5.4.12
高位维修	5.6
被困人员的逃脱和营救	5.7
特殊机器零部件：	
门和盖的开启和关闭	6.8.2
进入机器	6.8.4
风机	6.11
散热器和燃烧器	6.14
松紧架调节辊	6.17
卷布机	6.18
轧车	6.19
堆布机和落布架	6.20
联合机	6.22

5.6.5 起绒机

一般安全要求：

安全要求和/或措施见5.6.1和表35。

表35 有关起绒机的附加安全要求

项目	引用GB/T 17780.1—2012条款
整机：	
流体动力系统和元件	5.4.5
噪声	5.4.7,第7章,8.2
粉尘污染	5.4.10
着火	5.4.11
被困人员的逃脱和营救	5.7
特殊机器零部件：	
电气控制系统	6.3 f)
卷布机	6.18
堆布机和落布架	6.20

特殊危险：

机械方面，来自工作辊，尤其是发生缠绕；来自喂入辊和牵伸辊，尤其是卷入和吸入。

特殊风险：

在正常操作(如：穿布)和特殊操作(如：清洁)中，会导致低概率的严重伤害。

特殊安全要求：

a) 在机器前后应安装带防护锁的移动式联锁防护装置，以防止靠近工作辊。防护装置可以是立式的、与机器高度一致的、带防护锁的联锁网板，并延伸至地面。

前防护装置打开时，可进行剥离和起绒，但其前提条件是：

1) 当卷绒辊或反向卷绒辊停止运转时，起绒辊只能在限定的范围转动。

2) 当烘筒停止运转时，交替卷绒辊或反向卷绒辊应能转动。

3) 卷绒辊或反向卷绒辊的起绒速度应小于操作速度的1/4。

4) 起绒设备不应有产生陷入的危险。

5) 工作通道应符合人类工效学的要求，并设置在适当的位置。

b) 喂入和牵伸辊应按a)的要求加以防护，或者按GB/T 17780.1—2012的6.5，采取其他预防措施。

在喂入和牵伸辊之间有卷入点时，机器应按GB/T 17780.1—2012中A.1，设计成辊筒可以移开120 mm，允许在爬行速度下穿布。

5.6.6 剪毛机

安全要求和/或措施见5.6.1和5.2.3。

5.6.7 预缩机

一般安全要求：

安全要求和/或措施见5.6.1和GB/T 17780.1—2012中的5.4.6.1(热表面)。

特殊危险：

机械方面，来自呢毯和烘筒，尤其是卷入和吸入；来自橡胶预缩毯和热辊筒；或者来自橡胶预缩毯和橡胶磨削装置。

特殊风险：

在正常操作和特殊操作中，会导致低概率中等程度至严重伤害。

特殊安全要求：

a) 位于呢毯和烘筒之间，以及橡胶预缩毯和热辊筒之间的卷入点应按 GB/T 17780.1—2012 中的 6.5 g)加以保护。

b) 用研磨装置打磨橡胶预缩毯时，胶毯和研磨部件之间的入口应预先设置防护装置进行防护。

5.6.8 静电植绒设备

一般安全要求：

安全要求和/或措施见 5.6.1 和 GB/T 17780.1—2012 的 5.4.11(火灾)，以及 GB/T 17780.1—2012 的 5.4.12(爆炸)。

特殊危险：

电的危险，来自高压；静电，来自现场，引起爆炸。

特殊风险：

在特殊操作中，高概率严重或致命伤害。

特殊安全要求：

a) 植绒区应按 GB/T 17780.1—2012 中 A.3 要求，用防护栏完全封闭。进入封闭区的防护栏的门应与电源联锁。

b) 除该设备风险评估为低风险外，联锁装置均应按 GB/T 18831 规定与电源联锁，或者按 GB/T 16855.1—2008 第 6 章中的 4 类的规定，设置带交叉监控的双控制系统。

c) 高压的导体应设置自动接地，因为高电压有可能残留在充电板上，打开防护装置或者断开电源都能让导体自动接地。

5.6.9 蒸呢机

安全要求和/或措施见 5.6.1 和 5.3.2。

5.6.10 辊筒式压呢机

一般安全要求：

安全要求和/或措施见 5.6.1 和表 36。

表 36 有关辊筒式压呢机的附加安全要求

项　目	引用 GB/T 17780.1—2012 条款	本部分条款
整机：		
流体动力系统和元件	5.4.5	—
被困人员的逃脱和营救	5.7	
其他：		
热表面	—	5.1

特殊危险：

机械方面，来自热辊筒和机架，尤其是卷入或吸入。

特殊风险：

在正常操作中的偶然接近,尤其是在启动时,以及特殊操作中尤其是在清洗时,会导致低概率的严重伤害。

特殊安全要求:

防护装置或安全装置(如:联锁铰链式挡板)应符合 GB/T 17780.1—2012 中的 5.3.3,以预防在热辊筒和弯曲的金属机架之间被卷入。使用防护装置或安全装置后,如果还能触及进入热辊筒和机架之间的卷入点,则应采取措施以能在触及前使辊筒停止转动。

5.6.11 抛光机

一般安全要求:

安全要求和/或措施见 5.6.1 和表 37。

表 37 有关抛光机的附加安全要求

项　　目	引用 GB/T 17780.1—2012 条款
卷布机	6.18
堆布机和落布架	6.20

特殊危险:

机械方面,来自抛光辊筒,尤其是卷入、陷入或缠绕。

特殊风险:

在正常操作中,低概率的中等程度至严重伤害。

特殊安全要求:

抛光辊筒应设置联锁防护装置。

5.6.12 用于后整理工艺的浆液准备机械

安全要求和/或措施见 5.6.1 和表 38。

表 38 有关用于后整理工艺的浆液准备机械的附加安全要求

项　　目	引用 GB/T 17780.1—2012 条款	本部分条款
整机:		
热加工材料:浆液或蒸汽	5.4.6.2	—
物料	5.4.10	
易燃溶剂的爆炸	5.4.12	
特殊机器零部件:		
邻近设备的工作区	6.13	
蒸汽直接加热浆液的设备	6.15	
搅拌机	6.16	
其他:		
添加物料,操作蒸汽阀	—	5.3.2
热表面		5.1

5.7 包装/标识机械

5.7.1 包装/标识机械的通用要求

安全要求和/或措施见5.6.1和表39。

表39 有关包装/标识机械的通用要求

项　　目	引用GB/T 17780.1—2012条款
整机：	
一般电气设备	5.4.2.1,5.4.2.2
电气控制系统	5.4.2.3
启动和停车	5.4.2.4
通过设计降低风险	5.3.2
通过安全防护装置减少风险	5.3.3
——用防护装置	表2
——用安全装置	表3
特殊操作设备	5.5
被困人员的逃脱和营救	5.7
部件装配	5.8
特殊机器零部件：	
驱动和传动装置罩	6.2
辊筒	6.5
回转轴	6.6
风机	6.11
卷布机	6.18
堆布机和落布架	6.20

5.7.2 验布机

安全要求和/或措施见5.7.1和表40。

表40 有关验布机的附加安全要求

项　　目	引用GB/T 17780.1—2012条款
包括溶剂在内的物质	5.4.10
易燃溶剂的爆炸	5.4.12

5.7.3 折布机

安全要求和/或措施见5.7.1。

6 安全要求和/或措施的检验

机器在交付使用时,应按 GB/T 17780.1—2012 的第 7 章和附录 C 进行最终检验。

无论噪声是否构成主要危险,本部分涉及的所有机器的噪声发射值都应按 GB/T 7111.1 和 GB/T 7111.7的规定检验。

7 机器的使用说明

机器的使用说明应符合 GB/T 17780.1—2012 第 8 章的规定,同时还应包括第 5 章的所有内容。

无论噪声是否构成主要危险,本部分涉及的所有机器的噪声发射值都应按 GB/T 7111.1 和 GB/T 7111.7的规定明示。

参 考 文 献

［1］ ISO 12100-1 Safety of machinery—Basic concepts，general principle for design—Part 1：Basic terminology，methodology

［2］ ISO 14121 Safety machinery—Principle of risk assessment

ICS 33.100
L 06

中华人民共和国国家标准

GB 17799.3—2012/IEC 61000-6-3:2011
代替 GB 17799.3—2001

电磁兼容 通用标准 居住、商业和轻工业环境中的发射

Electromagnetic compatibility(EMC)—Generic standards—Emission standard for residential, commercial and light-industrial environments

(IEC 61000-6-3:2011,IDT)

2012-12-31 发布 2013-07-01 实施

中华人民共和国国家质量监督检验检疫总局
中国国家标准化管理委员会 发布

前　言

本部分的全部技术内容为强制性。

GB 17799《电磁兼容　通用标准》分为以下 5 个部分：

——GB/T 17799.1《电磁兼容　通用标准　居住、商业和轻工业环境中的抗扰度试验》；

——GB/T 17799.2《电磁兼容　通用标准　工业环境中的抗扰度试验》；

——GB 17799.3《电磁兼容　通用标准　居住、商业和轻工业环境中的发射》；

——GB 17799.4《电磁兼容　通用标准　工业环境中的发射》；

——GB/T 17799.5—2012《电磁兼容　通用标准　室内设备　高空电磁脉冲(HEMP)抗扰度》。

本部分为 GB 17799 的第 3 部分。

本部分按照 GB/T 1.1—2009 给出的规则起草。

本部分等同采用 IEC 61000-6-3:2011(Ed 2.1)《电磁兼容　第 6-3 部分:通用标准　居住、商业和轻工业环境中的发射标准》。

本部分代替 GB 17799.3—2001《电磁兼容　通用标准　居住、商业和轻工业环境中的发射标准》。

本部分与 GB 17799.3—2001 相比主要变化如下：

——增加了 8 个术语:电缆端口、电信/网络端口、电源端口、公用电网、低压、直流电网、低压 AC 电源端口、最高内部频率。

——增加了 8 个缩略语。

——将场所的描述纳入第 1 章范围中。

——增加第 8 章测量不确定度的要求。

——增加第 9 章批量生产一致性试验中的限值应用。

——增加第 10 章标准符合性的说明。

——修改原标准第 9 章发射限值作为第 11 章发射测试要求,将原标准表 1 发射拆分为表 1 和表 2,分别说明对外壳端口、低压交流电源端口的发射测试要求。将 FAR 和 TEM 小室测试方法纳入外壳端口测量方法中,增加 1 GHz～6 GHz 外壳端口测试限值要求。增加对 16A 以上 75A 以下设备低压交流电源端口的 0～2 kHz 测试要求。增加表 3 直流电源端口和表 4 电信/网络端口测试限值要求。

——删除原附录 A。

与本部分中规范性引用的国际文件有一致性对应关系的我国文件如下：

——GB/T 4365—2003　电工术语　电磁兼容(IEC 60050-161:1990,IDT)

——GB 17625.1—2003　电磁兼容　限值　谐波电流发射限值(设备每相输入电流≤16 A)(IEC 61000-3-2:2001,IDT)

——GB 17625.2—2007　电磁兼容　限值　对每相额定电流≤16 A 且无条件接入的设备在公用低压供电系统中产生的电压变化、电压波动和闪烁的限制(IEC 61000-3-3:2005,IDT)

——GB 4343.1—2009　家用电器、电动工具和类似器具的电磁兼容要求　第 1 部分:发射(IEC/CISPR 14-1:2005,IDT)

——GB/T 6113.101—2008　无线电骚扰和抗扰度测量设备和测量方法规范　第 1-1 部分:无线电骚扰和抗扰度测量设备　测量设备(IEC/CISPR 16-1-1:2006,IDT)

——GB/T 6113.104—2008　无线电骚扰和抗扰度测量设备和测量方法规范　第 1-4 部分:无线电骚扰和抗扰度测量设备　辅助设备　辐射骚扰(IEC/CISPR 16-1-4:2005,IDT)

——GB/T 6113.201—2008 无线电骚扰和抗扰度测量设备和测量方法规范 第2-1部分:无线电骚扰和抗扰度测量方法 传导骚扰测量(IEC/CISPR 16-2-1:2003,IDT)

——GB/T 6113.203—2008 无线电骚扰和抗扰度测量设备和测量方法规范 第2-3部分:无线电骚扰和抗扰度测量方法 辐射骚扰测量(IEC/CISPR 16-2-3:2003,IDT)

本部分由全国无线电干扰标准化技术委员会(SAC/TC 79)提出并归口。

本部分负责起草单位:上海电器科学研究院。

本部分参加起草单位:国家无线电监测中心、工业和信息化部电信研究院。

本部分主要起草人:刘媛、王文俭、陆冰松、王洪博、郑军奇、寿建霞。

本部分所代替标准的历次版本发布情况为:

——GB 17799.3——2001。

电磁兼容 通用标准 居住、商业和轻工业环境中的发射

1 范围

GB 17799 的本部分规定的发射要求,用于在居住、商业和轻工业环境中使用的电气和电子设备。

本部分适用的频率范围为 0 Hz～400 GHz。标准未规定的频段无需测量。

如果没有相关的产品或产品类电磁兼容(EMC)发射标准,则本部分通用 EMC 发射标准适用。

本部分适用于直接连接到低压公用电网的设备或是通过专用直流电源连接到低压公用电网的设备。本部分也适用于以下场合中使用的电池供电设备或非公用、非工业低压电网电力配电系统供电设备。

本部分包括的环境是居住、商业和轻工业场所的室内和室外环境。下面列出的场所(尽管不全面)对环境做了一些说明,它们包括:

居住场所,例如住宅、公寓等;

零售网点,例如商店、超市等;

商用楼宇,例如办公室、银行等;

公共娱乐区,例如电影院、公共酒吧、舞厅等;

户外场所,例如加油站、停车场、游乐场和运动中心等。

轻工业场所,如:车间、实验室、维修中心等。

凡是通过公用电网直接获得低压供电的场所均属于居住、商业和轻工业环境。

本部分的目的是为了规定适用范围内所述设备的连续和瞬态、传导和辐射骚扰的发射测试要求。

本部分所规定的发射要求保证在居住、商业和轻工业环境中正常工作的设备所产生的骚扰电平不会妨碍其他设备按预定方式工作,但不考虑设备的故障状态。本部分建议的试验并未包括全部的骚扰现象,而仅考虑与本部分所覆盖设备相关的骚扰现象。这些要求表明了基本的电磁兼容发射要求。

本部分对所考虑的每种端口都规定了试验要求。

注 1:本部分无安全要求。

注 2:在特殊情况下,本部分规定的限值不能提供足够的保护,例如,在设备附近使用敏感的接收设备。在这些情况下,可能需采取附加的改善措施。

注 3:本部分的要求比 GB 17799.4 的要求更加严格,设备如果符合本部分的要求则也符合 GB 17799.4 的要求。

2 规范性引用文件

下列文件对于本文件的应用是必不可少的。凡是注日期的引用文件,仅注日期的版本适用于本文件。凡是不注日期的引用文件,其最新版本(包括所有的修改单)适用于本文件。

GB/T 6113.102—2008 无线电骚扰和抗扰度测量设备和测量方法规范 第 1-2 部分:无线电骚扰和抗扰度测量设备 辅助设备 传导骚扰(IEC/CISPR 16-1-2:2006,IDT)

GB/T 6113.402—2006 无线电骚扰和抗扰度测量设备和测量方法规范 第 4-2 部分:不确定度、统计学和限值建模 测量设备和设施的不确定度(IEC/CISPR16-4-2:2003,IDT)

GB 9254—2008 信息技术设备的无线电骚扰限值和测量方法(IEC/CISPR 22:2006,IDT)

IEC 60050-161 电磁兼容术语(International Electrotechnical Vocabulary (IEV)—Chapter 161:

Electromagnetic compatibility)

IEC 61000-3-2:2005＋ Amendment 1:2008＋ Amendment 2:2009 电磁兼容 限值 谐波电流发射限值(设备每相输入电流≤16A)(Electromagnetic compatibility (EMC)—Limits—Limits for harmonic current emissions (equipment input current ≤16 A per phase))

IEC 61000-3-3:2008 电磁兼容 限值 对每相额定电流≤16 A且无条件接入的设备在公用低压供电系统中产生的电压变化、电压波动和闪烁的限制(Electromagnetic compatibility (EMC)—Limits—Limitation of voltage changes, voltage fluctuations and flicker in public low-voltage supply systems, for equipment with rated current ≤16 A per phase and not subject to conditional connection)

IEC 61000-3-11:2000 电磁兼容 限值 对每相额定电流≤75 A接入的设备在公用低压供电系统中产生的电压变化、电压波动和闪烁的限制(Electromagnetic compatibility (EMC)—Limits—Limitation of voltage changes, voltage fluctuations and flicker in public low-voltage supply systems—Equipment with rated current ≤75 A and subject to conditional connection)

IEC 61000-3-12:2004 电磁兼容 限值 每相额定电流＞16 A且≤75A接入公用低压供电系统中的设备的谐波电流发射限值(Electromagnetic compatibility (EMC)—Limits—Limits for harmonic currents produced by equipment connected to public low-voltage systems with input current＞16 A and ≤75 A per phase)

IEC 61000-4-20:2010 电磁兼容(EMC) 第4-20部分:测试和测量技术 在横电波小室中发射和抗扰度测试(Electromagnetic compatibility (EMC)—Testing and measurement techniques—Emission and immunity testing in transverse electromagnetic (TEM) waveguide)

IEC/CISPR 14-1:2005＋ Amendment 1:2008 家用电器、电动工具和类似器具的电磁兼容要求 第1部分:发射(Electromagnetic compatibility—Requirements for household appliances, electric tools and similar apparatus—Part 1:Emission)

IEC/CISPR 16-1-1:2010 无线电骚扰和抗扰度测量设备和测量方法规范 第1-1部分:无线电骚扰和抗扰度测量设备 测量设备(Specification for radio disturbance and immunity measuring apparatus and methods—Part 1-1:Radio disturbance and immunity measuring apparatus—Measuring apparatus)

IEC/CISPR 16-1-4:2007＋ Amendment 1:2007 无线电骚扰和抗扰度测量设备和测量方法规范 第1-4部分:无线电骚扰和抗扰度测量设备 辅助设备 辐射骚扰(Specification for radio disturbance and immunity measuring apparatus and methods—Part 1-4:Radio disturbance and immunity measuring apparatus—Ancillary equipment—Radiated disturbances)

IEC/CISPR 16-2-1:2008 无线电骚扰和抗扰度测量设备和测量方法规范 第2-1部分:无线电骚扰和抗扰度测量方法 传导骚扰测量(Specification for radio disturbance and immunity measuring apparatus and methods—Part 2-1:Methods of measurement of disturbances and immunity—Conducted disturbance measurements)

IEC/CISPR 16-2-3:2006 无线电骚扰和抗扰度测量设备和测量方法规范 第2-3部分:无线电骚扰和抗扰度测量方法 辐射骚扰测量(Specification for radio disturbance and immunity measuring apparatus and methods—Part 2-3:Methods of measurement of disturbances and immunity—Radiated disturbance measurements)

3 术语和定义、缩略语

3.1 术语和定义

IEC 60050-161 界定的以及下列术语和定义适用于本文件。

3.1.1

端口 port

设备与外界电磁环境的特定界面(见图1)。

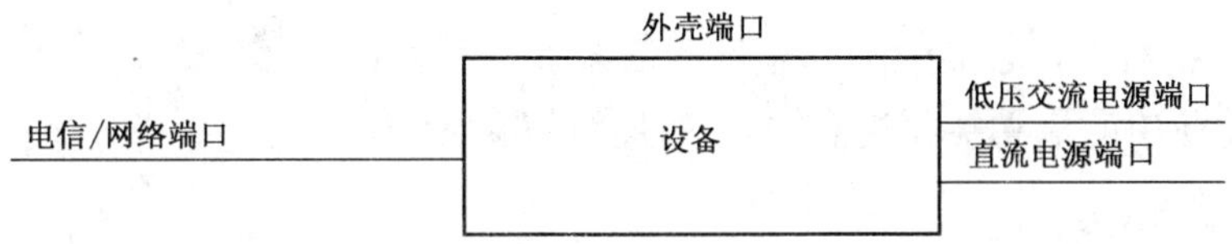

图1 表1～表4中覆盖的端口

3.1.2

外壳端口 enclosure port

设备的物理边界,电磁场可以通过它来辐射或侵入。

3.1.3

电缆端口 cable port

连接设备导线或电缆的端口。

注:例如信号、控制和电源端口。

3.1.4

电信/网络端口 telecommunication/network port

连接声音、数据和信号传递的端口,旨在通过直接连接多用户电信网[如公共交换电信网络(PSTN)、综合业务数字网络(ISDN)和x-型数字用户线路(xDSL)等]、局域网(如以太网,令牌环网等)以及类似网络。使分散的系统相互连接。

注:对通常用于连接ITE系统中各组成部分的连接端口[如RS-232、RS-485、IEC 61158标准中的现场总线,IEEE 1284(并行打印机)、USB、IEEE1394(“火线”)等],该端口如果按照性能规范(例如对连接到它的最大长度有要求)使用,则该端口不在本定义规定的电信/网络端口的范围内。

3.1.5

电源端口 power port

为设备或相关设备提供电源而使其正常工作的导线或电缆的端口。

3.1.6

公用电网 public mains network

各类用户均可接入的电力线路,供电和配电部门通过其提供电能。

3.1.7

低压 low voltage;LV

电压值低于惯例所采用的限值。

[IEV 601-01-26 修改]

注:对于交流电力配电系统,通常采用的上限值为1 000 V。

3.1.8

直流电网　d. c. power network

某些场所或建筑的基础设施中的本地电网，用于一个或多个不同设备类型的灵活使用，确保独立于公共电网环境的连续的电源供应。

注：如果与遥控本地电池的连接只包含对单个设备的供电，则不认为是直流电网。

3.1.9

低压AC电源端口　low voltage AC mains port

此端口与低压AC电源供电网络连接，给设备供电。

注：如果设备上的DC电源端口是通过AC/DC电力变换器供电，则认为该端口是低压AC电源端口。

3.1.10

最高内部频率　highest internal frequency

受试设备产生或使用的最高基波频率/工作的最高频率。

3.2　缩略语

AC	交流(Alternating Current)
DC	直流(Direct Current)
EUT	受试设备(Equipment Under Test)
FAR	全电波暗室(Fully Anechoic Room)
ISN	阻抗稳定网络(Impedance Stabilization Network)
OATS	开阔试验场(Open Area Test Site)
SAC	半电波暗室(Semi Anechoic Chamber)
TEM	横电磁波(Transverse Electromagnetic Mode)

4　测量条件

在考察的频段内，受试设备(EUT)应在产生最大发射的工作状态下进行测量，例如基于有限的预测试和正常使用条件。在典型使用和实际安装的条件下，改变测试样品的配置获得最大发射。

如果受试设备是系统的一部分，或者能和辅助设备相连接，测量时受试设备需配置最少的有代表性的辅助设备，以便按类似GB 4824和GB 9254所述的规定来使用端口。

如果制造商要求有外部滤波和/或屏蔽装置或根据用户手册有规定的措施，那么本部分的测试应在加有规定的装置和措施下进行。

测量期间受试设备的配置和工作状态都应正确地记录在检验报告中。如果设备有许多类似的端口或一些端口有许多类似的连接，那么应选择足够数量的端口和连接来模拟实际工作状态，以保证覆盖所有不同类型的终端。如适用，EUT布置的相关信息参见IEC/CISPR 16-2系列和GB 4824、GB 9254。

除非基础标准另有规定，否则应在设备规定的温度、湿度和大气压力工作条件，在额定电压下进行测量。

5　产品文件

如果为了符合标准要求而必须采取专门的措施，例如使用屏蔽电缆或专用电缆，则应告知采购方/用户。

6 适用性

发射测量取决于特定设备及其配置、端口、工艺和运行条件。

应根据表1～表4的规定，对设备所具有的相关端口进行测量。仅对存在的端口进行测量。

可以根据具体设备的电气特性和用途来确定哪些测量是不适当和不必要的，在这种情况下，要在检验报告中记录不测量的原因。

7 发射要求

本部分涉及的设备发射要求是按端口逐一给出的。具体要求见表1～表4。

每种骚扰类型的测量都应在完全确定的和可复现的条件下进行。

测量顺序任意。

测试设备、测试方法、测试布置说明参照表1～表4中的基本标准。

本部分不再赘述基本标准的内容。在此只给出了实际应用时需要的修改或补充的信息。

8 测量不确定度

测量仪器的不确定度应该按照GB/T 6113.402—2006中的相关规定进行评定。

注：对于给定的测量方式，如果实际U_{lab}值比U_{cispr}大，则要求在报告中记录U_{lab}的值。

9 批量生产一致性试验中的限值应用

9.1 试验方法

——采用9.2所规定的统计评估方法只对该型号设备的一个样本进行试验。

——或者，出于简化的目的，只对一台设备进行试验。

9.2 评估设备符合限值要求的方法

试验应针对该型号、样品数量不少于5且不大于12的样本进行，如果由于实际条件的限制，不可能选择5个样品，则此时应以4个或3个样品为试验样本。按照式(1)和式(2)判定符合性：

$$\bar{x}+kS_n \leqslant L \qquad (1)$$

$$S_n^2=\frac{1}{n-1}\sum_{i=1}^{n}(x_i-\bar{x})^2 \qquad (2)$$

式中：$\bar{x}$ ——样本中样品数量为n时的测量值的算术平均值；

x_i ——单个样品的测量值；

L ——相应的骚扰限值；

k ——从非中心t分布表中导出的系数，它意味着该型号的样品有80%以不小于80%的置信度在限值L以下。k值大小取决于样本空间n，见下表：

n	3	4	5	6	7	8	9	10	11	12
k	2.04	1.69	1.52	1.42	1.35	1.30	1.27	1.24	1.21	1.20

x_i，$\bar{x}$，S_n及L用以下对数单位表示：dB(μV)、dB(μV/m)或dB(pW)等。

10 标准符合性

本部分对特殊测试要求提供测试方法的选择，符合任何一个测试方法，并使用表 1～表 4 中提供的相应的限值，可以说明其标准符合性。

当需要重复测试时，第一次选择的测试方法用于确定结果的一致性。

当测量结果不大于限值则认为是符合标准要求。在判断符合性时不考虑测量不确定度。

满足本部分表 1～表 4 规定频段的设备，可认为满足 9 kHz～400 GHz 的要求。

未规定限值的频段不需要测量。

11 发射测试要求

表 1 发射 外壳端口

序号	端口	频率范围	限值	基本标准	应用注解	备注
1.1	外壳端口 测试场地: OATS 或 SAC	30 MHz～230 MHz 230 MHz～1 000 MHz	30 dB(μV/m)准峰值 (测量距离 10 m) 37 dB(μV/m)准峰值 (测量距离 10 m)	测量仪器见 IEC/CISPR 16-1-1:2010 中 4。 测量天线见 IEC/CISPR 16-1-4:2007 中 4.4。 测量场地见 IEC/CISPR 16-1-4:2007 中 5。 测量方法见 IEC/CISPR 16-2-3:2006 中 7.2	见注 a、b、e	可在 3 m 处测量,限值增加 10 dB。 如 IEC/CISPR 16-2-3 中所述,天线应该在 1 m～4 m 之间变化。 对于测试方法的进一步指导见 IEC/CISPR 16-2-3:2006 中 7.3 和 8
1.2	外壳端口 测试场地: FAR	30 MHz～230 MHz	42 dB(μV/m)～35 dB(μV/m) 准峰值(测量距离 3m) 限值随频率的对数呈线性减小	测量仪器见 IEC/CISPR 16-1-1:2010 中 4。 测量天线见 IEC/CISPR 16-1-4:2007 中 4.4。 测量场地见 IEC/CISPR 16-1-4:2007 中 5.8。 测量方法见 IEC/CISPR 16-2-3:2006 中 7.2.9.2	见注 a、b、e。 只适用于台式设备	可在更远距离测量,限值减少 20 dB/10 倍距离。 对 EUT 尺寸规定见 IEC/CISPR 16-1-4:2007
		230 MHz～1 000 MHz	42 dB(μV/m)准峰值 (测量距离 3m)			
1.3	外壳端口 测试场地: TEM 小室	30 MHz～230 MHz 230 MHz～1 000 MHz	30 dB(μV/m)准峰值 37 dB(μV/m)准峰值 小型试品的修正因子见 IEC 61000-4-20:2010 的 A.4.3。限值基于 OATS,10 m 测量距离	IEC 61000-4-20:2010	只适用于电池供电且无电缆延出设备,严格按照 IEC 61000-4-20:2010 中 6.2 对符合设备的定义。 见注 a、b、e	

表 1(续)

序号	端口	频率范围	限值	基本标准	应用注解	备注
1.4	外壳端口 测试场地: OATS、SAC 或 FAR	1 GHz～3 GHz	70 dB(μV/m)峰值 (测量距离 3 m) 50 dB(μV/m)平均值 (测量距离 3 m)	测量仪器见 IEC/CISPR 16-1-1:2010 中 5、6。 测量天线见 IEC/CISPR 16-1-4:2007 中 4.5。 测量场地见 IEC/CISPR 16-1-4:2007 中 8。 测量方法见 IEC/CISPR 16-2-3:2006 中 7.3	见注 a、c、d、e	可在更远距离测量,限值减少 20 dB/10 倍距离。 SAC 和 OATS 中的吸波材料用于使场地达到 IEC/CISPR16-1-4:2007 定义的自由空间条件
		3 GHz～6 GHz	74 dB(μV/m)峰值 (测量距离 3 m) 54 dB(μV/m)平均值 (测量距离 3 m)			

[a] 如果内部发射源的工作频率低于 9 kHz,仅需测量到 230 MHz。

[b] 如果设备满足表格中 1.1、1.2 或 1.3 中一条或者多条要求,则认为该设备符合外壳端口 1 GHz 以下要求。

[c] 如果 EUT 内部源的最高频率低于 108 MHz,则测量只进行到 1 GHz。
如果 EUT 内部源的最高频率在 108 MHz～500 MHz 之间,则测量只进行到 2 GHz。
如果 EUT 内部源的最高频率在 500 MHz～1GHz 之间,则测量只进行到 5 GHz。
如果 EUT 内部源的最高频率高于 1 GHz,则测量应进行到 6 GHz。

[d] 峰值检波器限值不适用于来源于高压关断(击穿)的弧焊设备或电火花装置。当设备包含或控制感性电路电流的机械开关,或设备包含或控制产生稳态电流子系统(例如,纸张处理装置)时,这类骚扰产生。平均值限值适用于来源于弧焊设备或电火花装置的骚扰,峰值和平均值限值都适用此类设备产生的其他骚扰。

[e] 在过渡频率处应采用较低的限值。

表 2　发射　低压交流电源端口

序号	端口	频率范围	限值	基本标准	应用注解	备注
2.1	低压交流电源端口	0 Hz～2kHz	限值在基本标准中描述。见基本标准一栏	IEC 61000-3-3:2008 IEC 61000-3-2:2005 IEC 61000-3-11:2000 IEC 61000-3-12:2004	见注 a、b	
		0.15 MHz～0.5 MHz	66 dB(μV)～56 dB(μV)准峰值 56 dB(μV)～46 dB(μV)平均值 限值随频率的对数呈线性减小	测量仪器见 IEC/CISPR 16-1-1:2010 中 4、6。 测量网络见 GB/T 6113.102—2008 中 4。 测量布置和测量方法见 IEC/CISPR 16-2-1:2008 中 7	见注 c	
		0.5 MHz～5 MHz	56 dB(μV)准峰值 46 dB(μV)平均值			
		5 MHz～30 MHz	60 dB(μV)准峰值 50 dB(μV)平均值			
		0.15 MHz～30 MHz	见 IEC/CISPR 14-1:2005,断续骚扰条款	IEC/CISPR 14-1:2005		

[a] 适用 IEC 61000-3-3:2008、IEC 61000-3-2:2005、IEC 61000-3-11:2000 或 IEC 61000-3-12:2004 适用范围内的设备。

[b] 满足 IEC 61000-3-3:2008 要求的设备,不在 IEC 61000-3-11:2000 适用范围内。

[c] 在过渡频率处应采用较低的限值。

表 3 发射 直流电源端口

序号	端口	频率范围	限值	基本标准	应用注解	备注
3.1	直流电源端口	0.15 MHz～0.5 MHz	79 dB(μV)准峰值 66 dB(μV)平均值	测量仪器见 IEC/CISPR 16-1-1:2010 中 4、6。 测量网络见 GB/T 6113.102—2008 中 4。 测量布置和测量方法见 IEC/CISPR16-2-1:2008 中 7	只应用于连接到以下设备的端口： ——本地直流电源网络，或者 ——连接电缆超过 30 m 的远程电池。 见注 a	
		0.5 MHz～30 MHz	73 dB(μV)准峰值 60 dB(μV)平均值			

[a] 在过渡频率处应采用较低的限值。

表 4 发射 电信/网络端口

序号	端口	频率范围	限值	基本标准	应用注解	备注
4.1	电信/网络端口	0.15 MHz～0.5 MHz	84 dB(μV)～74 dB(μV)准峰值 74 dB(μV)～64 dB(μV)平均值 40 dB(μA)～30 dB(μA)准峰值 30 dB(μA)～20 dB(μA)平均值 限值随频率的对数呈线性减小	GB 9254—2008	见注 a、b	
		0.5 MHz～30 MHz	74 dB(μV)准峰值 64 dB(μV)平均值 30 dB(μA)准峰值 20 dB(μA)平均值			

[a] 电流和电压的骚扰限值是在使用了规定阻抗的阻抗稳定网络(ISN)条件下导出的，该阻抗稳定网络对于受试的电信端口呈现 150 Ω 的共模(不对称)阻抗(转换因子为 20 lg150/1＝44 dB)。

[b] 当用 ISN 测量时，EUT 应符合表中电压限值，所有的因子应符合 GB 9254。包括但不限制测量方法、测量布置、电缆性能的选择。

ICS 33.100
L 06

中华人民共和国国家标准

GB 17799.4—2012/IEC 61000-6-4:2011
代替 GB 17799.4—2001

电磁兼容　通用标准
工业环境中的发射

Electromagnetic compatibility(EMC)—Generic standards—Emission standard for industrial environments

(IEC 61000-6-4:2011,IDT)

2012-12-31 发布　　2013-07-01 实施

中华人民共和国国家质量监督检验检疫总局
中国国家标准化管理委员会　发布

前　言

本部分的全部技术内容为强制性。

GB 17799《电磁兼容　通用标准》分为以下5个部分：

——GB/T 17799.1《电磁兼容　通用标准　居住、商业和轻工业环境中的抗扰度试验》；

——GB/T 17799.2《电磁兼容　通用标准　工业环境中的抗扰度试验》；

——GB 17799.3《电磁兼容　通用标准　居住、商业和轻工业环境中的发射》；

——GB 17799.4《电磁兼容　通用标准　工业环境中的发射》；

——GB/T 17799.5《电磁兼容　通用标准　室内设备高空电磁脉冲(HEMP)抗扰度》；

本部分为GB 17799的第4部分。

本部分按照GB/T 1.1—2009给出的规则起草。

本部分等同采用IEC 61000-6-4:2011《电磁兼容　第6-4部分:通用标准　工业环境中的发射标准》。

本部分代替GB 17799.4—2001《电磁兼容　通用标准　工业环境中的发射标准》。

本部分与GB 17799.4—2001相比主要变化如下：

——增加了7个术语:电缆端口、电信/网络端口、电源端口、公用电网、低压、低压AC电源端口、最高内部频率。

——增加了4个缩略语。

——将场所的描述纳入第1章范围中。

——增加第8章测量不确定度的要求。

——增加第9章批量生产一致性试验中的限值应用。

——增加第10章标准符合性的说明。

——增加第11章发射测试要求,将原表1发射限值拆分为表1和表2。将FAR和TEM小室测试方法纳入外壳端口测量方法中。增加1 GHz～6 GHz外壳端口测试限值要求。增加表3电信/网络端口测试限值要求。

——删除原附录A。

与本部分中规范性引用的国际文件有一致性对应关系的我国文件如下：

——GB/T 4365—2003　电工术语　电磁兼容(IEC 60050-161:1990,IDT)

——GB 4824—2004　工业、科学和医疗(ISM)射频设备　电磁骚扰特性　限值和测量方法(IEC/CISPR 11:2003,IDT)

——GB 4343.1—2009　家用电器、电动工具和类似器具的电磁兼容要求　第1部分:发射(IEC/CISPR 14-1:2005,IDT)

——GB/T 6113.101—2008　无线电骚扰和抗扰度测量设备和测量方法规范　第1-1部分:无线电骚扰和抗扰度测量设备　测量设备(IEC/CISPR 16-1-1:2006,IDT)

——GB/T 6113.104—2008　无线电骚扰和抗扰度测量设备和测量方法规范　第1-4部分:无线电骚扰和抗扰度测量设备　辅助设备　辐射骚扰(IEC/CISPR 16-1-4:2005,IDT)

——GB/T 6113.201—2008　无线电骚扰和抗扰度测量设备和测量方法规范　第2-1部分:无线电骚扰和抗扰度测量方法　传导骚扰测量(IEC/CISPR 16-2-1:2003,IDT)

——GB/T 6113.203—2008　无线电骚扰和抗扰度测量设备和测量方法规范　第2-3部分:无线电骚扰和抗扰度测量方法　辐射骚扰测量(IEC/CISPR 16-2-3:2003,IDT)

本部分由全国无线电干扰标准化技术委员会(SAC/TC 79)提出并归口。

本部分负责起草单位:上海电器科学研究院。

本部分参加起草单位:国家无线电监测中心、工业和信息化部电信研究院、施耐德电气(中国)有限公司、西门子中国有限公司。

本部分主要起草人:邢琳、王文俭、陆冰松、王洪博、杨宏伟、徐斌、郑军奇、寿建霞。

本部分所代替标准的历次版本发布情况为:

——GB 17799.4—2001。

电磁兼容　通用标准
工业环境中的发射

1　范围

GB 17799 的本部分规定的发射要求，用于在以下工业环境中使用的电气和电子设备。

本部分适用的频率范围为 0 Hz～400 GHz。标准未规定的频段无需测量。

如果没有相关的产品或产品类电磁兼容(EMC)发射标准，则本部分通用 EMC 发射标准适用。

本部分适用于连接到高压或中压变压器供电的电网的设备，那些变压器只为制造厂或类似工厂的设施供电。本部分也适用于将在工业环境中使用的电池供电设备。

本部分所述的环境包括工业场所的室内和室外环境。

工业场所的特征是具备下列一个或多个条件：

——工业、科学和医疗(ISM[1])设备；

——频繁切换的大电感或电容负载；

——大电流并伴有强磁场。

本部分的目的是为在适用范围内的设备规定其电磁发射限值和测量方法，这些设备的电磁发射可能干扰其他设备，考虑的现象涉及连续和瞬态，传导和辐射骚扰。

这些经过选择的发射限值代表基本的电磁兼容性要求，并且能保证在工业场所正常工作的设备所产生的骚扰电平不会妨碍其他设备正常工作。不考虑设备的故障状态。在本部分中为了测试的目的，并未包含所有的骚扰现象，而只是考虑了本部分覆盖的相关设备。

本部分对所考虑的每种端口都规定了试验要求。

注 1：本部分无安全要求。

注 2：在特殊情况下，本部分规定的限值不能提供足够的保护，例如，在设备附近使用敏感的接收设备。在这些情况下，可能需采取附加的改善措施。

2　规范性引用文件

下列文件对于本文件的应用是必不可少的。凡是注日期的引用文件，仅注日期的版本适用于本文件。凡是不注日期的引用文件，其最新版本(包括所有的修改单)适用于本文件。

GB/T 6113.102—2008　无线电骚扰和抗扰度测量设备和测量方法规范　第 1-2 部分：无线电骚扰和抗扰度测量设备　辅助设　传导骚扰(IEC/CISPR 16-1-2:2006,IDT)

GB/T 6113.402—2006　无线电骚扰和抗扰度测量设备和测量方法规范　第 4-2 部分：不确定度、统计学和限值建模　测量设备和设施的不确定度 (IEC/CISPR 16-4-2:2003,IDT)

GB 9254—2008　信息技术设备的无线电骚扰限值和测量方法(IEC/CISPR 22:2006,IDT)

IEC 60050-161　电磁兼容术语(International electrotechnical vocabulary (IEV)—Chapter 161: Electromagnetic compatibility)

IEC 61000-4-20:2010　电磁兼容(EMC)　第 4-20 部分：测试和测量技术　在横电波小室中发射和抗扰度测试(Electromagnetic compatibility (EMC)—Part 4-20: Testing and measurement techniques—Emission and immunity testing in transverse electromagnetic (TEM) waveguide)

---

1)　在 CISPR11 中定义。

IEC/CISPR 11:2009 工业、科学和医疗(ISM)射频设备 电磁骚扰特性 限值和测量方法(Industrial, scientific and medical equipment—Radio-frequency disturbance characteristics—Limits and methods of measurement)

IEC/CISPR 14-1:2005+ Amendment 1:2008 家用电器、电动工具和类似器具的电磁兼容要求 第1部分:发射(Electromagnetic compatibility—Requirements for household appliances, electric tools and similar apparatus—Part 1:Emission)

IEC/CISPR 16-1-1:2010 无线电骚扰和抗扰度测量设备和测量方法规范 第1-1部分:无线电骚扰和抗扰度测量设备 测量设备(Specification for radio disturbance and immunity measuring apparatus and methods—Part 1-1:Radio disturbance and immunity measuring apparatus—Measuring apparatus)

IEC/CISPR 16-1-4:2007+ Amendment 1:2007 无线电骚扰和抗扰度测量设备和测量方法规范 第1-4部分:无线电骚扰和抗扰度测量设备 辅助设备 辐射骚扰(Specification for radio disturbance and immunity measuring apparatus and methods—Part 1-4:Radio disturbance and immunity measuring apparatus—Ancillary equipment—Radiated disturbances)

IEC/CISPR 16-2-1:2008 无线电骚扰和抗扰度测量设备和测量方法规范 第2-1部分:无线电骚扰和抗扰度测量方法 传导骚扰测量(Specification for radio disturbance and immunity measuring apparatus and methods—Part 2-1:Methods of measurement of disturbances and immunity—Conducted disturbance measurements)

IEC/CISPR 16-2-3:2006 无线电骚扰和抗扰度测量设备和测量方法规范 第2-3部分:无线电骚扰和抗扰度测量方法 辐射骚扰测量(Specification for radio disturbance and immunity measuring apparatus and methods—Part 2-3:Methods of measurement of disturbances and immunity—Radiated disturbance measurements)

3 术语和定义、缩略语

3.1 术语和定义

IEC 60050-161界定的以及下列术语和定义适用于本文件。

3.1.1

端口 port

设备与外部电磁环境的特定界面(见图1)

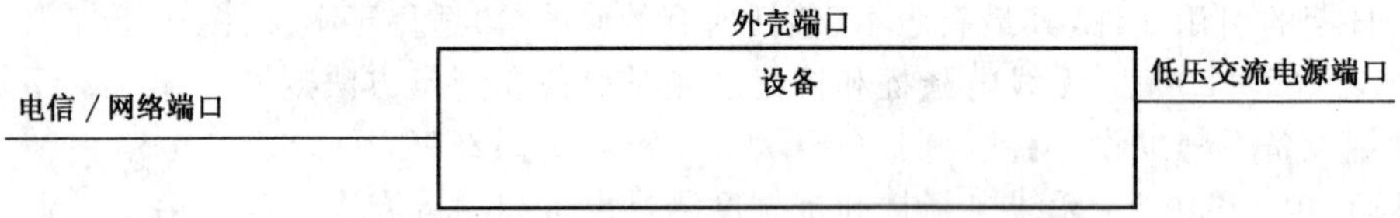

图1 表1～表3覆盖的端口

3.1.2

外壳端口 enclosure port

设备的物理边界,电磁场可以通过它来辐射或侵入。

3.1.3

电缆端口 cable port

连接设备导线或电缆的端口。

注:例如信号、控制和电源端口。

3.1.4

电信/网络端口　telecommunications/network port

连接声音、数据和信号传递的端口，旨在通过直接连接多用户电信网[如公共交换电信网络(PSTN)、综合业务数字网络(ISDN)和x-型数字用户线路(xDSL)等]、局域网(如以太网，令牌环网等)以及类似网络，使分散的系统相互连接。

注：对通常用于连接ITE系统中各组成部分的连接端口[如RS-232、RS-485、IEC 61158标准中的现场总线，IEEE 1284(并行打印机)、USB、IEEE1394("火线")等]，该端口如果按照性能规范(例如对连接到它的最大长度有要求)使用，则该端口不在本定义规定的电信/网络端口的范围内。

3.1.5

电源端口　power port

为设备或相关设备提供电源而使其正常工作的导线或电缆的端口。

3.1.6

公用电网　public mains network

各类用户均可接入的电力线路，供电和配电部门通过其提供电能。

3.1.7

低压　low voltage;LV

电压值低于惯例所采用的限值

[IEV 601-01-26　修改]

注：对于交流电力配电系统，通常采用的上限值为1 000 V。

3.1.8

低压AC电源端口　low voltage AC mains port

此端口与低压AC电源供电网络连接，给设备供电。

注：如果设备上的DC电源端口是通过AC/DC电力变换器供电，则认为该端口是低压AC电源端口。

3.1.9

最高内部频率　highest internal frequency

受试设备产生或使用的最高基波频率/工作的最高频率。

3.2 缩略语

FAR　全电波暗室(Fully Anechoic Room)

OATS　开阔场(Open Area Test Site)

SAC　半电波暗室(Semi Anechoic Chamber)

TEM　横电磁波(Transverse Electromagnetic Mode)

4 测量条件

在考察的频段内，受试设备(EUT)应在产生最大发射的工作状态下进行测量，例如基于有限的预测试和正常使用条件。在典型使用和实际安装的条件下，改变测试样品的配置获得最大发射。

如果受试设备是系统的一部分，或者能和辅助设备相连接，测量时受试设备需配置最少的有代表性的辅助设备，以便按类似GB 4824或GB 9254所述的规定来使用端口。

如果制造商要求有外部滤波和/或屏蔽装置或根据用户手册有规定的措施，那么本部分的测试应在加有规定的装置和措施下进行。

测量期间受试设备的配置和工作状态都应正确地记录在检验报告中。如果设备有许多类似的端口或一些端口有许多类似的连接，那么应选择足够数量的端口和连接来模拟实际工作状态，以保证覆盖所有不同类型的终端。如适用，EUT 布置的相关信息参见 IEC/CISPR 16-2 系列和 GB 4824、GB 9254。

除非基础标准另有规定，否则应在设备规定的温度、湿度和大气压力工作条件，在额定电压下进行测量。

5 产品文件

如果为了符合标准要求而必须采取专门的措施，例如使用屏蔽电缆或专用电缆，则应告知采购方/用户。

6 适用性

发射测量取决于特定设备及其配置、端口、工艺和运行条件。

应根据表 1～表 3 规定，对设备所具有的相关端口进行测量。仅对存在的端口进行测量。

可以根据具体设备的电气特性和用途来确定哪些测量是不适当和不必要的，在这种情况下，要在检验报告中记录不测量的原因。

7 发射要求

本部分涉及的设备发射要求是按端口逐一给出的。

每种骚扰类型的测量都应在完全确定的和可复现的条件下进行。

测量顺序任意。

本部分适用范围设备的发射要求针对于端口，相关要求见表 1～表 3。

测试设备、测试方法、测试布置说明参照表 1～表 3 中的基础标准。

8 测量不确定度

测量仪器的不确定度应该按照 GB/T 6113.402—2006 中的相关规定进行评定。

注：对于给定的测量方式，如果实际 U_{lab} 值比 U_{cispr} 大，则要求在报告中记录 U_{lab} 的值。

9 批量生产一致性试验中的限值应用

9.1 试验方法

——采用 9.2 所规定的统计评估方法只对该型号设备的一个样本进行试验。

——或者，出于简化的目的，只对一台设备进行试验。

9.2 评估设备符合限值要求的方法

试验应针对该型号、样品数量不少于 5 且不大于 12 的样本进行，如果由于实际条件的限制，不可能选择 5 个样品，则此时应以 4 个或 3 个样品为试验样本。按照式(1)和式(2)判定符合性：

$$\overline{x} + kS_n \leqslant L \qquad \cdots\cdots(1)$$

$$S_n{}^2 = \frac{1}{n-1}\sum_{i=1}^{n}(x_i - \overline{x})^2 \qquad \cdots\cdots(2)$$

式中：$\overline{x}$——样本中样品数量为 n 时的测量值的算术平均值；

x_i——单个样品的测量值；

L——相应的骚扰限值；

k:从非中心 t 分布表中导出的系数，它意味着该型号的样品有 80%以不小于 80%的置信度在限值 L 以下。k 值大小取决于样本空间 n，见下表：

n	3	4	5	6	7	8	9	10	11	12
k	2.04	1.69	1.52	1.42	1.35	1.30	1.27	1.24	1.21	1.20

x_i，$\overline{x}$，S_n 及 L 用以下对数单位表示：dB(μV)、dB(μV/m)或 dB(pW)等。

10 标准符合性

本部分对特殊测试要求提供测试方法的选择，符合任何一个测试方法，并使用表 1～表 3 中提供的相应的限值，可以说明其标准符合性。

当需要重复测试时，第一次选择的测试方法用于确定结果的一致性。

当测量结果不大于限值则认为是符合标准要求。在判断符合性时不考虑测量不确定度。

满足本部分中表 1～表 3 规定频段的设备，可认为满足 9 kHz～400 GHz 的要求。

未规定限值的频段不需要测量。

11 发射测试要求

表 1　发射　外壳端口

序号	端口	频率范围	限　值	基本标准	应用注解	备　注
1.1	外壳端口 测试场地： OATS或SAC	30 MHz～230 MHz 230 MHz～1 000 MHz	40 dB(μV/m)准峰值 （测量距离 10 m） 47 dB(μV/m)准峰值 （测量距离 10 m）	测量仪器见 IEC/CISPR 16-1-1:2010 中 4。 测量天线见 IEC/CISPR 16-1-4:2007中 4.4。 测量场地见 IEC/CISPR 16-1-4:2007 中 5。 测量方法见 IEC/CISPR 16-2-3:2006 中 7.2	见注 a、b、e	可在 30 m 处测量，限值减少 10 dB。 如 IEC/CISPR 16-2-3 中所述，天线应该在 1 m～4 m 之间变化。 对于测试方法的描述见 IEC/CISPR 16-2-3:2006 中 7.3 和 8
1.2	外壳端口 测试场地： FAR	30 MHz～230 MHz	52 dB(μV/m)～45 dB(μV/m)准峰值（测量距离3 m） 限值随频率的对数呈线性减小	测量仪器见 IEC/CISPR 16-1-1:2010 中 4。 测量天线见 IEC/CISPR 16-1-4:2007 中 4.4。 测量场地见 IEC/CISPR 16-1-4:2007 中 5.8。 测量方法见 IEC/CISPR 16-2-3:2006 中 7.2.9.2	见注 a、b、e。 只适用于台式设备	可在更远距离测量，限值减少 20 dB/10 倍距离。 对 EUT 尺寸规定见 IEC/CISPR 16-1-4:2007
		230 MHz～1 000 MHz	52 dB(μV/m)准峰值（测量距离3 m）			
1.3	外壳端口 测试场地： TEM 小室	30 MHz～230 MHz 230 MHz～1 000 MHz	40 dB(μV/m)准峰值 47 dB(μV/m)准峰值 小型试品的修正因子见 IEC 61000-4-20：2010 的 A. 4. 3。限值基于 OATS，10 m 测量距离	IEC 61000-4-20:2010	只适用于电池供电且无外延电缆设备，严格按照 IEC 61000-4-20：2010 中 6. 2 对符合设备的定义。 见注 a、b、e	

表 1（续）

序号	端口	频率范围	限　值	基本标准	应用注解	备　注
1.4	外壳端口 测试场地： OATS、SAC、FAR	1 GHz～3 GHz	76 dB(μV/m)峰值 （测量距离 3 m） 56 dB(μV/m)平均值 （测量距离 3 m）	测量仪器见 IEC/CISPR 16-1-1:2010 中 5、6。 测量天线见 IEC/CISPR 16-1-4:2007 中 4.5。 测量场地见 IEC/CISPR 16-1-4:2007 中 8。 测量方法见 IEC/CISPR 16-2-3:2006 中 7.3	见注 a、c、d、e	可在更远距离测量，限值减少 20 dB/10倍距离。 SAC 和 OATS 中的吸波材料用于使场地达到 IEC/CISPR 16-1-4:2007 定义的自由空间条件
		3 GHz～6 GHz	80 dB(μV/m)峰值 （测量距离 3 m） 60 dB(μV/m)平均值 （测量距离 3 m）			

[a] 如果内部发射源的工作频率低于 9 kHz，仅需测量到 230 MHz。

[b] 如果设备满足表格中 1.1、1.2 或 1.3 中一条或者多条要求，则认为该设备符合外壳端口 1 GHz 以下要求。

[c] 如果 EUT 内部源的最高频率低于 108 MHz，则测量只进行到 1 GHz。
如果 EUT 内部源的最高频率在 108 MHz～500 MHz 之间，则测量只进行到 2 GHz。
如果 EUT 内部源的最高频率在 500 MHz～1 GHz 之间，则测量只进行到 5 GHz。
如果 EUT 内部源的最高频率高于 1 GHz，则测量应进行到 6 GHz。
如果 EUT 内部源的最高频率未知，则测量至频率 6 GHz。

[d] 峰值检波器限值不适用于来源于高压关断（击穿）的弧焊设备或电火花装置。当设备包含或控制感性电路电流的机械开关，或设备包含或控制产生稳态电流子系统（例如，纸张处理装置）时，这类骚扰产生。平均值限值适用于来源于弧焊设备或电火花装置的骚扰，峰值和平均值限值都适用于此类设备产生的其他骚扰。

[e] 在过渡频率处应采用较低的限值。

表 2 发射 低压交流电源端口

序号	端口	频率范围	限 值	基本标准	应用注解	备 注
2.1	低压交流电源端口	0.15 MHz～0.5 MHz	79dB(μV)准峰值 66 dB(μV)平均值	测量仪器见 IEC/CISPR 16-1-1:2010 中 4、6。 测量网络见 GB/T 6113.102—2008 中 4。 测量布置和测量方法见 IEC/CISPR 16-2-1:2008 中 7	见注 a、b	
		0.5 MHz～30 MHz	73 dB(μV)准峰值 60 dB(μV)平均值			

[a] 不适用于每分钟脉冲噪声(喀呖声)小于 5 次的情况。如果喀呖声每分钟发生次数超过 30 次,此限值适用。如喀呖声发生频次在(5～30)次/min,限值允许放宽 20 lg30/NdB(此处 N 为每分钟的喀呖声数)。判定准则详见 IEC/CISPR 14-1:2005。

[b] 在过渡频率处应采用较低的限值。

表 3 发射 电信/网络端口

序号	端口	频率范围	限 值	基本标准	应用注解	备 注
3.1	电信/网络端口	0.15 MHz～0.5 MHz	97 dB(μV)～87 dB(μV)准峰值 84 dB(μV)～74 dB(μV)平均值 53 dB(μA)～43 dB(μA)准峰值 40 dB(μA)～30 dB(μA)平均值限值随频率的对数呈线性减小	GB 9254—2008	见注 a、b	
		0.5 MHz～30 MHz	87 dB(μV)准峰值 74 dB(μV)平均值 43 dB(μA)准峰值 30 dB(μA)平均值			

[a] 电流和电压的骚扰限值是在使用了规定阻抗的阻抗稳定网络(ISN)条件下导出的,该阻抗稳定网络对于受试的电信端口呈现 150 Ω 的共模(不对称)阻抗(转换因子为 20 lg150/1=44 dB)。

[b] 当用 ISN 测量时,EUT 应符合表中电压限值,所有的因子应符合 GB 9254。包括但不限制测量方法、测量布置、电缆性能的选择。

ICS 33.100.20
L 06

中华人民共和国国家标准

GB/T 17799.5—2012/IEC 61000-6-6:2003

电磁兼容　通用标准
室内设备高空电磁脉冲(HEMP)抗扰度

**Electromagnetic compatibility(EMC)—
Generic standards—HEMP immunity for indoor equipment**

(IEC 61000-6-6:2003,IDT)

2012-06-29 发布　　　　2012-09-01 实施

中华人民共和国国家质量监督检验检疫总局
中国国家标准化管理委员会　发布

前　言

GB/T 17799《电磁兼容　通用标准》分为以下几个部分：

——GB/T 17799.1—1999　电磁兼容　通用标准　居住、商业和轻工业环境中的抗扰度试验(IEC 61000-6-1:1997,IDT)；

——GB/T 17799.2—2003　电磁兼容　通用标准　工业环境中的抗扰度试验(IEC 61000-6-2:1999,IDT)；

——GB/T 17799.3—2001　电磁兼容　通用标准　居住、商业和轻工业环境中的发射标准(IEC 61000-6-3:1996,IDT)；

——GB/T 17799.4—2001　电磁兼容　通用标准　工业环境中的发射标准(IEC 61000-6-4:1997,IDT)；

——GB/T 17799.5—2012　电磁兼容　通用标准　室内设备高空电磁脉冲(HEMP)抗扰度(IEC 61000-6-6:2003,IDT)。

本部分为 GB/T 17799 的第 5 部分。

本部分按照 GB/T 1.1—2009 给出的规则起草。

本部分等同采用国际标准 IEC 61000-6-6:2003《通用标准　户内设备高空电磁脉冲(HEMP)抗扰度》。

本部分由全国电磁兼容标准化技术委员会(SAC/TC 246)提出并归口。

本部分负责起草单位：工业和信息化部电子工业技术标准化研究所、国网电力科学研究院。

本部分主要起草人：周凯、胡景森、陈世钢、张建功、李妮。

电磁兼容　通用标准
室内设备高空电磁脉冲(HEMP)抗扰度

1　范围

本部分规定了室内使用的电气和电子设备的高空电磁脉冲(HEMP)抗扰度要求。室内高空电磁脉冲(HEMP)环境取决于设施的屏蔽质量和传导环境的防护能力。

本部分适用于所有设备类型,包括住宅、商业、轻工业、医院、重工业、电站和发电设备。

本部分适用于和低压(1 kV 以下)供电网络、通信网络和/或外部天线相连的室内设备。

抗扰度测试电平基于 IEC 61000-4-25 标准中 90%的严酷等级。假设所有的通信线在进入建筑物的入口处都有气体放电管,并且假设低压线上的绝缘闪络电压是雷击电压的 3 倍。对于连接到内部电缆的信号端口,严酷测试等级是基于电缆的总长有 10 m,并且规程规定了更长的电缆。

本部分覆盖了大型和小型的室内设备。在 IEC 61000-4-25 中给出了小型设备的定义:物体的立体尺寸小于 1 m×1 m×1 m。小型设备的例子有机柜安装的设备和台式个人计算机。大型设备包括立体尺寸大于或等于 1 m×1 m×1 m 的设备。

目前 IEC 出版物中还没有一个针对室内设备高空电磁脉冲(HEMP)抗扰度的产品或产品族标准。当出现相关的产品或产品族标准时,优先采用产品或产品族标准。应该注意:高空电磁脉冲(HEMP)环境发生的概率很低,因此除非经过设施所有者和设备制造商同意,本通用标准不作强制性推荐。

本部分没有规定设备的安全要求,如电击防护、绝缘配合和相关的抗电强度测试。然而,本标准中讲述的抗扰度测试包含危险电压,因此高压预防措施是必须的,以保护测试人员的健康和安全。

2　规范性引用文件

下列文件对于本文件的应用是必不可少的。凡是注日期的引用文件,仅注日期的版本适用于本文件。凡是不注日期的引用文件,其最新版本(包括所有的修改单)适用于本文件。

GB/T 4365　电工术语　电磁兼容(GB/T 4365—2003,IEC 60050(161):1990,IDT)

GB/T 17626.2　电磁兼容　试验和测量技术　静电放电抗扰度试验(GB/T 17626.2—2006,IEC 61000-4-2:2001,IDT)

GB/T 17626.4　电磁兼容　试验和测量技术　电快速瞬变脉冲群抗扰度试验(GB/T 17626.4—2008,IEC 61000-4-4:2004,IDT)

GB/T 17626.5　电磁兼容　试验和测量技术　浪涌(冲击)抗扰度试验(GB/T 17626.5—2008,IEC 61000-4-5:2005,IDT)

GB/T 17626.11　电磁兼容　试验和测量技术　电压暂降、短时中断和电压变化抗扰度试验(GB/T 17626.11—2008, IEC 61000-4-11:2004,IDT)

GB/T 17626.13　电磁兼容　试验和测量技术　交流电源端口谐波、谐间波及电网信号低频抗扰度试验(GB/T 17626.13—2006,IEC 61000-4-13:2002,IDT)

GB/T 17799.2　电磁兼容　通用标准　工业环境中的抗扰度试验(GB/T 17799.2-2003,IEC 61000-6-2: 1999,IDT)

IEC 61000-4-25　电磁兼容　试验和测量技术　设备和系统的高空电磁脉冲(HEMP)抗扰度试验

方法(Electromagnetic compatibility(EMC)—Part 4-25:Testing and measurement techniques—HEMP immunity test methods for equipment and systems)

IEC 61000-6-5 电磁兼容 通用标准 发电站和变电站环境的抗扰度(Electromagnetic compatibility(EMC)—Part 6-5:Generic standards—Immunity for power station and substation environments)

3 术语和定义

GB/T 4365 界定的以及下列术语和定义适用于本文件。

3.1

天线端口 antenna port

连接天线的端口,不论是直接连接还是通过电缆连接。天线可能置于建筑物的外部或内部。

注:和建筑物内部天线连接的天线端口由信号端口代替(见表 2)。

3.2

仪器,设备 apparatus, equipment

为完成最终用途,具有一定功能的最终产品。

注:设备定义为包括所有具有电子/电气元件的电子电气产品。

3.3

电缆端口 cable port

连接设备的导体或电缆的端口。

3.4

电快速瞬变脉冲群 EFT/B

电快速瞬变脉冲群:GB/T 17626.4 中规定的 5/5 ns 波形的脉冲。

3.5

机壳端口 enclosure port

设备的物理边界,这个边界可能会有电磁场穿过或照射。设备的外壳通常被认为是机壳端口(见图 1)。

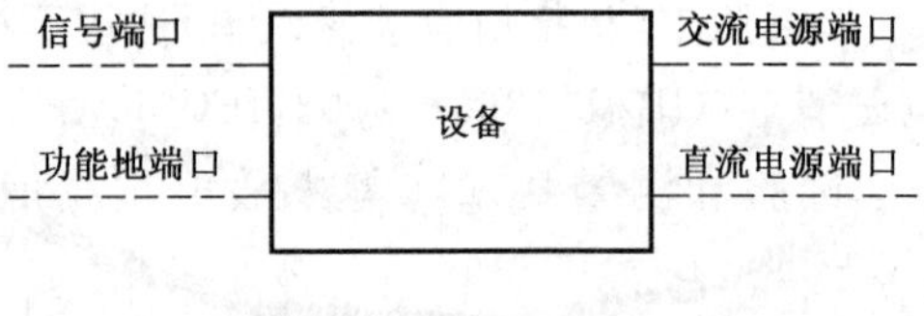

图 1 端口的实例

3.6

受试设备 EUT

受试设备,可以是一个单元,也可以是由电缆、数据链连接在一起的多个单元。

注:由电缆等连接在一起的多个单元也叫系统(见 3.14)。

3.7

功能地端口 functional earth port

除信号、控制、电源外的端口,其目的主要是除安全外的接地。

3.8

抗扰度(相对于骚扰) immunity(to a disturbance)

装置、设备或系统面临电磁骚扰不降低运行性能的能力。

3.9

大型 HEMP 模拟器　large HEMP simulator

能测试体积等于或大于 1 m×1 m×1 m 样品的瞬态电磁脉冲测试装置。

3.10

低压电源电路　LV power circuit

交流电压等于或小于 1 kV 的电源电路。

3.11

信号端口　signal port

在与该电缆端口相连的电缆中向其他设备传输信息或数据，如输入/输出(I/O)数据端口，通信端口等(见图 1)。

3.12

小型辐射抗扰度试验设施　small radiated test facility

试验室用的电磁脉冲测试设施，如 TEM 室，该设施测试对象的有效体积小于 1 m×1 m×1 m。

3.13

浪涌保护器件　SPD

抑制缆线传导中的过压或过流，如 IEC 61643-21 中定义的浪涌抑制器。

3.14

系统　system

由电缆、数据线等相连的多个设备或电气单元。

3.15

电源端口　power port

通过与该端口相连的导体或电缆传输设备运行所需要的电力，该端口另一端与其他设备相连。

4　概述

本部分中，高空核电磁脉冲环境主要包括辐射环境和传导环境。在 IEC 61000-2-9 中定义了标准高空电磁脉冲(HEMP)辐射环境，在 IEC 61000-2-10 中定义了标准高空电磁脉冲(HEMP)传导环境，在 IEC 61000-2-11 中，对这两类的环境进行了分类。传导环境包括了非常强的快速上升、持续时间短暂的浪涌，这种瞬变比标准雷电脉冲的 1.2/50 μs 波形更短。因此，对于高空电磁脉冲(HEMP)传导环境的抗扰度，设备没有必要经受标准雷电电流波形的抗扰度试验。同样，雷电防护不能够确保对高空电磁脉冲(HEMP)的防护。为了防护高空电磁脉冲(HEMP)而承受雷电的风险，这种方法是不明智的。因此，在建筑物入口端的电源线、通信线、天线电缆上安装浪涌保护器件(SPD，见 3.13)对雷电防护的形式是被强烈推荐的。雷电防护对高空电磁脉冲(HEMP)不能提供恰当的防护，但是通常可以减少长线上的峰值高空电磁脉冲(HEMP)的过电压。

在本部分中规定了附加雷电防护的 1.2/50 μs 浪涌抗扰度。同样，工业环境的抗扰度要求(GB/T 17799.2)用于确定最低的电快速瞬变(EFT)和 1.2/50 μs 浪涌测试电平，以保证商业和工业建筑内设备的瞬变抗扰度。如果设备满足表 2 至表 7 中工业环境的 EFT 和 1.2/50 μs 浪涌测试电平要求，那么这些性能也在一定程度上满足本部分要求。

5　性能判据

本部分范围内设备的多样性导致在评估抗扰度试验结果时很难给出精确判据。通用的性能判据如下所列，然而如果这些判据对个别设备不适用时，那么特定的判据可以由设备的买方和设备制造商同意后给出。

本部分不要求同时对多个端口进行测试。然而，多端口的测试作为选项，可以经设备买方和设备制造商同意后指定和要求。推荐的失效分析用来确定多端口测试的执行，或核实设备在实际骚扰情况下是否被干扰(这时候多个端口是同时被激励的)。进一步建议，对于防护等级 1A 和 2A 中的，接到电源线和通信线的端口之间的共模试验应在失效分析中加以考虑。

高空电磁脉冲(HEMP)测试过程中或作为结论的功能描述和性能判据应由制造商提供并在测试报告中注明。如果使用本部分定义的测试而使设备变得危险或不安全，则认为该设备不能通过测试。

通用的性能判据如下所述：

5.1 性能判据 A：性能正常

设备在测试中和测试后应能按要求连续运行。在设备按要求使用时，无性能降级或低于制造商所规定的性能等级的功能丧失。如果制造商没有规定正常的性能等级，则可以从产品说明书和技术文件中导出，也可以从用户对产品按要求使用时的合理期盼中得出。

5.2 性能判据 B：暂时的可自行恢复的性能下降

测试后，设备应能按要求连续运行。在设备按要求使用时，无性能降级或低于制造商所规定的性能等级的功能丧失。在测试期间，性能降级，但只要不发生实际运行状态或贮存数据的变化，是允许的。如果制造商没有规定最低的性能等级或允许的性能丧失，则可以从产品说明书和技术文件中导出，也可以从用户对产品按要求使用时的合理期盼中得出。

5.3 性能判据 C：可恢复的性能下降

在测试后，允许出现暂时性的功能丧失，但功能可以通过控制操作来恢复。不允许贮存数据发生变化。

6 测试条件

测试应在产品规范中规定的温度、湿度、大气压力、额定供电电压下进行。

EUT 应在与正常使用相一致的最敏感运行模式下进行测试。如果不知道最敏感的运行模式，那么与正常使用相一致的所有运行模式都应该测试。受试设备的布置应该变化，以达到在典型应用及安装情况下的最大敏感度。如果设备是系统的一部分，或者可能要连接辅助设备，则设备应在连接最少的、有代表性的辅助设备配置下测试，以试验正常运行方式下的端口。

对制造商安装规范中要求使用的外部保护装置，或在用户手册中明确规定了的措施，则测试应在外部保护装置或措施的情况下进行。

在测试期间的配置及运行模式应在试验报告中正确注明，通常不可能每一次都测试设备的所有功能，这样，应该选择最关键的运行模式。

如果设备有许多类似的端口，或许多接法类似的端口，应该选择其中足够的数量以模拟实际的工作状态，以保证覆盖了所有不同类型的终端。

7 产品文件

试验报告应作为产品文件的一部分，如果制造商对于高空电磁脉冲(HEMP)抗扰度测试采用了特定的性能判据，则应该在用户可应用的产品文件中说明。

8 适用性

对于抗扰度评估，测试的适用性取决于特定的设备、配置、端口、技术和其运行条件。测试应在设备的相关端口上按表1至表7进行。如果设备按GB/T 17799.2被规定为工业环境，则测试只按照表8中列出的防护等级3～6进行。如果设备按IEC 61000-6-5被划分为电站使用环境，则测试只进行表8中的防护等级3～6。对于测试准则1A、1B、2A和2B，在表1至表7中给出。测试只在相关存在的端口上进行。

考虑到特定设备的电特性和用途，某些试验可能是不适用的，因此也是不需要的，在此情况下，需要在试验报告中注明不进行试验的决定和理由。

9 抗扰度要求

在基础标准中对测试、试验发生器的规格、测试方法和测试布置进行了描述，可参见表1至表8。基础标准的要点不在这里重复，然而本部分给出了对于在实际测试应用中的一些变动或附加的信息。本部分所涉及设备的抗扰度测试要求按端口逐个给出。测试应按确切的定义和可重复的方式来进行。测试应按序以单个测试的方式逐个进行。测试端口的顺序可任选。对于未规定极性的测试，则以最方便的极性进行测试。

大多数测试由3个测试电平组成，如下述各表所列的电平、50%电平和25%电平。在每个测试电平上进行两次曝露试验。某些试验要求在正/负两个极性下进行，举例说，在表2的2.1中防护等级3要求在±1 kV，±500 V和±250 V上做2次测试，总共要做12次测试。这里推荐每个端口要从最低电平开始进行测试，并增加到最高电平。对测试1.2(见表1)，测试6.4(见表6)和测试6.5(见表6)只要求一个测试电平。

表1 抗扰度测试—壳体端口

测试	辐射骚扰和静电放电	基础标准	判据	防护等级						
				1A	1B	2A	2B	3	4	5～6
1.1	2.5/25 ns 电磁脉冲	IEC 61000-4-25 (BSL)[a]	B[bcd]	50 kV/m (R7)	50 kV/m (R7)	5 kV/m (R4)	5 kV/m (R4)	5 kV/m (R4)	可选择 500 V/m (R1)	未要求
1.2	静电放电 (ESD)	GB/T 17626.2 (BSL)[a]	B[be]	8 kV (3)	8 kV (3)	8 kV (3)	8 kV (3)	8 kV (3)	8 kV (3)	8 kV (3)

[a] (BSL)基础标准等级，例如，(R4)是基础标准中的R4等级。

[b] 如果制造商或用户需要，可以将性能判据B变为A。

[c] 每一面进行6次试验，两次在25%的等级上进行，两次在50%的等级上进行，两次在100%的等级上进行。

[d] 如果可能，壳体6个面的每个面都应进行电磁脉冲试验。

[e] 空气放电测试，测试只在8 kV上进行，在8 kV每个测试进行两次。

表 2　抗扰度测试—信号端口

测试	传导骚扰	基础标准	判据	防护等级						
				1A	1B	2A	2B	3	4	5～6
2.1	5/50 ns 电快速瞬变脉冲群	GB/T 17626.4 (BSL)[a]	B[bcd]	±8 kV (EC8)	±8 kV (EC8)	±1 kV (3)	±1 kV (3)	±1 kV (3)	±1 kV (3)	±1 kV (3)
2.2	阻尼振荡波	IEC 61000-4-25 (BSL)[a]	B[bce]	4 kV (EC6)	4 kV (EC6)	1 kV (EC4)	1 kV (EC4)	1 kV (EC4)	1 kV (EC4)	未要求

注：本表适用于信号端口(通信和外部天线端口除外)。严酷的测试等级基于内部 10 m 长电缆。对于更长的电缆，如果长度最大到 100 m，则应成比例的增加电流。内部天线包含在本表中。

[a] (BSL)基础标准等级，例如，(3)是基础标准中的等级 3。

[b] 如果制造商或用户需要，可以将性能判据 B 变为 A。

[c] 每一等级进行 6 次试验，两次在 25％的等级上进行，两次在 50％的等级上进行，两次在 100％的等级上进行，对于防护等级为 1A 和 1B 的情况，测试 2.1 的基础标准为 IEC 61000-4-25。

[d] 电缆束测试应使用电容钳在正负极性下进行。重复频率为 2.5 kHz，10 ms。

[e] 共模电缆测试。

表 3　抗扰度测试—信号端口(外部天线)

测试	传导骚扰	基础标准	判据	防护等级						
				1A	1B	2A	2B	3	4	5～6
3.1	5/50 ns 电快速瞬变脉冲群	GB/T 17626.4 (BSL)[a]	B[bcde]	±16 kV (EC9)	±4 kV (X)	±16 kV (EC9)	±4 kV (X)	±1 kV (3)	±1 kV (3)	±1 kV (3)
3.2	阻尼振荡波电缆屏蔽试验	IEC 61000-4-25 (BSL)[a]	B[bcf]	16 kV 320 A (EC9)	16 kV 320 A (EC9)	4 kV 40 A (EC6)	4 kV 40 A (EC6)	4 kV 40 A (EC6)	0.5 kV 5A (EC3)	未要求

本表适用于设计频率范围在 25 MHz～450 MHz 的天线。对于防护等级为 1 A 和 2 A，如果天线的中心频率低于 115 MHz，见附录 A 中的表 A.1 传导环境。

[a] (BSL)基础标准等级，例如，(3)是基础标准中的等级 3。

[b] 如果制造商或用户需要，可以将性能判据 B 变为 A。

[c] 每一等级进行 6 次试验，两次在 25％的等级上进行，两次在 50％的等级上进行，两次在 100％的等级上进行。

[d] 对于防护等级 1A 和 2A，3.1 试验的基础标准是 IEC 61000-4-25。

[e] 正负极性都应该进行测试。EFT 的重复频率为 2.5 kHz，10 ms。

[f] 共模电缆屏蔽电流，电平基于 40 m 天线电缆。

表 4 抗扰度测试—信号端口(通信端口)

测试	传导骚扰	基础标准	判据	防护等级						
				1A	1B	2A	2B	3	4	5～6
4.1	1.2/50 μs 浪涌	GB/T 17626.5 (BSL)[a]	B[bcd]	±4 kV (4)	±2 kV (3)	±4 kV (4)	±2 kV (3)	±1 kV (2)	±1 kV (2)	±1 kV (2)
4.2	5/50 ns 电快速瞬变脉冲群	IEC 61000-4-25 (BSL)[a]	B[bcefg]	±8 kV (EC8)	±8 kV (EC8)	±8 kV (EC8)	±8 kV (EC8)	±1 kV (3)	±1 kV (3)	±1 kV (3)

[a] (BSL)基础标准等级,例如,(4)是基础标准中的等级 4。

[b] 如果制造商或用户需要,可以将性能判据 B 变为 A。

[c] 每一等级进行 6 次试验,两次在 25%的等级上进行,两次在 50%的等级上进行,两次在 100%的等级上进行。

[d] 应进行线-地正负极性试验。

[e] 线-地和线-线正负极性都应进行试验,EFT 重复频率为 2.5 kHz,10 ms。

[f] 对于防护等级 3～6,4.2 测试的基础标准为 GB/T 17626.4 等级 3。

[g] 对于防护等级 1 和 2,如果在建筑物的入端没有气体放电管保护,使用 IEC 61000-4-25 中的 16 kV,EC9。

表 5 抗扰度测试—直流电源输入/输出端口

测试	传导骚扰	基础标准	判据	防护等级						
				1A	1B	2A	2B	3	4	5～6
5.1	1.2/50 μs 浪涌	GB/T 17626.5 (BSL)[a]	B[bcd]	±4 kV (4)	±4 kV (4)	±4 kV (4)	±1 kV (2)	±0.5 kV (1)	±0.5 kV (1)	±0.5 kV (1)
5.2	5/50 ns 电快速瞬变脉冲群	GB/T 17626.4 (BSL)[a]	B[bcde]	±16 kV (EC9)	±16 kV (EC9)	±4 kV (4)	±2 kV (3)	±2 kV (3)	±2 kV (3)	±2 kV (3)
5.3	阻尼振荡波	IEC 61000-4-25 (BSL)[a]	B[bcf]	4 kV (EC6)	4 kV (EC6)	4 kV (EC6)	4 kV (EC6)	2 kV (EC5)	1 kV (EC4)	1 kV (EC4)

对于 5.2 测试,对于直流输入和输出端口,确定严酷等级的测试使用 20 m 的内部电缆,如果使用更长的电缆,电缆长度可增加到最长 100 m,但应成比例的增加测试值。

[a] (BSL)基础标准等级,例如,(4)是基础标准中的等级 4。

[b] 如果制造商或用户需要,可以将性能判据 B 变为 A。

[c] 每一等级进行 6 次试验,两次在 25%的等级上进行,两次在 50%的等级上进行,两次在 100%的等级上进行。

[d] 线-地和线-线正负极性都应进行试验,EFT 重复频率为 2.5 kHz,10 ms。

[e] EFT/B 重复频率为 2.5 kHz,10 ms。对于防护等级 1A 和 1B,5.2 测试的基础标准为 IEC 61000-4-25。

[f] 线-地和线-线间都应进行试验。

表 6　抗扰度测试—交流电源输入/输出端口

测试	传导骚扰	基础标准	判据	防护等级						
				1A	1B	2A	2B	3	4	5～6
6.1	1.2/50 μs 浪涌	GB/T 17626.5 (BSL)[a]	B[bcd]	±4 kV (4)	±2 kV (3)	±4 kV (4)	±2 kV (3)	±2 kV (3)	±2 kV (3)	±2 kV (3)
6.2	5/50 ns 电快速瞬变脉冲群	GB/T 17626.4 (BSL)[a]	B[bcde]	±20 kV ±25 kV 见注 1	±16 kV (EC9)	±20 kV ±25 kV 见注 1	±16 kV (EC9)	±2 kV (3)	±2 kV (3)	±2 kV (3)
6.3	阻尼振荡波	IEC 61000-4-25 (BSL)[a]	B[bcf]	4 kV (EC6)	4 kV (EC6)	4 kV (EC6)	4 kV (EC6)	2 kV (EC5)	2 kV (EC5)	1 kV (EC4)
6.4	电压暂降和短时中断	GB/T 17626.11	C[g]	见注 2	见注 2	见注 2	见注 2	见注 2	见注 2	见注 2
6.5	工频谐波	GB/T 17626.13	B[b]	等级 3	等级 3	等级 3	等级 3	等级 3	等级 3	等级 3

注 1：对于 6.2 防护等级 1A 和 2A 的测试，IEC 61000-4-25 作为基础标准使用。20 kV(EC11 二类分级)适用于地面上的电缆，25 kV(EC10 二类分级)适用于地面下的电缆。25 kV 慢上升速率的 EC10 脉冲比 20 kV 快上升速率的 EC11 更易出现绝缘击穿。在 IEC 61000-4-25 中规定了上述用于传导测试的脉冲信号。

注 2：对于电压暂降试验，暂降电压必须下降 60%，持续时间 1 s，对于电压中断试验，幅度下降必须大于 95%，持续时间 5 s。

[a] (BSL)基础标准等级，例如，(4)是基础标准中的等级 4。

[b] 如果制造商或用户需要，可以将性能判据 B 变为 A。

[c] 每一等级进行 6 次试验，两次在 25%的等级上进行，两次在 50%的等级上进行，两次在 100%的等级上进行。

[d] 线-地和线-线正负极性都应进行试验，线-线测试电平为表中所示线-地测试电平的一半。

[e] EFT/B 重复频率为 2.5 kHz，10 ms。

[f] 线-地和线-线间都应进行试验。

[g] 对交流电源端口不适用。如果 EUT 有备份电源，则性能判据 C 变为 A 或 B。

表 7　抗扰度测试—功能地端口

测试	传导骚扰	基础标准	判据	防护等级						
				1A	1B	2A	2B	3	4	5～6
7.1	5/50 ns 电快速瞬变脉冲群	GB/T 17626.4 (BSL)[a]	B[bcd]	±4 kV (4)	±4 kV (4)	±2 kV (3)	±2 kV (3)	±1 kV (2)	±1 kV (2)	±1 kV (2)
7.2	阻尼震荡波	IEC 61000-4-25 (BSL)[a]	B[bc]	4 kV (EC6)	4 kV (EC6)	2 kV (EC5)	2 kV (EC5)	1 kV (EC4)	1 kV (EC4)	0.5 kV (EC3)

[a] (BSL)基础标准等级，例如，(4)是基础标准中的等级 4。

[b] 如果制造商或用户需要，可以将性能判据 B 变为 A。

[c] 每一等级进行 6 次试验，两次在 25%的等级上进行，两次在 50%的等级上进行，两次在 100%的等级上进行。

[d] 正负极性都应该进行测试。EFT 的重复频率为 2.5 kHz，10 ms。

如果设备规定用于电站或工业环境，并且如果设施适用防护等级 3～6，那么将使用表 8。对于这些设备和防护等级，表 1 至表 7 不适用。所有的性能判据均为 B，如果制造商或用户需要，可将 B 变为 A。

表 8　用于电站或工业环境的高空电磁脉冲(HEMP)抗扰度测试

测试	环境现象	基础标准	防护等级	端口					
				壳体端口	信号端口	外部天线端口	直流电源端口	交流电源端口	地端口
8.1	2.5/25 ns 电磁脉冲[bc]	GB/T 17626.4 (BSL)[a]	3	5 kV/m (R4)	—	—	—	—	—
			4	可选择 500 V/m (R1)	—	—	—	—	—
			5 和 6	未要求	—	—	—	—	—
8.2	阻尼振荡波[bde]	IEC 61000-4-25 (BSL)[a]	3	—	1 kV (EC4)	4 kV 40 A (EC6)	2 kV (EC5)	2 kV (EC5)	1 kV (EC4)
			4	—	1 kV (EC4)	0.5 kV 5 A (EC3)	1 kV (EC4)	2 kV (EC5)	1 kV (EC4)
			5 和 6	—	未要求	未要求	1 kV (EC4)	1 kV (EC4)	0.5 kV (EC3)
8.3	工频谐波	GB/T 17626.13	3～6	—	—	—	—	等级 3 测试电平	—

注 1：本表适用于满足 GB/T 17799.2 所描述的抗扰度要求的设备。

注 2：本表同样适用于满足 IEC 61000-6-5 电站环境抗扰度要求的设备。

[a] (BSL)基础标准等级，例如，(R4)是基础标准中的等级 R4。

[b] 每一等级进行 6 次试验，两次在 25%的等级上进行，两次在 50%的等级上进行，两次在 100%的等级上进行。

[c] 尽可能将壳体端口的 6 面暴露在规定的电磁脉冲中。

[d] 对于通信端口不需要进行 8.2 测试。

[e] 对于外部天线端口，8.2 测试的是屏蔽电缆测试，即对于防护等级 3，将 40 A 的脉冲电流注入到与外部天线端口相连的电缆中，使电流流过电缆导体和 EUT。

附 录 A
（资料性附录）
辐射和传导环境

表 A.1 反映了由 IEC 61000-5-3 给出室内设备防护等级的辐射和传导环境，在表 A.1 中列出了峰值骚扰电平。环境中的更多信息可以在 IEC 61000-2-11 中获得。对于电源与通信的长线上的传导环境，已经采用了 IEC 61000-2-11 中 90%的严酷度情况。

表 A.2 给出的传导环境考虑到 IEC 61000-4-25 规定的绝缘击穿而进行了修正。此外，对于非常低的传导环境，已经提高了对设备内部产生的瞬变的抗扰度。对于有良好屏蔽的场合，推荐采用 GB/T 17799.2 工业环境内的抗扰度测试电平，以确保对建筑物内产生的瞬变的抗扰度。

表 A.1 早期高空电磁脉冲(HEMP)辐射和传导环境

防护等级	设备位置	辐射骚扰[a] kV/m	传导骚扰交流电源和通信端口 kV	传导骚扰 I/O 数据端口[b] A	传导骚扰 外部天线端口[c] kV
6	在极好的射频屏蔽(80 dB)和 PoE 防护(80 dB)房间或建筑内	0.005	0.015	0.007 5	0.007
5	在很好的射频屏蔽(60 dB)和 PoE 防护(60 dB)房间或建筑内	0.05	0.150	0.075	0.07
4	在较好的射频屏蔽(40 dB)和一般的 PoE 防护(40 dB)房间或建筑内	0.5	1.5	0.75	0.72
3	在具有一定屏蔽(20 dB)和一般的 PoE 防护(40 dB)的结构体内	5	1.5	7.5	0.72
2B	在有金属或钢筋屏蔽(20 dB)和在外部天线和交流电源线上有一般性雷电防护(20 dB)的结构体内	5	60	7.5	4
2A	在有金属或钢筋屏蔽(20 dB)和在没有外部天线和交流电源线上没有雷电防护(0 dB)的结构体内	5	600 25[d]	7.5	$1\,800/f$ $450 \geqslant f \geqslant 25$ f 的单位为 MHz
1B	内部有很差屏蔽的建筑物或住宅(0 dB)，在其外部天线和交流电源线上有一般性的雷电防护(20 dB)	50	60	75	4

表 A.1（续）

防护等级	设备位置	辐射骚扰[a] kV/m	传导骚扰交流电源和通信端口 kV	传导骚扰 I/O 数据端口[b] A	传导骚扰 外部天线端口[c] kV
1A	内部有很差屏蔽的建筑物或住宅(0 dB)，在其外部天线和交流电源线上没有雷电防护(0 dB)	5	600 25[d]	7.5	1 800/f 450≥f≥25 f 的单位为 MHz

[a] 辐射环境不包括静电放电现象，但是在本标准中静电放电测试对于防护内部产 生的瞬变是必要的。静电放电环境的定义在 GB/T 17626.2 附录 A 中给出。

[b] 10 m 长信号电缆的总电缆电流，对于更长的电缆(最长至 100 m)需要成比例的增加电流。

[c] 外部天线的响应取决于天线的尺寸，大约等于 1 800/f　kV，其中 f 是为 450 MHz≥f≥25 MHz 天线的中心频率。如果在天线上使用标称的雷电保护，其响应大约在 4 kV 左右，设想是对防护等级 1B 及 2B 的雷电保护。对于防护等级 3～6，25 MHz 天线的响应要采用最严酷的等级。请教高空电磁脉冲专家，以确定对在指定频率范围外工作的天线以适当测试值。

[d] 对于没有发生绝缘击穿的地下电缆，在 50 Ω 源阻抗上的时域波形为 25/500 ns，绝缘击穿可能改变实际的骚扰。

表 A.2　由绝缘击穿改变的传导环境和商业/轻工业环境中的最低抗扰度要求

防护等级[a]	设备位置	传导骚扰 交流电源 kV	传导骚扰 I/O 数据端口 kV	传导骚扰外部 VHF 高频段和 UHF 天线[b] A	传导骚扰[c] 通信端口 kV
6	在极好的射频屏蔽(80 dB)和 PoE 防护(80 dB)房间或建筑内	1	1	1	1
5	在很好的射频屏蔽(60 dB)和 PoE 防护(60 dB)房间或建筑内	1	1	1	1
4	在较好的屏蔽(40 dB)和一般的 PoE 防护(40 dB)房间或建筑内	2	1	1	1
3	在有一定屏蔽(20 dB)和一般的 PoE 防护(40 dB)的结构体内	2	1	1	1
2B	在有金属或钢筋屏蔽(20 dB)和在外部天线和交流电源线上有一般性雷电防护(20 dB)的结构体内	16	1	4	8

表 A.2（续）

防护等级[a]	设备位置	传导骚扰 交流电源 kV	传导骚扰 I/O 数据端口 kV	传导骚扰外部 VHF 高频段和 UHF 天线[b] A	传导骚扰[c] 通信端口 kV
2A	在有金属或钢筋屏蔽(20 dB)和在没有外部天线和交流电源线上没有雷电防护(0 dB)的结构体内	20	1	16	8
1B	内部有很差屏蔽的建筑物或住宅(0 dB)，在其外部天线和交流电源线上有一般性的雷电防护(20 dB)	16	8	4	8
1A	内部有很差屏蔽的建筑物或住宅(0 dB)，在其外部天线和交流电源线上没有雷电防护(0 dB)	20	8	16	8

[a] 本部分的所有防护等级都要求做静电放电测试，以防护内部产生的瞬变。静电放电的环境由 GB/T 17626.2 的附录 A 给出。

[b] 对天线端口，除了 1A 和 2A 的所有防护等级均假定是有浪涌保护的。对于防护等级 1A 和 2A，如果所用天线的中心频率低于 115 MHz(见表 A.1)，属于传导环境。

[c] 所有的通信线均假定采用气体放电管来保证其工作的安全。

参 考 文 献

[1] IEC 60068-1 Environmental testing—Part 1:General and guidance

[2] IEC 61000-2-9 Electromagnetic compatibility(EMC)—Part 2:Environment—Section 9:Description of HEMP environment—Radiated disturbance—Basic EMC publication

[3] IEC 61000-2-10 Electromagnetic compatibility(EMC)—Part 2-10:Environment—Section 9:Description of HEMP environment—Conducted disturbance

[4] IEC 61000-2-11 Electromagnetic compatibility(EMC)—Part 2-11:Environment—Classification of HEMP environments—Basic EMC publication

[5] IEC 61000-4-20 Electromagnetic compatibility (EMC)—Part 4-20: Testing and Measurement techniques—Emission and immunity testing in transverse electromagnetic (TEM) waveguides

[6] IEC 61000-5-3 Electromagnetic compatibility(EMC)—Part 5-3:Installation and mitigation guidelines—HEMP protection concepts—Basic EMC publication

[7] IEC 61000-5-4 Electromagnetic compatibility(EMC)—Part 5:Installation and mitigation guidelines—Section 4:Immunity to HEMP—Specifications for protective devices against HEMP radiated disturbance—Basic EMC publication

[8] IEC 61024-1 Protection of structures against lightning—Part 1:General principles

[9] IEC 61643-21 Low-voltage surge protective devices—Part 21:Surge protective devices connected to telecommunications and signalling networks—Performance requirements and testing methods

[10] ISO 7137 Aircraft—Environmental conditions and test procedures for airborne equipment

ICS 75.060
E 24

中华人民共和国国家标准

GB 17820—2012
代替 GB 17820—1999

天　然　气

Natural gas

2012-05-11 发布　　2012-09-01 实施

中华人民共和国国家质量监督检验检疫总局
中国国家标准化管理委员会　发布

前　言

本标准的第3章、第5.3条为强制性的，其余为推荐性的。

本标准依据GB/T 1.1—2009给出的规则起草。

本标准代替GB 17820—1999《天然气》。本标准与GB 17820—1999相比的主要变化如下：

——修改了一类气的高位发热量、总硫和二氧化碳的技术指标；

——修改了三类气的总硫和硫化氢的技术指标；

——明确水露点应比输送条件下最低环境温度低5 ℃；

——将1999版附录A中有关天然气加臭的要求并入标准正文，同时引用GB 50028的要求；

——将附录分为2个，附录A为天然气的烃露点，增加了部分国际组织和国家对天然气烃露点的要求。附录B为天然气的分类，增加了根据沃泊指数对天然气进行的分类。

本标准由全国天然气标准化技术委员会(SAC/TC 244)归口。

本标准起草单位：中国石油西南油气田公司天然气研究院、中国石油集团工程设计有限责任公司西南分公司。

本标准主要起草人：黄维和、唐蒙、黄黎明、陈彰兵、石兴春、邱健勇、常宏岗、罗勤、陈运强。

本标准所代替标准的历次版本发布情况为：

——GB 17820—1999。

天　然　气

1　范围

本标准规定了天然气的技术要求、试验方法和检验规则。

本标准适用于经过处理的通过管道输送的商品天然气。

2　规范性引用文件

下列文件对于本文件的应用是必不可少的。凡是注日期的引用文件，仅注日期的版本适用于本文件。凡是不注日期的引用文件，其最新版本(包括所有的修改单)适用于本文件。

GB/T 11060.1　天然气　含硫化合物的测定　第1部分　用碘量法测定硫化氢含量

GB/T 11060.2　天然气　含硫化合物的测定　第2部分　用亚甲蓝法测定硫化氢含量

GB/T 11060.3　天然气　含硫化合物的测定　第3部分　用乙酸铅反应速率双光路检测法测定硫化氢含量

GB/T 11060.4　天然气　含硫化合物的测定　第4部分　用氧化微库仑法测定总硫含量

GB/T 11060.5　天然气　含硫化合物的测定　第5部分　用氢解-速率计比色法测定总硫含量

GB/T 11062　天然气发热量、密度、相对密度和沃泊指数的计算方法

GB/T 13609　天然气取样导则

GB/T 13610　天然气的组成分析　气相色谱法

GB/T 13611—2006　城镇燃气分类和基本特性

GB/T 17283　天然气水露点的测定　冷却镜面凝析湿度计法

GB/T 22634　天然气水含量与水露点之间的换算

GB 50028—2006　城镇燃气设计规范

GB 50183　石油天然气工程设计防火规范

GB 50251　输气管道工程设计规范

3　产品分类和技术要求

3.1　天然气按高位发热量，总硫、硫化氢和二氧化碳含量分为一类、二类和三类。

3.2　天然气的技术指标应符合表1的规定。

3.3　作为民用燃料的天然气，总硫和硫化氢含量应符合一类气或二类气的技术指标。

表1　天然气技术指标

项　目		一类	二类	三类
高位发热量[a]/(MJ/m^3)	≥	36.0	31.4	31.4
总硫(以硫计)[a]/(mg/m^3)	≤	60	200	350
硫化氢[a]/(mg/m^3)	≤	6	20	350

表 1(续)

项　　目		一类	二类	三类
二氧化碳 y,%	≤	2.0	3.0	—
水露点[b,c]/℃		在交接点压力下,水露点应比输送条件下最低环境温度低 5 ℃。		

[a] 本标准中气体体积的标准参比条件是 101.325 kPa,20 ℃。

[b] 在输送条件下,当管道管顶埋地温度为 0 ℃时,水露点应不高于−5 ℃。

[c] 进入输气管道的天然气,水露点的压力应是最高输送压力。

4 试验方法和检验规则

4.1 天然气高位发热量的计算应按 GB/T 11062 执行,其所依据的天然气组成的测定应按 GB/T 13610 执行。

4.2 天然气中总硫含量的测定应按 GB/T 11060.4 或 GB/T 11060.5 执行,仲裁试验以 GB/T 11060.4 为准。

4.3 天然气中硫化氢含量的测定应按 GB/T 11060.1,GB/T 11060.2 或 GB/T 11060.3 执行,仲裁试验以 GB/T 11060.1 为准。

4.4 天然气中二氧化碳含量的测定应按 GB/T 13610 执行。

4.5 天然气水露点的测定应按 GB/T 17283 执行,对于在已知压力下的水露点,可按 GB/T 22634 将其换算到其他压力下的水露点,仲裁试验以 GB/T 17283 为准。

4.6 天然气的取样应按 GB/T 13609 执行,取样点应在合同规定的天然气交接点。

5 输送和使用

5.1 在天然气交接点的压力和温度条件下,天然气中应不存在液态烃。

注:一些国际组织和国家对管输天然气烃露点的要求见附录 A。

5.2 天然气中固体颗粒含量应不影响天然气的输送和利用。

5.3 作为城镇燃气的天然气,应具有可以察觉的臭味。燃气中加臭剂的最小量应符合 GB 50028—2006 中 3.2.3 的规定。使用加臭剂后,当天然气泄漏到空气中,达到爆炸下限的 20%时,应能察觉。城镇燃气加臭剂应符合 GB 50028—2006 中 3.2.4 的规定。

5.4 作为城镇燃气的天然气,其分类和基本特性应符合 GB/T 13611,附录 B 给出了同时符合本标准和 GB/T 13611 的天然气分类。

5.5 天然气在输送和使用的过程中,应执行 GB 50183、GB 50251 和 GB 50028 的有关规定,还应遵守国家和当地的安全法规。

附 录 A
（资料性附录）
天然气的烃露点

天然气的烃露点是天然气输送过程中需考虑的重要指标，烃露点控制的原则主要是管输条件下不产生烃类凝析物为基本原则。一些国际组织和国家对天然气烃露点的要求见表A.1。

表A.1 一些国际组织和国家对烃露点的要求

序号	组织或国家	烃露点的要求
1	ISO	在交接温度压力下，不存在液相的水和烃（见ISO 13686:1998）。
2	EASEE-Gas[a]	在1 bar～70 bar[b]下，烃露点－2 ℃。2006年10月1日实施。
3	奥地利	在40 bar，－5 ℃。
4	比利时	高达69 bar下，－3 ℃。
5	加拿大	在54 bar下，－10 ℃。
6	意大利	在60 bar下，－10 ℃。
7	德国	地温/操作压力
8	荷兰	压力高达70 bar时，－3 ℃。
9	英国	夏：69 bar，10 ℃。冬：69 bar，－1 ℃。
10	俄罗斯	温带地区：0 ℃；寒带地区：夏－5 ℃，冬－10 ℃。

[a] EASEE-Gas为欧洲能量合理交换协会——气体分会（European Association for the streamlining of energy exchange-Gas）。

[b] 1 bar＝10^5 Pa＝0.1 MPa。

附　录　B
（资料性附录）
天然气的分类

为充分利用天然气这一矿产资源的自然属性，依照不同要求，结合我国天然气资源的实际，本标准主要根据总硫、硫化氢和二氧化碳含量将天然气分为三类。

一类和二类气体主要用作民用燃料和工业原料或燃料，三类气体主要作为工业用气。世界各国商品天然气中硫化氢控制含量大多为5 mg/m^3～23 mg/m^3。考虑到在城市配气和储存过程中，特别是混配和调值时可能有水分混入。为防止配气系统的腐蚀和保证居民健康，本标准规定一类、二类天然气中硫化氢含量分别不大于6 mg/m^3 和20 mg/m^3。

考虑到天然气是矿产资源的特殊属性，在满足国家有关安全卫生等标准的前提下，对于三个类别之外的天然气，供需双方可用合同或协议来确定其具体要求。

天然气作为燃料，还可根据沃泊指数(华白数)分为不同的类别。GB/T 13611—2006 规定了作为燃气的天然气分类。同时符合本标准和GB/T 13611—2006 的燃气见表B.1。

表B.1　同时符合本标准和GB/T 13611—2006 的燃气类别

符合本标准又符合GB/T 13611—2006的燃气分类	GB/T 13611—2006规定值 101.325 kPa，15 ℃(干)		换算到 101.325 kPa，20 ℃(干)	
	沃泊指数(高华白数)		沃泊指数(高华白数)	
	标准/(MJ/m^3)	范围/(MJ/m^3)	标准/(MJ/m^3)	范围/(MJ/m^3)
10T	41.52	39.06～44.84	40.79	38.37～44.05
12T	50.73	45.67～54.78	49.83	44.86～53.81
注：沃泊指数由20 ℃换算到15 ℃的换算系数为1.018 0。				